高等学校智能科学与技术专业系列用书



# 计算智能与深度学习

吴　陈　王丽娟　陈　蓉　吴文俊　夏琼华　著

西安电子科技大学出版社

## 内容简介

本书对计算机人工智能领域的主要计算智能算法进行探讨，重点讨论各种算法的思想来源、流程结构、发展改进、参数设置和相关应用，内容包括绪论、人工神经网络、模糊系统、人工智能遗传算法、蚁群优化算法、粒子群算法、模拟退火算法、禁忌搜索算法、人工智能免疫系统和数据降维的粗集处理方法，以及目前的热门研究和应用领域之一——深度学习。本书通俗易懂，图文并茂，通过大量的图表和示例，对各个算法进行了说明和介绍。本书不但提供了算法实现的流程图和伪代码，而且通过具体的应用事例对算法的使用方法和使用过程进行了说明，为读者进一步深入学习和理解算法提供了方便。

本书适合作为计算机、人工智能、模式识别与智能系统、信息工程等专业本科生和研究生相关课程的教材，也可作为广大算法研究者和工程技术人员进一步学习的参考书和工具书，同时还能满足计算智能算法初学者的基本需求。

**图书在版编目(CIP)数据**

计算智能与深度学习/ 吴陈等著.
—西安：西安电子科技大学出版社，2021.3(2021.10 重印)
ISBN 978 - 7 - 5606 - 5914 - 5

Ⅰ. ① 计…　Ⅱ. ① 吴…　Ⅲ. ① 人工智能 ②机器学习　Ⅳ. ① TP18

中国版本图书馆 CIP 数据核字(2020)第 228425 号

策划编辑　高　樱
责任编辑　余建权　马晓娟
出版发行　西安电子科技大学出版社(西安市太白南路 2 号)
电　　话　(029)88202421　88201467　　邮　　编　710071
网　　址　www.xduph.com　　电子邮箱　xdupfxb001@163.com
经　　销　新华书店
印刷单位　陕西精工印务有限公司
版　　次　2021 年 3 月第 1 版　2021 年 10 月第 2 次印刷
开　　本　787 毫米×1092 毫米　1/16　印张　15.5
字　　数　360 千字
印　　数　1001～3000 册
定　　价　42.00 元
ISBN 978 - 7 - 5606 - 5914 - 5/TP
**XDUP　6216001 - 2**

# 前　言

智能通常是指对事物进行选择、理解和感觉的能力，一般可分为自然智能和人工智能两大类。自然智能就是人类和一些动物所具有的智力和行为能力。人工智能(Artificial Intelligence，AI)可以粗略地认为是利用计算机完成那些如果由人来做需要智能的科学。随着计算机的高速发展和应用，人工智能成为计算机的主要研究领域。目前，人工智能有三大主流研究思想：符号逻辑思想、行为主义思想和连接主义思想。符号逻辑思想源于数理逻辑，认为使用计算机研究人的思维过程，模拟人类智能活动，进行功能模拟，采用符号逻辑推理可实现人工智能。行为主义思想源于控制论，认为用计算机实现感知—动作的智能控制可以实现人工智能。连接主义思想则源于仿生学，认为从神经元的连接机制与学习算法上以结构和功能模拟为主可实现人工智能。三者的发展和研究丰富了人工智能的内容。模仿生物的进化过程、生物构造、生物机能、群体行为、思维语言和记忆过程，实现对问题优化求解的算法总体构成计算智能。计算智能通常被划分在连接主义范畴，但其研究内容已完全突破传统连接主义的范围。无论怎样，计算智能仍是人工智能的一个重要组成部分。

随着社会的进步和科技的发展，在现实中也常常会遇到一些非常复杂的问题。运用传统的算法来解这些问题，即使是用现代计算机，往往因问题随规模的增长，所需要的存储容量超过了计算机的容量，或者计算的时间消耗无法让人接受，特别是对那些NP完全问题或NP难问题，无法求得结果解。为此，科学家们通过模仿生物遗传机制或社会行为，提出、设计并实现了很多启发式算法，这就构成了计算智能的算法内容。

计算智能所具有的最大特性是智能性、并行性和健壮性。其算法具有很强的自适应性和全局寻优特性，相比传统算法所需要的特性(如函数可导)，它不需要很多限制，且实用有效，因而得到了相关学者们的极大关注，并已被广泛应用于各种科学研究领域，如优化计算、模式识别、图像处理、自动控制、经济管理、机械工程、电气工程、通信网络和生物医学等。

本书对计算智能领域的主要算法进行探讨，结合作者的研究和应用，重点讨论各种算法的思想来源、流程结构、发展改进、参数设置和相关应用，并配备了相应的Matlab代码。

本书共11章。

第 1 章绪论，综述了计算智能的基本概况，包括其主要组成、发展历史和基本概念。

第 2 章人工神经网络，探讨了神经网络的基本概念、前馈神经网络、竞争神经网络、反馈型神经网络、对传神经网络、玻尔兹曼机神经网络及神经网络的应用。

第 3 章模糊系统，探讨了模糊集的基本概念、运算和性质，模糊隶属度函数，模糊关系与模糊矩阵，模糊分类和模糊聚类分析，模糊逻辑和模糊推理，模糊推理应用系统，基于模糊神经网络的节水灌溉模型等。

第 4 章人工智能遗传算法，探讨了遗传算法的基本概念、构成要素、遗传操作(包括选择、交叉、变异等重组操作)，用遗传算法解聚类问题和 TSP 问题。

第 5 章蚁群优化算法，探讨了蚁群优化算法仿生行为的机制、蚂蚁系统的模型与实现、蚁群优化算法及其在聚类问题和 TSP 问题求解中的应用。

第 6 章粒子群算法，探讨了粒子群算法的原理、搜索机制及其在聚类问题和 TSP 问题求解中的应用，用自适应权重粒子群优化 SVM 参数等。

第 7 章模拟退火算法，探讨了模拟退火算法的物理背景、搜索机制、在聚类问题求解中的应用、用模拟退火算法优化粒子群算法。

第 8 章禁忌搜索算法，探讨了禁忌搜索算法的搜索办法、应用特点、设计要点。

第 9 章人工智能免疫系统，探讨了人工免疫系统的基本概念和模型、度量标准、免疫算法及应用。

第 10 章数据降维的粗集处理方法，探讨了信息系统和决策系统下粗集的基本概念、属性约简方法、规则提取方法、多粒度模型等。

第 11 章深度学习，探讨了深度学习的基本概念、主要模型、主要算法、未来展望等。

本书最后还配备了上机实验指导。在阐述算法时，既给出了求解实例，也给出了程序代码，便于读者学习理解和掌握。

“计算智能”是一门理论和实践性都很强的学科，读者在进行理论学习的同时，需要多动手编写程序上机调试，以加深对所学知识的理解，将一些基本算法和程序作为积木块，供今后开发使用，以提高编程效率和能力。

本书可作为从事计算智能研究和开发人员的参考书，也可作为高校计算机类或信息类相关专业“计算智能”课程的教材。作为教材时，建议理论课时为 32～48 学时，上机实践课时为 12～20 学时，课程设计课时为 2～3 周。使用本书时可根据本专业特点和具体情况适当增删教学内容。

本书是在假定读者已掌握了 Matlab 语言的基础上编写的，若没有学过 Matlab 语言，则可在使用本书前学习 Matlab 语言，或者边使用本书边学习 Matlab 语言。若有程序设计基础，再学习 Matlab 语言并不困难，而且 Matlab 语言本身也是在 C 语言基础上研制的。

本书是作者在多年讲授计算智能课程的基础上，针对计算智能教学的特点并结合作者的研究使用体会编写的。

本书在内容组织和安排上，遵循认知规律，合理安排知识点，突出核心概念，提炼基础内容，细化难点，把握重点，侧重应用实践，减少形式化描述，注重算法设计与程序代码具体实现(书中代码已在 Matlab 语言中调试运行通过)，使读者容易理解和使用，从实用性和培养工程应用能力的角度培养运用计算智能的能力以及编程能力。

参加本书编写工作的还有王丽娟(第 2 章)、陈蓉(第 3 章)、吴文俊(第 5 章)、夏琼华(第 6 章)。参加习题编写的有夏冰莹、姜雯、许霞等。

段先华教授和高尚教授审阅了本书，在此表示衷心感谢。

限于知识和写作水平，书中难免存在缺点或错误，望读者批评指正。

邮箱：wuchenzj@sina.com

著者

2020 年 12 月

# 目　录

# 第1章 绪 论

## 1.1 基本概念

传统的计算智能(Computation Intelligence，CI)是以生物进化的观点认识和模拟智能的。按照这一观点，智能是在生物的遗传、变异、生长以及外部环境的自然选择中产生的。在用进废退、优胜劣汰的进化过程中，适应度高的结构被保存下来，智能水平也随之提高。因此说计算智能就是基于结构演化的智能。

随着这种传统进化观的计算智能同神经网络、模糊系统、群集优化算法等的交叉融合研究，计算智能本身的含义得到不断的扩充和丰富，使得计算智能成为致力于智能体泛化、抽象、发现和联想能力研究的一门学科。

计算智能主要由人工神经网络、进化计算、模糊系统、随机搜索算法、群集智能算法和人工免疫系统等部分组成。人工神经网络是对人脑结构和功能的模拟，进化计算是对自然进化适者生存的处理机制的模拟，模糊系统是对人类思维和语言活动规律的研究，随机搜索算法是一种随机搜寻解的方法，群集智能算法是对生物社会行为的模拟，而人工免疫系统则是对免疫系统的工作机理加以模拟研究。计算智能的这些方法具有以下某些特定的要素：自适应的结构、随机产生的或指定的初始状态、适应度的评测函数、修改结构的操作、系统状态存储器、终止计算的条件、指示结果的方法、控制过程的参数。计算智能具有自学习、自组织、自适应的特征和简单、通用、鲁棒性强、适于并行处理的优点，在并行搜索、联想记忆、模式识别、知识自动获取等方面得到了广泛的应用。遗传算法、免疫算法、模拟退火算法、蚁群算法、粒子群算法等都是一些仿生算法。人们通过对自然界独特规律的认知，基于“从大自然中获取智慧”的理念，可提取出适合知识获取和优化求解的一套计算工具。而且由于具有自适应学习特性，这些算法能达到全局优化求解的目的。

为便于理解，这里对计算智能的一些主要概念做简要解释。

计算智能：模仿生物进化过程、生物构造、机能、群体行为、思维语言和记忆过程，实现对问题优化求解的算法统称为计算智能。

自组织：在一定条件下，生命系统、社会系统等为了适应环境，子系统之间相互作用、调节，有目的地由无序到有序，由低级有序到高级有序，自动组织形成一种机制的过程。

自适应：自适应就是在处理和分析过程中，根据处理数据的特征自动调整处理方法、处理顺序、处理参数、边界条件或约束条件，使其与所处理数据的统计分布特征、结构特征相适应，以取得最佳的处理效果的过程。

智能性：对现实问题采用自适应、自组织等智能方式解决问题的特性。

并行性：指对问题可同时求解，包括同时用多个处理器进行计算和多条路线处理等。

健壮性：算法对输入数据具有抗噪性和容错性。

计算智能的理论基础涉及数学、物理学、生物学、智能科学等众多领域，求解过程更多体现为一种无轨迹的随机搜索，具有马尔科夫特性(当前搜索点大多数情况下仅与前一点有关)，也涉及稳定性和收敛性的概念，求解的思路采用群搜索方案，个体间有时具有竞争性，有时又具有协作性，视模仿生物特性的角度不同而不同。遗传进化、优胜劣汰、适者生存是计算智能遵循的主要法则。

## 1.2 计算智能的研究内容

### 1.2.1 人工神经网络

人工神经网络用于模仿人类的大脑结构和功能。人脑本身可看成是一台复杂的非线性并行计算机，具有比计算机更快完成模式识别、感知和控制任务的能力，同时还具有学习、记忆和泛化的功能。

人的大脑里大约有 $10^{12}$～$10^{14}$ 个神经元(或称神经细胞)，每一个神经元都是生物组织和化学组织的有机结合，每个神经元相当于一个微处理器，功能简单，但它们互连所构成的神经网络却可以解决相当复杂的问题。

科学家们对生物神经网络的工作机理研究表明，包括记忆在内的所有生物神经功能，都存储在神经元及其之间的连接上。学习被看作是在神经元之间建立新的连接或对已有的连接进行修改的过程。这便引出下面的一个问题：既然我们已经对生物神经网络有一个基本认识，那么能否利用一些简单的人工“神经元”构造一个小系统，然后对其进行训练，从而使它们具有一定可用的功能呢？答案是肯定的。

人工神经网络(Artificial Neural Network，ANN)简称神经网络，是模拟人脑功能和结构以及信息处理机制构建的一种数学模型。神经网络通过模拟人脑神经细胞(神经元的工作特点、神经元的连接、信息和知识的分布式存储、自然并行处理方式、自适应的调节连接权值即学习能力等)，形成一种处理能力十分强大或称类似于人脑智能工作的“智能体”，能解决很多领域的实际问题。

目前，神经网络已被广泛应用于信号处理、智能控制、计算机视觉、优化计算、专家系统、生物信息科学、模式识别等领域。神经网络在模式识别中的应用形成了模式识别的一个重要分支——神经网络模式识别。通过建立不同的神经网络模型，模式分类或聚类都可以使用不同的神经网络来加以处理。由于神经网络具有一些明显的特点，因而神经网络模式识别法不同于传统的模式识别方法，其具有相应的明显优点。

神经网络的主要功能特点如下：

(1) 容错性，即使待识别的模式带有噪声或发生一定畸变，它也能正确识别。

(2) 自适应性，通过训练学习，调整网络结构或神经元间的连接强度，神经网络模式识别能力可得到增强。

(3) 鲁棒性，信息或知识分布式记忆，网络本身具有较强的可靠性。

(4) 并行性，神经元的工作方式为并行处理方式。

(5) 既能做识别，也能做聚类。

(6) 具有联想记忆能力。

目前人们已研究出多种不同的神经网络，例如：

- 单层神经网络，如 Hopfield 神经网络；多层前馈神经网络，如标准的 BP 神经网络。
- 时序神经网络，如 Elman 神经网络和 Jordan 简单回馈神经网络。
- 自组织神经网络，如 Kohonen 自组织特征映射和学习向量量化器。
- 组合监督和非监督的神经网络，如某些基函数神经网络。

## 1.2.2 进化计算

进化计算(Evolutionary Computing)的目的是模仿自然进化适者生存的机制进行计算。在自然进化中，生物通过选择复制、竞争、变异、交叉、繁殖再生实现生存，子代含有亲代的遗传物质。继承了好的遗传特性的子代保持生存，而继承了坏的遗传特性的子代缺乏竞争力从而消亡。

遗传算法、遗传规划、进化策略、进化规划、微分进化、文化基因算法、协同进化算法等方法都分别具有进化计算的某个或某些方面的特点，形成进化计算群落。这些算法都具有以下共同的要素：自适应结构、随机产生或指定的初始状态、适应度的评测函数、修改操作、状态存储器、终止计算条件、指示结果的方法、控制过程的参数。计算智能的这些方法具有自学习、自组织、自适应的特征和简单、通用、鲁棒性强、适于并行处理的优点，在并行搜索、联想记忆、模式识别、知识自动获取等方面得到了广泛的应用。

### 1. 遗传算法

遗传算法(Genetic Algorithm,GA)是由美国的 J. Holland 教授于 1975 年首先提出的一种模仿生物进化规律(适者生存、优胜劣汰)的随机搜索方法。遗传算法的主要特点是直接对候选解所对应的基因个体进行交叉、变异、重组等“遗传”操作，使种群代代传递，通过评价函数(又称为适应度函数)对个体进行评价，在达到规定的代数或已求得最优化解或近似的最优化解的情况下停止工作，从而解决问题。遗传算法没有对目标函数连续性或可导的约束，搜索方向是随机的、全局性的，不易陷入局部最优，且具有并行性，所以其求解效率高。目前，遗传算法已成为现代人工智能的一种关键方法，广泛应用于众多研究领域，如优化求解、机器智能、信息融合、自动控制和人工生命等。

### 2. 遗传规划

遗传规划(Genetic Programming，GP)也称为遗传编程或基因编程，是由美国斯坦福大学的 Koza 于 1989 年提出的一种用层次化的计算机程序表达问题，模拟生物进化的仿生方法。它所研究的个体对象是计算机程序。如果将一个程序看成是由输入到输出的映射，那么大量程序构成的“程序群”实质上就构成了一个映射集合。当以某种适应度对每个程序或映射完成任务的能力加以评价时，可区别程序或映射的好坏。以程序作为个体，随机生成的大量程序作为种群，按生物进化原则，自然选择，优胜劣汰，施加程序个体遗传操作，如选择、变异，允许程序间交叉或重组，程序个体得以进化，好的程序个体得以保留。当到达某些预定的中止条件时，胜出的程序个体就为求解问题所需的程序。遗传规划在程序或映射的设计中，多以判断或树形结构加以组织，便于交换重组代码。如只需告诉计算机“需要做什么”，而不需告诉它“如何去做”，计算机可自动完成编程，帮助我们解决问题，那么就可实现真正的人工智能——自动求解。

**3. 进化策略**

进化策略(Evolutionary Strategy, ES)是1963年由德国的I. Rechenberg和H. P. Schwefel提出的一种模仿生物进化求解参数优化问题的方法。在早期的ES算法中，种群仅含一个个体，只使用变异操作，而不像遗传算法还使用交叉等其他操作。与GA常使用二进制或整数编码不同，ES常采用实值编码。个体变异符合零均值、某一方差(如方差为1)的高斯分布规律。每次从一个父代个体和一个子代个体中选优的这种方法也称为(1+1)-ES。后来，ES也开始让种群含有多个个体并使用选择操作。但与GA早期的基于适应度大者被选择的概率高的选择策略不同，ES采用无偏的选择策略。即当前父代种群中每一个个体都有相同的概率被选择。$(\mu+\lambda)$-ES指种群含$\mu$个个体，从$\mu$个个体中随机选择$\lambda$个个体进行变异得到$\lambda$个个体($\lambda\leqslant\mu$)，然后从这$\mu+\lambda$个个体中选择好的$\mu$个个体形成子代种群，以维持种群规模不变。$(\mu, \lambda)$-ES则从种群个体中随机选择一些个体，变异得到$\lambda$个个体($\lambda\geqslant\mu$)，然后从这$\lambda$个个体中选择好的$\mu$个个体构成子代种群。现在ES也开始使用整数编码以及基因重组(如交叉等操作)来求解组合优化问题。

使用$(\mu+\lambda)$-ES求解组合优化问题($\lambda\leqslant\mu$)的一种方法可描述如下：

(1) 建立一个含$\mu$个个体的初始种群$P_0$，并记迭代代数$i=0$；置最大迭代代数$L$为常数。

(2) 无偏选择$P_i$中$2\lambda$个个体，两两重组(如交叉)形成$\lambda$个个体。

(3) 对(2)中形成的$\lambda$个个体中的每一个或部分个体进行变异，从中删除已变异的个体。

(4) 从$\mu+\lambda$个个体中，按个体适应度值优劣，选择$\mu$个个体形成新一代种群$P_{i+1}$，置$i=i+1$。

(5) 若$i>L$或解已求得，则结束，否则，转(2)。

使用$(\mu, \lambda)$-ES求解组合优化问题的方法可类似上述方法进行描述。

**4. 进化规划**

进化规划(Evolutionary Programming)是由美国学者L. J. Fogel提出的一种求解复杂非线性实值连续优化问题的进化算法，它也不需考虑目标函数的连续性和可导性。与进化策略相比，进化规划只采用变异操作，而始终不采用交叉操作。其基本工作原理可描述如下：

(1) 构造初始种群。以已求解问题的可行解的数字串表示的编码作为个体，构成规模为$n$的种群$P_0$，设置最大迭代代数$L$，置代数计数器$i=0$。计算每个个体的适应度值。

(2) 对$P_i$中的每个个体按高斯分布扰动进行变异操作，产生$n$个子代。

(3) 计算$P_i$中每个个体以及子代个体的适应度值。

(4) 若最优解已找到，则停止计算，输出结果，否则，若$i<L$，则从$P_i$和子代个体合起来构成的个体集中，按某种“竞争”或“择优”的方式，先标记“获胜者”，然后从获胜者中选出好的$n$个个体构成新一代的种群$P_{i+1}$，置$i=i+1$，转(2)，否则，停止计算，输出当前种群中最好的个体，作为近似结果输出。

1）进化策略与进化规划的相同之处

（1）编码方式相同，都采用数字串实值编码方案，不像传统遗传算法采用0、1编码，减少了编码和译码环节，提高了求解效率。

（2）都采用变异操作，且变异操作的方式相同。变异时，通过加上一个服从均值为0、标准差为可选值的高斯分布随机变量使个体发生变异，从而产生新的个体。

正是因为有这两个共同点，进化策略与进化规划在求解复杂的非线性优化问题方面展现出强大的优越性。

（3）都用到了选择操作。

2）进化策略与进化规划的差异之处

实际应用时，进化策略与进化规划的差别主要体现在以下几个方面：

（1）进化策略中交叉操作是可选的，如同遗传算法，可采用离散交叉或中值交叉方式。而进化规划没有交叉操作，这是它们的本质差异。

（2）在选择操作上，进化策略通常采用无偏方式（如均匀随机分布抽取父代个体），每个个体能被以相同的概率选中来加以变异。而进化规划则采用确定性的方法选择个体来加以变异，即当前种群中的每一个个体都要被选择来变异而产生子代个体。

（3）在新一代种群中个体的确定上，进化策略在所有候选个体中按种群规模全局性地选择好的个体构成新种群。进化规划则采用局部竞争等方式，先选出“优胜者”，然后从“优胜者”中再按种群规模选择好的个体构成新的种群。

**5. 微分进化**

微分进化（Differential Evolution，DE）又称差分进化，是由Storn和Price于1995年提出的一种针对实值参数的优化问题的仿生启发式全局搜索方法。它也采用类似于遗传算法中的选择、交叉、变异操作。但不同于其他的进化算法，其变异操作是根据种群中个体对应的向量对之间的差值实现的。它也是一种随机优化方法。微分进化也不需考虑目标函数的连续性和可导性，在实参数优化问题方面比其他进化方法更为有效。微分进化算法可描述如下：

（1）初始化。按种群规模的大小，随机生成一些满足基本约束条件的个体，构成种群$P_0$。置最大迭代代数$L$为常数，并记迭代代数$i=0$。

（2）计算种群$P_i$中每个个体的适应度。

（3）交叉操作。与遗传算法类似。

（4）变异操作。DE常用的差分策略是，随机选择种群中两个不同的个体，将其向量差缩放后与待变异个体进行向量合成：

$$x_j(i+1)=x_k(i)+c\left[x_l(i)-x_m(i)\right]$$

式中：$i$表示代数，$k$、$l$、$m$分别表示第$i$代中某些个体的编号，都可不相等；$j$表示由第$k$个个体变异后在新种群中的某个编号；$c$为缩放因子；$x_l(i)$、$x_m(i)$分别表示第$i$代种群中第$l$、$m$个个体所对应的向量；$x_k(i)$表示要变异的个体对应的向量；$x_j(i+1)$表示变异后得到的个体所对应的向量。当然，若$x_j(i+1)$仍在基因所应满足边界条件范围之内，则变异有效。否则，变异无效，此时，可与初始种群中个体产生的方法一样，用随机方法生成一个个体作为变异的结果。

（5）选择操作。从交叉操作/变异操作得到的个体中选择好的个体构成新一代种群$P_{i+1}$。置$i=i+1$。

(6) 若 $i<L$ 且解还不满意，则转(2)，否则，算法结束。输出求得的最好解。

DE 除采用实数编码方式，与遗传算法类似的交叉操作及特殊的差分变异外，通常采用锦标赛选择方式，不同于遗传算法中采用适应度大者被选择的概率大的策略。有效利用个体向量具有的分布特性进行变异，使 DE 的搜索能力得以提高。

**6. 文化基因算法**

文化基因算法(Memetic Algorithm，MA)是由 Pablo Moscato 于 1989 年首次提出的一种模拟文化发展进化的概念。MA 用局部启发式搜索模拟一种文化的变异过程，用全局搜索策略模拟多元文化的交叉融合演变。它是种群全局搜索和个体局部搜索的一种结合体。局部搜索用爬山搜索、模拟退火、贪婪算法、禁忌搜索、启发式搜索等策略，全局搜索策略用遗传算法、进化策略、进化规划等策略。采用不同搜索策略或其组合可构成不同的文化基因算法。目前，文化基因算法还是一种框架或概念，但比较符合当今多元文化渗透向优化方向发展的大趋势，有比较大的发展前景。

**7. 协同进化算法**

协同进化(Co-evolutionary Algorithm，CEA) 是指两个或多个种群在进化过程中通过一定的机制和策略相互适应、相互促进、协同搜索或进化的一种进化技术。原型上，一个物种的遗传进化可能会影响另一物种。例如，食草昆虫会导致某种植物发生遗传变化，而植物的这种遗传变化反过来又会引起食草昆虫产生遗传变化。与传统进化算法不同，协同进化机制是协同进化算法中强调的关键机制。当种群个体为算法、操作或策略，优化问题为高维、多极值或动态不确定目标时，用某种单一的进化算法难以求得满意的结果，此时，只有通过使用协同进化算法以协同搜索或进化的方式，才能改善解的质量。目前，协同进化计算已成为计算智能的一个研究热点。

**8. 其他进化算法**

除上述进化计算外，还存在其他一些进化计算，如群体灭绝、分布遗传算法(其中，每个种群在维持不同的种群下进行遗传进化)。此外，还有种群迁移、带寄生物的进化模型(其中，被寄生的个体将会死亡)等。另外，免疫学也已被用于研究病毒的进化以及抗体怎样进化到清除病毒感染的个体。

### 1.2.3 群集智能

群集智能(Swarm Intelligence，SI)是研究离散系统中个体的社会行为的一种人工智能技术。

这种离散系统中的个体都十分简单，但个体与个体以及个体与环境的局部或整体交互，却让个体表现出其具有一定的智能。虽然没有集中控制来指导个体的行为或协同，但这些简单个体通过交互最终呈现出复杂的全局智能行为。因此，我们把这种个体所构成的离散系统称为群集智能系统。

当前，主要的群集智能算法有蚁群算法和粒子群优化算法。

**1. 蚁群算法**

蚁群算法(Ant Colony Algorithm，ACA)也称为蚁群优化(Ant Colony Optimization，ACO)算法，又称蚂蚁算法。一般用 ACO 表示蚁群算法。它是由 Marco Dorigo 于 1992 年

提出的一种用于寻找图中优化路径的模拟进化算法，是一种群集智能算法，其思想来源于蚂蚁寻食路径发现行为的分析。众多蚂蚁在不知何地有食物的情况下独自寻食。一旦一只蚂蚁寻到食物，它会向周围释放一种物质或信号，称为信息素(pheromone)。信息素随时间增长而逐渐消失。信息素的浓度大小决定了食物源或路径的远近。有些蚂蚁受信息素的吸引朝同一食物源或路径寻找。找到食物的蚂蚁会越来越多。而有些蚂蚁不受信息素的影响，仍独立寻食。若有蚂蚁找到食物后发出的信息素表明食物源或路径更短，则该食物源或路径会吸引更多的蚂蚁。最终，最短路径上的蚂蚁就会越聚越多。

蚁群所处的环境中可能存在障碍物，不同的蚂蚁散发出不同的信息素，信息素随时间流逝以一定的速率挥发。每个蚂蚁仅靠对局部环境的感知，循着信息素浓度高的方向寻找最优的路径实现避障、觅食或找巢。蚁群算法正是基于蚂蚁或蚁群的这种生物的社会行为特性而提出的。

相比于遗传算法，蚁群算法在求解某些如PID控制器参数优化问题上，具有更好的效果。正因如此，目前蚁群算法以其优秀的性能成为了一种新的模拟进化算法。

**2. 粒子群算法**

粒子群算法(Particle Swarm Algorithm，PSA)也称粒子群优化(Particle Swarm Optimization，PSO)或鸟群觅食算法。一般用PSO表示粒子群算法。它是由J. Kennedy和R. C. Eberhart等于1995年提出的一种新的进化算法。粒子群优化算法的思想建立在对鸟群捕食社会行为的一种模拟研究的基础上。鸟群中的每一只鸟，通过共享群内的信息，独自完成各自的捕食目标，从而整个鸟群也能获得最优的捕食结果。在进化计算的思想下，粒子群算法以鸟群作为种群，模拟以鸟为个体的行为方式，通过多代的进化(计算)，使群体从无序到有序演化，最终获得问题的最优解。

与遗传算法类似，PSO以随机方式得到的可行解作为个体构成初始种群，通过一代一代的进化，实际上就是每个个体按自身的历史最优解和种群的历史最优解作为搜索导向，不断向优化方向运动，进而寻找到整个问题的最优解。但PSO不使用遗传算法中的交叉以及变异等遗传操作，只是粒子在解空间追随最优的粒子，并结合自身的历史最优方向进行搜索。PSO不像遗传算法有许多参数(如交叉率、变异率等)需要设置，而且容易实现，因此，目前PSO已被广泛应用于非线性优化问题、神经网络权值阈值训练等应用领域。

### 1.2.4　模糊系统

传统的集合论要求元素要么是要么不是集合的成员。二值逻辑要求逻辑变量的值要么是0要么是1，推导的结果也要么是0要么是1。然而人类的推理总是不精确的。人们的观察和推理通常含有不确定性。例如，人类很容易理解“某些计算机系的学生可以用多种程序设计语言编程”，但计算机就无法表示这一事实并进行推理。在模糊系统中，认为集合实际上是一种概念。“精确”的概念可通过传统集合论中的集合加以刻画，严格规定了一个元素是否确定属于某个集合或其所对应的概念。但“更精确”的概念无法做这种限定，由此引入了模糊集的概念。模糊集允许元素以一定的程度属于集合来表示这种元素和集合的近似属于关系。模糊逻辑也允许近似推理，从带有一定不确定程度的事实推导出带有一定不确定程度的新事实或结论。由此可见，模糊集实际上是比传统集更精确的概念。

模糊系统中的不确定性被称为非统计不确定性，且有别于统计学上的不确定性。统计不确定性基于概率规律，而非统计不确定性则基于含糊性、不精确性和不分明性。

### 1.2.5 随机搜索算法

在计算智能中，随机搜索算法主要有两种：模拟退火算法和禁忌搜索算法。

**1. 模拟退火算法**

模拟退火算法(Simulated Annealing，SA) 最早是由 N. Metropolis 等人于 1953 年提出来的。1983 年 S. Kirkpatrick 等将模拟退火思想引入到组合优化问题求解领域中，并取得成功。模拟退火算法的思想来源于固体退火原理。将固体加温至某个高温后，再让固体慢慢降温。在固体被升温加热的过程中，内部分子随温升充分运动，呈无序状态，内能增大。而当固体慢慢降温时，分子逐渐趋向有序状态运动。在每一个温度点上，固体或固体的分子运动都会达到某种平衡状态。最后，在常温上达到某种基态，内能达到最小。模拟退火算法将组合优化问题的求解类比于固体降温过程，将优化解设计为与温度有关的稳态情况下的目标函数。从某一较高初温开始，温度不断分步下降，在每个温度点，采用 Monte-Carlo 迭代求解策略，以一定概率接受可能属于差解的方式，在解空间中随机寻找目标函数的局部最优解，从而完成整个温控下的全局最优解的搜索。由于其模拟固体退火过程，在每个温度点能概率性地跳出局部最优，并最终实现全局最优求解，因此，它具有随机寻优的特性，且目前已成为一种通用的随机优化算法，在工程中获得了良好的应用。

**2. 禁忌搜索算法**

禁忌搜索(Tabu Search，TS)算法的基本思想是，以一个初始可行解为出发点，不断地选择使目标函数值发生变化最多的方向加以搜索或让可行解移动，直到求得最优解。为避免陷入局部最优，TS 采用了一种称为禁忌表(又称为 Tabu 表)的表记录已搜索过的点，并借助于该表实现某些搜索方向的短时不选，转向选择其他的搜索方向，从而指导进一步搜索。短时封选实际就是暂时不选。短时封选某些搜索方向或搜索点的作用是，避免了贪婪地对某一个局部区域以及其邻域进行比较执着的搜索，以致陷入局部最优。短时封选的某些搜索方向或搜索点在经过一段时间后又会被解封，使 TS 在获得更多搜索区间的同时，又不失原有的搜索点或搜索区域。TS 被称为是一种亚启发式(meta-heuristic)随机搜索算法，也就是说，它并不是一种完全的随机搜索算法。但 TS 仍取得了很多好的求解效果。

### 1.2.6 人工免疫系统

人工免疫系统(Artificial Immune System，AIS)是于 1996 年 12 月在日本首次举行的基于免疫性系统的国际专题讨论会上首次提出来的。人工免疫系统是模仿自然免疫系统功能的一种人工智能系统。自然免疫系统是动物抵御外来病毒或伤害、保障或恢复机体处于正常的一种防御系统。其最大特点是，通过对抗原的识别，用有限的抗体与多种可能出现的某个当前抗原结合，消去抗原，恢复机能。人工免疫算法正是受生物自然免疫系统的启发，通过模拟自然防御机理所设计的一种计算智能算法。人工免疫算法的基本思想是，将优化问题目标函数(约束条件)认为是抗原，在抗体群中，不断寻找与抗原能进行亲和反应的抗体。抗体被理解为问题的可行解，而与抗原具有最大亲和力的抗体就是对应问题的最优解。由于人工免疫系统具有抗噪、无监督学习、自组织、记忆等进化学习特点，集分类器、神经网络和机器学习系统等的优点于一体，因此人工免疫系统为复杂的优化问题求解提供了一种新的解决途径。

人工免疫系统概念自首次提出后，很快就进入到了兴盛的发展阶段。基于自然免疫理论，Farmer 等人率先定义了人工免疫系统的动态模型，并探讨了人工免疫系统与其他人工智能方法的联系。1997 年和 1998 年，IEEE 召开了人工免疫系统专题国际会议，成立了"人工免疫系统及应用分会"。D. Dasgupta 系统分析了人工免疫系统和人工神经网络的异同，认为人工免疫系统和人工神经网络在组成单元及数目、交互作用、模式识别、任务执行、记忆学习、系统鲁棒性等方面相似，而在系统分布、组成单元间的通信、系统控制等方面不同，并指出自然免疫系统是人工智能方法灵感的重要源泉。Gasper 等认为多样性是人工免疫系统自适应动态的基本特征，AIS 是比 GA 更能维护这种多样性的优化方法。D. Dasgupta和焦李成等认为，人工免疫系统已经成为人工智能领域的理论和应用研究热点，相关论文和研究成果正在逐年增加。莫宏伟、左兴权所著的《人工免疫系统》对人工免疫系统给出了新的定义，并对人工免疫系统的研究内容进行了重新划分，认为人工免疫系统的研究内容可分为面向医学的和面向工程的两大类。

## 1.3 计算智能的发展历史、应用领域和发展趋势

**1. 发展历史**

计算智能的发展历史与计算智能的各个组成部分的发展历史密切相关。计算智能的发展经历了起步阶段、低谷阶段、复兴和发展阶段等三个主要阶段。

1）起步阶段

这一阶段时间大约在 1940～1969 年。代表成果有：20 世纪 40 年代，心理学家 M. McCulloch和数学家 W. H. Pitts 提出了形式神经元数学模型(简称为 MP 模型)，心理学家 D. O. Hebb提出了神经元之间的突触连接是可变的假说(后人认可的 Hebb 学习律)；20 世纪 50 年代德国学者 D. E. Rumelhart 等人提出了单层感知器网络模型，美国学者 J. Holland 提出了遗传算法概念；20 世纪 60 年代，美国学者 Zadeh 提出了模糊逻辑理论，德国学者 Rechenberg和 Schwefel 提出了进化策略，美国学者 Fogel 提出了进化规划。

2）低谷阶段

这一阶段时间大约在 1969～1981 年。1969 年，M. Minsky 和 S. Papert 在其《感知器》(Perceptions)中指出单层感知器甚至不能处理异或这样简单的非线性划分问题，加上此时冯·诺依曼计算机正处于全盛发展期，这一时期，符号逻辑的人工智能正迅速发展并取得了很多研究成果，所以人们不再重视神经网络的研究，使神经网络的研究处于低潮期。遗传算法、进化规划、进化策略也没有引起人们的极大重视，所以计算智能处在短暂的低谷期。但这一时期仍有不少学者坚持研究，取得了一些相应的成果，如 Arbib 的竞争模型、Kohonnen 的自组织映射、Grossberg 的自适应共振模型(ART)、Fukushima 的新认知机、Rumelhart 等人的并行分布处理模型(PDP)。在进化计算领域，也有很多学者在从事相关的研究，如 Holland 的学生仍在对遗传算法进行验证，Holland 提出并证明了模式定理(1975 年)。

3）复兴和发展阶段

这一阶段时间大约在 1982 年至今。1982 年，美国加州工学院物理学家 J. Hopfield 提

出了循环网络(称为 Hopfield 神经网络),将 Lyapunov 函数引入神经网络,作为网络性能判定的能量函数,用非线性动力学的方式来研究神经网络,并用于解联想记忆和优化计算问题,从此神经网络开始复兴。1986 年,D. E. Rumelhart 和 J. L. McClelland 领导的研究小组出版了《并行分布处理》,提出多层前向网络的反向传播算法,将感知器模型发展到更具严密数学基础的 BP 网络,极大地推进了神经网络的复兴研究。此外,1985 年,Hinton、Sejnowsky、Rumelhart 等还将随机机制引入 Hopfield 神经网络,提出了 Boltzman 机(玻尔兹曼机)。遗传算法、进化规划、进化策略等进化算法得到了进一步发展并得以完善,如模拟退火算法(1983 年)、禁忌搜索算法(1986 年)等的提出,这些都使计算智能处于复兴阶段。神经网络被大量应用于模式识别、机器学习等需要人类智能解决的问题领域,弥补了传统串行机及基于符号处理的人工智能在解决这类问题时的不足。特别是近年来以神经网络作为基础模型,在大数据、深度学习问题等方面,通过建立模仿人类大脑的计算模型,如卷积神经网络,解决了大量的工程应用问题,如计算机视觉问题,使神经网络得到了更深入的研究、应用和发展,形成了神经网络研究热潮。1992 年,Dongo 等人提出了蚁群算法,用于解决离散组合优化问题,1995 年,Ebenhart 和 Kennedy 提出了粒子群优化算法解决连续优化问题,进一步将算法建立在模拟生物社会行为的基础上,使计算智能的内容更加丰富。

**2. 应用领域**

由于计算智能具有智能性、并行性、鲁棒性、自组织、自适应、无需导数和函数连续等特点,因此,计算智能已被广泛应用于优化问题求解领域,如疾病诊断、语言识别、数据挖掘、音乐创作、图像处理、气象预报、机器人控制、信用评估、模式识别、游戏规划、自然语言理解和处理,等等。

**3. 发展趋势**

除了对计算智能的每一个分支领域进行深入研究,探讨计算智能的理论基础和应用技术及开辟新的应用面之外,目前,计算智能更侧重于多方法的融合,形成混合应用系统。各种方法之间的界限正在变得越来越不分明。无论如何,计算智能以解决问题、实现问题的求解作为其根本目标。

# 习 题 1

1.1 论述智能与思维,信息与知识的关系,以及计算智能的研究范畴。

1.2 什么是传统人工智能和计算智能?它们之间的关系如何?

1.3 计算智能的主要研究内容有哪些?有何特点?它们的关系如何?

1.4 计算智能的主要研究方法是什么?它们具有哪些主要特征?

习题 1 部分答案

# 第 2 章　人工神经网络

## 2.1　人工神经网络概述

人工神经网络(Artificial Neural Networks，ANN)是模仿生物神经网络的功能和结构建立的，是一种具有自学习和自适应及信息处理特征的数学模型。每个神经元功能简单，但大量神经元相互连接将形成功能强大的动力学系统。神经网络系统的功能体现在神经元及其相互间的连接权上。通过调节神经元之间的连接强度，可形成功能强大的神经网络动力学系统，可解决诸多领域的复杂问题。

人工神经网络系统具有以下一些主要优点：

(1) 自学习性和自适应性。通过用已知的信息或知识对神经网络进行训练，并调整网络结构或神经元的连接强度，会使神经网络的处理能力不断增强，可以处理相应的问题。另外，自学习性和自适应性对于预测意义重大。

(2) 具有联想存储功能。用反馈网络实现联想存储，可以使网络具有信息记忆功能。

(3) 具有高速寻优能力。在寻找复杂问题优化解时，传统寻优方法往往搜索工作量大，甚至不可求解，而利用有针对性设计的人工神经网络，可以轻松地求出问题的优化解。

## 2.2　神经网络基本概念

### 2.2.1　生物神经元与神经网络

人工神经网络模仿的是生物神经网络的工作原理，因而也称为神经网络或人工神经网络系统。生物神经网络主要指人脑神经网络和其他有特定功能和行为的生物的神经网络。

在生物神经网络中，神经元(也称神经细胞)是神经系统的基本单元，能独立接收、处理和传递电化学信号。一个神经元由细胞体(cell body)、树突(dendrite)、轴突(axon)和突触(synapse)等组成。细胞核(nucleus)、细胞质(cytoplasm)和细胞膜(membrane)等又构成细胞体。树突用于接收其他神经元发送的信号。轴突是本神经元的电荷信号传递到神经末梢从而被其他神经元接收的最粗壮枝。突触是神经元间神经末梢的接口部位。神经末梢间是随时间变化的、动态连接的。图 2.1 给出了生物神经元的基本结构示意图。

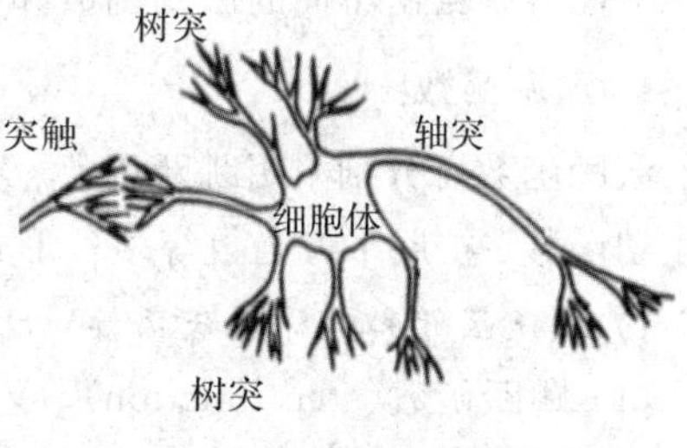


图 2.1　生物神经元的基本组成

神经元只有兴奋和抑制两种状态，即可认为神经元只有二值逻辑信号。当树突接收其他神经元传来的兴奋电荷信号，在神经元内经过整合且超过某个阈值时，神经元会发出较强的兴奋脉冲信号，刺激其他神经元，否则只能抑制(inhibit)其他神经元或不起作用。

由此可见，生物神经网络是由大量功能极其简单的神经元及神经元之间的连接构成的，神经元之间连接强度的大小是可动态改变的。

人工神经网络正是模仿生物神经网络的功能和结构而研究的一种非线性数学模型。

### 2.2.2 人工神经元

人工神经元是生物神经元功能简化的数学模型，也称为处理单元。大量人工神经元相互连接构成的网络图称为人工神经网络。连接强度用权值加以表示。

McCulloch 和 Pitts 提出了最早的人工神经元模型，因而该模型称为 MP 模型，如图2.2 所示。设有 $n$ 个人工神经元，对于第 $i$ 个人工神经元($i=1, 2, \cdots, n$)，$x_j(j=1,2,\cdots,p)$表示第 $i$ 个神经元的输入，$w_{ij}(j=1,2,\cdots,p)$为输入到神经元 $i$ 的连接权值(其中，$p$ 为某个正整数)，阈值为 $\theta_i$，激励函数为 $f_i$，输出为 $y_i$，则

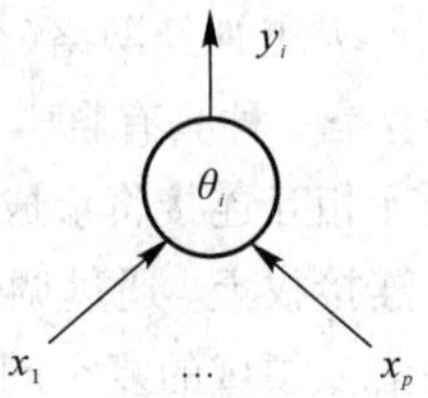

图 2.2 神经元模型

$$\mathrm{net}_i = \sum_{j=1}^{p} w_{ij} x_j - \theta_i \tag{2-1}$$

$$y_i = f_i(\mathrm{net}_i) \tag{2-2}$$

激励函数 $f_i$ 也称为输出函数或作用函数。在 MP 模型中，输出函数采用下列形式：

$$y = f(x) = \begin{cases} 1, & x \geqslant 0 \\ 0, & x < 0 \end{cases} \tag{2-3}$$

或

$$y = f(x) = \begin{cases} 1, & x \geqslant 0 \\ -1, & x < 0 \end{cases} \tag{2-4}$$

由于 $\mathrm{net}_i \geqslant 0$ 等价于 $\sum_{j=1}^{p} w_{ij} x_j \geqslant \theta_i$，因此，当 $\sum_{j=1}^{p} w_{ij} x_j \geqslant \theta_i$ 时，$y_i=1$，其对应的物理意义是，当输入量的整合，即加权求和的结果大于或等于神经元 $i$ 的阈值 $\theta_i$ 时，神经元 $i$ 兴奋，并输出 1。

在一个人工神经网络中，每个神经元可采用不同的输出函数。但一般较多地采用同一种输出函数。我们主要考虑后一种情况。采用不同的激励函数和输入整合策略(又称为集成函数或整合函数)，可产生与 MP 模型不同的多种其他的人工神经元模型。

下面分别给出不同的激励函数和整合函数。

**1. 激励函数**

激励函数可分别采用跳跃函数、对称跳跃函数、线性函数、伪线性函数、S 形函数、双曲正切函数、扩展平方函数等多种形式。

1) 跳跃函数和对称跳跃函数

(1) 跳跃函数(step function)，又称阶跃函数、阈值型函数或硬限函数，函数值为 1 或 0，表达式为

$$f(x)=\mathrm{sgn}x=\begin{cases}1, & x\geqslant 0\\ 0, & x<0\end{cases} \tag{2-5}$$

MP 模型采用跳跃函数作为激励函数。在 Matlab 中，用 hardlim 表示跳跃函数。跳跃函数有时也被称为单极跳跃函数，如图 2.3(a)所示。

(2) 对称跳跃函数，又称为双极硬限函数、硬限双极函数(或硬限对称函数)或双极跳跃函数，函数值为 1 或 −1，表达式为

$$f(x)=\mathrm{sgn}x=\begin{cases}1, & x\geqslant 0\\ -1, & x<0\end{cases} \tag{2-6}$$

在 Matlab 中，对称跳跃函数用 hardlims 表示，如图 2.3(b)所示。

2) 纯线性函数

纯线性函数(linear function) 具有下列表示形式：

$$f(x)=x \tag{2-7}$$

纯线性函数是最简单的线性函数，它相当于普通线性函数 $ax+b$ 中取 $a=1$，$b=0$。在 Matlab 中，用 purelin 表示纯线性函数，如图 2.3(c)所示。

3) 饱和函数和对称饱和函数

(1) 饱和函数(saturate function)，也称为斜面函数(Ramp function)，有时也称之为伪线性函数 (pseudo linear function)，是一种在一定的区间范围内输入输出呈线性关系的函数。饱和函数的最大饱和值为 1，最小饱和值为 0。饱和函数的表达式为

$$f(x)=\begin{cases}1, & x>1\\ x, & 0\leqslant x\leqslant 1\\ 0, & x<0\end{cases} \tag{2-8}$$

在 Matlab 中，用 satlin 表示饱和函数，如图 2.3(d)所示。

若饱和函数取值无上界 1 的限制，则相应的函数称为 ReLu 函数。

(2) 对称饱和函数。对称饱和函数在自变量小于 −1 时取值为 −1，大于 1 时取值为 1，而在 −1 和 1 之间时，函数值就等于自变量的值。对称饱和函数的表达式为

$$f(x)=\begin{cases}1, & x>1\\ x, & -1\leqslant x\leqslant 1\\ -1, & x<-1\end{cases} \tag{2-9}$$

在 Matlab 中，用 satlins 表示对称饱和函数，如图 2.3(e)所示。

4) S 形函数和对称 S 形函数

(1) S 形函数，也称为 sigmoid 函数或单极 S 形函数(polar function)，最大饱和值为 1，最小饱和值为 0。S 形函数的表达式为

$$f(x)=\frac{1}{1+\mathrm{e}^{-\lambda x}} \tag{2-10}$$

式中，$\lambda$ 是一个可调参数，如可选 $\lambda=1$。S 形函数为非线性增函数，连续无限可微。在 $|x|$ 较小时，导数 $f'(x)$ 较大，函数值增长较快。在 $|x|$ 较大时，导数 $f'(x)$ 较小，函数值增长较慢，可有效克服饱和现象。S 形函数是最常采用的神经元激励函数。Matlab 用 logsig 表示单极 S 形函数。在 $\lambda=1$ 时，S 形函数的曲线如图 2.3(f)所示。

(2) 对称 S 形函数，又称为双曲正切函数，也称为双极 sigmoid 函数(bipolar sigmoid

function)，最大饱和值为1，最小饱和值为−1。对称S形函数的表达式为

$$f(x)=\tanh(x)=\frac{e^{x}-e^{-x}}{e^{x}+e^{-x}} \tag{2-11}$$

对称S形函数连续无限可微。Matlab 用 tansig 表示对称S形函数，如图2.3(g)所示。

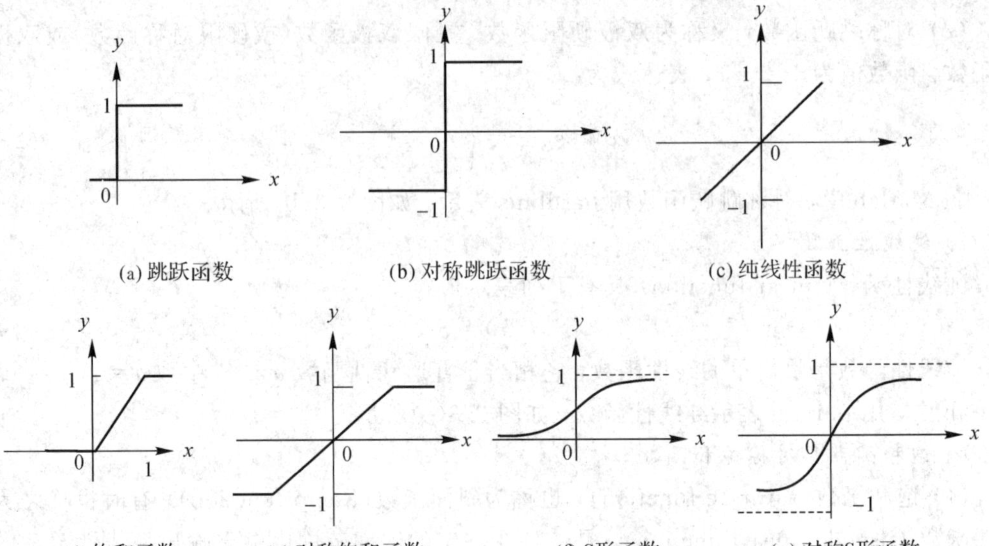


(a) 跳跃函数　(b) 对称跳跃函数　(c) 纯线性函数

(d) 饱和函数　(e) 对称饱和函数　(f) S形函数　(g) 对称S形函数

图2.3　常用激励函数的表示形式

5）扩展平方函数

扩展平方函数是平方函数的一种推广形式，表达形式为

$$f(x)=\begin{cases}\dfrac{x^2}{a+x^2}, & x>0\\ 0, & \text{其他}\end{cases} \tag{2-12}$$

式中，$a>1$ 为一个可调节的参数。

6）高斯函数

高斯函数的表达式为

$$f(x)=\exp\left[-\frac{1}{2}\left(\frac{x-\mu}{\sigma}\right)^2\right] \tag{2-13}$$

式中，$\mu$ 为均值，$\sigma^2$ 为方差。这是一维情况下的正态分布密度函数，高维情况下也有高维的高斯函数表达式。

7）指数函数

指数函数的表达式为

$$f(x)=\exp(-x^2) \tag{2-14}$$

在上述函数中，除纯线性函数为线性函数外，其他均为非线性函数。采用非线性函数作为神经元激励函数构成大量人工神经元连接的网络可使之形成一个功能强大的非线性数学模型系统。

为数学表达方便起见，可记 $w_{i,p+1}=-\theta_i$，这样 $\text{net}_i$ 就可直接表示为向量内积(又称点积)的形式：

$$\text{net}_i=(\boldsymbol{W}_i, \boldsymbol{X})=\boldsymbol{W}_i\circ\boldsymbol{X}=\boldsymbol{W}_i^{\mathrm{T}}\boldsymbol{X} \tag{2-15}$$

式中，$\boldsymbol{W}_i=[w_{i1},w_{i2},\cdots,w_{ip},\ w_{i,p+1}]^{\mathrm{T}}$，$\boldsymbol{X}=[x_1,x_2,\cdots,x_p,\ 1]^{\mathrm{T}}$。而且由于 $w_{i,p+1}=-\theta_i$，因此，可以让 $w_{i,p+1}$ 与其他权值一样进行动态学习调整，从而阈值 $\theta_i$ 也就可以被学习调整了，因为 $\theta_i=-w_{i,p+1}$。

$b_i=-\theta_i$ 称为第 $i$ 个神经元的偏置。它们的关系显然有：$\theta_i=-b_i=-w_{i,p+1}$，$b_i=w_{i,p+1}$。

**2. 整合函数**

由输入向量 $\boldsymbol{X}=[x_1,x_2,\cdots,x_p]^{\mathrm{T}}$ 和连接权向量 $\boldsymbol{W}_i=[w_{i1},w_{i2},\cdots,w_{ip}]^{\mathrm{T}}$ 形成第 $i$ 个神经元的整合输入时，采用的整合函数有以下 6 种。

(1) 线性函数：

$$\mathrm{net}_i=f(\boldsymbol{W}_i,\boldsymbol{X},\theta_i)=\boldsymbol{W}_i^{\mathrm{T}}\boldsymbol{X}-\theta_i=\sum_{j=1}^{p}w_{ij}x_j-\theta_i=\sum_{j=1}^{p}w_{ij}x_j+b_i \tag{2-16}$$

(2) 二次函数(quadratic function)：

$$\mathrm{net}_i=f(\boldsymbol{W}_i,\boldsymbol{X},\theta_i)=\sum_{j=1}^{p}w_{ij}x_j^2-\theta_i=\sum_{j=1}^{p}w_{ij}x_j^2+b_i \tag{2-17}$$

(3) 负欧氏距离函数(negative euclidean distance function)(不考虑阈值和偏置)：

$$\mathrm{net}_i=f(\boldsymbol{W}_i,\boldsymbol{X})=-\|\boldsymbol{W}_i-\boldsymbol{X}\|=-\sqrt{\sum_{j=1}^{p}(w_{ij}-x_j)^2} \tag{2-18}$$

(4) 负欧氏距离平方函数(negative euclidean square distance function)：

$$\mathrm{net}_i=f(\boldsymbol{W}_i,\boldsymbol{X},\theta_i)=-\frac{\|\boldsymbol{W}_i-\boldsymbol{X}\|^2}{\theta_i^2}=-\frac{\sum\limits_{j=1}^{p}(w_{ij}-x_j)^2}{\theta_i^2}=-\frac{\sum\limits_{j=1}^{p}(w_{ij}-x_j)^2}{b_i^2} \tag{2-19}$$

(5) 球形函数(spherical function)：

$$\mathrm{net}_i=f(\boldsymbol{W}_i,\boldsymbol{X},\theta_i)=\|\boldsymbol{W}_i-\boldsymbol{X}\|^2-\theta_i=\sum_{j=1}^{p}(w_{ij}-x_j)^2-\theta_i=\sum_{j=1}^{p}(w_{ij}-x_j)^2+b_i \tag{2-20}$$

(6) 多项式函数(polynomial function)：

$$\begin{aligned}\mathrm{net}_i=f(\boldsymbol{W}_i,\boldsymbol{X},\theta_i)&=\sum_{j=1}^{p}\sum_{k=1}^{p}(w_{ijk}x_jx_k+x_j^{\alpha_j}+x_k^{\alpha_k})-\theta_i\\&=\sum_{j=1}^{p}\sum_{k=1}^{p}(w_{ijk}x_jx_k+x_j^{\alpha_j}+x_k^{\alpha_k})+b_i\end{aligned} \tag{2-21}$$

式中：$w_{ijk}$ 为 $w_{ij}$ 和 $w_{ik}$ 构成的混合系数，如 $w_{ijk}=w_{ij}w_{ik}$，或 $w_{ijk}=\max\{w_{ij},w_{ik}\}$，或 $w_{ijk}=\min\{w_{ij},w_{ik}\}$；$\alpha_j$ 和 $\alpha_k$ 分别为可选参数，通常选为大于或等于 2 的整数，如取 $\alpha_j=\alpha_k=2$。若整合函数不含输入量 $x_j$ 的高次项，则称所构成的神经元是线性神经元或一阶神经元，否则，称为高阶神经元。显然，若整合函数含有 $x_j^2$、混合项 $x_jx_k$ 或 $x_j$ 的更高次项，则相应的神经元是高阶神经元。

在上述整合函数中，只有式(2-16)中的函数是线性函数，构成的神经网络相应地称为线性神经网络(或一阶神经网络)，而式(2-17)～式(2-21) 都构成高阶神经元，构成的神经网络也相应地称为高阶神经网络。

MP 模型及 BP 神经网络中神经元的常用整合函数是加权求和，即线性整合函数。RBF 网络及竞争网络等中多采用负欧氏距离平方函数、负欧氏距离函数或球形函数等非线性整合函数。

### 2.2.3　神经网络的训练

神经网络的训练也称为神经网络的学习。所谓神经网络的训练或学习，就是通过用训练数据集(训练数据集简称为数据集或训练集)中的数据，按一定的训练或学习规则(又称算法)来修正神经元之间的连接权值(包括修改网络拓扑结构，如权值为 0 连接的两个神经元间可看成无连接)，使网络输出达到满意的结果。

神经网络的训练或学习分为有导师的学习、无导师的学习、强化学习等 3 类。

(1) 有导师的学习又称为有监督的学习，要求训练集中每个样本既有输入也有相应的输出结果。一旦将输入数据输入系统，则要求系统输出相应的输出结果。如果不相同，则要修改系统的某些参数或结构，在神经网络中主要是修改权值，从而改进输出结果，直到相同。具体的修改策略则又分为单样本方式和批处理方式。单样本方式就是每次针对一个样本数据，通常可能导致系统摆动。而批处理方式则是考虑整个训练样本集产生的误差积累，通常效率较高。

(2) 无导师的学习又称为无监督的学习，训练数据集中每个样本只有输入，而没有相应的输出结果与之对应，完全由系统根据数据内在的相似性得到数据的聚类结果或系统本身经过运行达到系统稳定后得到某个稳态，从而得出某种记忆的结果。

(3) 强化学习是在训练数据集中的每个样本只有输入，而没有相应的输出结果与之对应的情况下，对数据输入系统后得到的输出结果通过人机交互方式或系统自动评价方式加以评价，确认结果好坏，供系统做进一步处理。

神经网络主要采用有导师的学习和无导师的学习这两种方法来训练网络。神经网络中有导师的学习方法主要采用的是误差学习方法(或称 $\delta$ 学习律)，无导师的学习方法主要采用 Hebb 学习律以及竞争学习律。Hebb 学习律是最早提出的一种具有生物学基础且易被人接受的、较好的学习方法。而竞争学习律则主要用于使用神经网络实现数据自动聚类分析或向量量化分析领域。

**1. $\boldsymbol{\delta}$ 学习律**

$\delta$ 学习律是一种利用神经元的期望输出与实际输出之间的误差来修改权值的学习方法，简称为误差修正法，它是一种有导师的学习方法。设由 $n$ 个神经元构成了一个单层神经网络，在第 $k$ 步(或时刻)，神经元 $i$ 的输入样本为 $\boldsymbol{X}(k)=[x_1(k), x_2(k), \cdots, x_R(k)]^{\mathrm{T}}$，其中，$x_j(k)$ 为样本的第 $j$ 个输入分量，$j=1, 2, \cdots, R$。$w_{ij}(k)$ 为由第 $j$ 个输入端到第 $i$ 个神经元在第 $k$ 步的连接权值，如图 2.4 所示。$d_i$ 为第 $i$ 个神经元的教师值，即期望输出，$y_i(t)$ 为第 $i$ 个神经元经过输入整合和激励函数作用之后得到的实际输出，则由 $j$ 到 $i$ 的权值在第 $k+1$ 步按 $\delta$ 学习律的更新公式为

$$w_{ij}(k+1)=w_{ij}(k)+\eta(d_i-y_i(k))x_j(k) \tag{2-22}$$

式中：$i=1, 2, \cdots, n$；$j=1, 2, \cdots, R$；$\eta$ 为学习因子；$d_i-y_i(k)$ 实际上就是第 $i$ 个神经元的输出误差。

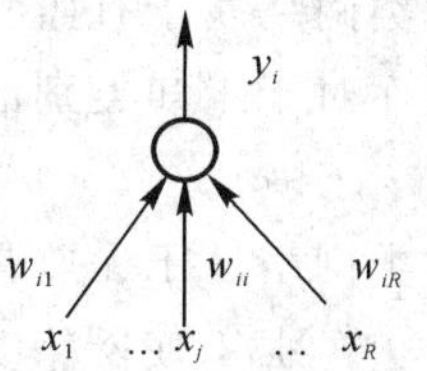


图 2.4 神经元连接权值

**2. Hebb 学习律**

Hebb 学习律简称为 Hebb 律，是一种无导师的学习方法。Hebb 认为，当两个神经元都处于兴奋状态时，它们之间的连接强度增强。Hebb 所提出的这种观点已被生物学家证明是成立的。

假设在第 $k$ 步(或时刻)，第 $i$ 个和第 $j$ 个神经元的输出分别为 $y_i(t)$和 $y_j(k)$，$i\neq j$，$i$，$j=1, 2, \cdots, n$，$n$ 为神经元总数。连接它们的权值为 $w_{ij}(k)$，则在第 $k+1$ 步(或时刻)，由 $j$ 到 $i$ 的连接权值 $w_{ij}(k+1)$ 按 Hebb 学习律更新的公式为

$$w_{ij}(k+1)=w_{ij}(k)+\eta y_i(k)y_j(k) \tag{2-23}$$

式中，$\eta$ 为学习因子。

**3. 竞争学习律**

竞争学习律简称为竞争律，是一种无导师的学习方法。在一般的竞争神经网络、汉明网络和自组织特征映射神经网络中，使用的权值更新方法就是竞争学习律。多个神经元构成的竞争神经网络中神经元相互竞争，甚至相互抑制，胜者为王，胜者取得一切(Winner takes all)。对于获胜的神经元，只有连接到该神经元的连接权值才享有更新的权利。当然，有时也允许获胜神经元周围某个邻域内的神经元(如在自组织映射神经网络中)也享有一定的连接权值更新的权利(主要体现在对学习因子是否乘以一个打折因子上)。下面主要考虑连接到获胜神经元的连接权值如何更新修改。

设获胜神经元为第 $i$ 个神经元，则连接到该神经元的权值更新如下：

$$w_{ij}(k+1)=w_{ij}(k)+\eta(w_{ij}(k)-x_j(k)) \tag{2-24}$$

由式(2-24)可见，当权值稳定收敛时，$w_{ij}\approx x_j$，即连接到获胜神经元的权值与使之获胜的输入向量的相应分量几乎相等。因而，可以想象，连接到获胜神经元的权值将会表示使之获胜的输入模式向量的均值向量。

上述学习方法中的学习因子 $\eta$ 都为可选参数。当 $\eta$ 固定时，可取 0.01～0.96 之间的某个常数，当 $\eta$ 可变时，可取为随迭代步数 $k$ 变化的数，如取 $\eta=c/k$，其中，$c$ 为某个非负常数。

### 2.2.4 人工神经网络的分类

人工神经网络是多种多样的，视其所起的作用、训练方式、连接方式等可将其以不同的方式加以分类。

**1. 按作用分类**

按所起的作用可将人工神经网络分为分类、聚类、联想记忆等 3 种。

(1) 分类用的人工神经网络。这类网络属于有监督学习的网络，可通过已知类别的样本数据训练网络，从而设计分类器。而对于未知类别的样本送入网络可实现分类预测，如感知器网络、BP网络、RBF网络等。

(2) 聚类用的人工神经网络。这类网络属于无监督学习的神经网络。未知类别的训练样本通过相似性分析(实际是通过竞争学习)，使网络实现样本的聚类分析或类别划分，未知类别的样本送入网络可实现归类预测，如汉明网、一般的竞争网络、Kohonon自组织特征映射网络都属于这一类网络。这一类人工神经网络又称为数据分析的人工神经网络。

(3) 用于联想记忆与求最优化问题的神经网络。当将网络看成一个动力学系统模型，网络运行趋于稳态时，可实现联想记忆。当将属于某一记忆样本或存在残差的样本送入网络时也可实现联想记忆(有时也称为异联想)，如汉明网、Hopfield神经网络都有联想记忆功能。而当进一步考虑动力学系统的某种能量函数时，由于系统稳定在能量极小的地方，因此，可利用该特性实现最优化问题求解，如Hopfield神经网络就可用于求解最优化问题。这一类人工神经网络也称为求最优化问题的人工神经网络。

当然，上述划分也不是绝对的，有些网络可能具有跨功能的特性，例如，汉明网既可看成是竞争网络，也可看成是联想记忆网络。

**2. 按训练方式分类**

训练也称为学习，实际上也就是用迭代的方式求解网络的一些参数，如权值和阈值或偏置等。按训练方式可将神经网络划分为有监督训练的神经网络和无监督训练的神经网络两类。

(1) 有监督训练的神经网络。该类网络也称为有导师训练的神经网络，要求样本数据带有教师值，即希望输出，从而指导网络权值的调整训练。按$\delta$学习律训练的网络属于有监督训练的神经网络，如感知器网络、线性网络以及BP网络等。

(2) 无监督训练的神经网络。该类网络也称为无导师训练的神经网络。按Hebb学习律训练的网络和竞争网络都属于无监督学习的神经网络。Hopfield神经网络按Hebb律设计神经元间的连接权值，以动力学模型让网络达到能量函数最小的平衡态，使系统实现记忆功能，并利用此性质实现优化问题求解。竞争学习的网络主要有汉明网络、用于向量量化分析的一般竞争网络、Kohonon自组织特征映射网络等。该类网络也能实现模式记忆或自联想，实现向量量化分析。因此，该类人工神经网络也称为数据分析的人工神经网络。

**3. 按连接方式分类**

神经元的连接方式不同，可形成不同连接结构的人工神经网络。按神经元连接的方式可将神经网络分为前馈层次结构神经网络和全连接结构神经网络两大类。

*1) 前馈层次连接方式的网络*

前馈层次结构将神经元分成若干层，前一层上的每个神经元与后一层上的每个神经元都有连接，形成从输入层到输出层的一种多层状连接结构。一般可将其进一步分为层内无连接、层内有连接、带局部反馈机制的前馈网络3种形式。

(1) 层内无连接的前馈网络。这一类网络通常简称为前馈网络或前向网络。信息自输入层输入后，逐层向后传递。每一层中的每个神经元将接收到的信息加以整合，并用激励函数加以计算，得出其输出，再送入下一层。在下一层中每个神经元再加以输入整合和激励函数计算，得出其输出，再送入下一层……直到输出层。在输出层每个神经元完成其输入整合和激励函数计算，得到其输出结果。输出层上的输出就是网络的实际输出。在这种前馈网络中，处于输入层和输出层内的其他层都称为隐含层，隐含层的层数取决于网络的设计需要。多层感知器网络、多层 BP 网络一般含有至少 1 个隐含层。而 RBF 网络、Kohonon自组织 SOFM 网络虽属前馈网络，但一般不含隐含层。

(2) 层内有连接的前馈网络。这类网络除相邻层中的神经元由前向后全连接外，层内也有全连接或部分连接。这种连接方式模仿了生物学上神经元起互相抑制的作用。汉明网络(Hamming network)、一般竞争网络和 SOFM 网络等往往在输出层上设计为神经元之间能进行互相抑制，相互竞争。

(3) 带局部反馈机制的前馈网络。此类网络除具有层内无连接的前馈网络的连接方式之外，还具有跨层反馈的连接。例如，约旦网络(Jordan network)将输出作为下一时刻的网络输入(一种时间延迟)。这样网络中增加了一个上下文层，上下文层可看成是由一些虚节点构成的虚神经元层，直接接收输出层的输入，并作为输出，同时也可有自身的连接权值连到第一隐含层，供整合使用。除了这种有从输出到输入的局部反馈外，也有从输入层到隐含层或从隐含层到隐含层的其他局部反馈连接方式。厄曼网络(Elman network)将第一隐含层上的输出作为下一时刻第一隐含层的输入(也采用时间延迟的方法)，也类似地要增加一个上下文层。

2) 全连接方式的全反馈网络

全连接方式指任意两个神经元之间都相互连接。Hopfield 神经网络就是一种全连接方式的神经网络。

Hopfield 神经网络将 $n$ 个神经元相互连接构成一种动力学系统。神经元的工作方式可分为串行或并行方式两种。在每个神经元获得一个初始输入后，首次直接将该输入作为输出，送到与其连接的所有其他神经元，而以后每个神经元的输入则由其他神经元的整合输出提供，相当于拆除了初始输入。一旦给系统一个初始输入，系统就自动执行，直到收敛为止。

由于每个神经元都接收来自其他与之连接且向其有输出的神经元的输出，因此，Hopfield 神经网络带有反馈，而且是一种全反馈连接机制的全连接全反馈神经网络(有时简称为全连接反馈网络或循环网络)。

图 2.5 给出了两个简单神经网络连接结构。图 2.5(a)是一个每层仅含 3 个神经元的 3 层前馈网络，图 2.5(b)是 4 个神经元全连接且权值对称($w_{ij}=w_{ji}$，$w_{ii}=0$，$i=1、2、3、4$)的全连接网络。

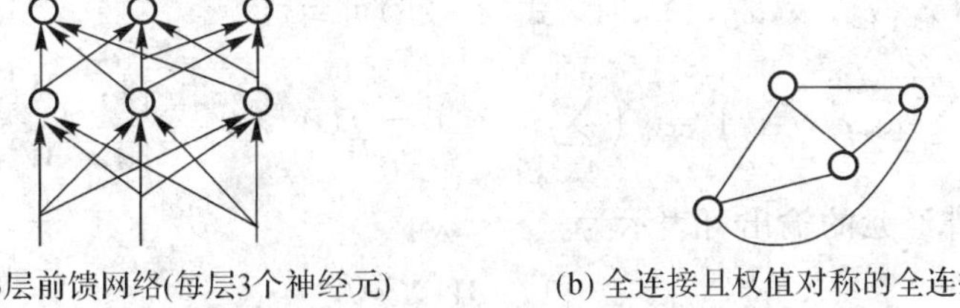

(a) 3层前馈网络(每层3个神经元)　　(b) 全连接且权值对称的全连接网络

图 2.5　两个简单的神经网络的连接结构

# 2.3 前馈神经网络

## 2.3.1 感知器神经网络

感知器(perceptron) 神经网络是于 1957 年由美国计算机科学家罗森布拉特(F. Rosenblatt)提出的一种没有反馈连接的前馈神经网络。

**1. 单层感知器神经网络**

单层感知器神经网络的输入既可以是离散量，也可以是连续量。输入层上的每个输入都送到输出层的每个神经元，输入层到输出层上的神经元之间是全连接，每个连接权值可通过学习或训练加以更新。输出层上每个神经元通过对输入量进行加权求和，经阈值型激励函数作用产生一个输出，如图 2.6 所示，注意，输入层不能算是一个神经元层。

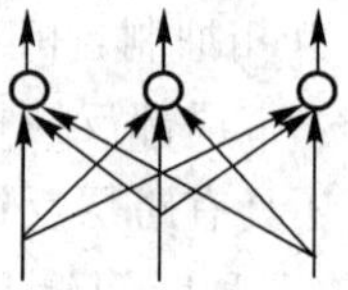

图 2.6　单层感知器神经网络

对于单层感知器神经网络中的一个神经元，由于其激励函数是一个二值函数，所以可以实现输入向量的线性划分。而多个神经元则可实现输入向量进行多类下编码意义下的划分。对单层感知器神经网络中的每个神经元，可通过判断该神经元的输出是否与教师值相同来训练连接到该神经元的权值，使之达到期望输出。感知器神经元模型如图 2.7 所示。

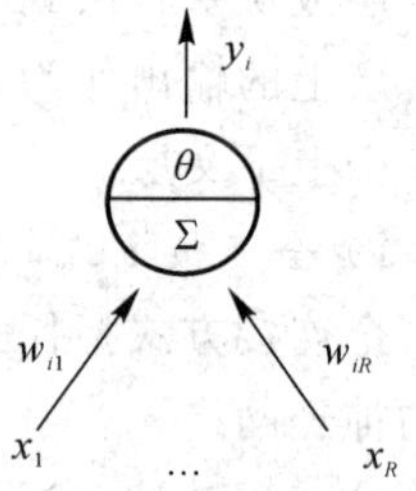


图 2.7　感知器神经元模型

单层感知器神经网络可如下设计：若输入量分 $M$ 类，则输出层设 $M$ 个神经元。在输入向量 $\boldsymbol{X}=(x_1,x_2,\cdots,x_R)^{\mathrm{T}}$ 的维长为 $R$，$M$ 个模式类分别为 $\omega_1,\omega_2,\cdots,\omega_R$ 的情况下，用输出层第 $i$ 个神经元对应第 $i$ 个模式类 $\omega_i$。当第 $i$ 个神经元输出为 1，其他神经元输出为 0 时，表明输入向量属于类 $\omega_i$。第 $i$ 个神经元的阈值为 $\theta_i$，输入量的第 $j$ 个分量到输出层第 $i$ 个神经元间的连接权值为 $w_{ij}$。可令 $\theta_i=-w_{i,\,R+1}$，即 $w_{i,\,R+1}=-\theta_i$。第 $i$ 个神经元经各输入分量加权求和后，得到的输出为

$$y_i=f\left(\sum_{j=1}^{R}w_{ij}x_j-\theta_i\right)=\begin{cases}1, & \displaystyle\sum_{j=1}^{R}w_{ij}x_j-\theta_i\geqslant 0\\ 0, & \displaystyle\sum_{j=1}^{R}w_{ij}x_j-\theta_i<0\end{cases} \tag{2-25}$$

当记与第 $i$ 个神经元相连的权值构成的权向量为 $\boldsymbol{W}_i=(w_{i1},w_{i2},\cdots,w_{i,\,R+1})^{\mathrm{T}}$，$\boldsymbol{X}$ 的增广向量形式为 $\boldsymbol{X}=(x_1,x_2,\cdots,x_R,1)^{\mathrm{T}}$ 时，式(2-25)可写成

$$y_i=f\left(\sum_{j=1}^{R}w_{ij}x_j-\theta_j\right)=f\left(\sum_{j=1}^{R+1}w_{ij}x_j\right)=f(\boldsymbol{W}_i^{\mathrm{T}}\boldsymbol{X})=\begin{cases}1, & \boldsymbol{W}_i^{\mathrm{T}}\boldsymbol{X}\geqslant 0\\ 0, & \boldsymbol{W}_i^{\mathrm{T}}\boldsymbol{X}<0\end{cases} \tag{2-26}$$

于是，第 $i$ 个神经元的输出可表示为

$$y_i=f(\boldsymbol{W}_i^{\mathrm{T}}\boldsymbol{X})=\begin{cases}1, & \boldsymbol{W}_i^{\mathrm{T}}\boldsymbol{X}\geqslant 0\\ 0, & \boldsymbol{W}_i^{\mathrm{T}}\boldsymbol{X}<0\end{cases},\ 1\leqslant i\leqslant M \tag{2-27}$$

$M$ 类的判别规则为：若 $y_i=1, y_k=0(k\neq i,\ k=1,2,\cdots,M)$，则 $\boldsymbol{X}\in\omega_i$。

在单层感知器神经网络中，以 $\delta$ 学习律训练权值更新公式为

$$w_{ij}(k+1)=w_{ij}(k)+\eta(d_i-y_i(k))x_j(k) \tag{2-28}$$

式中，$\eta$ 为常数，称为学习因子，一般有 $\eta\in(0,1]$。有时也可将 $\eta$ 设置为随 $k$ 变化的量。

权值矩阵(含阈值)一般可表示如下：

$$\boldsymbol{W}=\begin{bmatrix}\boldsymbol{W}_1^{\mathrm{T}}\\ \boldsymbol{W}_2^{\mathrm{T}}\\ \vdots\\ \boldsymbol{W}_M^{\mathrm{T}}\end{bmatrix}=\begin{bmatrix}w_{11} & w_{12} & \cdots & w_{1R} & w_{1,R+1}\\ w_{21} & w_{22} & \cdots & w_{2R} & w_{2,R+1}\\ \vdots & \vdots & & \vdots & \vdots\\ w_{M1} & w_{M2} & \cdots & w_{MR} & w_{M,R+1}\end{bmatrix}$$

$\boldsymbol{W}$ 中第 $i$ 行是连接到第 $i$ 个神经元的权值，可记为 $\boldsymbol{W}_i^{\mathrm{T}}$。$\boldsymbol{W}$ 中第 $R+1$ 列第 $i$ 行中的元素 $w_{i,R+1}=-\theta_i$。

学习因子 $\eta(0<\eta\leqslant1)$是比例系数，用于控制修正权值的速度。$\eta$ 通常要适当选择。若 $\eta$ 选择得过大，则可能会导致 $\boldsymbol{W}$ 震荡。若 $\eta$ 选择得过小，则可能会导致 $\boldsymbol{W}$ 收敛慢。实际中，可置 $\eta=\rho/k$ 为随着迭代步增长而减小的动态数值，其中 $\rho$ 为一个控制常数。在感知器学习算法中，取 $\eta=1$。若取 $\eta$ 大于0且小于1，则修正权值的公式 $w_{ij}(k+1)=w_{ij}(k)+x_j(k)$ 相应地应该改为 $w_{ij}(k+1)=w_{ij}(k)+\eta x_j(k)$。对应地，$w_{ij}(k+1)=w_{ij}(k)-x_j(k)$ 相应改为 $w_{ij}(k+1)=w_{ij}(k)-\eta x_j(k)$。

线性不可分的分类问题，如异或问题，用单层感知器神经网络是无法解决的。在训练数据无法判断为线性可分时，单层感知器网络算法训练执行步数多，甚至无收敛迹象，此时，为避免长时等待，可设置迭代步数 $k$ 的一个上界。当达到上界时，算法结束，并报出相应信息。

**2. 多层感知器神经网络**

Minshy 等人首先注意到，对异或这种非线性可分问题，用单层感知器神经网络无法解决，因而提出用多层感知器来解决这种线性不可分问题。多层感知器神经网络就是在输出层之前增加一层或多层神经元层构成的一种多层前馈神经网络。输出层之前每一层都称为隐含层。简单的情况下，只有一个隐含层，这里以一个隐含层为例来加以说明。隐含层和输出层中每一神经元都对其前层送来的输入进行加权求和整合，然后以阈值型函数作为激励函数计算其输出，进一步送入下一层的各个神经元(若下一层存在的话)。隐含层神经元的功能类似于特征检测器，可提取输入向量的特征信息。输出层相当于对低层神经元实现的输入向量的线性划分加以组合以实现向量线性不可分情况下的划分。图2.8是一个3层感知器网络结构。

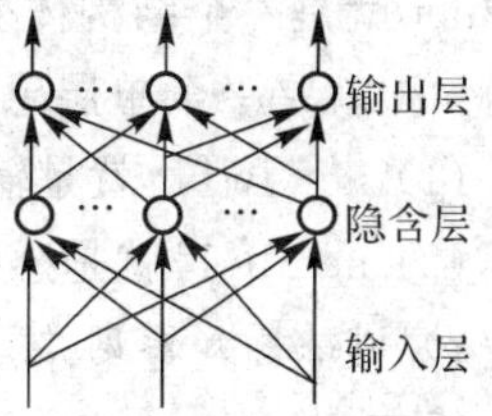

图2.8　3层感知器神经网络

因为多层感知器网络每层中神经元的激励函数都采用阈值函数，而阈值函数是不可微分的函数，所以多层感知器只有与输出神经元相连接的权值可通过误差进行学习调整，其他层上的连接权值无法进行学习调整。这是因为在激励函数采用阈值函数后，输出误差从后一层回传到前一层找不到数学基础支撑。因而，其他层间的连接权值往往只能每次随机生成。即便如此，这种多层感知器神经网络仍为线性不可分问题的解决提供了一个有效的途径。

自然地，将激励函数设计为连续可微函数，可有效提高多层感知器网络的功效。

Rumelhart 等人正是认识到这一点提出了 BP 算法，使多层神经网络理论得到了完善，特别是使误差反向传播训练学习算法有了更加坚实的数学理论基础。

**3. Matlab 中单层感知器神经网络函数**

Matlab 神经网络工具箱提供了感知器神经网络设计的一组函数。这样，通过使用这些函数，可以让人们快速了解和学习感知器神经网络的知识。涉及的相关创建、训练、仿真运行的函数有 newp()、trainp( )、sim( )等。

1）创建感知器神经网络

格式：newp(PR, n)。其中，PR 以多个行向量作为矩阵的形式确定输入样本每一维的取值范围，$n$ 指定感知器神经元的个数。例如：

```
net = newp([-1, 2; -2, 3], 4);
```

或

```
PR=[-1, 2; -2, 3];
n=4;
net = newp(PR, n);
```

均确定了一个输入样本为二维实向量，第 1 维取值范围为[-1, 2]、第二维取值范围为[-2, 3]含 4 个感知器神经元的单层感知器网络。newp 的第一个参数也可用 minmax 函数自动计算输入矩阵得到每维的取值范围。如

```
P= [ -1  2
     -2  3 ]
```

则可用

```
net=newp(minmax(P), 4);    % P 为训练用的样本矩阵
```

建立相同单层感知器网络结构。

newp(PR, n)的作用是建立一个感知器网络对象，确定输入样本的维长、每维的取值范围、感知器神经元个数、权值的个数、偏置的个数(可看成仅建立了一个结构体变量)。因而，net 就是一个结构体变量。通过结构体变量 net，可访问得到一些有效的字段值。通常可称 net 就是一个单层感知器网络。例如：

(1) net. iw{1}就是输入层到感知器神经元连接的权值矩阵。

(2) net. b{1}就是感知器神经元的偏置向量。

2）训练感知器网络

格式：net=trainp(net, PT)。利用输入样本矩阵 $\boldsymbol{P}$，用感知器神经网络的训练算法训练感知器神经网络 net，其中，$T$ 为目标向量，对应由样本期望输出量作为元素构成的行向量。

在训练之前，还可用如下语句设置训练的最大代数：

```
net. trainParam. epochs=1000
```

3）仿真运行函数

格式：A =sim(net, B)。用输入样本矩阵 $\boldsymbol{B}$ 计算网络 net 的实际输出。

## 2.3.2 线性神经网络

线性神经网络与感知器神经网络结构类似，只是其采用的激励函数为线性函数。线性

神经网络调整权值的训练学习算法采用 Widrow - Hoff 学习规则，即最小误差平方和规则(Least Mean Square，LMS)。

设输出分别为 $t_1, t_2, \cdots, t_Q$ 的 $Q$ 个训练样本为 $p_1, p_2, \cdots, p_Q$，相应实际输出为 $y_k(k=1, 2, \cdots, Q)$，则均方误差为

$$\text{mse} = \frac{1}{Q}\sum_{k=1}^{Q}(t_k - y_k)^2 = \frac{1}{Q}\sum_{k=1}^{Q}e_k^2 \tag{2-29}$$

误差平方和的一半为

$$\text{MSE} = \frac{1}{2}\sum_{k=1}^{Q}(t_k - y_k)^2 = \frac{1}{2}\sum_{k=1}^{Q}e_k^2 \tag{2-30}$$

式中，$e_k = t_k - y_k$。

单层线性神经网络的第 $j$ 个神经元($j=1, 2, \cdots, n$)在输入样本为向量 $\boldsymbol{p}$（列向量），到神经元 $j$ 的连接权向量 $\boldsymbol{W}_j = (w_{j1}, w_{j2}, \cdots, w_{jR})^{\mathrm{T}}$，第 $j$ 个神经元的阈值为 $b_j$ 时，有

$$y_j = \boldsymbol{W}_j \cdot \boldsymbol{p} + b_j \tag{2-31}$$

式中，$y_j$ 为神经元 $j$ 的输出，$R$ 为输入样本维长，$\boldsymbol{W}_j \cdot \boldsymbol{p}$ 表示 $\boldsymbol{W}_j$ 和 $\boldsymbol{p}$ 的内积。

LMS 方法就是找使得 mse 最陡下降方向即负梯度方向来调整 $\boldsymbol{W}_j$ 和 $b_j$。

用 MSE 的负梯度方向来代替 mse 的负梯度方向，有

对于第 $j$ 个神经元

$$\frac{\partial e^2(k)}{\partial \boldsymbol{W}_j(k)} = 2e(k)\frac{\partial e(k)}{\partial \boldsymbol{W}_j(k)} = -2e(k)p \tag{2-32}$$

$$\frac{\partial e^2(k)}{\partial b_j(k)} = 2e(k)\frac{\partial e(k)}{\partial b_j(k)} = -2e(k) \tag{2-33}$$

于是学习规则为

$$\boldsymbol{W}_j(k+1) = \boldsymbol{W}_j(k) + \eta e(k)p \tag{2-34}$$

$$b_j(k+1) = b_j(k) + \eta e(k) \tag{2-35}$$

式中，$\eta$ 为学习因子。

LMS 算法中权值和偏置的调整是通过误差平方的负梯度进行的，其目标是使 MSE 或 mse 趋向极小。线性神经网络适于信号处理中自适应滤波、预测、模型识别。

在 Matlab 工具箱中，与线性神经网络有关的函数有：

maxlinlr：确定最大的学习因子

learnwh：LMS 算法的学习函数

newlin：创建线性神经网络

newlind：设计线性神经网络，设计后不用训练

train：训练网络

adapt：自适应调整权值和阈值

sim：仿真运行

下例给出了这些函数的简单使用方法。

**例 2.1**　给定两类样本：

$\omega_1$：$(0, 0)^{\mathrm{T}}$，$(0, 1)^{\mathrm{T}}$，$(1, 0)^{\mathrm{T}}$

$\omega_2$：$(1, 1)^{\mathrm{T}}$ 对应 $\omega_1$ 的输出类标号 $t=0$，对应 $\omega_2$ 的输出类标号 $t=1$。要求设计线性神经网络进行求解，有两个输出量：$a$ 是模拟输出量；$q$ 是

例 2.1 代码

数字输出量。

**解** 可按前面的讨论和设计思想，直接写出代码(见二维码文档)。

### 2.3.3 BP神经网络

Rumelhart 等于 1985 年提出的 BP(Back-propagation) 神经网络及其训练算法具有较坚实的数学理论基础，是一种重要的人工神经网络，已得到了广泛应用。

BP 神经网络是一种有监督的神经网络。它是一种多层前馈神经网络，神经元的激励函数多采用极性函数或线性函数等连续且可微的函数，输出量与输入量之间呈非线性关系。由于其权值调整是通过使用输出层神经元的实际输出与教师值之间的误差由后往前回向逐层训练网络各层的连接权值，故其权值训练算法称为反向传播训练算法，简称为 BP 算法。这里以仅含一个隐含层的 BP 神经网络来阐述其工作机理。

BP 神经网络的工作分为两个阶段：

第一个阶段：网络正向计算。自样本输入后，从隐含层到输出层，逐层计算各神经元的输入整合和激励函数产生的输出。

第二个阶段：误差反向传播权值训练。由输出层计算神经元的实际输出和教师值之间的误差，若误差均为 0，则结束学习算法。若输出层的实际输出与教师值有所不同，则使用梯度下降法先调整连接到输出层神经元的权值以及输出层上各神经元的阈值，再将误差以某种加权组合的方式反向回传到后面层的神经元，作为其“误差”，然后以梯度下降法训练连接到该神经元的权值以及相应的阈值，再以这个“误差”带权反传到再后一层……直到输入层到第一隐层的连接权值得到训练为止。

通过多轮误差反传训练网络权值和阈值，输出层神经元的实际输出与教师值的误差不断缩小，直到达到期望目标。由于其具有严密的数学基础，因此 BP 神经网络受到众多神经网络研究者的青睐，已被广泛应用于函数拟合、模式分类、图像处理，以及数据压缩等很多领域。BP 网络训练算法是 $\delta$ 学习律和梯度下降法完美结合的产物。

**1. BP 算法的原理**

图 2.9 给出了一个由输入层、隐含层和输出层构成的三层前馈神经网络。为了说明 BP 算法，在假定有 $s$ 个隐神经元、$m$ 个输出神经元、输入样本维长为 $R$ 的情况下，先给出一些主要的符号表示：

$x_k^{(p)}$ 表示第 $p$ 个训练样本对应的输入分量，其中，$k=1,2,\cdots,R$；$R$ 是训练样本的维长。

$w_{ik}$ 表示输入层第 $k$ 个输入端到隐含层第 $i$ 个神经元之间的连接权值。其中，$i=1,2,\cdots,s$；$s$ 为隐神经元数。

$\theta_i^{(1)}$ 表示隐含层第 $i$ 个神经元的阈值，偏置 $b_i^{(1)}=-\theta_i^{(1)}$。

$\text{net}_i^{(p)}$ 表示隐含层第 $i$ 个神经元(又称隐单元)在输入第 $p$ 个样本时的整合输入，即

$$\text{net}_i^{(p)}=\sum_{k=1}^{R}w_{ik}x_k^{(p)}-\theta_i^{(1)}=\sum_{k=1}^{R}w_{ik}x_k^{(p)}+b_i^{(1)}$$

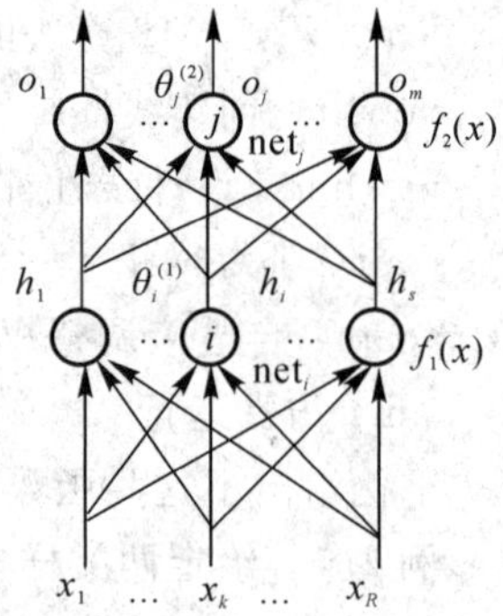


图 2.9 三层前馈神经网络

$f_1(x)$表示隐含层中每一个神经元的激励函数(每一个神经

元的激励函数假设都相同)。

$h_i^{(p)}$ 表示隐含层中第 $i$ 个神经元在输入为第 $p$ 个样本时的输出，即 $h_i^{(p)}=f_1(\mathrm{net}_i^{(p)})$。

$w_{ji}$ 表示第 $i$ 个隐单元到输出层第 $j$ 个神经元之间的连接权值，其中，$j=1,2,\cdots,m$；$m$ 为输出神经元个数。

$\theta_j^{(2)}$ 表示输出层第 $j$ 个神经元的阈值，偏置 $b_j^{(2)}=-\theta_j^{(2)}$。

$f_2(x)$表示输出层中每一个神经元的激励函数(每一个神经元的激励函数也假设都相同)。

$\mathrm{net}_j^{(p)}$ 表示输出层第 $j$ 个神经元在输入为第 $p$ 个样本时的整合输入，即 $\mathrm{net}_j^{(p)}=\sum_{i=1}^{s}w_{ji}h_i^{(p)}-\theta_j^{(2)}=\sum_{i=1}^{s}w_{ji}h_i^{(p)}+b_j^{(2)}$。

$o_j^{(p)}$ 表示输出层第 $j$ 个神经元在输入为第 $p$ 个样本时的实际输出，即 $o_j^{(p)}=f_2(\mathrm{net}_j^{(p)})$。

$t_j^{(p)}$ 表示输出层第 $j$ 个神经元在输入为第 $p$ 个样本时的期望值(教师值)。

每个神经元的阈值或偏置可特别加以处理。在加权求和中，如果将阈值看成是权值，那么对应的输入为$-1$，但如果将偏置看成是权值，那么对应的输入为$+1$。

现在对 BP 网络工作的两大步骤加以阐述。

1) BP 神经网络前向计算

在第 $p$ 个样本输入后，BP 神经网络前向计算如下：

(1) 计算隐含层第 $i$ 个神经元的整合输入 $\mathrm{net}_i^{(p)}$：

$$\mathrm{net}_i^{(p)}=\sum_{k=1}^{R}w_{ik}x_k^{(p)}-\theta_i^{(1)}=\sum_{k=1}^{R}w_{ik}x_k^{(p)}+b_i^{(1)} \tag{2-36}$$

(2) 计算隐含层第 $i$ 个神经元的输出：

$$h_i^{(p)}=f_1(\mathrm{net}_i^{(p)})=f_1\left(\sum_{k=1}^{R}w_{ik}x_k^{(p)}+b_i^{(1)}\right) \tag{2-37}$$

(3) 计算输出层第 $j$ 个神经元的整合输入：

$$\mathrm{net}_j^{(p)}=\sum_{i=1}^{s}w_{ji}h_i^{(p)}-\theta_j^{(2)}=\sum_{i=1}^{s}w_{ji}h_i^{(p)}+b_j^{(2)} \tag{2-38}$$

(4) 计算输出层第 $j$ 个神经元的输出：

$$o_j^{(p)}=f_2(\mathrm{net}_j^{(p)})=f_2\left(\sum_{i=1}^{s}w_{ji}h_i^{(p)}+b_j^{(2)}\right) \tag{2-39}$$

(5) 判断实际输出 $o_j^{(p)}$ 与教师值 $t_j^{(p)}$ 是否相等或非常接近，若成立，则停止计算，结束。否则，就要进入权值和阈值或偏置的调整更新阶段，调整完后，再按上述过程重新计算。

2) 误差反向传播和权值及偏置修改

为便于理解，下面主要假设输出层和隐含层的激励函数均采用单极 sigmoid 函数：$f(x)=\dfrac{1}{1+\mathrm{e}^{-\lambda x}}$(其中，$\lambda$ 为非负常数)来加以推导。同时，也兼及其他形式的激励函数情况下的描述。对于 sigmoid 函数，其导数有

$$f'(x)=\left(\frac{1}{1+\mathrm{e}^{-\lambda x}}\right)'=\lambda f(1-f) \tag{2-40}$$

(1) 总误差准则函数的确定。设 $E^{(p)}$ 为在输入为第 $p$ 个样本时输出层上所有神经元的

实际输出与期望值之间产生的二次型误差，即

$$E^{(p)} = \frac{1}{2}\sum_{l=1}^{m}(t_l^{(p)} - o_l^{(p)})^2 \tag{2-41}$$

其中，$p=1,2,\cdots,Q$；$Q$ 为训练样本总数。

为了避免每次用单一样本学习修改权值和偏置可能带来摆动的现象，这里按批处理方式来进行修正。在批处理方式下，得到的总误差为

$$E = \sum_{p=1}^{Q}E^{(p)} = \frac{1}{2}\sum_{p=1}^{Q}\sum_{l=1}^{m}(t_l^{(p)} - o_l^{(p)})^2 \tag{2-42}$$

$E$ 是目标函数，调整权值和偏置的目标要使 $E$ 达到极小，$E$ 被称为二次型总误差准则函数。

(2) 输出层的权值和偏置修正。根据误差梯度下降法来依次计算连接到输出层神经元 $j$ 的权值 $w_{ji}$ 修正量 $\Delta w_{ji}$ 以及神经元 $j$ 偏置 $b_j^{(2)}$ 的修正量 $\Delta b_j^{(2)}$：

$$\Delta w_{ji} = -\eta\frac{\partial E}{\partial w_{ji}} = -\eta\sum_{p=1}^{Q}\frac{\partial E^{(p)}}{\partial w_{ji}} = -\eta\sum_{p=1}^{Q}\frac{\partial E^{(p)}}{\partial \mathrm{net}_j^{(p)}}\frac{\partial \mathrm{net}_j^{(p)}}{\partial w_{ji}} \tag{2-43}$$

因为

$$\mathrm{net}_j^{(p)} = \sum_{l=1}^{s}w_{jl}h_l^{(p)} \tag{2-44}$$

所以

$$\frac{\partial \mathrm{net}_j^{(p)}}{\partial w_{ji}} = h_i^{(p)} \tag{2-45}$$

于是

$$\Delta w_{ji} = -\eta\sum_{p=1}^{Q}\frac{\partial E^{(p)}}{\partial \mathrm{net}_j^{(p)}}h_i^{(p)} \tag{2-46}$$

记

$$\delta_j^{(p)} = \frac{\partial E^{(p)}}{\partial \mathrm{net}_j^{(p)}} \tag{2-47}$$

即 $\delta_j^{(p)}$ 表示在输入为第 $p$ 个样本时输出层上第 $j$ 个神经元产生的误差 $E^{(p)}$ 相对于其输入整合 $\mathrm{net}_j^{(p)}$ 的偏导数。

$$\frac{\partial E^{(p)}}{\partial \mathrm{net}_j^{(p)}} = \frac{\partial E^{(p)}}{\partial o_j^{(p)}}\frac{\partial o_j^{(p)}}{\partial \mathrm{net}_j^{(p)}} \tag{2-48}$$

在 $\frac{\partial E^{(p)}}{\partial o_j^{(p)}}$ 中，$E^{(p)} = \frac{1}{2}\sum_{l=1}^{m}(t_l^{(p)} - o_l^{(p)})^2$。因为只有 $\frac{1}{2}(t_j^{(p)} - o_j^{(p)})^2$ 项含 $o_j^{(p)}$，其他项不含 $o_j^{(p)}$，所以在 $\frac{\partial E^{(p)}}{\partial o_j^{(p)}}$ 中，其他项的偏导数为 0，只需保留对第 $j$ 项的偏导数结果即可。故

$$\frac{\partial E^{(p)}}{\partial o_j^{(p)}} = \frac{\partial\left[\frac{1}{2}\sum_{l=1}^{m}(t_l^{(p)} - o_l^{(p)})^2\right]}{\partial o_j^{(p)}} = -(t_j^{(p)} - o_j^{(p)}) \tag{2-49}$$

而因

$$\frac{\partial o_j^{(p)}}{\partial \mathrm{net}_j^{(p)}} = f_2{}'(\mathrm{net}_j^{(p)}) \tag{2-50}$$

且激励函数是单极 sigmoid 函数，所以

$$f_2{}'(\text{net}_j^{(p)})=\lambda o_j^{(p)}(1-o_j^{(p)}) \tag{2-51}$$

即

$$\frac{\partial o_j^{(p)}}{\partial \text{net}_j^{(p)}}=\lambda o_j^{(p)}(1-o_j^{(p)}) \tag{2-52}$$

将式(2-49)和式(2-52)带入式(2-48)，可得

$$\delta_j^{(p)}=\frac{\partial E^{(p)}}{\partial \text{net}_j^{(p)}}=\frac{\partial E^{(p)}}{\partial o_j^{(p)}}\frac{\partial o_j^{(p)}}{\partial \text{net}_j^{(p)}}=\frac{\partial E^{(p)}}{\partial \text{net}_j^{(p)}}=\frac{\partial E^{(p)}}{\partial o_j^{(p)}}f_2'(\text{net}_j^{(p)})=-(t_j^{(p)}-o_j^{(p)})f_2'(\text{net}_j^{(p)}) \tag{2-53}$$

当输出函数为单极 sigmoid 函数时，有

$$\delta_j^{(p)}=-(t_j^{(p)}-o_j^{(p)})\lambda o_j^{(p)}(1-o_j^{(p)}) \tag{2-54}$$

于是

$$\Delta w_{ji}=-\eta\sum_{p=1}^{Q}\frac{\partial E^{(p)}}{\partial \text{net}_j^{(p)}}h_i^{(p)}=-\eta\sum_{p=1}^{Q}\delta_j^{(p)}h_i^{(p)} \tag{2-55}$$

特别地，对于偏置，因可认为其是一个输入恒为 1 的特殊权值，所以偏置的修正量为

$$\Delta b_j^{(2)}=-\eta\sum_{p=1}^{Q}\delta_j^{(p)} \tag{2-56}$$

归结而言，神经元 $j$ 的权值 $w_{ji}$ 的修正量 $\Delta w_{ji}$ 以及偏置 $b_j^{(2)}$ 的修正量 $\Delta b_j^{(2)}$ 为

$$\begin{cases}\Delta w_{ji}=-\eta\sum_{p=1}^{Q}\delta_j^{(p)}h_i^{(p)}\\ \Delta b_j^{(2)}=-\eta\sum_{p=1}^{Q}\delta_j^{(p)}\end{cases} \tag{2-57}$$

在激励函数是单极 sigmoid 函数时，若将前面有关输出层神经元 $j$ 的权值 $w_{ji}$ 的修正量 $\Delta w_{ji}$ 一次性写出，则有

$$\begin{aligned}\Delta w_{ji}&=-\eta\frac{\partial E}{\partial w_{ji}}=-\eta\sum_{p=1}^{Q}\frac{\partial E^{(p)}}{\partial w_{ji}}=-\eta\sum_{p=1}^{Q}\frac{\partial E^{(p)}}{\partial \text{net}_j^{(p)}}\frac{\partial \text{net}_j^{(p)}}{\partial w_{ji}}\\&=-\eta\sum_{p=1}^{Q}\frac{\partial E^{(p)}}{\partial o_j^{(p)}}\frac{\partial o_j^{(p)}}{\partial \text{net}_j^{(p)}}\frac{\partial \text{net}_j^{(p)}}{\partial w_{ji}}=\eta\sum_{p=1}^{Q}(t_j^{(p)}-o_j^{(p)})\frac{\partial o_j^{(p)}}{\partial \text{net}_j^{(p)}}\frac{\partial \text{net}_j^{(p)}}{\partial w_{ji}}\\&=\eta\sum_{p=1}^{Q}(t_j^{(p)}-o_j^{(p)})f'_2(\text{net}_j^{(p)})h_i^{(p)}=\eta\sum_{p=1}^{Q}(t_j^{(p)}-o_j^{(p)})\lambda o_j^{(p)}(1-o_j^{(p)})h_i^{(p)}\end{aligned}$$

即

$$\Delta w_{ji}=\eta\sum_{p=1}^{Q}(t_j^{(p)}-o_j^{(p)})\lambda o_j^{(p)}(1-o_j^{(p)})h_i^{(p)} \tag{2-58}$$

由于

$$\frac{\partial \text{net}_j^{(p)}}{\partial b_j^{(2)}}=1 \tag{2-59}$$

因此有

$$\Delta b_j^{(2)}=\eta\sum_{p=1}^{Q}(t_j^{(p)}-o_j^{(p)})\lambda o_j^{(p)}(1-o_j^{(p)}) \tag{2-60}$$

于是，得到的修正量为

$$\begin{cases}\Delta w_{ji} = \eta\sum_{p=1}^{Q}(t_j^{(p)} - o_j^{(p)})\lambda o_j^{(p)}(1 - o_j^{(p)})h_i^{(p)} \\ \Delta b_j^{(2)} = \eta\sum_{p=1}^{Q}(t_j^{(p)} - o_j^{(p)})\lambda o_j^{(p)}(1 - o_j^{(p)})\end{cases} \tag{2-61}$$

从而，输出层权值和偏置的调整公式可写为

$$\begin{cases}w_{ji}(t+1) = w_{ji}(t) - \eta\sum_{p=1}^{Q}\delta_j^{(p)}h_i^{(p)} \\ b_j^{(2)}(t+1) = b_j^{(2)}(t) - \eta\sum_{p=1}^{Q}\delta_j^{(p)}\end{cases} \tag{2-62}$$

若输出层的激励函数是一般的函数，则输出层权值和偏置的调整公式为

$$\begin{cases}w_{ji}(t+1) = w_{ji}(t) - \eta\sum_{p=1}^{Q}[-(t_j^{(p)} - o_j^{(p)})f'_2(\mathrm{net}_j^{(p)})]h_i^{(p)} \\ b_j^{(2)}(t+1) = b_j^{(2)}(t) - \eta\sum_{p=1}^{Q}[-(t_j^{(p)} - o_j^{(p)})f'_2(\mathrm{net}_j^{(p)})]\end{cases} \tag{2-63}$$

若输出层的激励函数是特定的单极 sigmoid 函数，则输出层权值和偏置的调整公式为

$$\begin{cases}w_{ji}(t+1) = w_{ji}(t) + \eta\sum_{p=1}^{Q}(t_j^{(p)} - o_j^{(p)})\lambda o_j^{(p)}(1 - o_j^{(p)})h_i^{(p)} \\ b_j^{(2)}(t+1) = b_j^{(2)}(t) + \eta\sum_{p=1}^{Q}(t_j^{(p)} - o_j^{(p)})\lambda o_j^{(p)}(1 - o_j^{(p)})\end{cases} \tag{2-64}$$

当偏置 $b_j^{(2)}$ 确定后，可得到阈值：

$$\theta_j^{(2)} = -b_j^{(2)} \tag{2-65}$$

(3) 隐含层权值和偏置的修正。隐含层神经元 $i$ 的权值 $w_{ik}$ 的修正量 $\Delta w_{ik}$ 以及神经元 $i$ 的偏置 $b_i^{(1)}$ 的修正量 $\Delta b_i^{(1)}$ 的计算公式为

$$\Delta w_{ik} = -\eta\frac{\partial E}{\partial w_{ik}} = -\eta\frac{\partial\sum_{p=1}^{Q}E^{(p)}}{\partial w_{ik}} = -\eta\sum_{p=1}^{Q}\frac{\partial E^{(p)}}{\partial w_{ik}} = -\eta\sum_{p=1}^{Q}\frac{\partial E^{(p)}}{\partial v_i^{(p)}}\frac{\partial \mathrm{net}_i^{(p)}}{\partial w_{ik}} \tag{2-66}$$

记

$$\delta_i^{(p)} = \frac{\partial E^{(p)}}{\partial \mathrm{net}_i^{(p)}}$$

且因为 $\mathrm{net}_i^{(p)} = \sum_{k=1}^{R}w_{ik}x_k^{(p)} - \theta_i^{(1)} = \sum_{k=1}^{R}w_{ik}x_k^{(p)} + b_i^{(1)}$，$\frac{\partial \mathrm{net}_i^{(p)}}{\partial w_{ik}} = x_k^{(p)}$，所以

$$\Delta w_{ik} = -\eta\sum_{p=1}^{Q}\frac{\partial E^{(p)}}{\partial \mathrm{net}_i^{(p)}}\frac{\partial v_i^{(p)}}{\partial w_{ik}} = -\eta\sum_{p=1}^{Q}\delta_i^{(p)}x_k^{(p)} \tag{2-67}$$

由于

$$\frac{\partial E^{(p)}}{\partial \mathrm{net}_i^{(p)}} = \frac{\partial E^{(p)}}{\partial h_i^{(p)}}\frac{\partial h_i^{(p)}}{\partial v_i^{(p)}} \tag{2-68}$$

$$\frac{\partial E^{(p)}}{\partial h_i^{(p)}} = \sum_{j=1}^{m}\frac{\partial E^{(p)}}{\partial \mathrm{net}_j^{(p)}}\frac{\partial \mathrm{net}_j^{(p)}}{\partial h_i^{(p)}} = \sum_{j=1}^{m}\frac{\partial E^{(p)}}{\partial o_j^{(p)}}\frac{\partial o_j^{(p)}}{\partial \mathrm{net}_j^{(p)}}\frac{\partial \mathrm{net}_j^{(p)}}{\partial h_i^{(p)}} \tag{2-69}$$

于是得到

$$\delta_i^{(p)}=\frac{\partial E^{(p)}}{\partial v_i^{(p)}}=\frac{\partial E^{(p)}}{\partial h_i^{(p)}}\frac{\partial h_i^{(p)}}{\partial \mathrm{net}_i^{(p)}}=\sum_{j=1}^{m}\frac{\partial E^{(p)}}{\partial \mathrm{net}_j^{(p)}}\frac{\partial \mathrm{net}_j^{(p)}}{\partial h_i^{(p)}}\frac{\partial h_i^{(p)}}{\partial \mathrm{net}_i^{(p)}}=\sum_{j=1}^{m}\frac{\partial E^{(p)}}{\partial \mathrm{net}_j^{(p)}}\frac{\partial \mathrm{net}_j^{(p)}}{\partial h_i^{(p)}}\frac{\partial h_i^{(p)}}{\partial \mathrm{net}_i^{(p)}} \tag{2-70}$$

由式(2-44)、式(2-47)及$\frac{\partial \mathrm{net}_j^{(p)}}{\partial h_i^{(p)}}=w_{ji}$、$\frac{\partial h_i^{(p)}}{\partial \mathrm{net}_i^{(p)}}=f_1'(\mathrm{net}_i^{(p)})$，可得

$$\delta_i^{(p)}=\sum_{j=1}^{m}\frac{\partial E^{(p)}}{\partial \mathrm{net}_j^{(p)}}\frac{\partial \mathrm{net}_j^{(p)}}{\partial h_i^{(p)}}\frac{\partial h_i^{(p)}}{\partial \mathrm{net}_i^{(p)}}=\sum_{j=1}^{m}\delta_j^{(p)}w_{ji}f_1'(\mathrm{net}_i^{(p)})=\left[\sum_{j=1}^{m}w_{ji}\delta_j^{(p)}\right]f_1'(\mathrm{net}_i^{(p)}) \tag{2-71}$$

$\delta_i^{(p)}$ 与 $\delta_j^{(p)}$ 的关系如图 2.10 所示，它体现的是输出单元上的 $\delta_j^{(p)}$(携带误差信息)沿连线加权求和，称为反向传播，与隐含结点上传输函数的导数相乘后，得到 $\delta_i^{(p)}$。类似地，如果 BP 神经网络有多个隐含层，则 $\delta_i^{(p)}$ 还可以类似的方式，再反向传播到后一层的神经元上。如此进行下去，可最终传到第一隐含层，从而可实现各隐含层权值和偏置的修正。

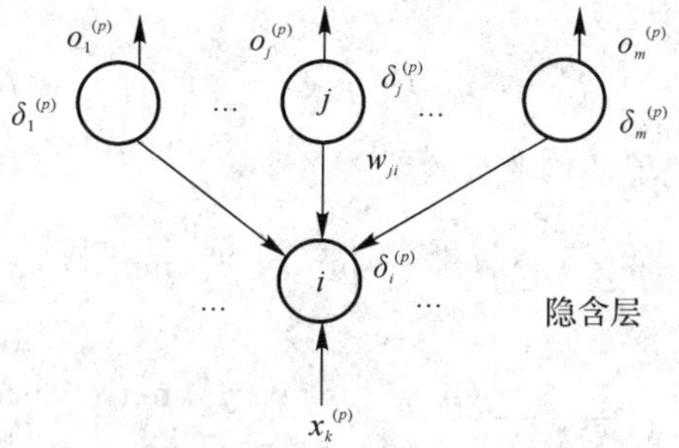


图 2.10　$\delta_j^{(p)}$ 沿连线带权反向传播

类似于式(2-51)，当函数 $f_1$ 也为单极 sigmoid 函数时，$f_1'(\mathrm{net}_i^{(p)})$具有下列表示形式：

$$f_1'(\mathrm{net}_i^{(p)})=\lambda h_i^{(p)}(1-h_i^{(p)})$$

将 $\delta_j^{(p)}$ 的值，即式(2-53) 和 $f_1'(\mathrm{net}_i^{(p)})$的值代入式(2-71)，可得

$$\begin{aligned}\delta_i^{(p)}&=\left[\sum_{j=1}^{m}w_{ji}\delta_j^{(p)}\right]f_1'(\mathrm{net}_i^{(p)})\\&=\left\{\sum_{j=1}^{m}w_{ji}\left[-(t_j^{(p)}-o_j^{(p)})\lambda o_j^{(p)}(1-o_j^{(p)})\right]\right\}f_1'(\mathrm{net}_i^{(p)})\\&=\left\{\sum_{j=1}^{m}w_{ji}\left[-(t_j^{(p)}-o_j^{(p)})\lambda o_j^{(p)}(1-o_j^{(p)})\right]\right\}\lambda h_i^{(p)}(1-h_i^{(p)})\end{aligned} \tag{2-72}$$

将式(2-72)带入式(2-67)，得

$$\begin{aligned}\Delta w_{ik}&=-\eta\sum_{p=1}^{Q}\delta_i^{(p)}x_k^{(p)}\\&=-\eta\sum_{p=1}^{Q}\left\{\left[\sum_{j=1}^{m}w_{ji}\left[-(t_j^{(p)}-o_j^{(p)})\lambda o_j^{(p)}(1-o_j^{(p)})\right]\right]\lambda h_i^{(p)}(1-h_i^{(p)})\right\}x_k^{(p)}\end{aligned} \tag{2-73}$$

这样，隐含层连接权值的修改公式为

$$w_{ij}(t+1)=w_{ij}(t)-\eta\sum_{p=1}^{Q}\left\{\left[\sum_{j=1}^{m}w_{ji}\left[-(t_j^{(p)}-o_j^{(p)})\lambda o_j^{(p)}(1-o_j^{(p)})\right]\right]\lambda h_i^{(p)}(1-h_i^{(p)})\right\}x_k^{(p)} \tag{2-74}$$

类似地，隐含层偏置的修改公式为

$$b_i^{(1)}(t+1)=b_i^{(1)}(t)-\eta\sum_{p=1}^{Q}\left\{\left[\sum_{j=1}^{m}w_{ji}\left[-(t_j^{(p)}-o_j^{(p)})\lambda o_j^{(p)}(1-o_j^{(p)})\right]\right]\lambda h_i^{(p)}(1-h_i^{(p)})\right\} \tag{2-75}$$

若利用 $\delta_i^{(p)}$ 来描述隐含层连接权值和偏置的修改公式，则可得到比较简化的形式：

$$\begin{cases} w_{ik}(t+1)=w_{ik}(t)-\eta\sum\limits_{p=1}^{Q}\delta_i^{(p)}x_k^{(p)} \\ b_i^{(1)}(t+1)=b_i^{(1)}(t)-\eta\sum\limits_{p=1}^{Q}\delta_i^{(p)} \end{cases} \tag{2-76}$$

若考虑到输出层隐层上神经元采用一般函数作为传输函数，则可得隐层神经元权值和偏置的负梯度表示式为

$$\begin{cases} \Delta w_{ik}=\eta\sum\limits_{p=1}^{Q}\left[\sum\limits_{l=1}^{m}(t_l^{(p)}-o_l^{(p)})\cdot f_2'(\mathrm{net}_l^{(p)})\cdot w_{li}\right]\cdot f_1'(\mathrm{net}_i^{(p)})\cdot x_k^{(p)} \\ \Delta b_i^{(1)}=\eta\sum\limits_{p=1}^{Q}\left[\sum\limits_{l=1}^{m}(t_l^{(p)}-o_l^{(p)})\cdot f_2'(\mathrm{net}_l^{(p)})\cdot w_{li}\right]\cdot f_1'(\mathrm{net}_i^{(p)}) \end{cases} \tag{2-77}$$

这样，隐含层连接权值和偏置的修改公式为

$$\begin{cases} w_{ij}(t+1)=w_{ij}(t)+\eta\sum\limits_{p=1}^{Q}\left[\sum\limits_{l=1}^{m}(t_l^{(p)}-o_l^{(p)})\cdot f_2'(\mathrm{net}_l^{(p)})\cdot w_{li}\right]\cdot f_1'(\mathrm{net}_i^{(p)})\cdot x_k^{(p)} \\ w_{ij}(t+1)=w_{ij}(t)+\eta\sum\limits_{p=1}^{Q}\left[\sum\limits_{l=1}^{m}(t_l^{(p)}-o_l^{(p)})\cdot f_2'(\mathrm{net}_l^{(p)})\cdot w_{li}\right]\cdot f_1'(\mathrm{net}_i^{(p)}) \end{cases} \tag{2-78}$$

当偏置 $b_i^{(1)}$ 确定后，可得到阈值：

$$\theta_i^{(1)}=-b_i^{(1)} \tag{2-79}$$

在输出层中，神经元采用的激励函数不同，导数 $f_2'(\mathrm{net}_l^{(p)})(l=1,2,\cdots,m)$的计算结果也不尽相同，因而 $\delta_j^{(p)}$ 的具体表示也不同。同理，在隐含层中，隐单元采用的激励函数也决定了导数 $f'_1(\mathrm{net}_i^{(p)})$的具体表示形式，因而 $\delta_i^{(p)}$ 的具体表示也可能相异。它们完全取决于在构造 BP 网络时所选定的相应激励函数。

如果输出层的激励函数采用双极 sigmoid 函数：

$$f(x)=\tanh(x)=\frac{\mathrm{e}^x-\mathrm{e}^{-x}}{\mathrm{e}^x+\mathrm{e}^{-x}}$$

那么

$$f'(x)=\left(\frac{\mathrm{e}^x-\mathrm{e}^{-x}}{\mathrm{e}^x+\mathrm{e}^{-x}}\right)'=2f(1-f) \tag{2-80}$$

相应地，有

$$f_2'(\mathrm{net}_j^{(p)})=2o_j^{(p)}(1-o_j^{(p)})$$

如果输出层的激励函数采用纯线性函数：

$$f(x)=x$$

那么

$$f'(x)=x'=1 \tag{2-81}$$

相应地，有

$$f'_2(\mathrm{net}_j^{(p)})=1$$

隐含层神经元的激励函数 $f_1(x)$采用哪种具体形式，完全可以与上述 $f_2(x)$类似地加以分析。

但必须注意，由于输出函数 $f_2(x)$取不同形式时，函数的值域范围是不同的，单极 S 形函数的值域是(0，1)，双极 S 形函数的值域是(−1，1)，而线性函数的值域是(−∞，+∞)，这就要求对样本的教师值做必要的规范化处理，以保证能正确训练，最终得到正确结果。

**2. BP 算法步骤**

以激励函数全部取

$$f_1(x)=f_2(x)=\frac{1}{1+\mathrm{e}^{-x}}$$

为例，BP 算法步骤描述如下：

(1) 置各权值和偏置的初始值：$w_{ji}(0)$，$w_{ik}(0)$，$b_i^{(1)}(0)$，$b_j^{(1)}(0)$为小的随机数。下面步骤中圆括号和其内的步号 0 一起省略不写。

(2) 对所有训练样本：输入训练样本 $X^{(p)}$，期望输出为 $t_j^{(p)}$，$p=1,2,\cdots,Q$；$j=1,2,\cdots,m$，对全部输入样本进行下面(3)到(6)的计算。

(3) 计算隐含层各神经元的整合输入和输出：

$$\mathrm{net}_i^{(p)} = \sum_{k=1}^{R} w_{ik}x_k^{(p)} - \theta_i^{(1)} = \sum_{k=1}^{R} w_{ik}x_k^{(p)} + b_i^{(1)}$$

$$h_i^{(p)} = f_1(\mathrm{net}_i^{(p)})$$

式中，$i=1,2,\cdots,s$。

(4) 计算输出层各神经元的整合输入和输出

$$\mathrm{net}_j^{(p)} = \sum_{i=1}^{s} w_{ji}h_i^{(p)} + b_j^{(2)}$$

$$o_j^{(p)} = f_2(\mathrm{net}_j^{(p)})$$

式中，$j=1,2,\cdots,m$。

(5) 计算 $\delta_j^{(p)}$ 和 $\delta_i^{(p)}$：因为

$$f'_2(\mathrm{net}_j^{(p)})=o_j^{(p)}(1-o_j^{(p)}),\quad f'_1(\mathrm{net}_i^{(p)})=h_i^{(p)}(1-h_i^{(p)})$$

所以

$$\delta_j^{(p)} = -(t_j^{(p)} - o_j^{(p)})\cdot o_j^{(p)}\cdot(1-o_j^{(p)})$$

$$\delta_i^{(p)} = \sum_{j=1}^{m} \delta_j^{(p)}\cdot w_{ji}\cdot h_i^{(p)}\cdot(1-h_i^{(p)})$$

(6) 修正权值和偏置：

$$w_{ji}(t+1) = w_{ji}(t) + \Delta w_{ji} = w_{ji}(t) - \eta\sum_{p=1}^{Q}\delta_j^{(p)}h_i^{(p)}$$

$$b_j^{(2)}(t+1) = b_j^{(2)}(t) + \Delta b_j^{(2)} = b_j^{(2)}(t) - \eta\sum_{p=1}^{Q}\delta_j^{(p)}$$

$$w_{ik}(t+1) = w_{ik}(t) + \Delta w_{ik} = w_{ik}(t) - \eta\sum_{p=1}^{Q}\delta_i^{(p)}\cdot x_k^{(p)}$$

$$b_i^{(1)}(t+1)=b_i^{(1)}(t)+\Delta b_i^{(1)}=b_i^{(1)}(t)-\eta\sum_{p=1}^{Q}\delta_i^{(p)}$$

由每个神经元的偏置取负即可求得每个神经元的阈值。

(7) 重复(3)到(6)，直到权值和偏置稳定，算法结束。

**3. BP 算法的优点**

(1) 具有一定的泛化性能：网络对样本数据可进行有效学习，使网络能够合理响应训练以外一定的输入样本。

(2) 权值更新具有坚实的数学分析基础，因而应用广泛。

**4. BP 算法的缺点**

(1) 权值和偏置可迭代收敛到一个解，但并不能保证是全局最优解，很有可能是局部最优解。

(2) 训练时间可能较长，有时可能还取决于学习率因子。

(3) 泛化主要指内插特性，但不指外插特性。

(4) 隐含层数或隐含层中所含神经元的个数尚无理论指导。

理论研究表明，仅含一个隐含层的 BP 神经网络可以逼近任意的连续函数。

**5. 隐单元数的确定**

在设计 BP 神经网络时，隐含层中神经元个数的确定虽然没有理论性的指导原则，但可采用一些经验公式来设定。样本输入维度 $R$ 确定了输入节点数。输出神经元的个数 $m$ 往往可根据问题要求设定。这样，隐单元的个数 $s$ 就可采用下面几个经验公式来确定：

$$s=\sqrt{R+m}+\alpha \tag{2-82}$$

$$s=\mathrm{lb}R+\alpha \tag{2-83}$$

$$s=\sqrt{m\cdot R}+\alpha \tag{2-84}$$

式中，$s$ 表示隐含层节点数，$\alpha$ 为 0～10 的常数。

此外，还可用下式来确定隐单元数目：

$$\sum_{k=1}^{s}\binom{s}{k}>Q \tag{2-85}$$

确定了最小数 $s$，然后用 $s+\alpha$ 作为隐单元数。这里，$Q$ 表示训练样本数，$\binom{s}{k}$ 表示 $s$ 中取 $k$ 个元素的不同组合数。

例如，当 $Q=1000$ 时，取 $s=10$，则有

$$\sum_{k=1}^{s}\binom{s}{k}=\binom{10}{1}+\binom{10}{2}+\cdots+\binom{10}{10}=1108>1000=Q$$

于是，隐单元数可取 10～20 中的一个值。

在实际使用中，也可通过选择不同的隐单元数进行误差精度的比较，从中选择在精度高的情况下对应的节点数作为隐节点数。

**6. BP 算法的改进**

BP 算法目前已有很多改进方案，主要通过对权值调整、自适应学习速率调整、网络结

构调整等方面采用不同策略，实现其快速求解，克服局部极小等。常用的改进方法有以下几种：

1）加入动量项

将 $t-1$ 时刻的负梯度方向也考虑在内，以尽量减少权值学习时出现的振荡现象。以权值的增量形式来描写，加入动量项的权值增量为

$$\Delta w_{ji}(t) = -\eta \frac{\partial E(t)}{\partial w_{ji}(t)} + \alpha \Delta w_{ji}(t-1) \tag{2-86}$$

式中，$\alpha \in [0,1]$为常数。

若以 $g(t)$和 $g(t-1)$分别表示 $E$ 在 $t$ 时刻和 $t-1$ 时刻的梯度，即

$$g(t) = \frac{\partial E(t)}{\partial w_{ji}(t)} \tag{2-87}$$

$$g(t-1) = \frac{\partial E(t-1)}{\partial w_{ji}(t-1)} \tag{2-88}$$

则按一般的梯度下降法，应有

$$\Delta w_{ji}(t) = -\eta g(t) \tag{2-89}$$

$$\Delta w_{ji}(t-1) = -\eta g(t-1) \tag{2-90}$$

于是，加入动量项的权值增量为

$$\begin{aligned}\Delta w_{ji}(t) &= -\eta \frac{\partial E(t)}{\partial w_{ji}(t)} + \alpha \Delta w_{ji}(t-1) = -\eta g(t) + \alpha[-\eta g(t-1)] \\ &= -\eta g(t) - \alpha\eta g(t-1) = -\eta[g(t) + \alpha g(t-1)]\end{aligned}$$

权值修改公式为

$$w_{ji}(t+1) = w_{ji}(t) - \eta[g(t) + \alpha g(t-1)] \tag{2-91}$$

更一般地，可将增加动量项的权值修改公式以下述更通用的形式加以描述：

$$w_{ji}(t+1) = w_{ji}(t) - \eta[(1-\alpha)g(t) + \alpha g(t-1)] \tag{2-92}$$

式中：下标 $ji$ 表示由 $i$ 到 $j$ 有连接；$g(t)$是 $t$ 时刻的负梯度；$g(t-1)$是 $t-1$ 时刻的负梯度；$\alpha \in [0, 1]$，称为动量因子。当 $\alpha=1$ 时，权值修改完全取决于 $t-1$ 时刻的负梯度。当 $\alpha=0$ 时，权值的修改仅与 $t$ 时刻的负梯度有关。

对偏置的修改则可作类似的描述。

这种学习方法在 Matlab 神经网络工具箱中对应于函数 traingdm。

2）调整自适应学习速率

自适应学习速率 $\eta$ 可用以下两种具体的不同形式加以调整：

(1) 随学习步数调整。随学习步数变化调整的公式为

$$\eta(t) = \frac{\eta_0}{t+1} \tag{2-93}$$

式中：$\eta_0$ 表示初始时的学习率；$t=0,1,2,\cdots$。其特点是，随着迭代步数的增加，学习速率单调变小。

(2) 根据误差情况调整。即根据误差的变化情况来调整学习速率 $\eta$，公式为

$$\eta(t+1) = \begin{cases} 1.04\eta(t), E(t) < 0.95E(t-1) \\ \eta(t), 0.95E(t-1) \leqslant E(t) \leqslant 1.05E(t-1) \\ 0.96\eta(t), E(t) > 1.05E(t-1) \end{cases} \tag{2-94}$$

当然，具体的调整幅度即调整系数可根据实际需要设定。

当采用自适应变化的学习速率时，也可提高 BP 神经网络系统学习的稳定性，对应的 Matlab 函数为 traingda。

3）调整自适应学习速率和带动量项

该方法融合了前两种方法的优点，对应的 Matlab 函数为 traingdx。

此外，除了使用负梯度修改权值和偏置外，还可用其他变化方向来修改权值和偏置。除改进算法以外，通过改变神经网络结构，如隐含层结点数和网络层数、调整误差函数等方法，也可加快 BP 算法的收敛速度。

**7. Matlab 中与 BP 神经网络有关的函数及使用方法**

Matlab 神经网络工具箱提供了专门用于创建 BP 神经网络的函数 newff( )，其最简单的格式为 newff(PR, n)，其中，PR、n 的用法与感知器网络的用法完全类似。训练函数仍用 trian( )，仿真运行函数仍用 sim( )。

例如：

net＝newff(minmax(B)，[6，2]，{'logsig'，'tansig'}，'traingd')；

创建一个 BP 神经网络。其中：[6，2]指定第一隐含层和输出层上神经元个数分别为 6 和 2，整个网络为 3 层的前馈网；{'logsig'，'tansig'}指定隐含层上每个神经元的激励函数都是 logsig，输出层每个神经元的激励函数都是 tansig；'traingd'指定所采用的权值训练学习算法为梯度下降法。

Matlab 神经网络工具箱还提供了权值训练学习算法的自适应学习速率和带动量项调整方法 traingdx，等等。

**例 2.2** 在隐含层上指定神经元分别为 3～8 个，建立相应的 BP 前向网络，隐含层采用的激励函数为双曲正切函数 tansig，输出层有 1 个神经元，采用的激励函数为 S 形函数 logsig，使用带动量项的权值调整算法 traingdx。

例 2.2 代码

**解** 根据上述设计和分析方法，可直接写出代码(见二维码文档)。得到的结果是：隐含层用 6 个神经元较好。

## 2.3.4 径向基神经网络

径向基神经网络(Radial Basis Function Neural Network，RBFNN)，简称为 RBF 神经网络。人脑的神经元细胞对外界反映具有局部性。基于此假设提出的 RBF 神经网络是一种新颖而有效的前馈神经网络，具有良好的局部逼近特性。其数学基础来源于 1985 年 Powell 提出的多变量插值的径向基函数。1988 年，Broomhead、Lowe、J. Moody 和 C. Darken等将径向基应用于神经网络的设计中，并提出了径向基神经网络模型。它是一种单隐含层的三层前向神经网络，具有局部逼近功能，能以任意精度逼近任一连续函数，特别适合于解决分类问题。

RBF 神经网络的理论基础是：径向基作为神经元的隐含基是存在的，这些隐含基是构成隐含空间的主要元素。在隐含层可以改变输入向量，这样就可以实现从低维度到高维度的转变，从而使那些在低维度中不能解决的问题在高维度空间中得到解决。

RBF 神经网络的输入层由信号源节点构成，实现网络与外界环境的连接。节点数由输入信号的维数确定。第二层为隐含层，又称径向基层，其节点功能由径向基函数完成，实现输入空间到隐含层空间的非线性变换。第三层为输出层，又称线性层，对输入做出响应，其节点的输出直接由隐含层节点基函数输出的线性组合来计算。RBF 神经网络结构如图 2.11 所示。

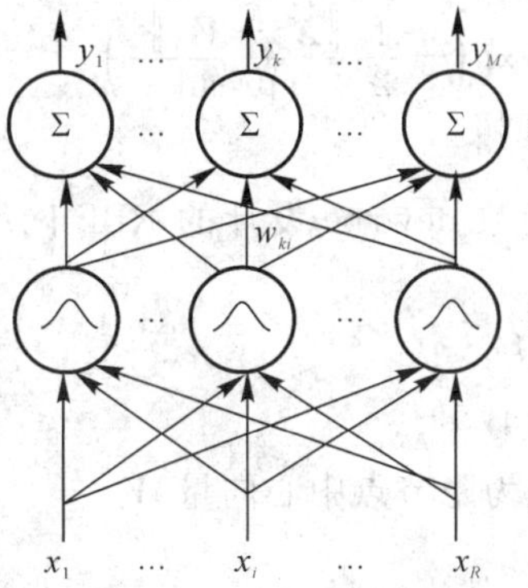


图 2.11　RBF 神经网络结构

设输入层有 $R$ 个神经元，隐含层有 $H$ 个神经元，第 $i$ 个隐单元的基函数为 $\varphi(\boldsymbol{X},\boldsymbol{W}_i)$。每个隐单元的基函数一般都具有相同的表达形式，它也是第 $i$ 个隐单元的激励输出($i=1,2,\cdots,H$)。输出层有 $M$ 个神经元。隐含层第 $i$ 个单元到输出层第 $j$ 个单元的连接权值为 $w_{ji}$。设训练样本集 $\boldsymbol{X}=\{\boldsymbol{X}_1,\boldsymbol{X}_2,\cdots,\boldsymbol{X}_Q\}$。对任一训练样本 $\boldsymbol{X}_k=(x_{k1},x_{k2},\cdots,x_{km},\cdots,x_{kQ})^{\mathrm{T}}$，对应实际输出为 $\boldsymbol{Y}_k=(y_{k1},y_{k2},\cdots,y_{kM})^{\mathrm{T}}$，期望输出为 $\boldsymbol{d}_k=(d_{k1},d_{k2},\cdots,d_{kM})^{\mathrm{T}}$，第 $j$ 个输出神经元实际输出为

$$y_{kj}(\boldsymbol{X}_k)=\sum_{i=1}^{H}w_{ji}\varphi(\boldsymbol{X}_k,\boldsymbol{W}_i) \tag{2-95}$$

式中，$\boldsymbol{W}_i$ 为隐含层中第 $i$ 个单元记忆的中心向量，有时也称为从输入层到第 $i$ 个神经元的连接权值构成的权向量。基函数 $\varphi(\boldsymbol{X},\boldsymbol{W}_i)$一般选用高斯函数：

$$\varphi(\boldsymbol{X},\boldsymbol{W}_i)=\exp\left(-\frac{\|\boldsymbol{X}-\boldsymbol{W}_i\|^2}{2\sigma_i^2}\right) \tag{2-96}$$

式中，$\sigma_i$ 为 $\varphi(\boldsymbol{X},\boldsymbol{W}_i)$的幅宽，为用户设定参数。对样本 $\boldsymbol{X}_k$，$\|\boldsymbol{X}_k-\boldsymbol{W}_i\|$表示输入向量和权值向量的距离。当输入向量 $\boldsymbol{X}_k$ 与 $\boldsymbol{W}_i$之间的距离小时，径向基函数 $\varphi(\boldsymbol{X}_k,\boldsymbol{W}_i)$输出的结果大，反之就小。可解释为，在径向基函数中，会在局部检测到输入信号，并作出响应。当输入出现在函数的中央区域时，将会在隐含层输出较大的值。因此，网络能够表现出局部逼近的性能，所以也称 RBF 神经网络为局部感知场网络。而对于 RBF 神经元的灵敏度则可以通过阈值即幅宽来调节。

高斯函数关于中心点对称，且对于远离中心点的神经元而言，表现出相当低的活性，所以随着距离的增加其活性会越来越低。径向基函数有多种形式，有时可选取其他的对称函数，但目前使用最普遍的是高斯函数。

由于 RBF 网络是有监督的神经网络模型，因此，从隐单元到输出层的连接权值完全可以用与 BP 网络一样的方式进行训练学习。因此，隐单元上的 $\boldsymbol{W}_i$ 以及 $\sigma_i$ 就需要专门的方法进行设计。$\sigma_i$ 通常可取定为某个经验常量，而 $\boldsymbol{W}_i$ 则有多种方法进行确定。若取 $\boldsymbol{W}_i=\boldsymbol{X}_k$，就

是隐单元数与输入样本数相等(为 $Q$)，也就是 $\boldsymbol{W}_i$ 输入向量 $\boldsymbol{X}_k$，则可用 Matlab 神经网络工具箱中的函数 newrbe(P，T，spread)来自动构造 RBF 神经网络，即此时一般取 $\sigma_i$ 为一个固定常量：

$$\sigma_i = \text{spread}^{\frac{1}{2}} \tag{2-97}$$

并将 spread 作为第 $i$ 个隐单元中基函数的参数来加以控制，即基函数由

$$\exp\left(-\frac{1}{2}\frac{\|\boldsymbol{X}_k-\boldsymbol{W}_\mathrm{i}\|^2}{\text{spread}}\right) \tag{2-98}$$

来加以计算。

当输入样本数过大时，若用函数 newrbe 设计的 RBF 网络结构，则其隐单元数过多，会影响网络的运行效率。

$\boldsymbol{W}_i$ 的确定主要有以下几种方法：

(1) 随机选取隐节点中心向量 $\boldsymbol{W}_i$。

(2) 以输入样本聚类结果选取为隐节点中心向量 $\boldsymbol{W}_i$。

(3) 其他方法。

在 Matlab 神经网络工具箱中，另一个函数 newrb(P，T，goal，spread)比 newrbe 具有更好的功效，它从 0 个隐单元开始，逐次添加隐单元，使设计的 RBF 网络结构的规模比较优化，可提高运行效率。newrb 在创建网络时，最开始没有径向基隐单元，是通过下列步骤逐渐增加的：

(1) 以所有的输入样本对网络进行仿真。

(2) 找到误差最大的一个输入样本。

(3) 增加一个径向基神经元，其权值向量就是该样本输入向量的转置，spread 与 newrbe 相同，都由用户设定。

(4) 以径向基神经元输出与输出层上的权向量做点积作为线性网络层的输入，重新设计线性网络层，使其误差最小。

(5) 当均方误差未达到指标，且神经元的数目未达上限时，则重复上述步骤，直到两者之一达到为止。

径向基函数的其他形式这里就不做介绍了。

径向基函数网络在输入和输出上都具有不可比拟的优势，正是得益于这些优势，径向基函数网络在函数逼近、模式识别以及预测等领域得到了广泛应用。

**例 2.3** 对函数 $f(x)=x\sin x$ 在 0～2π 区间进行函数逼近。

```
clear all;
x=0:0.05:2*pi;
y=x.*sin(x);
net=newrb(x, y, 0.1, 0.1, 20, 5)
z=sim(net, x);
plot(x, y, x, z);
```

在 newrb(x，y，0.1，0.1，20，5)中，两个 0.1 分别为误差平方目标和幅宽常数，20 指最大的代数，5 指显示间隔步数。

若输出神经元的输入是由所有隐单元的输出结果作为向量，经归一化后，与输出层上

的权值向量进行点乘而得到的，则这样的网络是一种特殊的 RBF 神经网络，称为泛化回归神经网络(Generalized Regression NN，GRNN)，主要用于函数逼近。这样的网络，其隐单元即径向基函数的个数与输入样本数相等，输出层的神经元个数也与输入样本数相等，输出层上的神经元无阈值。在 Matlab 神经网络工具箱中，用函数 newgrnn 创建 GRNN 网络。

若输出层上的权值为目标向量，输出层上的神经元无阈值，隐单元即径向基函数的个数与输入样本数相等，径向基函数中的中心向量为输入样本，输出层上神经元的传输函数为竞争型传输函数，大者为胜，则网络的输出结果由输入向量可能的模式分类结果给出，这样的网络也是一种特殊的 RBF 神经网络，称为概率神经网络(Probabilistic NN，PNN)。在 Matlab 神经网络工具箱中，用函数 newpnn 创建 PNN 网络。

## 2.4　竞争神经网络

竞争神经网络是一类无导师的前馈神经网络。对于给定的训练样本集中的每个样本，逐层向前计算，使得竞争层上的每个神经元对训练样本都得到响应输出，通过比较响应输出值的大小实现竞争。往往只有响应输出值最大的一个神经元成为竞争的“赢家”。只有与“赢家”相连的权值才获得更新修改的权力，使“赢家”在下次对该输入样本进行响应时获胜的可能性更大。竞争神经网络采用竞争学习律调整与获胜者连接的权值。通过竞争学习，连接到胜者的权值向量调整到了使之获胜的输入样本的某种均值向量或者记忆的样本。如果每个神经元都这样，网络通过自组织训练，实际上就实现了训练样本集的聚类或分类。神经元的输出就只需要看成或当成类标记了。当网络训练结束后，一个未知类别样本输入网络，网络就可将其归入其所属的类别。

竞争网络多设计为含输入层和输出层的两层前馈网络。常常将竞争设计在输出层上，此时，输出层即为竞争层。在竞争层上，有时全部神经元参与竞争，而有时只有部分神经元参与竞争。

竞争层中胜者神经元的输出为 1，败者神经元的输出均为 0。

改进唯胜者而论的方式是，允许胜者邻域内的一些神经元享有与其连接的权值，也具有一定的训练学习机会(一般会对学习因子打折扣)。

竞争神经网络在样本分类、聚类或数据分析等方面得到了较广泛的应用。

### 2.4.1　基本的竞争神经网络

基本的竞争神经网络由输入层和竞争层组成两层前馈网络。竞争层上全部神经元参与竞争，神经元之间没有相互抑制。

设当前的输入样本为 $\boldsymbol{X}$，竞争层上第 $j$ 个神经元无阈值，连接到神经元 $j$ 的权向量为 $\boldsymbol{W}_j$。所有神经元的输出值按竞争机制决定，最大者输出为 1，其他输出为 0。也即只有输入样本 $\boldsymbol{X}$ 与连接到神经元的权值向量之间的距离(或距离平方)达到最小者，为竞争获胜者，其输出值为 1，其余神经元的输出都为 0。显然，距离平方 $\|\boldsymbol{X}-\boldsymbol{W}_j\|^2$ 越小，意味着 $-\|\boldsymbol{X}-\boldsymbol{W}_j\|$ 越大，$\boldsymbol{X}$ 与 $\boldsymbol{W}_j$ 越接近相等。

$$y_j=\begin{cases}1, -\|\boldsymbol{X}-\boldsymbol{W}_j\|>-\|\boldsymbol{X}-\boldsymbol{W}_k\|(k\neq j;\ k=1,2,\cdots,n)\\0, 其他\end{cases} \tag{2-99}$$

因 $-\|\boldsymbol{X}-\boldsymbol{W}_j\| > -\|\boldsymbol{X}-\boldsymbol{W}_k\|$ 等价于 $\|\boldsymbol{X}-\boldsymbol{W}_j\| < \|\boldsymbol{X}-\boldsymbol{W}_k\|$，也等价于 $\|\boldsymbol{X}-\boldsymbol{W}_j\|^2 < \|\boldsymbol{X}-\boldsymbol{W}\|^2$，所以可直接用 $\sum_{i=1}^{R}(x_i - w_{ji})^2 < \sum_{i=1}^{R}(x_i - w_{ki})^2$ 代替之。

设竞争层上获胜的神经元有获得权值更新的权力，更新公式为

$$w_{ji}(k+1) = w_{ji}(k) + \eta(x_i - w_{ji}(k)) \tag{2-100}$$

式中：$\eta$ 为学习因子；$i=1,2,\cdots,R$；$j=1,2,\cdots,n$。$R$ 为输入样本维长，$n$ 为竞争神经元个数。当经过多次迭代计算 $\boldsymbol{W}_j$ 不需要更新时，$\boldsymbol{W}_j \approx \boldsymbol{X}$，即 $\boldsymbol{W}_j$ 记住了 $\boldsymbol{X}$。

Matlab 中创建一般竞争神经网络的函数是 newc( )。例如：

```
net=newc(minmax(P), 8, 0.05)
```

表示使用样本矩阵 **P** 建立了一个竞争层含 8 个神经元的一般竞争网络，学习因子为 0.05（默认为 0.01）。语句：

```
net=train(net, P); % 训练网络
Y=sim(net, B)
T=vec2ind(Y)
```

后两句的作用是：先仿真运行得到结果 $Y$，然后将输出结果 $Y$ 转换为带类标记的方式输出，从而可看到数据聚类分析的结果。

下面给出使用 newc( )的一个应用例子。

**例 2.4**　设样本矩阵 **P** 由每一列为训练样本以及其类号构成，以 newc()建立一个竞争层仅含 2 个神经元的竞争网络。经过建网、训练、仿真运行和转换后得到样本的实际分类情况。

**解**　按前述的方法可直接得到如下 Matlab 代码：

```
P=[1, 0, -1 , 1 , 1 , 1, -1, -1, -1; 0, 1, -2, -1, 1, -2, 0 , 1, -3;
    1, 1, 2, 2, 1, 2, 1, 1, 2];
net=newc( [-1 1;-3 1;1 2], 2 );
net=train(net, P);
y=sim(net, P);
c=vec2ind(y)
```

输出结果：

```
c= 1  1  2  2  1  2  1  1  2
```

说明样本被分为标号分别为 1 和 2 的两类。结果正确。

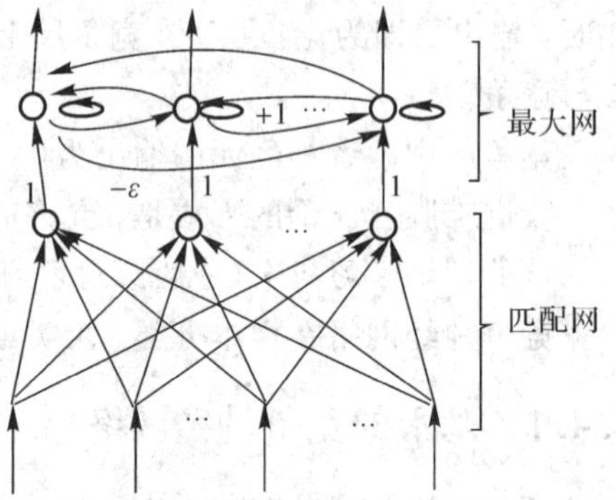


图 2.12　汉明神经网络结构

## 2.4.2　汉明竞争神经网络

汉明竞争神经网络(直接称为 Hamming 网络)是一种由前馈子网和反馈子网两层合在一起构成的网络结构。前馈子网又称为匹配子网、匹配网或匹配层。为叙述方便起见，以下主要称为匹配层。反馈子网又称为最大网、最大子网、竞争子网、竞争网或竞争层。为叙述方便起见，以下主要称为竞争层。竞争层中神经元的个数与匹配层中神经元的个数相等。

匹配层中第 $j$ 个神经元与竞争层中第 $j$ 个神经元直接用权值 1 相连。竞争层中的第 $j$ 个神经元的输出为 1 时表明其竞争获胜，没有获胜的神经元其输出最后均为 0。

在竞争层中，每个神经元的输出直接反馈输入到自身(或说用权值 1 加权作用后作为自己的延迟输入)，同时又以一个负的权值加权后作为同层上其他神经元的输入(生物学上解释为侧抑制)。

汉明竞争神经网络对二值样本数据的分类或记忆尤为有效，当然也可用于其他样本的处理。

每个分量只取值−1 或 1 的样本称为二值样本。匹配层通过学习训练将多个样本向量以特定方式分布记忆存储在连接到神经元的权值向量中。当要对当前的输入样本加以归类时，匹配层计算其与各已记忆的样本之间的汉明相似匹配程度，并将其作为初值送入竞争层，由竞争层用特定的函数迭代计算，以最终决定竞争层中每个神经元的输出值。竞争层上所有神经元的输出所构成的向量是 **0**、**1** 向量，可看成类别的编码。输入样本使竞争层中某个神经元获胜(输出为 1)，其他神经元均竞争失败(输出为 0)，实际上就是对该输入样本进行了归类。而在匹配层上，对应于与获胜神经元以权值为 1 加以连接的那个神经元，从输入到其连接的连接权值向量一定与输入样本按汉明相似度计算是最相似的。

所以汉明竞争神经网络的工作原理是，先用待记忆或分类的样本建立网络，然后将训练样本加以训练学习，有可能要修正匹配层中的权值。再待识别或分类的输入样本送入网络进行计算，根据竞争层哪个样本获胜，就可决定其所属的类别，同时回忆出其最接近于哪个记忆样本(记忆的可能是某些相似样本的均值向量)。

**1. 汉明距离与汉明相似度**

汉明竞争神经网络使用了汉明距离与基于汉明距离的相似度这两个概念。

分量仅取−1、1 的两个长度均为 $m$ 的列向量 $\boldsymbol{W}$ 和 $\boldsymbol{X}$ 之间的汉明距离定义为

$$H(\boldsymbol{W},\boldsymbol{X})=\frac{m-\boldsymbol{W}^{\mathrm{T}}\boldsymbol{X}}{2} \tag{2-101}$$

式中，$\boldsymbol{W}^{\mathrm{T}}\boldsymbol{X}$ 实际上就是 $\boldsymbol{W}$ 和 $\boldsymbol{X}$ 的对应分量相同个数与不相同个数的代数和。当 $\boldsymbol{W}^{\mathrm{T}}\boldsymbol{X}\geqslant 0$ 时，说明分量相同的个数不少于分量不相同的个数；当 $\boldsymbol{W}^{\mathrm{T}}\boldsymbol{X}<0$ 时，说明不同分量个数少于相同分量个数；当 $\boldsymbol{W}^{\mathrm{T}}\boldsymbol{X}=0$ 时，说明分量相同的个数等于分量不相同的个数且 $m$ 为偶数。当 $\boldsymbol{W}^{\mathrm{T}}\boldsymbol{X}=m$ 时，$X$ 和 $Y$ 之间的汉明距离 $H(\boldsymbol{W},\boldsymbol{X})=0$，此时，$\boldsymbol{W}$ 和 $\boldsymbol{X}$ 的分量均对应相同。当 $\boldsymbol{W}^{\mathrm{T}}\boldsymbol{X}=-m$ 时，$X$ 和 $Y$ 之间的汉明距离 $H(\boldsymbol{W}, \boldsymbol{X})=(m-(-m))/2=m$，此时，$\boldsymbol{W}$ 和 $\boldsymbol{X}$ 的分量均对应相异。由于 $\boldsymbol{W}$ 和 $\boldsymbol{X}$ 的分量最多全部相同或最多全部相异，所以 $\boldsymbol{W}$ 和 $\boldsymbol{X}$ 的之间的汉明距离最小值为 0，最大值为 $n$，即 $0\leqslant H(\boldsymbol{W}, \boldsymbol{X})\leqslant m$。例如，若 $\boldsymbol{a}=(1, -1, -1, -1, 1)^{\mathrm{T}}$，$\boldsymbol{b}=(-1, -1, 1, -1, -1)^{\mathrm{T}}$，则

$$H(\boldsymbol{a}, \boldsymbol{b})=\frac{5-\boldsymbol{a}^{\mathrm{T}}\boldsymbol{b}}{2}=\frac{5-(-1)}{2}=3$$

基于汉明距离，二值向量 $\boldsymbol{W}$ 和 $\boldsymbol{X}$ 的相似度定义为

$$\mathrm{SIM}(\boldsymbol{W}, \boldsymbol{X})=m-H(\boldsymbol{W}, \boldsymbol{X})=\frac{\boldsymbol{W}^{\mathrm{T}}\boldsymbol{X}+m}{2}=\frac{1}{2}\boldsymbol{W}^{\mathrm{T}}\mathbf{X}+\frac{m}{2} \tag{2-102}$$

当 $\boldsymbol{W}^{\mathrm{T}}\boldsymbol{X}=-m$ 时，说明 $m$ 为偶数且 $\boldsymbol{W}$ 和 $\boldsymbol{X}$ 的对应分量完全相异，此时，有 $H(\boldsymbol{W}, \boldsymbol{X})=m$，且 $\mathrm{SIM}(\boldsymbol{W}, \boldsymbol{X})=0$，说明它们完全不相似。当 $\boldsymbol{W}^{\mathrm{T}}\boldsymbol{X}=m$ 时，说明 $\boldsymbol{W}$ 和 $\boldsymbol{X}$ 的对应分量完全相同，此时，有 $H(\boldsymbol{W}, \boldsymbol{X})=0$，且 $\mathrm{SIM}(\boldsymbol{W}, \boldsymbol{X})=m$，说明它们完全相似。显然，$\boldsymbol{W}$ 和 $\boldsymbol{X}$ 之间的汉明相似度最小值为 0，最大值为 $m$，即 $0\leqslant\mathrm{SIM}(\boldsymbol{W}, \boldsymbol{X})\leqslant m$。例如，对于前面的 $\boldsymbol{a}$ 和 $\boldsymbol{b}$ 有：

$$\mathrm{SIM}(\boldsymbol{a},\ \boldsymbol{b})=m-H(\boldsymbol{a},\ \boldsymbol{b})=5-3=2$$

汉明距离与汉明相似度的关系是相反的关系。两个二值样本之间的汉明距离越小，它们之间的汉明相似度越大；反之，汉明距离越大，它们的汉明相似度越小。

**2. 匹配层权值固定的汉明竞争神经网络**

1）匹配层

竞争层中竞争获胜的神经元也是具有最大输入值和最大输出值的神经元。说明此时输入样本与连接到获胜神经元的权值向量之间的汉明距离最小，或说它们按汉明相似度度量时相似度最大。这就是这种网络被称为汉明神经网络的原由。

匹配层如下具体设计：神经元的个数设为 $M$，要记忆的 $M$ 个二值样本为

$$\boldsymbol{S}^{(j)}=(s_1^{(j)},s_2^{(j)},\cdots,s_m^{(j)})^{\mathrm{T}} \tag{2-103}$$

式中，$j=1,2,\cdots,M$。

由第 $i$ 个输入到第 $j$ 个神经元的连接权值为

$$w'_{ji}=\frac{1}{2}s_i^{(j)} \tag{2-104}$$

到第 $j$ 个神经元的连接权值向量为

$$\begin{aligned}\boldsymbol{W}'_j&=(w'_{j1},w'_{j2},\cdots,w'_{jm})^{\mathrm{T}}=\left(\frac{1}{2}s_1^{(j)},\frac{1}{2}s_2^{(j)},\cdots,\frac{1}{2}s_m^{(j)}\right)^{\mathrm{T}}\\&=\frac{1}{2}(s_1^{(j)},s_2^{(j)},\cdots,s_m^{(j)})^{\mathrm{T}}=\frac{1}{2}\boldsymbol{S}^{(j)}\end{aligned} \tag{2-105}$$

匹配层中的连接权值矩阵 $\boldsymbol{W}'$ 为

$$\boldsymbol{W}'=\begin{bmatrix}\boldsymbol{W}'^{\mathrm{T}}_1\\\boldsymbol{W}'^{\mathrm{T}}_2\\\vdots\\\boldsymbol{W}'^{\mathrm{T}}_M\end{bmatrix}=\frac{1}{2}\begin{bmatrix}\boldsymbol{S}^{(1)^{\mathrm{T}}}\\\boldsymbol{S}^{(2)^{\mathrm{T}}}\\\cdots\\\boldsymbol{S}^{(M)^{\mathrm{T}}}\end{bmatrix}_{M\times m}=\begin{bmatrix}\frac{1}{2}s_1^{(1)}&\frac{1}{2}s_2^{(1)}&\cdots&s_m^{(1)}\\\frac{1}{2}s_1^{(2)}&\frac{1}{2}s_2^{(2)}&\vdots&\frac{1}{2}s_m^{(2)}\\\vdots&\vdots&&\vdots\\\frac{1}{2}s_1^{(M)}&\frac{1}{2}s_2^{(M)}&\cdots&\frac{1}{2}s_m^{(M)}\end{bmatrix}_{M\times m} \tag{2-106}$$

各神经元阈值都为 $-\frac{m}{2}$，偏置 $b'_j$ 都为 $\frac{m}{2}$。

$$\begin{cases}\theta'_j=-\dfrac{m}{2}\\b'_j=\dfrac{m}{2}\end{cases} \tag{2-107}$$

式中，$j=1,2,\cdots,M$，如图 2.13 所示。

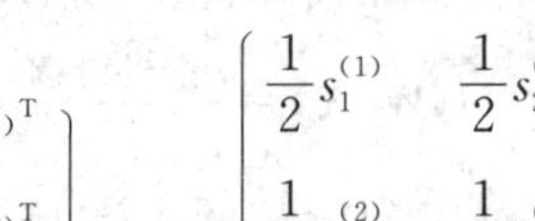

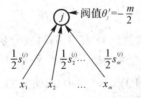

图 2.13 匹配层中神经元 $j$ 的连接权值

当输入 $\boldsymbol{X}=(x_1,s_2,\cdots,s_m)^{\mathrm{T}}$ 时，第 $j$ 个神经元的输入整合为

$$\mathrm{net}_j=\sum_{i=1}^{m}w'_{ji}x_i-\theta'_j=\sum_{i=1}^{m}s_i^{(j)}x_i+\frac{m}{2}=\mathrm{SIM}(\boldsymbol{X},\boldsymbol{S}^{(j)}) \tag{2-108}$$

这说明，第 $j$ 个神经元的累积输入正好就是样本 $\boldsymbol{X}$ 与第 $j$ 个要记忆的样本之间的汉明相似度。匹配层每个神经元的激励函数为纯线性函数，这样，第 $j$ 个神经元的输出为

$$s_j=\mathrm{net}_j=\sum_{i=1}^{m}w'_{ji}x_i+b'_j=\sum_{i=1}^{m}\frac{1}{2}s_i^{(j)}x_i+\frac{m}{2}=\frac{1}{2}\boldsymbol{X}^{\mathrm{T}}\boldsymbol{S}^{(j)}+\frac{m}{2}=\mathrm{SIM}(\boldsymbol{X},\boldsymbol{S}^{(j)}) \tag{2-109}$$

由此可见，若输入样本与第 $j$ 个记忆样本的汉明相似度最大，则第 $j$ 个神经元最可能获胜。

2）竞争层

竞争层中各个神经元相互竞争以决定谁是获胜者。对应于输入样本，只有获胜神经元的输出值为 1，其他神经元输出为 0，从而确定输入样本类别。

竞争层设计如下所述。

竞争层中神经元数也是 $M$，各神经元的阈值为 0，偏置也为 0，即

$$\theta''_j=b''_j=0 \tag{2-110}$$

其中，$j=1,2,\cdots,M$。

竞争层中每个神经元到自身的连接权值为 1，表示加强，而到其他神经元的连接权值设为 $-\varepsilon$，表示侧抑制，$\varepsilon$ 是一个常数，满足条件：

$$0<\varepsilon<\frac{m}{2}$$

也就是说，竞争层神经元 j 的权值向量 $\boldsymbol{W}''_j=(w''_{j1},\cdots,w''_{j,j-1},w''_{jj},w''_{j,j+1},\cdots,w''_{jM})^{\mathrm{T}}$，其中，$w''_{jl}$ 为神经元 $l$ 到 $j$ 的连接权值，满足：

$$w''_{jl}=\begin{cases}-\varepsilon, & j\neq l\\ 1, & j=l\end{cases} \tag{2-111}$$

式中，$j,l=1,2,\cdots,M$。

权值矩阵 $\boldsymbol{W}''$ 为主对角线上的元素全为 1、其他元素全为 $-\varepsilon$ 的对称矩阵，展开为

$$\boldsymbol{W}''=\begin{bmatrix}\boldsymbol{W}''^{\mathrm{T}}_1\\ \boldsymbol{W}''^{\mathrm{T}}_2\\ \vdots\\ \boldsymbol{W}''^{\mathrm{T}}_m\end{bmatrix}=\begin{bmatrix}1 & -\varepsilon & \cdots & -\varepsilon\\ -\varepsilon & 1 & \cdots & -\varepsilon\\ \vdots & \vdots & & \vdots\\ -\varepsilon & -\varepsilon & \cdots & 1\end{bmatrix}_{M\times M} \tag{2-112}$$

竞争层中神经元的输入初值为对应的匹配层中与其连接的神经元的输出值，可看成匹配层中神经元与竞争层中对应神经元之间是以权值 1 直接连接的。也就是说，匹配层中第 $j$ 个神经元的输出作为竞争层中第 $j$ 个神经元的输入初值 $y_j(0)$，其中，括号内的 0 表示初值的意思，即

$$y_j(0)=s_j \tag{2-113}$$

竞争层中所有神经元接收到匹配层的输入初值后，并不是直接送入激励函数加以计算，而是将输入初值直接作为输出，然后启动竞争，用式(2-8)饱和函数(记为 $f$，如图 2-3(d)所示)作为激励函数迭代计算：

$$y_j(k+1)=f\Big(\sum_{i=1}^{M}w''_{ji}y_i(k)+b''_j\Big)=f\Big(\sum_{i=1}^{M}w''_{ji}y_i(k)\Big)$$
$$=f\Big(y_j(k)-\varepsilon\sum_{\substack{i=1\\ i\neq j}}^{M}y_i(k)\Big)=f\Big((1+\varepsilon)y_j(k)-\varepsilon\sum_{i=1}^{M}y_i(k)\Big) \tag{2-114}$$

式中，$k$ 表示迭代步数，$j=1,2,\cdots,M$。

式(2-114)表明，第 $j$ 个神经元在第 $k+1$ 步的输出是由所有神经元在第 $k$ 步的输出经过自己增强和侧抑制其他神经元整合后的结果，再通过饱和函数 $f$ 进行计算的。正因如此，汉明竞争神经网络中的竞争层有时又称为递归层。

这种迭代计算可以看成匹配层的输出一旦作为竞争层的初始值，此后就撤掉该初值，进入竞争迭代计算。当记忆样本互不相同时，竞争层迭代计算会使 $M$ 个神经元中只有一个具有正输出，而其余神经元输出均为 0。迭代收敛后，将具有正输出的神经元的输出置为 1，其他神经元的输出置为 0，这样就实现了样本的记忆和类的编码表示。若未知类别样本输入到汉明网，按照上述过程加以运行，则最后竞争层上神经元的输出作为编码即确定了输入样本所具有的类别。

现将匹配层权值固定的汉明竞争神经网络用于样本记忆和识别的具体算法步骤描述如下：

(1) 初始化。设 $M$ 个记忆样本 $\boldsymbol{S}^{(j)}=(s_1^{(j)},s_2^{(j)},\cdots,s_m^{(j)})^{\mathrm{T}}(j=1,2,\cdots,M)$ 构成训练样本集 $D$，每个样本的分量均为 $-1$ 或 1。

设匹配网的权值为

$$w'_{ji}=\frac{1}{2}s_i^{(j)} \tag{2-115}$$

竞争层的权值为

$$w''_{ji}=\begin{cases}-\varepsilon, & i\neq j\\ 1, & i=j\end{cases} \tag{2-116}$$

式中：$i=1,2,\cdots,m$；$j=1,2,\cdots,M$。

设 $\boldsymbol{Y}(k)=[y_1(k),y_2(k),\cdots,y_m(k)]^{\mathrm{T}}$ 为 $k$ 时刻竞争层中所有神经元的实际输出所构成的向量。$k$ 为迭代步数，初值为 0，而 $L$ 为预设的最大迭代次数，样本号 $r$ 取为 1。

(2) 取第 $r$ 个训练样本 $\boldsymbol{X}=(x_1,x_2,\cdots,x_m)^{\mathrm{T}}\in D$。

(3) 计算匹配层神经元 $j$ 的输出并作为竞争层的初始输入和输出，即

$$y_j(0)=s_j(0)=\sum_{i=1}^{m}w'_{ji}x_i+b'_j=\sum_{i=1}^{m}\frac{1}{2}s_i^{(j)}x_i+\frac{m}{2}=\mathrm{SIM}(\boldsymbol{X},\boldsymbol{S}^{(j)}) \tag{2-117}$$

(4) 竞争层迭代计算。对于神经元 $j$，只要 $k<L$，计算：

$$y_j(k+1)=f\left[(1+\varepsilon)y_j(k)-\varepsilon\sum_{i=1}^{M}y_i(k)\right] \tag{2-118}$$

上面诸式中，均有 $i=1,2,\cdots,m$；$j=1,2,\cdots,M$。一般第 $r$ 个样本对应第 $r$ 个神经元。对当前第 $r$ 个样本，当迭代结束时，只有第 $r$ 个神经元输出为正，其余神经元的输出为 0。

(5) 将输出最大的神经元 $r$ 定为获胜神经元，并将其输出 $y_r(k)$ 置为 1，其他神经元的输出置为 0，实现胜者为王。$r\leftarrow r+1$。若 $r<m$，则转至(2)。

(6) 输入未知类型样本 $\boldsymbol{X}$，将其送入汉明网，直接计算：

$$y_j = s_j = \sum_{i=1}^{m} w'_{ji} x_i - \theta'_j = \sum_{i=1}^{m} \frac{1}{2} s_i^{(j)} x_i + \frac{m}{2} \tag{2-119}$$

式中，$j=1,2,\cdots,M$。

使 $y_j$ 达到最大者，即竞争层获胜神经元，所对应的连接权值向量，是与 $\boldsymbol{X}$ 最相近的记忆样本(也可称为联想记忆的样本)。获胜神经元输出为 1，其他神经元输出为 0，所构成的编码即是 $X$ 的类编码。

汉明网模仿了生物神经网“自我加强，侧向抑制”的功能，它通过计算未知类别样本与网络内记忆的模式类向量之间的 Hamming 距离，确定与 Hamming 距离达到最小的即匹配的那个模式类向量所代表的类作为其类别。

**3. 匹配层权值可调的汉明竞争神经网络**

匹配层权值固定的汉明竞争神经网络建立在给定记忆样本确定的基础上。而当记忆样本不一定完全相异或样本数较多但类别数为 $M$ 时，可设计汉明神经网络，进行竞争学习，实现样本自组织分类或分析。此时，相关的匹配和竞争算法与前面的描述类似，参数的个数和设置基本相同，区别只是权值可通过学习调整。这里主要将权值学习调整方法加以描述。

1) 匹配层中连接权值的学习

在初始时，匹配层中的连接权值可设为随机的较小数值，保证到第 $j$ 个神经元的权向量 $\boldsymbol{W}'_j=(w'_{j1},w'_{j2},\cdots,w'_{jm})^{\mathrm{T}}$ 的所有分量之和为 1，即

$$\sum_{i=1}^{m} w'_{ji} = 1 \tag{2-120}$$

式中：$i=1,2,\cdots,m$；$j=1,2,\cdots,M$。

对匹配层中相应于竞争层获胜的神经元 $j$ 的权值学习调整式为

$$w'_{ji}(k+1) = w'_{ji}(k) + \eta(x_{ji} - w'_{ji}(k)) \tag{2-121}$$

式中：$\eta$ 为学习因子，$0\leqslant\eta<1$；$i=1,2,\cdots,m$；$j=1,2,\cdots,M$。而到未获胜神经元在匹配层上对应的神经元的权值不做学习调整。

2) 竞争层上神经元连接权值的学习

在竞争层上获胜神经元的连接权值一般不做更新，还是如前一种方法中那样设定。

有时，也可将 $\varepsilon$ 增大来修改 $\varepsilon$ 的值，使神经元之间的侧抑制更加增强。

### 2.4.3 自组织特征映射神经网络

自组织特征映射(Self-Organizing Feature Map，SOFM) 神经网络简称为 Kohonen 网络、SOFM 或 SOM 网，是芬兰赫尔辛基大学 T. Kohonen 于 1981 年提出的一种竞争型神经网络。Kohonen 认为，一个神经网络在接收外界输入样本时，将会由不同的神经元自动地加以分区响应。输入样本相近，响应神经元也相近，神经元会自动有序排列。神经元的这种响应特性不是天生的，而是自组织学习形成的。自适应特征映射神经网络正是采用大脑具备自组织的这种特性建立的一种非监督的竞争神经网络。初始时，神经元的响应是随机的，但自组织学习后，竞争层上的神经元，功能相近的靠近，功能不同的远离，使神经元形成一种结构性分布。利用这种结构性分布，可实现数据的聚类或分析。将聚类中心代表神

经元映射到一个平面或曲面上，可形成具有一定拓扑结构的排列。

SOFM 中神经元的竞争实现了“近兴奋远抑制”的大脑功能模拟，具有把高维样本映射到低维特征空间且拓扑保形的能力。

**1. SOFM 神经网络的拓扑结构**

SOFM 神经网络含输入层和输出层两层。输出层实际上也就是竞争层。输入层用于样本输入，输入层节点的个数与样本维长相同。竞争层实现输入竞争响应或分类。由输入节点到输出层的神经元为全连接。基本 SOFM 神经网络是竞争层上各神经元之间没有侧抑制连接的网络。在基本的 SOFM 神经网络的竞争层中，神经元有多种排列形式，如一维线阵、二维平面阵和三维栅格立方体。常见的是一维线阵和二维平面阵排列。二维平面阵组织是 SOFM 神经网络中最常见的一种排列方式，如图 2.14 所示。

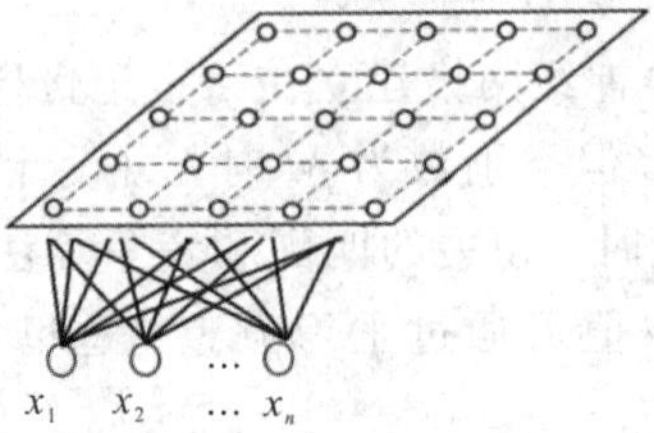


图 2.14 基本的 SOFM 网络结构

在时刻 $t$，设竞争获胜的那个神经元是神经元 $c$，$c$ 周围邻域 $N_c(t)$内的神经元也被认为获得一定的小胜。与 $c$ 的连接权值获得绝对的调整权力，而 $N_c(t)$内的神经元的连接权值只获得部分或少量的调整权力，在 $N_c(t)$以外的神经元的连接权值没有调整的权力。邻域 $N_c(t)$的形状各异，但一般是均匀对称的，如正方形或六角形等。邻域 $N_c(t)$随 $t$ 增加而不断缩小，直到最后只含获胜神经元。

**2. 权值调整**

SOFM 网采用的学习算法称为 Kohonen 算法，与胜者为王的学习算法不同。胜者为王的学习算法是只有连接到获胜神经元的权值可以调整学习，连接到其他神经元的权值不能调整学习。而在 SOFM 神经网络中，除与获胜神经元连接的权值可调整学习外，与胜者周围邻域 $N_c(t)$内的邻近神经元的连接权值享有不同程度的调整学习机会，调整幅度按空间分布呈不同的形式。获胜神经元具有最大的权值调整量，邻近的神经元有稍小的调整量，离获胜神经元距离越大，权值的调整量越小，超出 $N_c(t)$的神经元的权值不能调整学习。

也就是说，以获胜神经元为中心设定一个邻域，该邻域称为优胜邻域。在 SOFM 网学习网络算法中，优胜邻域内所有神经元均按其离开获胜神经元的距离远近程度不同调整权值。优胜邻域开始定得大一些，但其随着训练次数的增加不断收缩。自组织特征映射网络的激励函数为二值型函数。在竞争层中，每个神经元都有自己的邻域，图 2.15 为一个在二维层面上主神经元及其邻域为方格或六角形由外到内、由大到小不断收缩的示意图。在邻域较大的情况下，可将邻域中的神经元分层为邻层 1、邻层 2、邻层 3、……最内的邻层仅含获胜神经元。

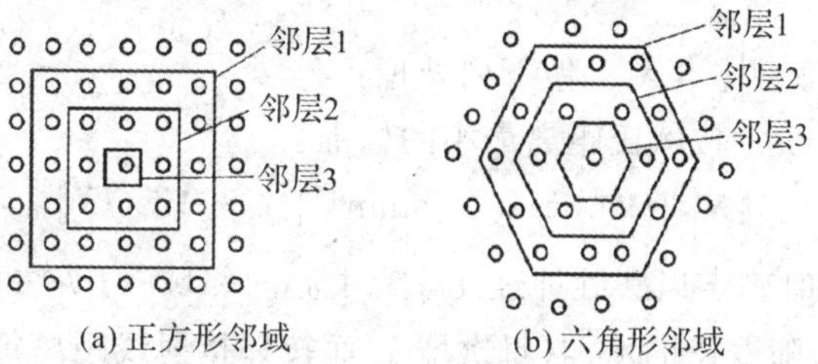


图 2.15　竞争层二维结构下获胜神经元的不同邻层示意图

**3. 自组织特征映射神经网络的运行原理**

SOFM 神经网络的运行分训练和工作两个阶段。在训练阶段，对网络随机输入训练集中的样本，对某个特定的输入模式，输出层会有某个神经元产生最大响应而获胜，而在训练开始阶段，输出层哪个位置的神经元将对哪类输入模式产生最大响应是不确定的。当输入模式的类别改变时，二维平面的获胜神经元也会改变。获胜神经元周围的神经元因侧向相互兴奋作用产生较大响应，于是获胜神经元以及其优胜邻域内的所有神经元所连接的权向量均向输入向量的方向做不同程度的调整，调整力度依邻域内各神经元距获胜神经元的远近而逐渐衰减。网络通过自组织方式，用大量训练样本调整网络的权值，最后使输出层各神经元成为特定模式类敏感的神经细胞，对应类型的权向量成为各输入模式类的中心向量。并且当两个模式类的特征接近时，代表这两类的神经元在位置上也接近。从而在输出层形成能够反映样本模式类分布情况的有序特征图。

SOFM 网训练结束后，输出层各神经元与各输入模式类的特定关系就完全确定了，因此可用作模式分类器。当输入一个模式时，网络输出层代表该模式类的特定神经元将产生最大响应，从而将输入自动归类。应当指出的是，当向网络输入的模式不属于网络训练时用过的任何模式类时，SOFM 网只能将它归入最接近的模式类。

**4. 竞争学习算法**

基本的自组织特征映射网络的竞争层是一个由 $M$ 个神经元组成的二维平面阵列（$M=m^2$），输入层所有神经元与二维竞争层神经元之间全连接。竞争层神经元组成的二维平面几何分布，神经元之间没有侧抑制，采用 Kohonen 学习算法进行竞争学习。先设置变量和参量：设 $\boldsymbol{S}=\{\boldsymbol{X}_1,\boldsymbol{X}_2,\cdots,\boldsymbol{X}_N\}$ 为 $N$ 个样本组成的训练样本向量集。将 $\boldsymbol{S}$ 中的 $N$ 个样本按欧几里德范数归一化后得到的向量集为 $\boldsymbol{S}'=\{\boldsymbol{X}_1',\boldsymbol{X}_2',\cdots,\boldsymbol{X}_N'\}$。竞争层上有 $M$ 个神经元。$\boldsymbol{W}_j=(w_{j1},w_{j2},\cdots,w_{jn})^{\mathrm{T}}$ 为从输入层到竞争层第 $j$ 个神经元的权值向量，$j=1,2,\cdots,M$。每个神经元的阈值设为 0。内设迭代总次数为 $L$，当前迭代步数 $k=0$，学习因子为 $\eta$。确定胜者的邻域构造方法，然后按下述步骤进行学习训练：

1）初始化

对竞争层上每个神经元 $j$ 随机生成到 $j$ 的连接权向量，$\boldsymbol{W}_j(k)=(w_{j1}^{(k)},w_{j2}^{(k)},\cdots,w_{jn}^{(k)})^{\mathrm{T}}$，并进行归一化处理：$\boldsymbol{W}_j'(k)=\dfrac{\boldsymbol{W}_j(k)}{\|\boldsymbol{W}_j(k)\|}$，其中，$\|\boldsymbol{W}_j(k)\|=\sqrt{\sum_{i=1}^{n}[w_{ji}^{(k)}]^2}$ 是权值向量 $\boldsymbol{W}_j(k)$ 的欧氏范数。建立初始优胜邻域 $N_j(k)$。

2）权值学习

从 $\boldsymbol{S}'$ 中顺序选取每一样本 $\boldsymbol{X}'$，做下列处理：

(1) 寻找获胜神经元。按欧氏距离最小的标准：

$$\|\boldsymbol{X}'-\boldsymbol{W}_c'(k)\|=\min_{j=1,2,\cdots,M}\|\boldsymbol{X}'-\boldsymbol{W}_j'(k)\| \tag{2-122}$$

确定获胜神经元 $c$，同时确定以获胜神经元 $c$ 为中心的邻域 $N_c(k)$。一般初始邻域 $N_c(k)$ 较大，训练过程中 $N_c(k)$ 随着 $k$ 的增加(每次增 1)而按邻接射线距离每次减 1 逐渐收缩。

(2) 权值更新。对获胜神经元 $c$，以如下方式更新其连接权值：

$$\boldsymbol{W}_c'(k)=\boldsymbol{W}_c'(k)+\eta(\boldsymbol{X}'-\boldsymbol{W}_c'(k)) \tag{2-123a}$$

对获胜神经元 $c$ 的邻域 $N_c(k)$ 内的神经元 $r$，以 $r$ 与 $c$ 的距离 $d(c,r)$ 决定学习因子的系数来调整其连接权值：

$$\boldsymbol{W}_r'(k)=\boldsymbol{W}_r'(k)+\alpha(d(c,r))\cdot\eta\cdot(\boldsymbol{X}'-\boldsymbol{W}_r'(k)) \tag{2-123b}$$

式中：$r\in N_c(k)$ 且 $r\neq c$；$d(c,r)$ 表示 $r$ 与 $c$ 的距离；$\alpha(d(c,r))$ 为基于 $d(c,r)$ 而确定的一个学习因子的调节系数，一般有 $0\leqslant\alpha(d(c,r))\leqslant 1$。

对学习后的权值重新进行归一化处理：

$$\boldsymbol{W}_j'(k)=\frac{\boldsymbol{W}_j(k)}{\|\boldsymbol{W}_j(k)\|} \tag{2-124}$$

收缩 $N_c(k)$：

$$N_c(k)=\phi[N_c(k)] \tag{2-125}$$

表示由第 $k$ 步当前邻域经收缩去确定更小的邻域，如在正方形邻域情况下，初始的邻域由层数 3 给出，则下次的层数是 2，逐次减 1，直到 1 为止。只要 $|N_c(k)|>1$，就重复(1)和(2)，直到 $|N_c(k)|=1$。

3）结束检查

判断迭代次数 $k$ 是否大于 $L$，如果小于等于 $L$，置 $\boldsymbol{W}_j'(k+1)=\boldsymbol{W}_j'(k)$，$k=k+1$，回到 2)，进行新的一轮训练；否则，结束竞争层竞争学习过程。

算法收敛后，在竞争层神经元中形成的结构反映了输入样本空间中样本间的拓扑结构。权值的学习使得拓扑结构上相互接近的神经元对相似的输入样本最敏感。

SOFM 网的训练不存在类似 BP 网中输出误差的概念(因为是非监督学习)，SOFM 网的学习方式与一般的竞争神经网络的区别是，它考虑了胜者神经元的邻域。

此外，学习因子也可设为 $k$ 的下降函数：

$$\eta(k)=\left(1-\frac{k}{L}\right)\eta \tag{2-126}$$

SOFM 网可应用于保序映射，即能将输入空间的样本有序地映射到竞争层。

**5. Matlab 中的自组织特征映射函数**

Matlab 中主要用 newsom 函数来建立自组织特征映射网络。

**例 2.5** 设数据为：$(3,3)^T,(2,2)^T,(1,2)^T,(3,1)^T,(2,1)^T,(2,1)^T,(2,3)^T,(4,5)^T,(4,4)^T,(1,1)^T$。下面以该组数据为例来说明其应用方法。

**解** 以该组数据设计自组织特征映射网实现样本的分类(见二维码文

例 2.5 代码

档）。从输出结果来看，得到了 4 个分类。

gridtop 指定竞争层神经元的排列是第一维为 3、第二维为 2 的形式。

除 gridtop 外，还有 hextop 和 randtop 等。

# 2.5　反馈型神经网络

## 2.5.1　Elman 神经网络

Elman 神经网络是 J. L. Elman 于 1990 年针对语音信号处理问题而首先提出的一种全局前向局部回归网络(global feed forward local recurrent)，是一种简单的反馈神经网络。Elman 网络为前向连接的多层结构，含输入层、隐含层、输出层。隐含层可以有多个，这里主要用一个隐含层。Elman 网络在网络结构上增加了一个上下文层，用于第一隐含层神经元的输出存储，同时又作为第一隐含层神经元的延迟输入。上下文层具有局部记忆和局部反馈的作用，连接权值可学习训练。

上下文层可看成第一隐含层后增加的一个特殊的隐含层。上下文层也称为承接层、状态层或关联层（或联系单元层），用于记忆前一时刻隐含层的输出结果。上下文层上神经元的个数与隐含层上神经元的个数相同，可认为上下文层上的神经元与隐含层上的神经元分别对应且是以连接权值固定为 1 的方式连接的。隐含层上神经元的输出可直接作为上下文层上神经元的输入和下个时刻的输出。上下文层上神经元的输出又作为隐含层神经元下一时刻的全连接输入。因而，从上下文层上神经元到隐含层上神经元的输入有专门的可学习训练的连接权，也可认为上下文层起到了状态反馈的作用。Elman 网络结构如图 2.16 所示。

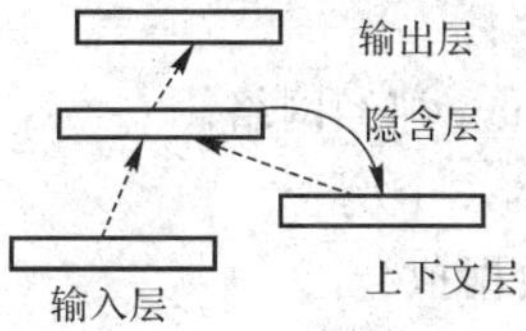


图 2.16　Elman 网络结构示意图

在 Elman 网络中，隐含层神经元的激励函数一般为非线性函数，如 sigmoid 函数，输出层神经元的激励函数一般为线性函数，关联层的激励函数也可认为是纯线性函数。

Elman 神经网络通过引入起存储或延迟作用的上下文层这种机制，使网络的输出不仅与当前输入的样本有关，还与历史状态数据有关，从而使之能处理像语音这种涉及连续音素的信号，达到了提升处理能力的目的。

Elman 网络的工作过程可如下描述：设 $\boldsymbol{W}(0)$ 表示输入层到隐含层初始连接权值矩阵，$\boldsymbol{S}(0)$表示隐含层到输出层初始连接权值矩阵，$\boldsymbol{V}(0)$表示上下文层到隐含层的初始连接权值矩阵。对于输入样本 $\boldsymbol{U}$，在 $k=0$ 时刻，前向计算隐含层的输出为

$$\boldsymbol{X}(0)=f(\boldsymbol{U}^{\mathrm{T}}\boldsymbol{W}(0)) \tag{2-127}$$

上下文层的输出为

$$\boldsymbol{X}_c(0)=\boldsymbol{X}(0) \tag{2-128}$$

输出层的输出为

$$\boldsymbol{Y}(0)=g(\boldsymbol{X}(0)^{\mathrm{T}}\boldsymbol{S}(0)) \tag{2-129}$$

若网络的实际输出达不到期望值，则 Elman 网络采用 BP 算法进行权值修正，学习目标函数采用误差平方和函数：

$$E(\boldsymbol{W},\boldsymbol{S},\boldsymbol{V})=\frac{1}{2}\sum_{k=1}^{n}[y_k(\boldsymbol{W},\boldsymbol{S},\boldsymbol{V})-\hat{y}_k(\boldsymbol{W},\boldsymbol{S},\boldsymbol{V})]^2 \tag{2-130}$$

式中，$\hat{y}_k(\boldsymbol{W},\boldsymbol{S},\boldsymbol{V})$为目标输出向量。

令 $k=k+1$，则可得到

$$\boldsymbol{W}(k+1)=\boldsymbol{W}(k)-\eta\frac{\partial E(\boldsymbol{W}(k),\boldsymbol{S}(k),\boldsymbol{V}(k))}{\partial\boldsymbol{W}(k)} \tag{2-131}$$

$$\boldsymbol{S}(k+1)=\boldsymbol{S}(k)-\eta\frac{\partial E(\boldsymbol{W}(k),\boldsymbol{S}(k),\boldsymbol{V}(k))}{\partial\boldsymbol{S}(k)} \tag{2-132}$$

$$\boldsymbol{V}(k+1)=\boldsymbol{V}(k)-\eta\frac{\partial E(\boldsymbol{W}(k),\boldsymbol{S}(k),\boldsymbol{V}(k))}{\partial\boldsymbol{V}(k)} \tag{2-133}$$

于是，迭代计算如下：

$$\boldsymbol{X}_c(k+1)=\boldsymbol{X}(k) \tag{2-134}$$

$$\boldsymbol{X}(k+1)=f(\boldsymbol{U}^{\mathrm{T}}\boldsymbol{W}(k)+\boldsymbol{X}_c(k)^{\mathrm{T}}\boldsymbol{V}(k)) \tag{2-135}$$

$$\boldsymbol{Y}(k+1)=g(\boldsymbol{X}(k)^{\mathrm{T}}\boldsymbol{S}(k)) \tag{2-136}$$

式中：$\boldsymbol{X}(k)$为隐含层神经元在 $k$ 时刻的输出向量($n$ 维)；$\boldsymbol{X}_c(k)$为上下文层神经元在 $k$ 时刻的输出向量(或称反馈状态向量，为 $n$ 维)；$\boldsymbol{Y}(k+1)$ 为在 $k+1$ 时刻输出层上神经元的输出向量($m$ 维)；$f(\cdot)$为隐含层神经元的激励函数，常采用 sigmoid 函数 $g(\cdot)$为输出层上神经元的激励函数，是隐含层输出的线性组合。

在 Matlab 中，创建 Elman NN 的函数是 newelm( )，例如：

net＝newelm(P，T，8)

可创建隐含层含 8 个神经元的 Elman 神经网络。

下面是使用 Elman 神经网络的一个例子。

**例 2.6** 用 Elman 网络进行数据拟合。

**解** 其数据和代码由二维码文档给出。

例 2.6 代码

另一种简单的全局前向局部反馈型网络是 Jordan 神经网络。与 Elman 网络不同之处是，Jordan 神经网络从输出层到隐含层有局部反馈，上下文层处于输出层和第一隐含层之间，上下文层将输出延迟作为第一隐含层的输入。Jordan 神经网络的工作原理类似于 Elman神经网络的工作原理。

Elman 网络和 Jordan 神经网络是简单反馈神经网络的两个典型代表。有关 Jordan 神经网络的介绍这里省略。

### 2.5.2 全反馈型 Hopfield 神经网络

Hopfield 神经网络模型是 Hopfield 于 1982 年提出的一种全反馈型神经网络，简称为 Hopfield 神经网络或 Hopfield 网络。根据样本的量化形式和状态表示形式，Hopfield 神经网络模型分为离散型和连续型模型两种。

**1. 离散型 Hopfield 神经网络**

在离散型 Hopfield 神经网络模型中，网络结构是以固定形式构成的，每一个神经元与所有其他神经元相互连接，其输出都作为其他神经元的输入，可认为每个神经元均反馈连接，所以它也被称为是全互连的反馈神经网络或自联想记忆网络(见图 2.17)。

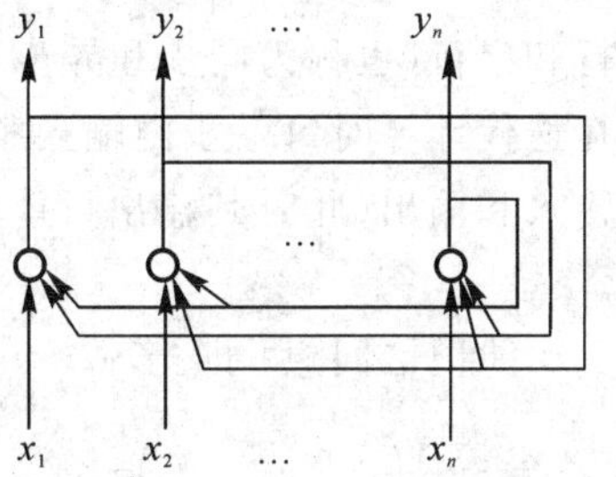


图 2.17　离散 Hopfield 神经网络结构

离散型 Hopfield 神经网络是一种单层二值的全互连神经网络，每个神经元的激励函数为双极值函数，输入、输出只取−1 或 1(或者为阶跃函数，输入、输出只取 0 或 1)。所输出的离散值−1 和 1(或 0 和 1)分别表示神经元处于抑制状态和兴奋状态。

设共有 $n$ 个神经元，神经元 $j(j=1,2,\cdots,n)$的阈值为 $\theta_j$，到神经元 $j$ 的所有连接权值构成权向量 $\boldsymbol{W}_j=(w_{j1},w_{j2},\cdots,w_{jn})^{\mathrm{T}}$。一般设连接权对称且自己到自己无连接(或说连接权值为 0)，即 $w_{ji}=w_{ij}$，$w_{jj}=0\ (i\neq j;\ i,j=1,2,\cdots,n)$。

设 $\boldsymbol{X}^{(q)}=(x_1^{(q)},x_2^{(q)},\cdots,x_n^{(q)})^{\mathrm{T}}$，$q=1,2,\cdots$，$M$ 为 $M$ 个要记忆的样本向量，$x_i^{(q)}$ 取−1 或 1，$i=1,2,\cdots,n$。为了使网络能记住这 $M$ 个样本，即能存储这 $M$ 个样本，一般设它们线性无关，且先将它们正交归一化，然后采用外积方式来设计神经元之间的权值。假设 $\boldsymbol{X}^{(q)}(q=1,2,\cdots,M)$正交归一化后仍记为 $\boldsymbol{X}^{(q)}(q=1,2,\cdots,M)$，则

$$w_{ji}=\begin{cases}\sum\limits_{q=1}^{M}x_j^{(q)}x_i^{(q)}, & i\neq j\\ 0, & i=j\end{cases}\tag{2-137}$$

式中，$i$，$j=1,2,\cdots,n$。

当前输入样本为 $\boldsymbol{X}^{(q)}=(x_1^{(q)},x_2^{(q)},\cdots,x_n^{(q)})^{\mathrm{T}}$，初始步数 $k=0$ 时，神经元 $j$ 处于初始状态，得到一个初始的输入 $x_j$ 和初始输出 $y_j(0)=x_j^{(q)}$。神经元 $j$ 的下一步输出 $y_j(k+1)$为所有神经元的上一步输出传过来加权整合经激励函数作用后的结果，即

$$y_j(k+1)=f\Big(\sum_{i=1}^{n}w_{ji}y_i(k)-\theta_j\Big)\tag{2-138}$$

式中，函数 $f(\cdot)$定义为双极值函数，即

$$f(x)=\begin{cases}1, & x\geqslant 0\\ -1, & x<0\end{cases}\tag{2-139}$$

于是

$$y_j(k+1)=\begin{cases}1, & \sum\limits_{i=1}^{n}w_{ji}y_i(k)-\theta_j\geqslant 0\\ -1, & \sum\limits_{i=1}^{n}w_{ji}y_i(k)-\theta_j<0\end{cases}\tag{2-140}$$

设所有神经元的阈值为 0，即 $\theta_j=0(j=1,2,\cdots,n)$，则

$$y_j(k+1)=\begin{cases}1, & \sum_{i=1}^{n} w_{ji} y_i(k) \geqslant 0 \\ -1, & \sum_{i=1}^{n} w_{ji} y_i(k) < 0\end{cases} \tag{2-141}$$

网络中的神经元可以有并行和串行(也称为同步和异步)方式两种。

并行方式就是所有神经元在迭代计算时每一步内输入整合及输出都同时计算。而异步方式是可先计算一个神经元的输入和输出(此时其输出可能已发生变化)，然后一个一个地计算其他神经元的输入和输出。

当神经元输入的正交样本 $X^{(q)}$ 能记忆回想，即当 $y_j^{(q)}=x_j^{(q)}$ 时，

$$\begin{aligned}\mathrm{net}_j^{(q)} &= \sum_{i=1}^{n} w_{ji} y_i^{(q)} = \sum_{i=1}^{n}\left(\sum_{q=1}^{M} x_j^{(q)} x_i^{(q)}\right) x_i^{(q)} \\ &= \sum_{i=1}^{n}\left[x_j^{(q)} \cdot x_i^{(q)} \cdot x_i^{(q)} + \sum_{\substack{k=1 \\ k \neq q}}^{M} x_j^{(k)} x_i^{(k)} \cdot x_i^{(q)}\right] \\ &= n \cdot x_j^{(q)} + \sum_{i=1}^{n} \sum_{\substack{k=1 \\ k \neq q}}^{M} x_j^{(k)} x_i^{(q)} \cdot x_i^{(k)} = n \cdot x_j^{(q)}\end{aligned} \tag{2-142}$$

这说明，$\mathrm{net}_j^{(q)}$ 与 $x_j^{(q)}$ 具有相同的正负性，$y_j^{(q)}=f(\mathrm{net}_j^{(q)})=\mathrm{sgn}(\mathrm{net}_j^{(q)})=x_j^{(q)}$，也就是 $X^{(q)}$ 被网络所记忆。

网络的一个稳定状态是指满足条件 $\boldsymbol{X}=f(\boldsymbol{X}^{\mathrm{T}}\boldsymbol{W}-\theta)$ 的一个 $X$。一个稳定状态可看成是网络存储记忆的一个样本。网络的渐近稳定状态又称为网络的吸引子，是指其有一个邻域，从该邻域中任何点出发，网络运行后都会收敛于该吸引子(稳定点)。稳定点不一定就是渐近稳定点。让网络接收输入样本(可含噪声)，然后运行系统到达稳定态，此过程可看成是一个联想回忆的过程。

Hopfield 神经网络采用能量函数来分析系统的稳定情况。在进行权值初始化且记忆样本输入网络后，网络由初始状态向稳定状态演化；当系统稳定时，能量函数达到局部极小，神经元之间的连接权分布用于存储记忆样本。新的待识别样本送入网络后，系统以同样的方式加以运行，达到稳定态时，得到的可能就是所存储的记忆结果。这个过程模拟了人脑存储和联想记忆的功能。

能量函数定义为

$$E=-\frac{1}{2}\sum_{j=1}^{n}\sum_{i=1}^{n} w_{ji} y_i y_j \tag{2-143}$$

$E$ 是随 $y_j$ 变化而变化的函数。对于某一神经元 $j$ 的状态，若输出值在两步间产生的变化量为 $\Delta y_j$，则引起 $E$ 的变化量为

$$\Delta E_j=-\frac{1}{2}\left(\sum_{i=1}^{n} w_{ji} y_i\right)\Delta y_j \tag{2-144}$$

式中，$w_{ij}=w_{ji}$，$w_{jj}=0$，$i,j=1,2,\cdots,n$。当 $\sum_{i=1}^{n} w_{ji} y_i \geqslant 0$ 时，神经元 $j$ 的输出值 $f\left(\sum_{i=1}^{n} w_{ji} y_i\right)=1$，此时，$y_j$ 从 $-1$ 变到 1，$\Delta y_j=2$，$\Delta y_j>0$，从而 $\Delta E_j<0$，$\Delta E<0$。

当 $\sum_{i=1}^{n} w_{ji} y_i < 0$ 时，神经元 $j$ 的输出值 $f\left(\sum_{i=1}^{n} w_{ji} y_i\right) = -1$，此时，$y_j$ 从 1 变到 $-1$，$\Delta y_j = -2$，$\Delta y_j < 0$，从而 $\Delta E_j < 0$，$\Delta E < 0$。也就是说，当 $y_j$ 随迭代步数变化时，总有 $E$ 单调下降。显然，$E$ 是有界的，所以算法最终使能量函数达到局部极小，网络达到一个稳定态。

离散神经网络 DHNN 的算法步骤如下：

(1) 取第 $q$ 个记忆样本 $\boldsymbol{X}^{(q)} = (x_1^{(q)}, x_2^{(q)}, \cdots, x_n^{(q)})^{\mathrm{T}} (q=1,2,\cdots,M)$，置神经元的连接权初值。从神经元 $i$ 到神经元 $j$ 的权值为

$$w_{ji} = \begin{cases} \sum_{q=1}^{M} x_j^{(q)} x_i^{(q)}, & i \neq j \\ 0, & i = j \end{cases} \tag{2-145}$$

式中，$i, j = 1, 2, \cdots, n$。

(2) 输入样本 $\boldsymbol{X} = (x_1, x_2, \cdots, x_n)^{\mathrm{T}}$，用 $\boldsymbol{X}$ 设置网络的初始状态。若 $y_j(k)$ 表示神经元 $j$ 第 $k$ 步的输出状态，则 $y_j(k)$ 的初始值为

$$y_j(0) = x_j \tag{2-146}$$

(3) 利用迭代算法计算 $y_j(k+1)$，直到算法收敛。

$$y_j(k+1) = f\left(\sum_{i=1}^{n} w_{ji} y_i(k)\right) \tag{2-147}$$

式中，$j = 1, 2, \cdots, n$。当迭代收敛时，神经元的输出即为与样本 $X$ 匹配最好的记忆样本。

(4) 转(2)。

离散 Hopfield 神经网络神经元之间的连接权值没有学习修正能力，若不采用正交化方法设计，则记忆的样本可能不是渐近稳定点，甚至可能是非稳定点。通过正交化方法设计网络的权值可以改善网络的性能。

在具体设计离散 Hopfield 神经网络时，也可以考虑神经元有阈值。

Matlab 神经网络工具箱提供的创建 Hopfield 神经网络的函数是：newhop( )，由记忆样本正交化设计权值的方法已纳入函数 newhop 中。

一个简单的记忆两个样本的 Hopfield 神经网络的创建和仿真运行例子如下。

**例 2.7**　给定要记忆的两个样本为 $(0,0,1)^{\mathrm{T}}$ 和 $(-1,-1,0)^{\mathrm{T}}$，设计一个含两个神经元的 Hopfield 神经网络加以存储记忆。

**解**　Hopfield 神经网络的设计方法和 Matlab 神经网络工具箱提供的函数可得到代码：

```
T = [0,0,1; -1, -1,0]';
net = newhop(T); % 创建 Hopfield 神经网络
Y= sim(net,2,[ ],T) % 仿真运行
```

输出结果：

```
Y= T = [0,0 ,1; -1, -1,0]'
```

**例 2.8**　设计 Hopfield 神经网络，记忆 2、4、6、8 的 10×9=90 二值图像(神经元)，并对 6 的含噪的二值图像进行识别。

例 2.8 代码

**解**　利用 Matlab 神经网络工具箱提供的 newhop( )等函数，编写代码程序(见二维码文档)。其中，figprint( )用于绘制数值图像，对数字 0 相应地

画一个黑方块，对数字 1 相应地画一个白方块。

运行结果如图 2.18 所示。

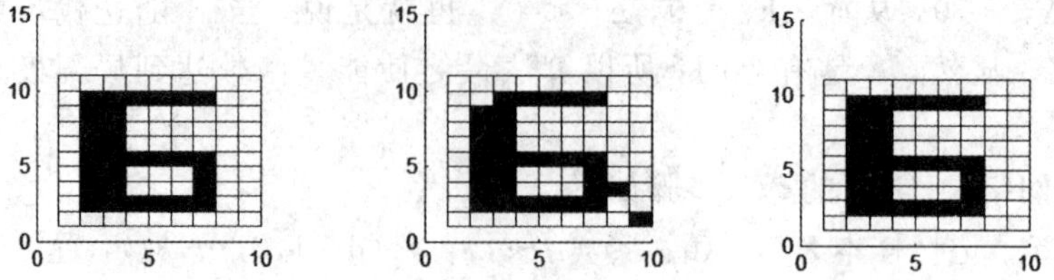

图 2.18　DHN 识别数字的结果示意图

**2. 连续型 Hopfield 神经网络**

连续型 Hopfield 网络在时间上是连续的，因而各神经元处于同步工作方式：

$$\begin{cases}\dfrac{\mathrm{d}x_i}{\mathrm{d}t}=-\dfrac{x_i}{\tau_i}+\sum\limits_{\substack{j=1\\j\neq i}}^{n}w_{ji}y_j+I_i\\ y_i=g(x_i)\end{cases}\tag{2-148}$$

式中：$x_i$ 为第 $i$ 个神经元的内部状态；$y_i$ 为第 $i$ 个神经元的输出；$I_i$ 为第 $i$ 个神经元的外部输入(相当于系统偏置)；$\tau_i$ 为第 $i$ 个神经元的一个参数；$g$ 为第 $i$ 个神经元的激励函数，一般为单调函数，比如取 S 形函数，其逆函数为 $x_i=g^{-1}(y_i)$)，也是单调函数，即

$$\frac{\mathrm{d}x_i}{\mathrm{d}y_i}=\frac{\mathrm{d}}{\mathrm{d}y_i}(g^{-1}(y_i))>0\tag{2-149}$$

设能量函数为

$$E=-\frac{1}{2}\sum_{i=1}^{n}\sum_{\substack{j=1\\j\neq i}}^{n}w_{ji}y_jy_i-\sum_{i=1}^{n}y_iI_i+\sum_{i=1}^{n}\frac{1}{\tau}\int_0^{y_i}g^{-1}(t)\mathrm{d}t\tag{2-150}$$

对 $y_i$ 求导，得

$$\frac{\mathrm{d}E}{\mathrm{d}y_i}=-\left(\sum_{\substack{j=1\\j\neq i}}^{n}w_{ji}y_j+I_i-\frac{x_i}{\tau_i}\right)=-\frac{\mathrm{d}x_i}{\mathrm{d}t}\tag{2-151}$$

从而有

$$\begin{aligned}\frac{\mathrm{d}E}{\mathrm{d}t}&=\sum_{i=1}^{n}\frac{\mathrm{d}E}{\mathrm{d}y_i}\frac{\mathrm{d}y_i}{\mathrm{d}t}=-\sum_{i=1}^{n}\frac{\mathrm{d}x_i}{\mathrm{d}t}\frac{\mathrm{d}y_i}{\mathrm{d}t}=-\sum_{i=1}^{n}\frac{\mathrm{d}x_i}{\mathrm{d}y_i}\frac{\mathrm{d}y_i}{\mathrm{d}t}\frac{\mathrm{d}y_i}{\mathrm{d}t}\\&=-\sum_{i=1}^{n}\frac{\mathrm{d}x_i}{\mathrm{d}y_i}\left(\frac{\mathrm{d}y_i}{\mathrm{d}t}\right)^2\leqslant 0\ \left(\frac{\mathrm{d}x_i}{\mathrm{d}y_i}>0\right)\end{aligned}\tag{2-152}$$

它表明，由状态输入输出间的动态方程计算的能量函数不断减小，并最后稳定趋于极小值。如果能把某个问题化为一个能量函数的计算，且使能量函数极小值对应于一定约束条件下的问题的解，那么这个问题就可以用连续型 Hopfield 网络求解。

**例 2.9**　用连续 Hopfield 神经网络解 TSP 问题。

在 $n$ 个城市的集合中，找出一条经过每个城市各一次，最终回到起点的最短路径。

任意给定一个中间无重复且含所有结点的回路，就可计算其路径长度。

例如，已知城市 A，B，C，D，…之间的距离为 $d_{AB}$，$d_{BC}$，$d_{CD}$，…，那么总的距离为

$$d=d_{AB}+d_{BC}+d_{CD}+\cdots\tag{2-153}$$

对于这种动态规划问题，要求其 min($d$)的解。

因为对于 $n$ 个城市的全排列共有 $n!$ 种，而 TSP 并没有限定路径的方向，即为全组合，所以在城市数 $n$ 固定的条件下，其路径总数 $S_n$ 为

$$S_n=\frac{n!}{2n}(n\geqslant 4) \tag{2-154}$$

TSP 的解是若干城市的有序排列：任何一个城市在最终路径上的位置可用一个 $n$ 维的 **0**、**1** 矢量表示，对于所有 $n$ 个城市，则需要一个 $n\times n$ 维矩阵。以 5 个城市为例，一种可能的排列矩阵为

$$V=(V_{xi})_{n\times n}=\begin{bmatrix}0&1&0&0&0\\0&0&0&1&0\\1&0&0&0&0\\0&0&1&0&0\\0&0&0&0&1\end{bmatrix} \tag{2-155}$$

该矩阵唯一地确定了一条有效的行程路径：C→A→D→B→E。

若用 $d_{xy}$ 表示从城市 $x$ 到城市 $y$ 的距离，则上面路径的总长度为

$$d_{\mathrm{CC}}=d_{\mathrm{CA}}+d_{\mathrm{AD}}+d_{\mathrm{DB}}+d_{\mathrm{BE}}+d_{\mathrm{EC}} \tag{2-156}$$

TSP 的最优解是求长度 $d$ 为最短的一条有效的路径。

1) 约束条件及设计考虑

构造关联矩阵：

(1) 每一行中只有一个值为 1，其他值均为零。

(2) 每一列中只有一个值为 1，其他值均为零。

(3) 元素 1 的总数为 $n$。

关联矩阵的每一个元素相当于一个神经元，共有 $n^2$ 个。用 $V_{xi}$ 表示($x$, $i$)位置神经元的输出(0 或 1)。构造能量函数的极小值对应于最短路径(值)。

2) 能量函数

选择使用高增益放大器，这样能量函数中的积分分项可以忽略不计。

$$\begin{aligned}E=&\frac{Q}{2}\sum_{x=1}^{n}\sum_{i=1}^{n}\sum_{\substack{j=1\\j\neq i}}^{n}V_{xi}V_{xj}+\frac{S}{2}\sum_{i=1}^{n}\sum_{x=1}^{n}\sum_{\substack{y=1\\y\neq x}}^{n}V_{xi}V_{yi}+\\&\frac{T}{2}\left(\sum_{x=1}^{n}\sum_{i=1}^{n}V_{xi}-n\right)^2+\frac{P}{2}\sum_{x=1}^{n}\sum_{y=1}^{n}\sum_{i=1}^{n}d_{xy}V_{xi}(V_{y,i+1}+V_{y,i-1})\end{aligned} \tag{2-157}$$

注意：当 $i-1=0$ 时，用 $n$ 代替 0。式(2-157)中，$\frac{Q}{2}\sum_{x=1}^{n}\sum_{i=1}^{n}\sum_{\substack{j=1\\j\neq i}}^{n}V_{xi}V_{xj}$ 对应于约束条件(1)；$\frac{S}{2}\sum_{i=1}^{n}\sum_{x=1}^{n}\sum_{\substack{y=1\\y\neq x}}^{n}V_{xi}V_{yi}$ 对应于约束条件(2)；$\frac{T}{2}\left(\sum_{x=1}^{n}\sum_{i=1}^{n}V_{xi}-n\right)^2$ 对应于约束条件(3)；$\frac{P}{2}\sum_{x=1}^{n}\sum_{y=1}^{n}\sum_{i=1}^{n}d_{xy}V_{xi}(V_{y,i+1}+V_{y,i-1})$ 为目标项，目标项的最小值对应最短路径值。

神经元($x$, $i$)的状态方程为

$$\begin{cases}\dfrac{\mathrm{d}U_{xi}}{\mathrm{d}t}=-\dfrac{U_{xi}}{\tau_i}-Q\sum\limits_{\substack{j=1\\j\neq i}}^{n}V_{xj}-S\sum\limits_{\substack{y=1\\y\neq x}}^{n}V_{yi}-T\Big(\sum\limits_{x=1}^{n}\sum\limits_{j=1}^{n}V_{xj}-n\Big)-P\sum\limits_{y=1}^{n}d_{xy}(V_{y,i+1}+V_{y,i-1})\\ V_{xi}=g(U_{xi})\end{cases}$$

(2-158)

网络中神经元$(x, i)$与$(y, j)$的联接权值为

$$w_{xi,yj}=-Q\delta_{xy}(1-\delta_{ij})-S\delta_{ij}(1-\delta_{xy})-T-Pd_{xy}(\delta_{j,i+1}+\delta_{j,i-1})\tag{2-159}$$

式中，$-Q\delta_{xy}(1-\delta_{ij})$表示行抑制，$-S\delta_{ij}(1-\delta_{xy})$表示列抑制，$-T$表示全局抑制，$-Pd_{xy}(\delta_{j,i+1}+\delta_{j,i-1})$表示路径长度。$\delta_{ij}$满足条件：

$$\delta_{ij}=\begin{cases}1, & i=j\\0, & i\neq j\end{cases}\tag{2-160}$$

求解 TSP 的连接神经网络模型的运动方程也可表示为

$$\mathrm{d}U_{xi}=-S\sum_{\substack{j=1\\j\neq i}}^{n}V_{xj}-Q\sum_{\substack{y=1\\y\neq x}}^{n}V_{yi}-T\Big(\sum_{x=1}^{n}\sum_{j=1}^{n}V_{xj}-n\Big)-P\sum_{y=1}^{n}d_{xy}(V_{y,i+1}+V_{y,i-1})-\frac{U_{xi}}{R_{xi}C_{xi}}$$

(2-161)

$$V_{xi}=g(U_{xi})=\frac{1}{2}\Big[1+\mathrm{th}\Big(\frac{U_{xi}}{U_0}\Big)\Big]\tag{2-162}$$

霍普菲尔德和泰克(Tank)经过实验，认为取初始值：

$Q=S=P=500$，$T=200$，$R_{xi}C_{xi}=1$，$U_0=0.02$

时，求解 10 个城市 TSP 可得到良好的效果。

后来人们发现，在用连续霍普菲尔德网络求解像 TSP 这样的约束优化问题时，$Q$、$S$、$P$、$T$ 的取值对求解过程有很大影响。

## 2.6 对传神经网络

对传神经网络(Counter Propagation Network，CPN)是美国学者 Hechi-Nielson 在 1987 年首次提出的一种两层次结构神经网络，它是把两种著名的网络算法科荷伦自组织映射理论和格劳斯贝格外星算法组合起来而形成的网络。

**1. 对传神经网络的网络结构**

对传神经网络的网络结构为两层：第一层为科荷伦层，采用无指导的训练方法对输入数据进行自组织竞争的分类或压缩；第二层为格劳斯贝格层。第一层神经元的激活函数为二值型硬函数，而第二层神经元的激活函数为线性函数。

(1) 科荷伦层(第一层) 中神经元的激活函数 $f_1$ 为二值型函数，即

$$\boldsymbol{K}=f_1(\boldsymbol{V}^{\mathrm{T}}\boldsymbol{P}+\boldsymbol{B}_1)\tag{2-163}$$

(2) 格劳斯贝格层(第二层) 中神经元的激活函数 $f_2$ 为线性函数。设从前层输出的 $\boldsymbol{K}$ 为它的输入，具有目标矢量 $\boldsymbol{G}$，则

$$\boldsymbol{G}=f_2(\boldsymbol{W}^{\mathrm{T}}\boldsymbol{K}+\boldsymbol{B}_2)=\boldsymbol{W}^{\mathrm{T}}\boldsymbol{K}+\boldsymbol{B}_2\tag{2-164}$$

CPN 的结构如图 2.19 所示。

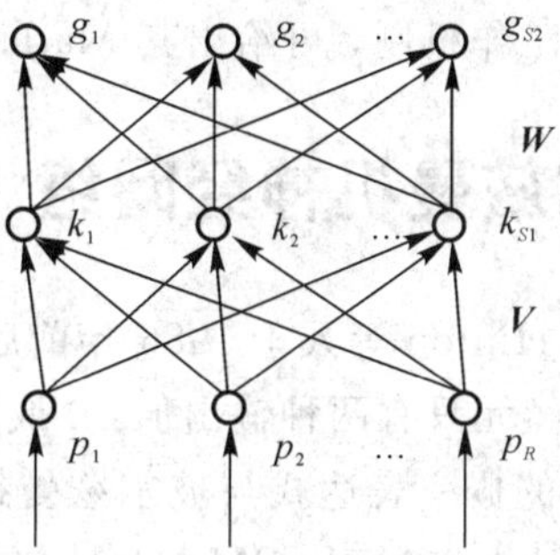


图 2.19　CPN 的结构

**2. CPN 的学习法则**

(1) 在科荷伦层(第一层)，通过竞争对获胜节点采用科荷伦规则调整与其相连的权矢量：

$$\Delta \boldsymbol{V}_i = \eta_1(\boldsymbol{P} - \boldsymbol{V}_i) \tag{2-165}$$

式中，$\boldsymbol{V}_i$ 表示从输入层到获胜神经元 $i$ 的权向量，$\boldsymbol{P}$ 为输入样本向量，$\eta_1$ 为学习因子。

(2) 在格劳斯贝格层(第二层)，对于在科荷伦层输出为 1 的输入相连权值进行如下调整：

$$\Delta \boldsymbol{W}_j = \eta_2(\boldsymbol{G} - \boldsymbol{W}_j) \tag{2-166}$$

式中，$\boldsymbol{W}_j$ 表示在科荷伦层输出为 1(也是获胜节点)的神经元 $j$ 到输出层每个神经元连接的权向量，$\eta_2$ 为学习因子，$\boldsymbol{G}$ 为在输入样本向量为 $\boldsymbol{P}$ 时的目标向量。

CPN 的学习方式是有监督的学习方式。

**3. 训练过程**

(1) 初始化。对输入矢量 $\boldsymbol{P}$ 和对应的目标向量 $\boldsymbol{G}$ 归一化处理，对权矢量 $\boldsymbol{V}_i$ 和 $\boldsymbol{W}_j$ 进行归一化随机取值，选取最大循环次数、学习速率 $\eta_1$ 和 $\eta_2$。

(2) 科荷伦层的无指导训练过程。重复对输入的样本进行竞争计算，对获胜的科荷伦层获胜节点按科荷伦法对其连接的权向量进行修正。

(3) 格劳斯贝格层有指导的训练过程。寻找科荷伦层输出为 1 的节点，并对与该节点相连到输出层神经元的权向量进行修正。

(4) 检查最大循环次数是否达到，若是，则停止训练；若否，则转入(2)。经过充分训练后的 CPN 可使科荷伦层(第一层)权向量收敛到相似输入向量平均值，格劳斯贝格层(第二层)权向量收敛到目标向量(平均值)。

当 CPN 经训练后工作时，只要对网络输入一向量 $\boldsymbol{X}$，则在科荷伦层经过竞争后产生获胜节点，并在格劳斯贝格层使获胜节点所产生的信息向前传送，在输出端得到输出向量 $\boldsymbol{Y}$。

这种由向量 $\boldsymbol{X}$ 得到向量 $\boldsymbol{Y}$ 的过程有时称为异联想，更广泛地说，它实现了一种计算过程。

当训练 CPN 使其格劳斯贝格层的目标矢量 $\boldsymbol{G}$ 等于科荷伦层的输入矢量 $\boldsymbol{P}$ 时，则可实现数据压缩。具体做法是：首先，训练 CPN 使 $\boldsymbol{G}=\boldsymbol{P}$，然后，将输入数据输入 CPN，在科荷伦层输出得到 0、1 数据，这些数据为输入的压缩码。解码时，将在科荷伦层压缩的 0、1 码送入格劳斯贝格层，在其输出端对应得到解压缩的矢量。

**例 2.10** 按照 CPN 网络的工作机制，可给出其 Matlab 代码。

例 2.10 代码

## 2.7 玻尔兹曼机神经网络

玻尔兹曼机神经网络是 GE Hinton 等人于 1986 年前后提出的一种随机神经网络。在这种网络中，神经元只有两种输出值：0 或 1。神经元的输出值根据概率确定。由于所使用的概率表达式与玻尔兹曼提出的玻尔兹曼分布类似，故称其为玻尔兹曼机(Boltzmann Machine)，简称 BM 机。玻尔兹曼机通过一定的概率保证搜索陷入局部最优时具有一定的“跳出”局部最优的能力。

随机神经网络的基本特点是，在学习阶段，随机网络权值调整按概率情况选择修改。在运行阶段，神经元输出状态演变按概率进行状态转移。神经元的整合输入不能决定其状态取 1 还是取 0，只能决定其状态取 1 还是取 0 的概率。

**1. 玻尔兹曼机**

1）玻尔兹曼机的原理与结构

玻尔兹曼机的结构介于离散 Hopfield 全互联网络(DHNN)与 BP 网络的层次结构之间，形式上与单层反馈网络 DHNN 相似，权值对称，且 $w_{ii}=0$。在功能上，玻尔兹曼机与三层 BP 网相似，具有输入节点、输出节点和隐节点。一般把输入与输出节点称为可见节点，隐节点称为不可见节点。训练时输入节点接受训练样本，隐节点主要起辅助实现输入输出之间联系的作用，使输出节点的输出要求能反映样本输出，能使得训练集在可见节点再现。玻尔兹曼机中的 3 类节点之间没有明显的层次，而受限玻尔兹曼机则具有明显的层次结构。

2）神经元的转移函数

设玻尔兹曼机中第 $j$ 个神经元的整合输入为

$$\text{net}_j = \sum_{i=1}^{N}(w_{ij}x_i - \theta_j) \tag{2-167}$$

第 $j$ 个神经元的输出结果或状态的概率为

$$P_j(1) = \frac{1}{1+\mathrm{e}^{-\text{net}_j/T}} \tag{2-168}$$

$$P_j(0) = 1 - P_j(1) \tag{2-169}$$

式中：$P_j(1)$表示神经元 $j$ 输出结果或状态取 1 的概率；$P_j(0)$($P_j(0)=1-P_j(1)$)表示输出结果或状态为 0 的概率；$T$ 为控制参数，一般称为温度。$\text{net}_j$ 越大，神经元状态取 1 的概率越大；$\text{net}_j$ 越小，神经元状态取 0 的概率越小。温度 $T$ 的大小决定概率的变化形状。当温度 $T$ 较高时，概率曲线变化平缓，对于同一 $\text{net}_j$，神经元 $j$ 的状态为 0 或 1 的概率差别小；而当温度 $T$ 较低时，概率曲线变化较大，对于同一 $\text{net}_j$，神经元 $j$ 的状态为 1 或 0 的概率差别大；当 $T=0$ 时，概率函数退化为符号函数，神经元 $j$ 的状态将无随机性。

3）网络能量函数与搜索机制

BM 机采用与 DHNN 网络相同的能量函数描述网络状态，能量函数为

$$E(t) = -\frac{1}{2}\boldsymbol{X}^{\mathrm{T}}(t)\boldsymbol{W}\boldsymbol{X}(t) + \boldsymbol{X}^{\mathrm{T}}(t)\boldsymbol{\theta} = -\frac{1}{2}\sum_{j=1}^{n}\sum_{i=1}^{n}w_{ij}x_ix_j + \sum_{i=1}^{n}\theta_i x_i \tag{2-170}$$

设 BM 机按异步方式工作，每次第 $j$ 个神经元改变状态时，能量变化公式为

$$\Delta E(t)=-\Delta x_j(t)\mathrm{net}_j(t) \tag{2-171}$$

能量变化情况与整合输入以及状态之间的关系如下：

(1) 当整合输入大于 0 时，状态为 1 的概率大于 0.5。若原状态 $x_j=1$，则 $\Delta x_j=0$，从而 $\Delta E=0$；若原状态 $x_j=0$，则 $\Delta x_j=1$，从而 $\Delta E<0$，能量下降。

(2) 当整合输入小于 0 时，状态为 1 的概率小于 0.5。若原状态 $x_j=0$，则 $\Delta x_j=0$，从而 $\Delta E=0$；若原状态 $x_j=1$，则 $\Delta x_j=-1$，从而 $\Delta E<0$，能量下降。

随着网络状态的演变，BM 机的能量从概率意义上看，总是朝着减小的方向变化。虽然网络能量的总趋势是朝着减小的方向演进，但不排除某些神经元状态可能会按照小概率取值，从而使网络能量暂时增加。正是因为有了这种可能性，BM 机才具有从局部极小的低谷中跳出的能力。由于采用了神经元状态按概率随机取值的工作方式，BM 机的最大特点是具有跳出位置较高的低谷，搜索位置较低的新低谷的能力。这种运行方式称为搜索机制，即网络在运行过程中能搜索更低的能量极小值，直到达到能量的全局最小。温度 $T$ 不断下降，使网络“爬山”的能力由强减弱，这恰是 BM 机能保证成功搜索到能量全局最小的有效措施。

4) BM 机的 Boltzmann 分布

设 BM 机神经元 $j$ 的状态在 $x_j=0$ 时，网络能量为 $E_0$；当 $x_j=1$ 时，网络能量为 $E_1$。根据前面的分析结果，当 $x_j$ 由 1 变为 0 时，有 $\Delta x_j=-1$，于是有：$E_0-E_1=\Delta E=\mathrm{net}_j$。对应的状态为 1 或状态为 0 的概率分别为

$$P_j(1)=\frac{1}{1+\mathrm{e}^{-\mathrm{net}_j/T}}=\frac{1}{1+\mathrm{e}^{-\Delta E/T}} \tag{2-172}$$

$$P_j(0)=1-P_j(1)=\frac{\mathrm{e}^{-\Delta E/T}}{1+\mathrm{e}^{-\Delta E/T}} \tag{2-173}$$

其比值为

$$\frac{P_j(0)}{P_j(1)}=\mathrm{e}^{-\Delta E/T}=\mathrm{e}^{-(E_0-E_1)/T}=\frac{\mathrm{e}^{-E_0/T}}{\mathrm{e}^{-E_1/T}} \tag{2-174}$$

将式 (2-174) 推广到网络中任意两个状态出现的概率与之对应能量之间的关系，有

$$\frac{P_j(\alpha)}{P_j(\beta)}=\frac{\mathrm{e}^{-E_\alpha/T}}{\mathrm{e}^{-E_\beta/T}} \tag{2-175}$$

这就是著名的 Boltzmann 分布。从式 (2-175) 中可以看出，BM 机处于某一状态的概率主要取决于此状态下的能量，能量越低概率越大。BM 机处于某一状态的概率还取决于温度参数 $T$。温度越高，不同状态出现的概率越近，网络能量越容易跳出局部极小而搜索全局最小。温度越低，不同状态出现的概率差别越大，网络能量较不容易改变，从而可以使得网络搜索收敛。这正是采用模拟退火方法搜索全局最小的原因所在。

5) BM 机的应用

用 BM 机进行优化计算时，可构造目标函数为网络的能量函数，为防止目标函数陷入局部最优，可采用模拟退火方法进行最优解的搜索。开始时温度设置很高，此时神经元状态为 1 或 0 的概率几乎相等，因此网络能量可以达到任意可能的状态，包括局部最小或全局最小。当温度下降时，不同状态的概率发生变化，能量低的状态出现的概率大，而能量高的状态出现的概率小。当温度逐渐降至 0 时，每个神经元要么只能取 1，要么只能取 0，此

时网络的状态就凝固在目标函数全局最小附近，对应的网络状态就是优化问题的最优解。

用BM机进行联想时，可通过学习，用网络稳定状态的概率来模拟训练样本出现的概率。根据学习类型，BM机可分为自联想型和异联想型。

自联想型BM机中的可见节点与DHNN网中的节点相似，既是输入节点也是输出节点，隐节点的数目由学习的需要决定，最少可以为0；异联想型BM机中的可见节点按照功能分为输入节点组和输出节点组。

6）Boltzmann神经网络学习算法

(1) 学习过程。通过有导师学习，BM网络可以对训练集中各种模式的概率分布进行模拟，从而实现联想记忆。学习的目的是通过调整权值使得训练集中的模式在网络状态中以相同的概率再现。学习过程可以分为两个阶段：

第一阶段：正向学习阶段或输入期。此阶段即向网络输入一对输入输出模式，将网络输入输出节点的状态固定在期望的状态，而让隐节点自由活动以捕捉模式对之间的对应规律。

第二阶段：反向学习阶段或自由活动期。对于异联想学习，固定输入节点而让隐含节点和输出节点自由活动；对于自联想学习，可以让可见节点和隐节点都自由活动，以体现网络对输入输出对应规律的模拟。输入输出的对应规律表现为网络到达热平衡时，相连节点状态同时为1的平均概率。期望对应规律与模拟对应规律之间的差别就表现为两个学习阶段对应的平均概率的差值，此差值可作为权值调整的依据。

设BM神经网络隐含节点个数为$m$，可见节点个数为$n$，则可见节点可表达的状态$\boldsymbol{X}$（对于异联想，$\boldsymbol{X}$中部分分量表示输入模式，还有一部分表示输出模式）共有$2^n$种。

设训练集共提供了$Q$对模式（一般有$Q<n$），训练集用一组概率分布表示各个模式出现的概率：

$$P(\boldsymbol{X}^1),P(\boldsymbol{X}^2),\cdots,P(\boldsymbol{X}^Q)$$

以上也正是在正向学习阶段期望的网络状态概率分布。当网络自由运行时，相应模式出现的概率为

$$P'(\boldsymbol{X}^1),P'(\boldsymbol{X}^2),\cdots,P'(\boldsymbol{X}^Q)$$

训练的目的就是使两组概率分布相同。

(2) 网络热平衡状态。为统计以上概率，需要反复使BM网络按模拟退火算法运行并达到热平衡状态。具体步骤如下：

① 在正向学习阶段，用训练模式$\boldsymbol{X}^p$($p=1, 2, \cdots Q$)固定网络的可见节点；在返向学习阶段，用训练模式中的输入部分固定可见节点中的输入节点。

② 随机选择自由活动节点$j$，使其更新状态为

$$s_j(t+1)=\begin{cases}1, & s_j(t)=0\\0, & s_j(t)=1\end{cases} \tag{2-176}$$

③ 计算节点$j$由状态更新而引起的网络能量变化$\Delta E_j=-\Delta s_j(t)\text{net}_j(t)$

④ 若$\Delta E_j<0$，则接受状态更新；若$\Delta E_j>0$，当$P[s_j(t+1)]>\rho$时接受新状态，否则保持原状态不变（这里$\rho\in(0,1)$是预先设置的某个概率值）。在模拟退火过程中，温度$T$随时间逐渐下降，对于常数$\rho$，为使$P[s_j(t+1)]>\rho$，必须使$\Delta E_j$也在训练中不断减小，因此网络的爬山能力是不断减小的。

⑤ 返回步骤②，直到自由节点被全部选择一遍。

⑥ 按事先选定的降温方法降温，退火算法的降温规律没有统一的规定，一般要求初始温度 $T_0$ 足够高，降温速度足够慢，以保证网络收敛到全局最小。下面给出两种降温方法：

$$T(t)=\frac{T_0}{1+\ln t} \tag{2-177}$$

$$T(t)=\frac{T_0}{1+t} \tag{2-178}$$

⑦ 重复步骤②～⑥，直到对所有自由节点 $j$ 均有 $\Delta E_j=0$，此时，认为网络已达到热平衡状态。此状态可供学习算法中统计任意两个节点同时为1的概率时使用。

(3) 权值调整算法与步骤。BM 神经网络的学习步骤如下：

① 随机设定网络的初始权值 $w_{ij}(0)$。

② 在正向学习阶段，按已知概率 $P(\boldsymbol{X}^p)$ 向网络输入 $\boldsymbol{X}^p(p=1, 2, \cdots, Q)$。在 $X^p$ 的约束下按上述模拟退火算法运行网络到热平衡状态，统计该状态下网络中任意两节点 $i$ 与 $j$ 同时为1的概率 $P_{ij}$。

③ 反向学习阶段，在无约束条件下或在仅输入节点有约束条件下运行网络到热平衡状态，统计该状态下网络中任意两节点 $i$ 和 $j$ 同时为1的概率 $P'_{ij}$。

④ 权值调整算法为

$$\Delta w_{ij}=\eta(P_{ij}-P'_{ij}),\ \eta>0 \tag{2-179}$$

⑤ 重复以上步骤直到 $P_{ij}$ 与 $P'_{ij}$ 充分接近。

7) BM 机的运行步骤

运行是在训练完成以后，根据输入数据得到输出的过程，在运行过程中权值保持不变。其运行步骤和模拟退火算法很类似，不同之处在于模拟退火算法针对不同的问题需要定义不同的代价函数，而 BM 机的代价函数为能量函数。

(1) 初始化：BM 机神经元个数为 $n$，第 $i$ 个神经元与第 $j$ 个神经元的连接权重为 $w_{ij}$，初始温度为 $T(0)$，终止温度为 $T_{\text{final}}$，进入初始化神经元状态。

(2) 在温度 $T(n)$ 下，选取第 $j$ 个神经元，根据下式计算输入：

$$x_i=\sum_{j=1}^{N} w_{ij} y_j+b_i \tag{2-180}$$

如果 $x_j>0$，则能量有减小的趋势，取1为神经元 $j$ 的下一个状态值；如果 $x_j<0$，则按照概率选择神经元下一个状态。

(3) 检查小循环的终止条件，在小循环中，使用同一个温度值 $T(n)$，如果当前状态已经达到了热平衡，则转到第(4)步进行降温，否则转到第(2)步，继续随机选择一个神经元进行迭代。

(4) 按照指定规律降温，并检查大循环的终止条件：判断温度是否达到了终止温度，若到达终止温度则算法结束，否则转到第(2)步继续计算。

初始温度 $T(0)$ 的选择：可以随机选择网络中的 $n$ 个神经元，取其能量的方差，或者随机选择若干神经元，取其能量的最大差值。

**2. 受限玻尔兹曼机**

受限玻尔兹曼机(Restricted Boltzmann Machine, RBM)模型及其推广在工业界(比如推荐系统中)得到了广泛的应用。

1) RBM 模型结构

玻尔兹曼机是一大类神经网络模型的的代名词，但是在实际应用中使用最多的则是RBM。RBM 的模型很简单，只是一个两层的神经网络，如图 2.20 所示。上面一层神经元组成隐含层(hidden layer)，用 $\boldsymbol{h}$ 向量表示隐含层神经元的值。下面一层的神经元组成可见层(visible layer)，用 $\boldsymbol{v}$ 向量表示可见层神经元的值。隐含层和可见层之间是全连接的(这点和 DNN 类似)，隐含层神经元之间是独立的，可见层神经元之间也是独立的。连接权值矩阵用 $\boldsymbol{W}$ 表示。和 DNN 的区别是，RBM 不区分前向和反向，可见层的状态可以作用于隐含层，而隐含层的状态也可以作用于可见层。隐含层的偏置向量是 $\boldsymbol{b}$，而可见层的偏置向量是 $\boldsymbol{a}$。

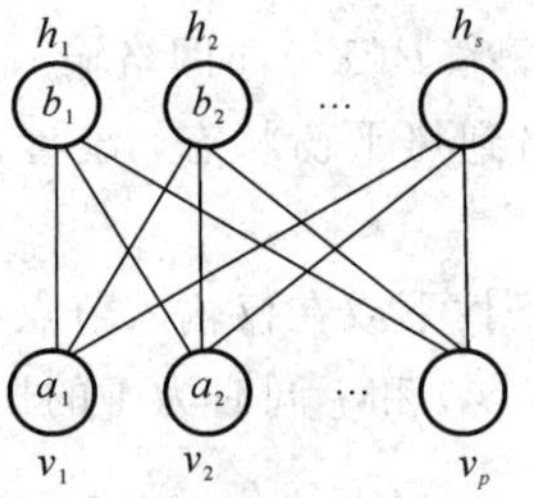


图 2.20 两层的 RBM 结构

常用的 RBM 一般是二值的，即不管是隐含层还是可见层，神经元的取值只为 0 或者 1。这里只讨论二值 RBM。

2) RBM 概率分布

RBM 是基于能量的概率分布模型。为便于理解，将其分为两部分，第一部分是能量函数，第二部分是基于能量函数的概率分布函数。

对于给定的状态向量 $\boldsymbol{h}$ 和 $\boldsymbol{v}$，RBM 当前的能量函数可以表示为

$$E(\boldsymbol{v},\boldsymbol{h})=-\boldsymbol{a}^{\mathrm{T}}\boldsymbol{v}-\boldsymbol{b}^{\mathrm{T}}\boldsymbol{h}-\boldsymbol{h}^{\mathrm{T}}\boldsymbol{W}\boldsymbol{v} \tag{2-181}$$

有了能量函数，我们可以定义 RBM 的状态为给定 $\boldsymbol{v}$。$\boldsymbol{h}$ 的概率分布为

$$P(\boldsymbol{v},\boldsymbol{h})=\frac{1}{Z}\mathrm{e}^{-E(\boldsymbol{v},\boldsymbol{h})} \tag{2-182}$$

式中，$Z$ 为归一化因子，表达式为

$$Z=\sum_{\boldsymbol{v},\boldsymbol{h}}\mathrm{e}^{-\mathrm{E}(\boldsymbol{v},\boldsymbol{h})} \tag{2-183}$$

有了概率分布，现在来看条件分布 $P(\boldsymbol{h}|\boldsymbol{v})$：

$$\begin{aligned}P(\boldsymbol{h}\mid\boldsymbol{v})&=\frac{P(\boldsymbol{h},\boldsymbol{v})}{P(\boldsymbol{v})}=\frac{1}{P(\boldsymbol{v})}\frac{1}{Z}\exp(\boldsymbol{a}^{\mathrm{T}}\boldsymbol{v}+\boldsymbol{b}^{\mathrm{T}}\boldsymbol{h}+\boldsymbol{h}^{\mathrm{T}}\boldsymbol{W}\boldsymbol{v})\\&=\frac{1}{Z'}\exp(\boldsymbol{b}^{\mathrm{T}}\boldsymbol{h}+\boldsymbol{h}^{\mathrm{T}}\boldsymbol{W}\boldsymbol{v})=\frac{1}{Z'}\exp\left[\sum_{j=1}^{n_h}(\boldsymbol{b}_j^{\mathrm{T}}\boldsymbol{h}_j+\boldsymbol{h}_j^{\mathrm{T}}\boldsymbol{W}_j\boldsymbol{v})\right]\\&=\frac{1}{Z'}\prod_{j=1}^{n_h}\exp(\boldsymbol{b}_j^{\mathrm{T}}\boldsymbol{h}_j+\boldsymbol{h}_j^{\mathrm{T}}\boldsymbol{W}_j\boldsymbol{v})\end{aligned} \tag{2-184}$$

式中，$Z'$ 为新的归一化系数，表达式为

$$\frac{1}{Z'}=\frac{1}{P(\boldsymbol{v})}\frac{1}{Z}\exp(\boldsymbol{a}^{\mathrm{T}}\boldsymbol{v}) \tag{2-185}$$

按照同样的方式，也可以求出 $P(\boldsymbol{v}|\boldsymbol{h})$，这里不再列出。

有了条件概率分布，现在我们来看看 RBM 的激活函数。提到神经网络，都绕不开激活函数，但是上面并没有提到。由于使用的是能量概率模型，RBM 的基于条件分布的激活函数是很容易推导出来的。以 $P(h_j=1|\boldsymbol{v})$为例推导如下：

$$\begin{aligned}P(h_j=1\mid\boldsymbol{v})&=\frac{P(h_j=1\mid\boldsymbol{v})}{P(h_j=1\mid\boldsymbol{v})+P(h_j=0\mid\boldsymbol{v})}\\&=\frac{\exp(b_j+\boldsymbol{W}_j^{\mathrm{T}}\boldsymbol{v})}{\exp(0)+\exp(b_j+\boldsymbol{W}_j^{\mathrm{T}}\boldsymbol{v})}=\frac{1}{1+\exp[-(b_j+\boldsymbol{W}_j^{\mathrm{T}}\boldsymbol{v}]}\\&=\mathrm{sigmoid}(b_j+\boldsymbol{W}_j^{\mathrm{T}}\boldsymbol{v})\end{aligned} \tag{2-186}$$

从式(2-186)可以看出，RBM 从可见层到隐含层用的其实就是 sigmoid 激活函数。利用同样的方法，我们也可以看出，隐含层到可见层用的也是 sigmoid 激活函数，即

$$P(v_j=1|\boldsymbol{h})=\mathrm{sigmoid}(a_j+\boldsymbol{W}_j^{\mathrm{T}}\boldsymbol{h}) \tag{2-187}$$

有了激活函数，就可以从可见层和参数推导出隐含层神经元的取值概率了。对于 0、1 取值的情况，大于 0.5 即取值为 1。从隐含层和参数推导出可见的神经元的取值方法也类似。

3) RBM 模型的损失函数与优化

RBM 模型的关键就是求出模型中的参数 $\boldsymbol{W}$、$\boldsymbol{a}$、$\boldsymbol{b}$。如何求出呢？对于训练集的 $m$ 个样本，RBM 一般采用对数损失函数，即期望最小化为

$$L(\boldsymbol{W},\boldsymbol{a},\boldsymbol{b})=-\sum_{i=1}^{m}\ln(P(\boldsymbol{V}^{(i)})) \tag{2-188}$$

对于优化过程，首先利用梯度下降法迭代求出 $\boldsymbol{W}$、$\boldsymbol{a}$、$\boldsymbol{b}$。先看单个样本的梯度计算，单个样本的损失函数为 $-\ln(P(\boldsymbol{V}))$，其具体表示形式为

$$\begin{aligned}-\ln(P(\boldsymbol{V}))&=-\ln\left(\frac{1}{Z}\sum_{\boldsymbol{h}}\mathrm{e}^{-E(\boldsymbol{V},\boldsymbol{h})}\right)-\ln Z-\ln\left(\sum_{\boldsymbol{h}}\mathrm{e}^{-E(\boldsymbol{V},\boldsymbol{h})}\right)\\&=\ln\left(\sum_{\boldsymbol{v},\boldsymbol{h}}\mathrm{e}^{-E(\boldsymbol{v},\boldsymbol{h})}\right)-\ln\left(\sum_{\boldsymbol{h}}\mathrm{e}^{-E(\boldsymbol{V},\boldsymbol{h})}\right)\end{aligned} \tag{2-189}$$

注意，这里面 $\boldsymbol{V}$ 表示的是某个特定训练样本，而 $\boldsymbol{v}$ 指的是任意一个样本。

以 $a_i$ 的梯度计算为例：

$$\begin{aligned}\frac{\partial(-\ln(P(\boldsymbol{V})))}{\partial a_i}&=\frac{1}{\partial a_i}\ln\left(\sum_{\boldsymbol{v},\boldsymbol{h}}\mathrm{e}^{-E(\boldsymbol{v},\boldsymbol{h})}\right)-\frac{1}{\partial a_i}\partial\ln\left(\sum_{\boldsymbol{h}}\mathrm{e}^{-E(\boldsymbol{V},\boldsymbol{h})}\right)\\&=-\frac{1}{\sum\limits_{\boldsymbol{v},\boldsymbol{h}}\mathrm{e}^{-E(\boldsymbol{v},\boldsymbol{h})}}\sum_{\boldsymbol{v},\boldsymbol{h}}\mathrm{e}^{-E(\boldsymbol{v},\boldsymbol{h})}\frac{E(\boldsymbol{v},\boldsymbol{h})}{\partial a_i}+\frac{1}{\sum\limits_{\boldsymbol{h}}\mathrm{e}^{-E(\boldsymbol{V},\boldsymbol{h})}}\sum_{\boldsymbol{h}}\mathrm{e}^{-E(\boldsymbol{V},\boldsymbol{h})}\frac{\partial E(\boldsymbol{V},\boldsymbol{h})}{\partial a_i}\\&=\sum_{\boldsymbol{h}}P(\boldsymbol{h}\mid\boldsymbol{V})\frac{\partial E(\boldsymbol{V},\boldsymbol{h})}{\partial a_i}-\sum_{\boldsymbol{v},\boldsymbol{h}}P(\boldsymbol{h},\boldsymbol{v})\frac{\partial E(\boldsymbol{v},\boldsymbol{h})}{\partial a_i}\\&=-\sum_{\boldsymbol{h}}P(\boldsymbol{h}\mid\boldsymbol{V})\boldsymbol{V}_i+\sum_{\boldsymbol{v},\boldsymbol{h}}P(\boldsymbol{h},\boldsymbol{v})\boldsymbol{v}_i\\&=-\sum_{\boldsymbol{h}}P(\boldsymbol{h}\mid\boldsymbol{V})\boldsymbol{V}_i+\sum_{\boldsymbol{v}}P(\boldsymbol{v})\sum_{\boldsymbol{h}}P(\boldsymbol{h}\mid\boldsymbol{v})\boldsymbol{v}_i\\&=\sum_{\boldsymbol{v}}P(\boldsymbol{v})\boldsymbol{v}_i-\boldsymbol{V}_i\end{aligned} \tag{2-190}$$

其中用到了：

$$\sum_{h} P(\boldsymbol{h} \mid \boldsymbol{v}) = 1 \tag{2-191}$$

$$\sum_{h} P(\boldsymbol{h} \mid \boldsymbol{V}) = 1 \tag{2-192}$$

按照同样的方法，可以得到$\boldsymbol{W}$、$\boldsymbol{b}$的梯度。这里不再推导，直接给出结果：

$$\frac{\partial(-\ln(P(\boldsymbol{V})))}{\partial b_i} = \sum_{v} P(\boldsymbol{v}) P(h_i = 1 \mid \boldsymbol{v}) - P(h_i = 1 \mid \boldsymbol{V}) \tag{2-193}$$

$$\frac{\partial(-\ln(P(\boldsymbol{V})))}{\partial W_{ij}} = \sum_{v} P(\boldsymbol{v}) P(h_i = 1 \mid \boldsymbol{v}) \boldsymbol{v}_j - P(h_i = 1 \mid \boldsymbol{V}) \boldsymbol{V}_j \tag{2-194}$$

4) RBM 在实际中的应用方法

这里以 RBM 在推荐系统中的应用来介绍 RBM 应用的基本思路。

RBM 可以看作是一个编码解码的过程，从可见层到隐含层就是编码，而反过来，从隐含层到可见层就是解码。在推荐系统中，可以把每个用户对各个物品的评分作为可见层神经元的输入，有多少个用户就有了多少个训练样本。因为用户不是对所有的物品都有评分，所以对于任意样本，有些可见层神经元没有值，但是这不影响模型训练。在训练模型时，对于每个样本，仅仅用有用户数值的可见层神经元来训练模型。

对于可见层输入的训练样本和随机初始化的$\boldsymbol{W}$、$\boldsymbol{a}$，我们可以用上面的 sigmoid 激活函数得到隐含层神经元的 0、1 值，这就是编码。反过来，从隐含层的神经元值和$\boldsymbol{W}$、$\boldsymbol{b}$可以得到可见层输出，这就是解码。对于每个训练样本，期望编码解码后的可见层输出和之前可见层输入的差距尽量小，即上面的对数似然损失函数尽可能小。按照这个损失函数，通过迭代优化得到$\boldsymbol{W}$、$\boldsymbol{a}$、$\boldsymbol{b}$，对于某个用于那些没有评分的物品，用解码的过程可以得到一个预测评分，最高的若干评分对应的物品即可作为用户物品推荐。

**例 2.11** 一个用 Matlab 编写的 Boltzmann 机三状态转移概率分布计算实例。

具体代码见二维码文档。

例 2.11 代码

## 2.8 神经网络的应用

**例 2.12** 利用变形的 BP 神经网络实现产值预测。某企业需要对其未来生产的产品产值发展趋势做一个预测，以便提前做好准备，包括组织原材料、招聘和训练技术工人、管理理念的替换更新、市场拓展等。虽然从经验上，过去的历史数据估计存在一定的外推性，如前 4 年的产值对后一年的产值总存在很强的关系，但通过用一些传统的数学线性或简单的非线性估计方法却得不到很好的模拟计算结果，因此，需要用较新颖的非线性方法加以模拟，以便刻画数据间内在的关联关系。考虑到这种需求情况，我们采用 BP 神经网络的一种与 Jordan 反馈网类似的结构(也可以说是一种改进的 BP 网络结构)来建立非线性数学模型加以训练，实现对产值的外推预测，从而指导企业今后的生产组织和安排。

采用的神经网络的结构简化图如图 2.21 所示。该网络结构含一个输入层、一个隐含层和一个输出层，从输入层到隐含层为全连接，从隐含层到输出层也是全连接，层内无连接，从输出层到隐含层有一个线性反馈，训练时一旦一个样本输入，以后就将其从输入端撤走。

输出层的输出又以线性加权的方式送入隐含层，因而可看成是输出带线性反馈的网络。其工作原理与 BP 神经网络前向计算，由网络的实际输出与期望输出的误差反传供前向连接权值修改的方式类似，这种方式可实现前向连接权值的修改。同时，输出层到隐含层连接的权值也可通过误差来指导相应权值的修改。当误差达到精度要求时，停止训练。这一神经网络实质上可用于具有延时性问题的求解或预测。

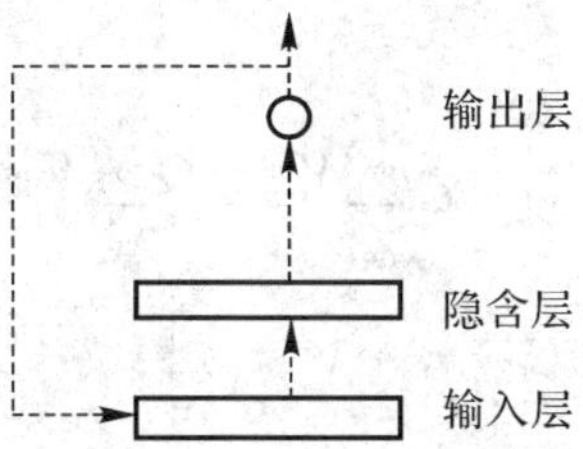


图 2.21　带线性反馈的 BP 神经网络简化图

前向连接权值按与 BP 网络中类似的方式加以更新学习，反馈连接上的权值亦可用类似的方法得到相应的修正公式。

由于按历史数据，每前面连续的 4 年产值对下一年有影响，因此输入层含 4 个节点。输出层只要一个节点就够了。权值的初始化仍可按随机方式取一些较小的数的方法将三类权值赋初值。

实践表明，用此网络结构既在结构上对数据间的内在关系有所反映，同时也取得了很好的模拟和预测效果。

**例 2.13**　利用 BP 神经网络进行手写体数字识别。

通过画图工具获得数字 0～9 手写体，以每个数字的 10 幅原始图像作训练数据。在具体实现中，截取图像像素为 0 的最大矩形区域，经过采样变换，形成 16×16 的二值图像，再进行反色处理，以提取的图像特征数据作为神经网络的训练输入向量，同时，每个训练样本的目标类别就是响应的数字(目标明确)，以此方法可构造整个训练样本集。按 BP 神经网络设计方法设计 3 层 BP 网络(输入层、隐含层和输出层)。

例 2.13 代码

实验验证，BP 神经网络应用于手写数字识别时，具有较高的识别率和可靠性。

完整的代码见二维码文档。

**例 2.14**　改进 Hopfield 神经网络及解 TSP 问题。

对于设计好的能量函数，可以用 Hopfield 神经网络求解优化问题。TSP 问题是一个典型的优化问题。按照前面已讨论的思路和办法，可以解决 TSP 问题。但在实际中，若直接用相应的办法，有时会出现空解，即有时甚至不一定总能得到最后的可行解。这说明原有的解决方案中可能存在一定的问题，特别是，让原能量函数优化并不一定能“逼着”生成好的可行解，结果可能仍大比分地生成无效解，因而，对能量函数(目标函数)的设计仍有可为的改进余地。

求解 TSP 的一种差分表示为：将 $\frac{\mathrm{d}U_{xi}}{\mathrm{d}t}=\Delta$ 按龙格库特法写成形式 $U_{xi}(t+1)=U_{xi}(t)+\Delta \mathrm{d}t$，可得

$$\mathrm{d}U_{xi}=\left[-S\sum_{\substack{j=1\\j\neq i}}^{n}V_{xi}-Q\sum_{\substack{y=1\\y\neq x}}^{n}V_{yi}-T\Big(\sum_{x=1}^{n}\sum_{j=1}^{n}V_{xj}-n\Big)-P\sum_{y=1}^{n}d_{xy}(V_{y,i+1}+V_{y,i-1})\right]-\frac{U_{xi}}{R_iC_i} \tag{2-195}$$

$$V_{xi}=g(U_{xi})=\frac{1}{2}\left[1+\mathrm{th}\Big(\frac{U_{xi}}{U_0}\Big)\right] \tag{2-196}$$

于是

$$U_{xi}(t+1)=U_{xi}(t)+\left[-S\sum_{\substack{j=1\\j\neq i}}^{n}V_{xi}-Q\sum_{\substack{y=1\\y\neq x}}^{n}V_{yi}-T\Big(\sum_{x=1}^{n}\sum_{j=1}^{n}V_{xj}-n\Big)-P\sum_{y=1}^{n}d_{xy}(V_{y,i+1}+V_{y,i-1})\right] \tag{2-197}$$

$$V_{xi}=g(U_{xi})=\frac{1}{2}\left[1+\mathrm{th}\Big(\frac{U_{xi}}{U_0}\Big)\right] \tag{2-198}$$

Aiyer 等人对能量函数 $E$ 加以修改，能够使得 Hopfield 神经网络几乎 100%生成有效解。其改进的能量函数为

$$E=\frac{A}{2}\sum_{x=1}^{n}\sum_{i=1}^{n}\sum_{\substack{j=1\\j\neq i}}^{n}V_{xi}V_{xj}+\frac{B}{2}\sum_{x=1}^{n}\sum_{x=1}^{n}\sum_{\substack{y=1\\y\neq x}}^{n}V_{xi}V_{yi}+A_1\Big(\sum_{x=1}^{n}\sum_{i=1}^{n}V_{xi}^2+\frac{C}{2}\sum_{x=1}^{n}\sum_{i=1}^{n}V_{xi}-n\Big)^2-\frac{An-A+A_1}{n}\sum_{x=1}^{n}\sum_{i=1}^{n}\sum_{y=1}^{n}\sum_{j=1}^{n}V_{xi}V_{yj}+\frac{D}{2}\sum_{x=1}^{n}\sum_{y=1}^{n}\sum_{i=1}^{n}d_{xy}V_{xi}(V_{y,i+1}+V_{y,i-1}) \tag{2-199}$$

注意，当 $i-1=0$ 时，用 $n$ 代替 0。

$$\begin{aligned} w_{xi,yj}=&-A\delta_{xy}(1-\delta_{ij}) &&\text{(行抑制)}\\ &-B\delta_{ij}(1-\delta_{xy}) &&\text{(列抑制)}\\ &-C &&\text{(全局抑制)}\\ &+\frac{2(AN-A+A_1)}{n^2}\\ &-Dd_{xy}(\delta_{j,i+1}+\delta_{j,i-1}) &&\text{(路径长度)}\\ &-2A_1\delta_{xy}\delta_{ij} \end{aligned} \tag{2-200}$$

$$I_{xi}=Cn$$

能量函数也可用下面较为简单的形式代替：

$$E=\frac{A}{2}\sum_{x=1}^{n}\Big(\sum_{\substack{i=1\\i\neq x}}^{n}V_{xi}-1\Big)^2+\frac{B}{2}\sum_{i=1}^{n}\Big(\sum_{\substack{x=1\\x\neq i}}^{n}(V_{xi}-1)\Big)^2+\frac{D}{2}\sum_{x=1}^{n}\sum_{y=1}^{n}\sum_{i=1}^{n}V_{xi}d_{xy}V_{xi}V_{y,i+1} \tag{2-201}$$

或

$$E=\frac{A}{2}\sum_{x=1}^{n}\Big(\sum_{\substack{i=1\\i\neq x}}^{n}V_{xi}-1\Big)^2+\frac{B}{2}\sum_{i=1}^{n}\Big(\sum_{\substack{x=1\\x\neq i}}^{n}(V_{xi}-1)\Big)^2+\frac{D}{2}\sum_{x=1}^{n}\sum_{y=1}^{n}\sum_{i=1}^{n}V_{xi}d_{xy}V_{xi}V_{y,i-1} \tag{2-202}$$

$$w_{xi,yj}=-A\delta_{xy}-B\delta_{ij}-Dd_{xy}\delta_{y,i+1} \tag{2-203}$$

$$I_{xi}=2A \tag{2-204}$$

**例 2.15** 基于遗传算法的 BP 神经网络自适应优化设计及应用。

BP 神经网络算法在训练过程中可能存在收敛慢、局部最优、初始连接权以及隐单元个数难以确定、网络规模庞大等问题。用遗传算法来确定 BP 神经网络的初始权值，可以有效地训练网络。该方法需要通过实数编码、自适应多点变异等操作优化网络参数，从而有效提高 BP 网络训练的速度以及收敛性。

遗传算法 GA 是基于生物进化原理的一种具有鲁棒性的自适应优化方法。遗传算法通过基于训练样本适应度值对初始群体进行选择、交叉和变异操作，指导学习，确定搜索方向。由于采用种群的方式进行搜索，因此它可以在全局解空间多区域内寻求全局最优解，而且特别适合大规模并行处理。为克服传统遗传算法存在收敛过慢、二进制编码过长、计算量过大等缺点，引入实数编码、有竞争的选择、多点交叉、多点自适变异等操作，充分结合遗传算法和 BP 神经网络的长处，使用遗传算法在全局解空间内对 BP 神经网络参数进行自适应的动态调整，从而获得网络的最优设计。遗传算法和神经网络的结合对于寻求全局最优解的效果要优于单独使用遗传算法或神经网络，所以遗传算法和 BP 网络的结合正好优势互补。

由于遗传算法的搜索不依赖于梯度信息，也不需要求解函数可微，只需要求解适应度函数在约束条件下的解，并且遗传算法具有全局搜索的特性，用遗传算法优化神经网络的连接权，可较好地克服 BP 神经网络初始权值的随机性和网络初始权值确定中所带来的网络极易陷入局部解的缺陷，并且有效提高神经网络的泛化能力，因此，利用遗传算法全局性搜索的特点，寻找最为合适的网络连接权来改进 BP 算法依赖梯度的缺点，从而达到对网络初始连接权值、阈值的最优配置。

1）基本思想

遗传神经网络的优化问题的数学描述如下：

$$\min E_1(\boldsymbol{w},\boldsymbol{v},\boldsymbol{\theta},\boldsymbol{r}) = \frac{1}{2}\sum_{p=1}^{Q}\sum_{k=1}^{n}(y_k^{(p)} - o_k^{(p)})^2 \tag{2-205}$$

式中，$\boldsymbol{w}=[w_{ji}]_{S\times R}$，$\boldsymbol{v}=[v_{kj}]_{n\times S}$，$\boldsymbol{\theta}=[\theta_j]_{1\times S}$，$\boldsymbol{r}=[r_k]_{1\times n}$，$E_1$ 为网络总的误差，$y_k^{(p)}$ 为教师信号，$o_k^{(p)}$ 为网络的实际输出，$Q_1$ 为训练样本数。

$$o_k^{(p)}(t) = f\left(\sum_{j=1}^{S} v_{kj}\cdot f\left(\sum_{i=1}^{R} w_{ji}x_i^{(p)} + \theta\right)\right) + r_k \tag{2-206}$$

设

$$E_2 = \frac{1}{Q-Q_1}\sum_{p=Q_1+1}^{Q}\sum_{k=1}^{n}(y_k^{(p)} - o_k^{(p)})^2 \tag{2-207}$$

为检测样本平均均方误差，式中 $Q$ 表示总样本数，$Q_2=Q-Q_1$ 为检测样本数。$E_2$ 表示对网络输出数据可靠性的估计。$E_2$ 越小，网络输出的可靠性越大，反之，网络输出就不大可靠。在神经网络的应用过程中，由于被逼近样本的性质不能精确知道，因此，即使在网络误差 $E_1$ 为零的条件下，也未必能保证 $E_2$ 达到要求，往往会出现 $E_1$ 非常小，而 $E_2$ 却无法满足优化要求的情况。这就是所谓的“过拟合”现象。“过拟合”现象直接影响网络的泛化能力，使得网络最终失去实用价值。所以算法设计应使 $E_2$ 小于一个给定误差 $\varepsilon$，满足网络输出的可靠性。

2）算法的设计

本算法通过使用遗传算法在由 BP 网络初步确定的基本解空间上（网络连接权和神经

元阈值的取值范围)，通过对基因的选择，交叉、变异操作，对样本个体不断择优进化，直至进化 $L$ 代后，选取个体中适应度最大的个体来确定网络的初始权值和阈值。

(1) 基因编码。基因编码正像遗传基因代表了 DNA 中的必要信息一样，它在将问题参数表示成一串有意义的符号的过程中代表了有关这一问题的必要信息。权系数编码表示网络的连接权，采用浮点数编码，串长 $l=R\times h+h\times n$（其中，$R$ 为输入节点的个数，$n$ 为输出节点个数，$h$ 为隐节点个数）。编码按一定的顺序级联成一个长串，每个串对应一组连接权。

(2) 基本解空间的确定。采用三层 BP 网络来初步确定基本解空间（网络连接权和神经元阈值的取值范围)，首先设定网络的训练次数以及网络的训练误差 $\varepsilon_1$，输入训练样本进行训练，之后输入检测样本得到误差 $\varepsilon_2$，在误差 $\varepsilon_1$ 和 $\varepsilon_2$ 都比较满意时，把连接权值中的最大值和最小值分别记为 $u_{\max}$ 和 $u_{\min}$，以区间$[u_{\min}-c_1, u_{\max}+c_2]$（其中 $c_1$、$c_2$ 为调节参数)作为连接权的基本解空间。

(3) 初始化样本群体。该步骤的关键是设定群体规模，即基因编码组合数目。群体规模作为遗传算法的主要控制参数之一，对于遗传算法效能的发挥是有很大影响的。初始群体由 $N$ 个个体构成，每个个体是区间$[u_{\min}-c_1, u_{\max}+c_2]$上 $l$ 个均匀分布的随机数表示的初始权值。先随机生成群体规模数目的基因个体，然后不断迭代。

(4) 适应度函数计算。在遗传算法中，对适应度函数的唯一要求是，针对输入可以计算出能加以比较的非负结果。因此这里采用网络的误差函数作为适应度函数，并认为误差大的个体的适应度小，具体表示为

$$f(\boldsymbol{w},\boldsymbol{v},\boldsymbol{\theta},\boldsymbol{r})=C-\frac{1}{2}\sum_{p=1}^{Q}\sum_{k=1}^{n}(y_k^{(p)}-o_k^{(p)})^2 \tag{2-208}$$

计算群体中每个个体的适应度，由权重系数编码得到网络的连接权，输入训练样本，按照式(2-208)计算每个个体的适应度。

(5) 引入淘汰机制的选择。选择的目的是从当前群体中选出优良的个体，使它们有机会作为父代产生后代的个体。判断个体优良与否的准则就是各自的适应度。计算完各个体的适应度后，选择适应度大的个体遗传到下一代，从而使问题的解越来越接近于最优解空间。经典的选择由下式确定：

$$n_i=\frac{f_i}{f}N \tag{2-209}$$

式中：$n_i$ 为 $a_i$ 在 $t+1$ 代时的繁殖个数；$f_i$ 为 $t$ 代中 $a_i$ 的适应度函数值；$f=\sum_{i=1}^{N}f_i$ 为 $t$ 代中所有个体的适应度之和。但在研究中发现经典的选择淘汰率过低，特别是当解集中的成员数比较小时，容易产生震荡。因此，为获得较好的子代个体，在这里引入淘汰率 $r_{\mathrm{d}}$，即每遗传一代，则适应度函数最差的几个成员都被淘汰掉，通过这一竞争机制能够比较好地解决这个问题。选择过程表示如下：

$$n_i=\frac{f_i}{\bar{f}}N \tag{2-210}$$

式中，$\bar{f}=\sum_{i=[r_{\mathrm{d}}\cdot N]+1}^{N}f_i=f-\sum_{i=1}^{[r_{\mathrm{d}}\cdot N]}f_i$。

这里假定 $f_i(i=1,2,\cdots,[r_d \cdot N])$为最小的一些个体的适应度。为了维持总种群规模，将适应度值大的$[r_d \cdot N]$个个体增加其繁殖机会。

(6) 交叉算子和变异算子。交叉就是按较大的概率从群体中随机选择 2 个个体，交换这 2 个个体的某些基因位，交换的目的在于产生新的基因组合，以限制遗传基因的丢失。变异是以较小的概率对群体中某些个体的位进行改变，在二进制编码中，即“1”变“0”，“0”变“1”；在实数编码中是对某些个体的位在(0，9)中产生一个随机数代替原来个体的位。

由于权重系数编码和神经元阈值编码采用浮点数编码，因此需要设计新的交叉算子和变异算子。对权重系数编码和神经元阈值编码的交叉操作采用多点交叉遗传操作，而不是常规的单点交叉，这样可以进一步增加遗传搜索的分散性，使其可以更快地收敛于所需的精度。多点交叉的交叉点数根据所给定的概率随机生成，交叉点的位置也是随机生成的。

标准的遗传算法在进行交叉时并没有考虑进行运算的个体的优劣性，只采用固定的交叉率和变异率，限制了算法的收敛速度。以 $p_c$ 的概率对选择后的个体进行交叉，Srinivas 提出了自适应遗传算法(Adaptive Genetic Algorithmm，AGA)，根据个体适应度值在种群中所处的水平调整交叉率和变异率：

$$p_{c_2}=\begin{cases}\dfrac{p_{c_1}(f_{\max}-f')}{f_{\max}-f_{\text{avg}}}, & f'\geqslant f_{\text{avg}}\\ p_{c_1}, & f'<f_{\text{avg}}\end{cases} \tag{2-211}$$

$$p_{m_2}=\begin{cases}\dfrac{p_{m_1}(f_{\max}-f)}{f_{\max}-f_{\text{avg}}}, & f\geqslant f_{\text{avg}}\\ p_{m_1}, & f<f_{\text{avg}}\end{cases} \tag{2-212}$$

式中：$f'$是进行交叉运算的两个父辈个体的适应度值的最大值；$f$ 是进行变异运算的个体的适应度值；$f_{\max}$和 $f_{\min}$分别是种群个体适应度的最大和最小值；$f_{\text{avg}}$是整个种群适应度的平均值；$p_{c_1},p_{c_2},p_{m_1},p_{m_2}$ 均为(0,1)区间内的常数。

显然，当 $f'\geqslant f_{\text{avg}}$时，$p_{c_2}\leqslant p_{c_1}$；当 $f\geqslant f_{\text{avg}}$时，$p_{m_1}\leqslant p_{m_2}$。

从式(2-211)和式(2-212)可知，当个体适应度值接近于最大值时，其交叉率和变异率均趋近于零。若是处于种群进化后期，则该方法有助于保护优秀个体，以减少交叉和变异操作对优秀基因的破坏。而在种群进化初期，则将使得适应度大的个体很少能得到进化的机会，造成整个种群进化的速度非常缓慢。

这种算法根据每代个体适应度的改变自适应地改变 $p_c$ 和 $p_m$，一方面保护了最优个体，同时也加快了较差个体的淘汰速度。但是该算法针对每个个体来改变 $p_c$ 和 $p_m$，使其在某些情况下不易跳出局部最优解；同时，由于对每个个体都要分别计算各自的 $p_c$ 和 $p_m$，大大增加了算法的计算量，降低了算法的运行速度，因此也有人根据整个种群适应度的集中程度，自适应地调整整个种群的 $p_c$ 和 $p_m$，而不是为每个个体计算 $p_c$ 和 $p_m$，从而有效地减少了算法的计算量。这里仍采用种群的最大适应度 $f_{\max}$、最小适应度 $f_{\min}$和平均适应度 $f_{\text{avg}}$三个变量来衡量种群的集中程度。整个种群的集中程度可以通过 $f_{\max}$和 $f_{\min}$的接近程度来反映，二者越接近，则算法越有可能陷入局部最优，此时就需要增大 $p_c$ 和 $p_m$。种群内部适应度的分布情况可以通过 $f_{\max}$和 $f_{\text{avg}}$的接近程度来反映，二者越接近，表明该代个体越集中。这里通过增加 $p_c$ 和 $p_m$ 的调整幅度参数$\beta_1$ 和 $\beta_2$(其大小由针对特定问题的先验知识决定)，

控制 $p_c$ 和 $p_m$ 的大小，这样做的目的是能够有效地利用先验知识，并使其参与到整个进化过程中。

采用的自适应交叉率和变异率 $p_c$ 和 $p_m$ 的计算公式如下：

$$p_{c_2}=\begin{cases}\dfrac{p_{c_1}}{1+\mathrm{e}^{-\beta_1 k_c}}, & f'\geqslant f'_{\mathrm{avg}}\\ p_{c_1}, & f'<f'_{\mathrm{avg}}\end{cases} \tag{2-213}$$

式中，

$$k_c=\frac{f'-f'_{\mathrm{avg}}}{f_{\max}-f'_{\mathrm{avg}}} \tag{2-214}$$

当 $f'\geqslant f'_{\mathrm{avg}}$ 时，$0\leqslant k_c\leqslant 1$。

$$p_{m_2}=\begin{cases}\dfrac{p_{m_1}}{1+\mathrm{e}^{-\beta_2 k_m}}, & f\geqslant f'_{\mathrm{avg}}\\ p_{c_1}, & f<f'_{\mathrm{avg}}\end{cases} \tag{2-215}$$

式中，

$$k_m=\frac{f-f'_{\mathrm{avg}}}{f_{\max}-f'_{\mathrm{avg}}} \tag{2-216}$$

当 $f\geqslant f'_{\mathrm{avg}}$ 时，$0\leqslant k_m\leqslant 1$。这里，$f'$ 是进行交叉运算的两个父辈个体适应度值的最大值；$f$ 是进行变异运算的个体的适应度值；$f_{\max}$ 和 $f_{\min}$ 分别是种群个体适应度的最大和最小值；$f'_{\mathrm{avg}}$ 是适应度值大于种群均值的所有个体适应度的平均值；$p_{c_1}, p_{c_2}, p_{m_1}, p_{m_2}$ 均为(0,1)区间内的常数。

设在第 $i$ 个个体和第 $i+1$ 个个体之间进行交叉，交叉算子如下：

$$\begin{cases}X_i^{t+1}=c_iX_i^t+(1-c_i)\cdot Y_j^t\\ Y_j^{t+1}=(1-c_i)X_i^t+c_iY_i^t\end{cases} \tag{2-217}$$

式中：$X_i^t$、$Y_j^t$ 是一对交叉前的个体；$X_i^{t+1}$、$Y_j^{t+1}$ 是交叉后的个体；$c_i$ 是区间[0, 1]上均匀分布的随机数。

变异的目的在于保护一些适应度低的个体中的优良基因，防止寻优过程中过早收敛于不成熟区。对权重系数编码和神经元阈值编码的交叉和变异操作为：对权重系数编码和神经元阈值编码的变异操作采用多点自适应变异，就是使适应度大的个体在较小范围变异，而使适应度小的个体在较大的范围内变异。

设对第 $i$ 个个体进行变异，变异算子如下：

$$X_i^{t+1}=X_i^t+c_i \tag{2-218}$$

式中，$X_i^t$ 是变异前的个体。$X_i^{t+1}$ 是变异后的个体。若变异点在权重系数编码上，则 $c_i$ 是区间$[u_{\min}-c_1-X_i^t,\ u_{\max}+c_2+X_i^t]$上均匀分布的随机数，这样可以保证变异后的个体仍在搜索区间内。

(7) 生成新一代群体。

(8) 反复进行(5)～(7)，每进行一次，群体就进化一代，连续进化到 $L$ 代(总的进化代数)。

(9) 在第 $L$ 代中，选择适应度最高的个体解码得到相应的网络连接权，输入检测样本检验模型的泛化能力。

基于遗传算法的 BP 神经网络自适应优化设计的网络性能明显克服了传统 BP 设计网络的局部最优问题，具有良好的网络泛化性。

实验表明，改进法在运用于汽车加油量预测等问题中取得了较高的准确率和效率。

# 习　题　2

2.1　人工神经网络的主要特点有哪些？

2.2　神经元的常用输入集成函数主要有哪几种？

2.3　神经元的常用激励函数主要有哪几种？

2.4　使用阈值或偏置时，神经元的线性输入集成表达式分别具有什么形式？

2.5　在 BP 算法中，按梯度下降法推导权值和偏置更新公式时，采用的目标函数是什么？该目标函数有没有可能出现局部极小问题？

2.6　在 BP 算法中，为实现对连接到最后的隐含层上节点的权值的调整，从某一输出节点回向沿连线传播到隐含层上的节点，且要进行加权组合的内容的表达式具有什么形式？

2.7　在一般的竞争神经网络中，连接到哪个神经元的权值会优先获得调整的权力？

2.8　离散型 Hopfield 神经网络的工作方式主要有串行工作方式和并行工作方式，试分别给出其简单描述。

2.9　神经网络的主要学习方式有 $\delta$ 学习律、Hebb 学习律和竞争学习律，试分别给出其简单描述。

2.10　用 Matlab 编程解决下列数据给出的一个可线性划分问题：

P =[0，1，1，1，0，0，0，1；0，0，1，1，1，1，0，1；0，0，0，0，0，1，1，1]

T = [0，0，0，0，1，1，1，1]

2.11　用 Matlab 编程实现按下列样本数据给出的一个线性神经网络：

P=[1.3，2.5，4.3，1.8；
1.5，3.5，5.1，4.2；
3.9，1.9，2.7，3.1]

T=[2.1，4.2，3.3，1.9；
3.4，2.8，4.5，2.7；
3.2，1.4，2.6，3.6]

2.12　试用 Matlab 编程，分别实现含 8、9、…、16 个隐含单元的三层前馈 BP 神经网络处理下列数据：

P=－1:0.1:1

T=[0.12，0.33，0.56，0.42，1.2，1.4，1.2，1.13，1.3，1.3，0.55，0.52，0.21，
1.01，1.12，1.31，1.32，1.07，0.05，0.35，0.44]

并通过误差分析，确定最好的隐含单元的个数。

2.13　试采用 3×2 的栅格型结构，建立一个自组织映射网络，完成对下列数据的自动聚类：

P=[0.7, 0.6, 1.5, 1.8, 1.2, 1.4, 0.5, 0.6, 1.7, 1.3, 2.4, 2.5;
1.3, 0.9, 0.2, 1.2, 1.4, 2.3, 1.6, 1.7, 2.5, 2.9, 3.1, 3.3]

2.14 设计神经元个数 n=5 的霍普菲尔德(Hopfield) 神经网络，记忆的样本为 $(1,1,1,1,1)^T$，$(1,-1,-1,1,-1)^T$，$(-1,1,-1,-1,-1)^T$

2.15 编程实现利用连续霍普菲尔德神经网络解一个 TSP 问题。假设城市坐标为 [13, 23; 86, 13; 41, 22; 57, 43; 24, 15; 33,55; 62, 72; 11, 10; 73, 79; 43, 5]

习题 2 部分答案

# 第3章　模糊系统

模糊系统是在美国加州大学L. A. Zadeh教授于1965年创立的模糊集理论基础上发展起来的，主要包括模糊逻辑、模糊推理、模糊聚类、模糊控制等方面的内容。

L. A. Zadeh教授提出的基于隶属函数的模糊集理论奠定了模糊系统理论的数学基础。借助于隶属函数，可以表达一个对象从“不属于”到“属于”关系的过渡，从而能对模糊概念进行定量表示和分析，使经典集合中无法解释和表示的模糊概念得到有效表示，也为计算机处理语言信息涉及的模糊集提供了一种可行的表示方法。

基于模糊集理论，L. A. Zadeh还提出了模糊逻辑。模糊逻辑和经典的二值逻辑的不同之处在于，模糊逻辑是一种连续值逻辑。在模糊逻辑中，一个模糊命题是一个具有确定隶属度的句子，它的真值可取[0, 1]区间中的任何数。模糊逻辑是二值逻辑的扩展，反之，二值逻辑是模糊逻辑的特例。模糊逻辑在二值逻辑简单的肯定或否定基础之上，把命题看成是具有连续隶属度等级变化的，允许一个命题存在部分肯定和部分否定，成真的程度不同。这也为计算机模仿人的思维方式对可能富含一定数量等级的语言信息提供了一定的处理可能，因而具有十分重要且普遍的现实意义。

1974年，L. A. Zadeh进一步提出了模糊逻辑推理。模糊逻辑推理是一种近似推理，能够在前提信息呈现为模糊概念的前提下进行有效推理和判决。而经典的二值逻辑演绎推理则不具备这样的能力，因为其要求前提和命题都是精确的，不能是模糊的。模糊逻辑推理目前已成为一个热门研究课题，并被广泛地应用在断案、工业控制、专家决策等领域。

模糊系统是精确数学模型的补充，模糊规则的获取和确定、隶属函数的选择以及模糊系统的稳定性问题，是模糊系统中要解决的主要问题。目前，大量的工程系统已经应用了模糊系统理论，并取得了一些令人满意的成效。

## 3.1　模　糊　集

### 3.1.1　模糊集的定义

集合论是数学的基础。模糊集建立在集合论的基础上。通过推广集合(特别是子集)的概念，得到了对客观世界中对集合更精确描述的一种概念。下面通过给出模糊集、模糊集的表示等，介绍一些相应的术语和定义。

**1. 论域**

论域是以所研究对象作为个体构成的一种集合，是一种经典集合。论域的选定一般不唯一，往往需要根据具体研究的问题或对象而确定。例如，在讨论涉及正偶数的问题时，通常可取大于或等于零的整数集合(自然数集合)或正偶数集合为论域。

论域上的子集实际上可看成是某个概念，满足该概念的元素构成了该子集。经典子集是对于每个元素能明确判断其是否属于该子集，即是否满足该子集对应的条件要求。论域上的子集是由论域中的一些元素所构成的集合。例如，在由整数 1～10 构成的论域中，考虑能被 3 整除的数所构成的子集为{3，6，9}。该子集中的元素是明确的，因 1～10 之间的任何整数要么属于该子集，要么不属于该子集。

但在模糊集理论中，除了考虑这种能精确界定一个元素是否属于一个子集外，还考虑那些不一定能明确界定的子集概念。也就是说，对那些无法完全判断一个元素是否属于某子集概念的情况也能加以刻画。例如，1～10 中大大超过 5 的整数这一概念所对应的子集，如果用集合{6，7，8，9，10}直接来表示，则尚未反映每个数满足“大大超过 5”这样一个有某种程度要求的概念。在模糊集理论中，引进隶属度概念恰好能更精确地表示这一要求。例如，取 6 属于“大大超过 5”这一“集合”的隶属度为 0.7，取 7 属于“大大超过 5”这一“集合”的隶属度为 0.8，取 8 属于“大大超过 5”这一“集合”的隶属度为 0.9，取 10 属于“大大超过 5”这一“集合”的隶属度为 1。而 1～4 中任意一个数属于“大大超过 5”这一“集合”的隶属度可取为 0，5 属于“大大超过 5”这一“集合”的隶属度可取为 0.5。

经典子集的边界是清晰或分明的，而模糊子集的边界是不清晰或不分明的。模糊集实际上是一种表示更精确的概念，它能更好地解决如“秃头”与头发根数之间关系的描述问题。

在模糊集中，对于论域的选取，有时需要转换“思路”。例如，在讨论人群中“中年人”的集合时，不一定就是取“一群人”作为论域，因为决定一个人是否为“中年人”的主要因素是年龄，所以论域可能取为由 0～130 的整数或者实数构成的集合，这样可能更便于讨论问题。当然，如果直接取“一群人”作为论域，然后给出每个人属于“中年人”的隶属度也是可以进行研究的，但那样就需要逐一给出每个人的隶属度，显得比较烦琐，没有只给出论域为 0～130 上的一个函数方便。

论域的选取至关重要。选定的论域一般是一个传统集合，对于一个元素是否属于该论域，完全可以判定。

**2. 模糊集与隶属函数**

下面通过从传统集合论中最本质的特征函数、子集包含和相等等概念到模糊集的演化推广，来引入模糊集和隶属函数的概念。

论域 $U$ 上的任何一个传统子集 $A\subseteq U$ 对应的特征函数为

$$\chi_A(x)=\begin{cases}1, & x\in A\\ 0, & x\in U-A\end{cases} \tag{3-1}$$

$\chi_A(x)$：$U\to\{0,1\}$，它将 $U$ 中任何一个元素映射为 0 或 1，映射到 1 的元素属于子集 $A$，映射到 0 的元素不属于子集 $A$。

在传统集合论中，给定论域上的任意两个传统子集 $A$、$B$，集合 $A$ 和 $B$ 之间的包含、真包含、相等关系与特征函数间的关系，可用下列形式概括描述：

$$A\subseteq B\Leftrightarrow\chi_A(x)\leqslant\chi_B(x),\ \forall x\in U \tag{3-2}$$

$$A\subset B\Leftrightarrow\chi_A(x)<\chi_B(x),\ \forall x\in U \tag{3-3}$$

$$A=B\Leftrightarrow\chi_A(x)=\chi_B(x),\ \forall x\in U \tag{3-4}$$

正是在认识到特征函数与集合之间上述关系的基础上，Zadeh 等人通过扩展特征函数为隶属函数而提出了模糊集概念。

模糊集通常也称为模糊子集。论域上的一个模糊子集实际是指与论域中所有元素有关的一个概念，虽然称为一个模糊子集，但其并不是传统意义上的子集，因为并不一定完全能界定模糊子集中究竟含哪些元素而不含哪些元素，或者说，没有一个明确的区分边界，而只能通过对 $U$ 中每个元素指定一个隶属度来表示其属于该模糊子集的隶属程度。

模糊子集通常用大写字母下加"～"号表示，如 $\underset{\sim}{A}$，但为了表述简化方便，这里仍用 $A$ 来表示模糊子集，不再在 $A$ 下增加波浪线。可通过上下文来判断 $A$ 是传统子集或模糊子集。

设 $A$ 是 $U$ 上的一个模糊子集，对任一元素 $x \in U$，$x$ 属于模糊子集 $A$ 的隶属度为 $\mu_A(x)$。一般地，

$$\mu_A(x) \in [0,1] \tag{3-5}$$

$\mu_A$ 为 $U \to [0,1]$ 的一个映射，称为 $A$ 的模糊隶属函数，简称为隶属函数或从属函数。显然，当 $\mu_A$ 的值域 $[0,1]$ 变为仅含 0 和 1 两个元素的集合 $\{0,1\}$ 时，模糊子集退化为传统子集。可见，模糊隶属函数是特征函数的一种推广形式。

隶属函数值 $\mu_A(x)$ 的大小反映了元素 $x$ 属于模糊子集 $A$ 的程度。$\mu_A(x)$ 值越大，$x$ 隶属于模糊子集 $A$ 的程度越高。相反地，$\mu_A(x)$ 值越小，$x$ 隶属于模糊子集 $A$ 的程度越低。一般地，可约定：

若 $\mu_A(x)=1$，则表示 $x$ 完全属于 $A$；

若 $\mu_A(x)=0$，则表示 $x$ 不属于 $A$；

若 $0<\mu_A(x)<1$，则表示 $x$ 属于 $A$ 的程度介于"属于"和"不属于"两者之间。

为方便起见，将 $U$ 上所有模糊子集构成的集合记为 $F(U)$。

由于 $U$ 上所有传统子集都可用特征函数表示，而特征函数又是隶属函数的特例，因此，$U$ 上所有传统子集都是模糊子集。由于 $U$ 上所有传统子集构成的集合一般用 $2^U$ 表示，因而有 $2^U \subseteq F(U)$。

**3. 模糊集的表示**

通过给出论域中的所有元素属于模糊集的隶属程度来表示模糊集。目前已有的模糊集的表示方法有：求和表示法、序偶表示法、向量表示法等。

1) *求和表示法*

设 $U=\{x_1, x_2, \cdots, x_n\}$ 为一个离散论域，$U$ 上的一个模糊集 $A$ 的求和表示法为

$$A = \sum_{i=1}^{n} \mu_A(x_i)/x_i \tag{3-6}$$

注意，$\mu_A(x_i)/x_i$ 只是给出了一个隶属度与元素对，是一种表示形式，并不是实际的除法。"$\sum$"仅表示列出所有隶属度与元素对，也不表示真正的加法运算。当 $n=\infty$，即论域为可列无穷集时，此表示法仍然有效。

当 $U$ 是一个连续论域时，$U$ 上的一个模糊集 $A$ 的求和表示法则可改用积分法表示为

$$A = \int_U \mu_A(x)/x \tag{3-7}$$

这里的"$\int$"也不表示积分运算，而只是一种标记，表示连续域中隶属度与元素对的列出。

2) *序偶表示法*

当 $U=\{x_1, x_2, \cdots, x_n\}$ 是一个离散论域时，以偶对形式列出 $U$ 中所有元素属于 $A$ 的隶

属度：

$$A=\{(x_1,\ \mu_A(x_1)),(x_2,\ \mu_A(x_2)),\cdots,(x_n,\ \mu_A(x_n))\} \tag{3-8}$$

或

$$A=\{(x_i,\ \mu_A(x_i))\mid x_i\in U\} \tag{3-9}$$

或

$$A=\{(x_i,\ \mu_A(x_i))\mid i=1,2,\cdots,n\} \tag{3-10}$$

3）向量表示法

当$U=\{x_1,x_2,\cdots,x_n\}$是一个离散论域时，以向量形式给出每个元素属于$A$的隶属度值：

$$\boldsymbol{A}=(\mu_A(x_1),\ \mu_A(x_2),\cdots,\ \mu_A(x_n)) \tag{3-11}$$

4）其他方法

(1) 当$U=\{x_1,x_2,\cdots,x_n\}$是一个离散论域时，列出隶属度和元素的形式除法：

$$A=\{\mu_A(x_1)/x_1,\ \ \mu_A(x_2)/x_2,\cdots,\ \mu_A(x_n)/x_n\} \tag{3-12}$$

或

$$A=\{\mu_A(x_i)/x_i\mid i=1,2,\cdots,n\} \tag{3-13}$$

(2) 仅列出每个元素的隶属度：

$$A=\{\mu_A(x_i)\ \mid\ i=1,2,\cdots,n\} \tag{3-14}$$

或

$$A=\{\mu_A(x_i)\mid x_i\in U\} \tag{3-15}$$

求和表示法和积分表示法是 Zadeh 最早提出的模糊集表示方法。当某一元素的隶属函数值为 0 时，对应的项在求和表示中可以省略。

下面举例说明模糊集的常用表示方法。

**例 3.1**　设$A$为论域$U=\{x_1,x_2,x_3,x_4,x_5,x_6\}$上的一个模糊子集，对$U$中元素属于$A$的隶属度分别为$\mu(x_1)=0$，$\mu(x_2)=0.2$，$\mu(x_3)=0.5$，$\mu(x_4)=0.3$，$\mu(x_5)=0.1$，$\mu(x_6)=0$，则$A$可表示如下。

(1) 求和表示法：

$A=0.2/x_2+0.5/x_3+0.3/x_4+0.1/x_5$

(2) 序偶表示法：

$A=\{(0,x_1),(0.2,x_2),(0.5,x_3),(0.3,x_4),(0.1,x_5),(0,x_6)\}$

(3) 向量表示法：

$\boldsymbol{A}=(0,0.2,0.5,0.3,0.1,0)$

(4) 其他方法：

$A=\{0/x_1,0.2/x_2,0.5/x_3,0.3/x_4,0.1/x_5,0/x_6\}$

$A=\{0,0.2,0.5,0.3,0.1,0\}$

**例 3.2**　设论域$U=\{1,2,3,4\}$。如果$x_i$到$A$的隶属函数$\mu_A(x_i)=i/5$，则$A$可简单表示为

$A=\{(i,i/5)\mid i=1,2,3,4\}$ 或 $A=\{i/5\mid i=1,2,3,4\}$

**例 3.3**　设论域为以图 3.1 中的图形作为元素构成的集合，表示为$U=\{a,b,c\}$。$A$为模糊子集“圆”。图形为“圆”的可能程度用每个元素属于$A$的隶属度分别表示为$\mu_A(a)=$

0.9，$\mu_A(b)=0.7$，$\mu_A(c)=0.7$，则 $A$ 可表示如下。

(1) 求和表示法：

$A=0.9/a+0.7/b+0.7/c$

(2) 序偶表示法：

$A=\{(0.9,a),(0.7,b),(0.7,c)\}$

(3) 向量表示法：

$\boldsymbol{A}=(0.9,0.7,0.7)$

(4) 其他方法：

$A=\{0.9/a,0.7/b,0.7/c\}$

$A=\{0.9,0.7,0.7\}$

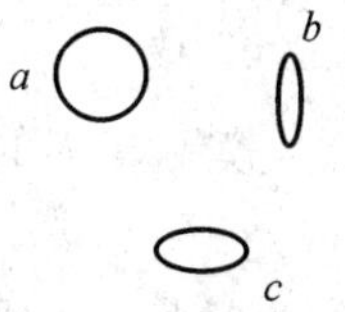


图 3.1　图形集

**例 3.4**　以年龄作为论域，取 $U=[0,100]$，模糊子集“青年” $A$ 的隶属函数为

$$\mu_A(x)=\begin{cases}0.5, & 0\leqslant x\leqslant 15\\ 1, & 15<x\leqslant 45\\ \dfrac{1}{(x-45)+1}, & 45<x\leqslant 100\end{cases}$$

$U$ 是一个连续的实数区间，模糊子集“青年” $A$ 可表示为

$$A=\int_U \mu_A(x)/x$$

模糊子集“青年” $A$ 的隶属函数曲线如图 3.2 所示。

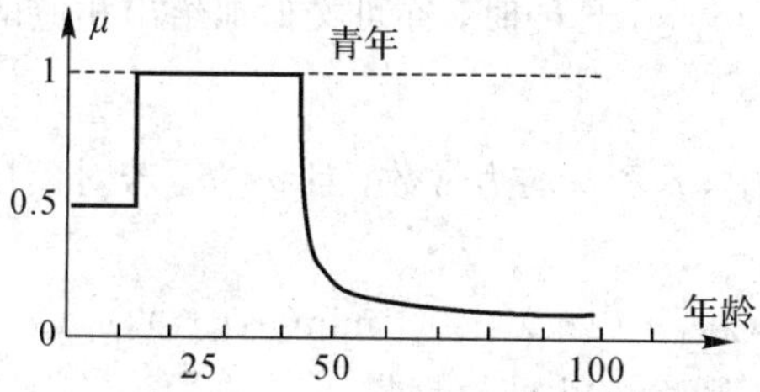


图 3.2　“青年”的隶属函数曲线

### 3.1.2　模糊集中的概念和性质

**1. 截集**

对任意常数 $\lambda\in[0,1]$，模糊集 $A$ 的 $\lambda$ 截集定义为

$$A_\lambda=\{x\mid x\in U,\mu_A(x)\geqslant\lambda\} \tag{3-16}$$

**2. 强截集**

模糊集 $A$ 的 $\lambda$ 强截集定义为

$$A'_\lambda=\{x\mid x\in U,\mu_A(x)>\lambda\} \tag{3-17}$$

显然，模糊集 $A$ 的 $\lambda$ 截集 $A_\lambda$ 和 $\lambda$ 强截集 $A'_\lambda$ 均为普通集合，且 $A'_\lambda\subseteq A_\lambda$。

**3. 支集**

模糊集 A 的支集定义为

$$\mathrm{Supp}(A)=\{x\mid \mu_A(x)>0\} \tag{3-18}$$

Supp($A$)是 $U$ 中对 $A$ 的隶属度大于零的元素组成的传统集合。

**4. 核**

模糊集 $A$ 的核定义为

$$\mathrm{Ker}(A)=\{x \mid \mu_A(x)=1\} \tag{3-19}$$

Ker($A$)是 $U$ 中对 $A$ 的隶属度为 1 的元素组成的传统集合。

**5. 边界**

模糊集 $A$ 的边界 Bnd($A$)定义为

$$\mathrm{Bnd}(A)=\{x \mid \mu_A(x)=0\} \tag{3-20}$$

由 $A$ 的支集和核，可得

$$\mathrm{Bnd}(A)=\mathrm{Supp}(A)-\mathrm{Ker}(A) \tag{3-21}$$

**6. 正规模糊集**

若一个模糊集 $A$ 的核是非空的，即 Ker($A$)$\neq\varnothing$，则称 $A$ 为正规模糊集，否则，称 $A$ 为非正规模糊集。

**7. 对称模糊集**

设 $U=[-a, a]$，其中，$a$ 为某个正常数。若模糊集 $A$ 的隶属函数 $\mu_A$ 满足：

$$\mu_A(c+x)=\mu_A(c-x) \tag{3-22}$$

式中，$c\in U$，$-a\leqslant c-x$，$c+x\leqslant a$，则称 $A$ 为以 $c$ 点为中心对称的模糊集，简称为对称模糊集。当 $U=(-a, a)$或 $U=(-\infty,+\infty)$时，亦可类似地给出相应的定义。

**8. 凸模糊集**

设论域 $U=[a,b]$，其中，$a$ 和 $b$ 均为常数，且 $a<b$。若对模糊集 $A$ 的隶属函数 $\mu_A$ 和任意的 $\lambda\in[0,1]$，满足：

$$\mu_A(\lambda x_1+(1-\lambda)x_2)\geqslant\min(\mu_A(x_1),\mu_A(x_2)) \tag{3-23}$$

对任意的 $x_1$，$x_2\in U$ 成立，则称 $A$ 为凸模糊集。

**例 3.5** 设论域 $U=\{x_1,x_2,\cdots,x_5\}$，模糊集 $A=1/x_1+0.8/x_2+0.6/x_3+0.4/x_4+0.1/x_5$。分别求 $A$ 的 $\lambda=0.1$，0.2，0.4，0.6，0.8，1 的截集和强截集。

**解** 按截集的定义，可求得

$$A_{0.1}=\{x_1,x_2,\cdots,x_5\}=U,\ A_{0.2}=\{x_1,x_2,x_3,x_4\},\ A_{0.4}=\{x_1,x_2,x_3,x_4\}$$

$$A_{0.6}=\{x_1,x_2,x_3\},\qquad A_{0.8}=\{x_1,x_2\},\qquad A_1=\{x_1\}$$

显然，截集 $A_1$ 就是模糊集 $A$ 的核。

再按强截集的定义，可求得

$$A=_{0.1}'=\{x_1,x_2,x_3,x_4\},\ A'_{0.2}=\{x_1,x_2,x_3,x_4\},\ A'_{0.4}=\{x_1,x_2,x_3\}$$

$$A'_{0.6}=\{x_1,x_2\},\qquad A'_{0.8}=\{x_1\},\qquad A'_1=\varnothing$$

**9. 截集的性质**

可以验证，截集满足以下几个性质：

(1) $(A\cup B)_\lambda=A_\lambda\cup B_\lambda$ (3-24)

(2) $(A\cap B)_\lambda=A_\lambda\cap B_\lambda$ (3-25)

(3) 若 $\lambda,\mu\in[0,1]$，若 $\lambda\leqslant\mu$，则 $A_\lambda\supseteq A_\mu$。 (3-26)

**10. 模糊集的分解原理**

可以证明，模糊集可以用其 $\lambda$ 截集表示为

$$A = \bigcup_{\lambda \in [0,1]} \lambda A_\lambda \tag{3-27}$$

式(3-27)称为模糊集的分解原理。该式建立了模糊集与其 $\lambda$ 截集(为普通集合)之间的关系。

### 3.1.3 隶属函数的确定

隶属函数是模糊集理论中表示模糊概念的基础。在设计或构造隶属函数时，要求尽可能反映客观实际。隶属函数的确定，本质上说应该是客观的，但因各人对同一模糊概念的认识理解不同，因而其确定往往带有很强的主观性。确定隶属函数需要有一定的数学技巧。目前人们已研究出了一些相应的方法，如统计法、例证法、推理法、专家经验法及二元对比排序法等。

**1. 模糊统计法**

模糊统计法的基本思想是，对论域 $U$ 上的一个确定元素 $x$ 是否属于论域上的一个可变动的清晰集合 $B$ 做出清晰的判断。对于不同的试验者，清晰集合 $B$ 可以有不同的边界，但它们都对应于同一个模糊集 $A$。模糊统计法的计算步骤是：在每次统计中，$x$ 是固定的，$B$ 是可变的，做 $n$ 次试验，其模糊统计可按下式进行计算：

$$x\text{ 对 }A\text{ 的隶属频率} = \frac{x \in B\text{ 的次数}}{\text{试验总次数 }n}$$

随着 $n$ 的增大，隶属频率也会趋向稳定，这个稳定值就是 $x$ 对 $A$ 的隶属度值。这种方法较直观地反映了模糊概念中的隶属程度，但计算量相当大。

**2. 例证法**

例证法的主要思想是，从已知有限个隶属函数的值，来估计论域 $U$ 上的模糊子集 $A$ 的隶属函数。如论域 $U$ 代表全体人类，$A$ 是“高个子的人”。显然 $A$ 是一个模糊子集。为了确定 $\mu_A$，先确定一个高度值 $h$，然后选定几个语言真值(一句话的真实程度)中的一个来回答某人是否算“高个子”。如语言真值可分为“真的”“大致真的”“似真似假”“大致假的”和“假的”五种情况，并且分别用数字1，0.75，0.5，0.25，0来表示这些语言真值。对 $n$ 个不同高度 $h_1$，$h_2$，…，$h_n$都做同样的询问，即可以得到 $A$ 的隶属函数的离散表示。

例证法实际上可看成特定的推理法。

**3. 专家经验法**

专家经验法是根据专家的实际经验来确定隶属函数的一种方法。在许多情况下，经常是初步确定粗略的隶属函数，然后通过“学习”和实践检验逐步修改和完善，而实际效果正是检验和调整隶属函数的依据。

**4. 二元对比排序法**

二元对比排序法是一种较实用的确定隶属函数的方法。它通过对多个事物之间的两两对比来确定某种特征下的顺序，由此来决定这些事物对该特征的隶属函数的大体形状。二元对比排序法根据对比测度不同，可分为相对比较法、对比平均法、优先关系定序法和相似优先对比法等。

**例 3.6** 设计人群中“年老”的隶属函数。

**解** 设 $A$ 表示模糊集“年老”，论域 $U=[1,130]$，$\mu_A(x)$表示模糊集“年老”$A$ 的隶属函数。则有，当年龄 $x\leqslant 50$ 时，$\mu_A(x)=0$，表明 $x$ 不属于模糊集 $A$(“年老”)；当 $x\geqslant 100$ 时，$\mu_A(x)=1$，表明 $x$ 完全属于 $A$；当 $50<x<100$ 时，$0<\mu_A(x)<1$，且 $x$ 越接近于 100，$\mu_A(x)$越接近于 1，$x$ 属于 $A$ 的程度就越高。这样的表达方法显然比简单地说：“100 岁以上的人是年老的，50 岁以下的人不是年老的”更为合理。

通常，根据一些隶属度值，可以大致描绘出隶属函数所遵循的分布曲线，从而最终确定该模糊集的隶属函数。因而，在实际中，目前常用的隶属函数根据其形态一般有三角形函数、梯形函数、正态形函数以及 S 形函数等。

## 3.1.4 模糊集的运算

### 1. 模糊集的基本运算

对同一论域上一个或多个模糊集，可定义一些运算，得到一个新的模糊集。对于二元运算，要求两个模糊集参与运算。如果是一元运算，则仅需一个模糊集参与运算。

实际上，模糊集的运算是通过对参与运算的模糊集的隶属函数做逐点值的相应运算来进行，得到一个新的隶属函数，从而得到一个对应的新模糊集来完成的。

对模糊集，可定义并、交、补运算以及包含、相等判断等运算，统称为模糊集运算。

为方便起见，在模糊系统中，通常用$\vee$表示 max，即取最大值，用$\wedge$表示 min，即取最小值。

设 $A$、$B$、$C$ 为论域 $U$ 中的模糊集。

1) 模糊集的集运算

并：

$$C=A\cup B\Leftrightarrow\mu_C(x)=\max\left[\mu_A(x),\mu_B(x)\right]=\mu_A(x)\vee\mu_B(x) \tag{3-28}$$

交：

$$C=A\cap B\Leftrightarrow\mu_C(x)=\min\left[\mu_A(x),\mu_B(x)\right]=\mu_A(x)\wedge\mu_B(x) \tag{3-29}$$

补：

$$\overline{A}\Leftrightarrow\mu_{\overline{A}}(x)=1-\mu_A(x) \tag{3-30}$$

$\overline{A}$ 称为 $A$ 的模糊补集，简称为补集，也记为 $A^c$。

在上述集运算中，有以下几点注意事项：

(1) 两个模糊集之间的“并”运算（$\cup$），并不具有传统集合之间并运算的真正含义，它仅仅只是一个形式符号，其具体内涵完全由相应两个模糊集的隶属函数按逐点求最大并定义一个新的隶属函数来决定。

(2) 同理，两个模糊集之间的“交”运算($\cap$)，也并不具有传统集合之间交运算的含义，也仅仅只是一个形式符号，其具体内涵由两个隶属函数按逐点求最小定义一个新的隶属函数来决定。

(3)“－”也仅仅只是一个形式符号，其具体内涵由始终分别按 1 减去隶属函数在某点的值得到一个新值，构成的新的隶属函数来决定。

(4) 根据需要，完全可将传统集合论中的其他集合运算自然地推广到模糊集合上来。

2）模糊集的包含及相等判断运算

包含于：

$$A \subseteq B \Leftrightarrow \mu_A(x) \leqslant \mu_B(x) \tag{3-31}$$

相等：

$$A = B \Leftrightarrow \mu_A(x) = \mu_B(x) \tag{3-32}$$

空集：

$$A = \varnothing \Leftrightarrow \mu_A(x) = 0 \tag{3-33}$$

全集：

$$A = U \Leftrightarrow \mu_A(x) = 1 \tag{3-34}$$

同理，两个模糊集之间的“包含于”$\subseteq$及“相等”（$=$）均只是形式符号。类似地，可相应地定义“真包含于”（$\subset$）、“包含”（$\supseteq$）、“真包含”（$\supset$）及“不相等”（$\neq$）等其他运算符号。

3）模糊集的其他运算

直乘：

$$A \cdot B = \mu_{A \cdot B}(x) = \mu_A(x)\mu_B(x) \tag{3-35}$$

直和：

$$A \oplus B = \mu_{A \oplus B}(x) = \begin{cases} \mu_A(x) + \mu_B(x), & \mu_A(x) + \mu_B(x) < 1 \\ 1, & \mu_A(x) + \mu_B(x) \geqslant 1 \end{cases} \tag{3-36}$$

概和：

$$A + B = \mu_{A+B}(x) = \mu_A(x) + \mu_B(x) - \mu_A(x)\mu_B(x) \tag{3-37}$$

内积：

$$A \odot B = \bigvee_{i=1}^{n} [\mu_A(x_i) \wedge \mu_B(x_i)] \tag{3-38}$$

外积：

$$A \otimes B = \bigwedge_{i=1}^{n} [\mu_A(x_i) \vee \mu_B(x_i)] \tag{3-39}$$

“直乘”可作为在现实中求交运算的一种变体或扩展形式，“直和”“概和”可分别作为两个模糊集求并运算的变体或扩展形式。内积和外积可用于模糊集贴近度的定义。

**2. 模糊集运算的基本性质**

可以证明，模糊集的运算满足下列规律：

（1）自反律：

$$A \subseteq A \tag{3-40}$$

（2）交换律：

$$A \cup B = B \cup A, \ A \cap B = B \cap A \tag{3-41}$$

（3）结合律：

$$(A \cup B) \cup C = A \cup (B \cup C); \ (A \cap B) \cap C = A \cap (B \cap C) \tag{3-42}$$

（4）分配律：

$$A \cup (B \cap C) = (A \cup B) \cap (A \cup C); \ A \cap (B \cup C) = (A \cap B) \cup (A \cap C) \tag{3-43}$$

（5）对偶律：

$$\overline{A\cup B}=\overline{A}\cap\overline{B},\ \overline{A\cap B}=\overline{A}\cup\overline{B} \tag{3-44}$$

也称德·摩根定律。

(6) 反对称律：

若 $A\subseteq B$，$B\subseteq A$，则 $A=B$ (3-45)

(7) 幂等律：

$$A\cup A=A,\ A\cap A=A \tag{3-46}$$

(8) 吸收律：

$$A\cup(B\cap A)=A,\ A\cap(B\cup A)=A \tag{3-47}$$

(9) 传递律：

若 $A\subseteq B$，$B\subseteq C$，则 $A\subseteq C$ (3-48)

(10) 对合律：

$$\overline{\overline{A}}=A$$

即双重否定律。 (3-49)

(11) 定常律：

$$A\cup U=U,\ A\cap U=A,\ A\cup\varnothing=A,\ A\cap\varnothing=\varnothing \tag{3-50}$$

一般地，互补律不成立，即 $A\cup\overline{A}=U$ 和 $A\cap\overline{A}=\varnothing$ 不一定成立。

### 3.1.5 模糊集的扩展原理

设 $X$ 和 $Y$ 是任意两个论域，给定 $X$ 到 $Y$ 的一个映射 $f:X\rightarrow Y$，使得 $f:x\mapsto y=f(x)$，则由 $f$ 可诱导出一个从 $X$ 上的模糊集所构成的空间 $F(X)$ 到 $Y$ 上的模糊集所构成的空间 $F(Y)$ 的一个映射，仍记为 $f$，有 $f:F(X)\rightarrow F(Y)$，使得对 $X$ 上的任意模糊集 $A$ 映射到 $Y$ 上的一个模糊集 $B$，即 $f:A\rightarrow B=f(A)$。在给定 $A$ 的隶属函数 $\mu_A(x)$ 下，模糊集 $B=f(A)$ 的隶属函数定义为

$$\mu_B(y)=\mu_{f(A)}(y)=\begin{cases}\bigvee\limits_{x\in f^{-1}(y)}\mu_A(x), & f^{-1}(y)\neq\varnothing\\ 0, & f^{-1}(y)=\varnothing\end{cases} \tag{3-51}$$

同时，也可诱导出一个从 $Y$ 上的模糊集所构成的空间 $F(Y)$ 到 $X$ 上的模糊集所构成的空间 $F(X)$ 的一个映射，也称为逆映射，记为 $f^{-1}$，使得对 $Y$ 上的任意模糊集 $B$ 映射到 $X$ 上的一个模糊集 $A=f^{-1}(B)$，即 $f^{-1}:B\mapsto A=f^{-1}(B)$。在给定 $B$ 的隶属函数 $\mu_B(y)$ 下，模糊集 $A=f^{-1}(B)$ 的隶属函数定义为

$$\mu_A(x)=\mu_{f^{-1}(B)}(x)=\mu_B(f(x)) \tag{3-52}$$

## 3.2 模糊关系与模糊矩阵

### 3.2.1 模糊关系的定义

两个元素之间具有的符合某个关系程度不是绝对为 1 或 0，而是 [0，1] 中的某个数，这样的元素关系构成了一个模糊关系。它是普通关系的推广，用隶属度代替了 0 或者 1。

设 $X$ 和 $Y$ 均分别为论域，二元模糊关系 $R$ 是 $X\times Y$ 上的一个模糊集，$R$ 的隶属函数用 $\mu_R(x,y)$表示，$\mu_R(x,y)\in[0,1]$，值 $\mu_R(x,y)$的大小反映 $x$ 和 $y$ 之间具有模糊关系 $R$ 的程度，或者$(x, y)$属于模糊集 $R$ 的隶属度。若 $X=Y=U$，则称 $R$ 是 $U$ 上的模糊关系。

由于模糊关系也是模糊集，因此，也可对两个模糊关系 $R_1$ 和 $R_2$ 进行并、交、补运算，判断它们之间是否有相等和包含关系等：

$$R_1\cup R_2\Leftrightarrow \text{对}\ \forall x\in X, y\in Y, \mu_{R_1\cup R_2}(x,y)=\mu_{R_1}(x,y)\vee\mu_{R_2}(x,y)$$

$$R_1\cap R_2\Leftrightarrow \text{对}\ \forall x\in X, y\in Y, \mu_{R_1\cap R_2}(x,y)=\mu_{R_1}(x,y)\wedge\mu_{R_2}(x,y)$$

$$\overline{R_1}\Leftrightarrow \text{对}\ \forall x\in X, y\in Y, \mu_{\overline{R_1}}(x,y)=1-\mu_{R_1}(x,y)$$

$$R_1=R_2\Leftrightarrow \text{对}\ \forall x\in X, y\in Y, \mu_{R_1}(x,y)=\mu_{R_2}(x,y)$$

$$R_1\subseteq R_2\Leftrightarrow \text{对}\ \forall x\in X, y\in Y, \mu_{R_1}(x,y)\leqslant\mu_{R_2}(x,y)$$

### 3.2.2 模糊关系隶属函数的确定

$X\times Y$ 上的一个二元模糊关系 $R$ 是一个模糊集，$R$ 的隶属函数 $\mu_R(x,y)\in[0,1]$的确定，一方面可直接通过考察 $x$ 和 $y$ 之间符合模糊关系 $R$ 的程度来给出一个具体值，但另一方面，比较多的情况则是，已知 $X$ 上的模糊集 $A$ 和 $Y$ 上的模糊集 $B$，而 $R$ 是 $A$ 和 $B$ 两个前提模糊集概念的一个结果模糊集概念，此时，就必须考虑由 $A$ 和 $B$ 的隶属函数用某种代数计算公式来计算出 $R$ 的隶属函数。不妨令 $R=A\times B$，则 $R$ 的隶属函数可有下列多种定义：

(1) $\mu_R(x,y)=\mu_A(x)\mu_B(y)$ (3-53)

(2) $\mu_R(x,y)=\min\{\mu_A(x),\mu_B(y)\}$ (3-54)

(3) $\mu_R(x,y)=\min\{\mu_A(x)+\mu_B(y),1\}$ (3-55)

进一步的内容还可参看本章模糊逻辑和模糊推理一节。

### 3.2.3 模糊关系

一个模糊关系实际就是一个模糊集。除了能用模糊集的一般表示法表示一个模糊关系之外，模糊关系更直观和更有效的表示方法主要还有模糊矩阵和模糊有向图。

**1. 模糊矩阵**

当 $X=\{x_1,x_2,\cdots,x_i,\cdots,x_m\}$和 $Y=\{y_1,y_2,\cdots,y_j,\cdots,y_n\}$均为离散的有限论域时，模糊关系 $R$ 可用矩阵表示，称为模糊矩阵。模糊关系 $R$ 对应的模糊矩阵为

$$\boldsymbol{M}_R=[r_{ij}]_{m\times n} \tag{3-56}$$

式中，$r_{ij}=\mu_R(x_{i,}y_j)\in[0,1]$。

模糊关系 $R$ 对应的模糊矩阵 $\boldsymbol{M}_R$ 是普通关系矩阵将元素取值为 0 或 1 扩展到[0,1]的推广。为简便起见，模糊关系 $R$ 的模糊矩阵仍用 $\boldsymbol{R}$ 表示。即 $\boldsymbol{R}=\boldsymbol{M}_R$。

**例 3.7** 设 $X=Y=\{1,2,\cdots,6\}$，$X\times Y$ 中模糊关系“小于小于”(记为 $x\ll y$)的模糊矩阵 $\boldsymbol{R}$ 表示为

$$
\boldsymbol{R}=\begin{array}{c}\\1\\2\\3\\4\\5\\6\end{array}\begin{array}{c}\begin{array}{cccccc}1&2&3&4&5&6\end{array}\\\left[\begin{array}{cccccc}0&0&0&0.6&0.9&1\\0&0&0&0&0.7&0.9\\0&0&0&0&0.5&0.6\\0&0&0&0&0&0.2\\0&0&0&0&0&0\\0&0&0&0&0&0\end{array}\right]\end{array}
$$

式中，$r_{52}=\mu_R(2,5)=0.7$，表明当 $x$ 较 $y$ 少 3 时，$(x,y)$ 对 $R$ 的隶属度为 0.6。其余类似解释。

模糊关系的截集是一个普通关系。普通关系的矩阵实际上是 0－1 矩阵。模糊矩阵 $\boldsymbol{R}$ 的截矩阵 $\boldsymbol{R}_\lambda$ 定义为

$$\boldsymbol{R}_\lambda=[c_{ij}]_{m\times n} \tag{3-57}$$

式中，$\lambda\in[0,1]$，矩阵元素 $c_{ij}$ 满足：

$$c_{ij}=\begin{cases}0, & r_{ij}<\lambda\\1, & r_{ij}\geqslant\lambda\end{cases} \tag{3-58}$$

显然，模糊矩阵 $\boldsymbol{R}$ 的截矩阵 $\boldsymbol{R}_\lambda$ 是一个普通的关系矩阵，且与模糊关系 $R$ 的截集对应的 0－1 关系矩阵相等。

**2. 模糊有向图**

将元素和元素之间的隶属度通过在对应的元素节点之间画一条有向弧，在有向弧上标出隶属度来表示这两个元素之间的关系，从而形成一个带权有向图，称为模糊有向图，用以描述该模糊关系。下面以一个例子来加以说明。

**例 3.8** 设 $R$ 为模糊关系“兴趣相似”，且有 $R$(刘国，赵华)＝0.6，$R$(刘国，吴方)＝0.5，$R$(赵华，黄烨)＝0.3，$R$(黄烨，吴方)＝0.4，自己与自己的兴趣相似度为 1，则 $R$ 可如图 3.3 所示。

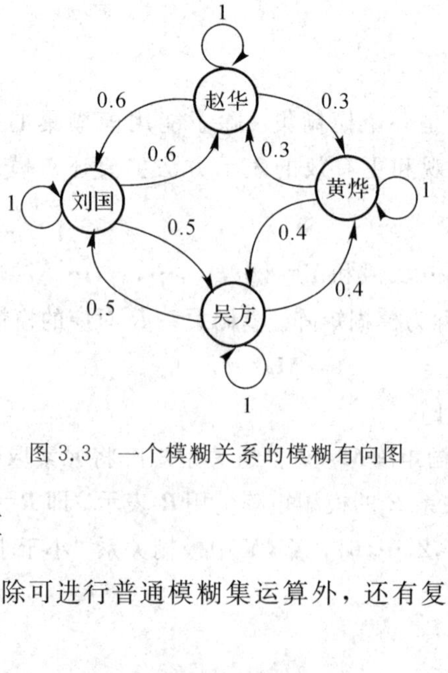


图 3.3 一个模糊关系的模糊有向图

## 3.2.4 模糊关系的运算

作为模糊集，模糊关系除可进行普通模糊集运算外，还有复合和转置两种非常重要的

运算。

**1. 模糊关系的复合运算**

设 $R$ 为 $X\times Y$ 上的模糊关系，$S$ 是 $Y\times Z$ 上的模糊关系，定义 $R$ 和 $S$ 的复合运算结果为 $X\times Z$ 上的一个模糊关系，记为 $T=R\circ S$，且 $T$ 具有隶属函数：

$$\mu_T(x,z)=\mu_{R\circ S}(x,z)=\bigvee_{y\in Y}(\mu_R(x,y)\wedge\mu_S(y,z)),\ \forall x\in X,\forall z\in Z \tag{3-59}$$

当 $X=Y$ 时，$R$ 称为 $X$ 上的模糊关系。

对于 $X$ 上的模糊关系 $R$，定义 $R$ 的 $i$ 次幂为

$$R^i=\begin{cases}I, & i=0\\ R, & i=1\\ R^{i-1}\circ R, & i>1\end{cases} \tag{3-60}$$

式中，$I$ 为恒等模糊关系。

$$\mu_I(x,y)=\begin{cases}1, & x=y\\ 0, & x\neq y\end{cases} \tag{3-61}$$

模糊关系的复合运算可看成两个模糊矩阵之间一种特定的矩阵乘法运算。

在 $X=\{x_1,x_2,\cdots,x_i,\cdots,x_m\}$、$Y=\{y_1,y_2,\cdots,y_j,\cdots,y_n\}$ 和 $Z=\{z_1,z_2,\cdots,z_k,\cdots,z_p\}$ 均为有限离散论域下，$R$ 是 $X\times Y$ 上的模糊关系，$S$ 是 $Y\times Z$ 上的模糊关系，$T=R\circ S$ 是 $R$ 和 $S$ 的复合模糊关系，对应的模糊矩阵表示如下：

若 $\boldsymbol{R}=[r_{ij}]_{m\times n}$，$\boldsymbol{S}=[s_{jk}]_{n\times p}$，$\boldsymbol{T}=\boldsymbol{R}\circ\boldsymbol{S}=[t_{ik}]_{m\times p}$，则

$$t_{ik}=\bigvee_{j=1}^{n}(r_{ij}\wedge s_{jk}) \tag{3-62}$$

**例 3.9**　设 $X=\{x_1,x_2,x_3,x_4\}$、$Y=\{y_1,y_2,y_3\}$ 和 $Z=\{z_1,z_2,z_3,z_4\}$，$R$ 是 $X\times Y$ 上的模糊关系，$S$ 是 $Y\times Z$ 上的模糊关系，对应的模糊矩阵分别为

$$\boldsymbol{R}=\begin{bmatrix}0.1 & 0.3 & 0.6\\ 0.2 & 0.4 & 0.7\\ 0.5 & 0.6 & 0.4\\ 0.4 & 0.1 & 0.2\end{bmatrix},\ \boldsymbol{S}=\begin{bmatrix}0.4 & 0.1 & 0.3 & 0.5\\ 0.8 & 1 & 0.4 & 0.7\\ 0.1 & 0.6 & 0.3 & 0.2\end{bmatrix}$$

则

$$\boldsymbol{T}=\boldsymbol{R}\circ\boldsymbol{S}=\begin{bmatrix}0.3 & 0.6 & 0.3 & 0.3\\ 0.4 & 0.6 & 0.4 & 0.4\\ 0.6 & 0.6 & 0.4 & 0.6\\ 0.4 & 0.2 & 0.3 & 0.4\end{bmatrix}_{4\times 4}$$

式中，

$$t_{ik}=\bigvee_{j=1}^{3}(r_{ij}\wedge s_{jk})$$

且 $i=1,2,3,4$，$k=1,2,3,4$。

例如：

$$\begin{aligned}t_{11}&=(r_{11}\wedge s_{11})\vee(r_{12}\wedge s_{21})\vee(r_{13}\wedge s_{31})=(0.1\wedge 0.4)\vee(0.3\wedge 0.8)\vee(0.6\wedge 0.1)\\&=0.1\vee 0.3\vee 0.1=0.3\end{aligned}$$

$$t_{32}=(r_{31}\wedge s_{12})\vee(r_{32}\wedge s_{22})\vee(r_{33}\wedge s_{32})=(0.5\wedge 0.1)\vee(0.6\wedge 1)\vee(0.4\wedge 0.6)$$
$$=0.1\vee 0.6\vee 0.4=0.6$$

模糊关系的复合运算满足下列性质：

(1) 结合律：

$$(R\circ S)\circ P=R\circ(S\circ P) \tag{3-63}$$

(2) 对并的分配律：

$$R\circ(S_1\cup S_2)=(R\circ S_1)\cup(R\circ S_2) \tag{3-64}$$

(3) 对交的弱分配律：

$$R\circ(S_1\cap S_2)\subseteq(R\circ S_1)\cap(R\circ S_2) \tag{3-65}$$

(4) 单调性：

$$S_1\subseteq S_2\Rightarrow R\circ S_1\subseteq R\circ S_2 \tag{3-66}$$

$$R_1\subseteq R_2\Rightarrow R_1\circ S\subseteq R_2\circ S \tag{3-67}$$

$$Q\subseteq T\Rightarrow Q^n\subseteq T^n\ (n\geqslant 0\ \text{为任意非负整数}) \tag{3-68}$$

这里，$R$、$R_1$、$R_2$ 均为 $X\times Y$ 上的模糊关系；$S$、$S_1$、$S_2$ 均为 $Y\times Z$ 上的模糊关系；$P$ 为 $Z\times W$ 上的模糊关系；$Q$、$T$ 为 $X\times X$ 上的模糊关系；$X$、$Y$、$Z$、$W$ 分别为任意给定的论域。

**2. 模糊关系的转置运算**

设 $R$ 为 $X\times Y$ 上的模糊关系，$R$ 的转置模糊关系为 $R^{\mathrm{T}}$，且 $R^{\mathrm{T}}$ 的隶属函数定义为

$$\mu_{R^{\mathrm{T}}}(x,y)=\mu_{R^{\mathrm{T}}}(y,x) \tag{3-69}$$

$R$ 的转置模糊关系 $R^{\mathrm{T}}$ 为 $Y\times X$ 上的一个模糊关系。

### 3.2.5 模糊关系的特性

对于给定的离散有限论域 $X$，根据其上的模糊关系对应的模糊矩阵，可得到模糊关系所具有的一些特性。有些特性对于应用模糊关系或模糊矩阵十分重要。模糊关系的主要特性有自反性、对称性、传递性等。而当模糊关系同时具有多个特性时，我们还用专门的名称来称呼相应的模糊关系或模糊矩阵，如模糊等价关系和模糊相似关系等。

为方便起见，设定下面的论域 $X$ 一般指的是离散有限论域。

**1. 自反性**

若对给定论域 $X$ 上的模糊关系 $R$，有

$$\mu_R(x,x)=1,\ \forall x\in X \tag{3-70}$$

则称 $R$ 为具有自反性的模糊关系。在自反模糊关系的模糊矩阵中，对角线上的元素全为 1。

**2. 对称性**

对给定论域 $X$ 上的模糊关系 $R$，当且仅当对 $\forall x,y\in X$，都有

$$\mu_R(x,y)=\mu_R(y,x) \tag{3-71}$$

称 $R$ 为具有对称性的模糊关系。

对称性的模糊关系 $R$ 对应的模糊矩阵是对称阵，即

$$\boldsymbol{R}^{\mathrm{T}}=\boldsymbol{R} \tag{3-72}$$

显然

$$\mu_R(x,y)=\mu_R(y,x)\Leftrightarrow\mu_{\boldsymbol{R}^{\mathrm{T}}}(x,y)=\mu_{\boldsymbol{R}}(x,y) \tag{3-73}$$

**例 3.10**　设模糊关系 $R$ 的模糊关系矩阵为

$$\boldsymbol{R}=\begin{bmatrix}1 & 0.8 & 0.6\\ 0.8 & 1 & 0.4\\ 0.6 & 0.4 & 1\end{bmatrix}$$

容易看出，$R$ 是自反的和对称的。

**3. 传递性**

对论域 $X$ 上的模糊关系 $R$，若 $R\circ R\subseteq R$，则称 $R$ 为具有传递性的模糊关系。

具有传递性的模糊关系 $R$ 的模糊矩阵元素满足下列性质：

$$\mu_{\boldsymbol{R}}(x,z)\geqslant \overset{\vee}{y}(\mu_{\boldsymbol{R}}(x,y)\wedge\mu_{\boldsymbol{R}}(y,z)),\ \forall\, x,y,z\in X \tag{3-74}$$

**4. 反自反性**

若论域 $X$ 上的模糊关系 $R$ 的模糊矩阵有

$$\mu_R(x,x)=0,\ \forall\, x\in X \tag{3-75}$$

则称 $R$ 为具有反自反性的模糊关系。

**5. 传递闭包**

论域 $X$ 上的模糊关系 $R$ 的传递闭包 $\hat{R}$ 定义为

$$\hat{R}=R\cup R^2\cup\cdots\cup R^m\cup\cdots=\bigcup_{n=1}^{\infty}R^n \tag{3-76}$$

可以证明

$$\hat{R}\circ\hat{R}\subseteq\hat{R} \tag{3-77}$$

即模糊关系(不管它是否具有传递性)的传递闭包必为具有传递性的模糊关系。

若 $R$ 是离散有限论域 $X=\{x_1,x_2,\cdots,x_n\}$ 中的模糊关系，可以证明，存在 $m\leqslant n$ 使得

$$\hat{R}=\bigcup_{k=1}^{m}R^k \tag{3-78}$$

**例 3.11**　设模糊关系的模糊矩阵为

$$\boldsymbol{R}=\begin{bmatrix}0.2 & 0.3 & 0.5\\ 0.7 & 0.6 & 0.4\\ 0.4 & 0.5 & 0.1\end{bmatrix}$$

则可求得

$$\boldsymbol{R}^2=\begin{bmatrix}0.4 & 0.5 & 0.3\\ 0.6 & 0.6 & 0.5\\ 0.5 & 0.5 & 0.4\end{bmatrix},\ \boldsymbol{R}^3=\begin{bmatrix}0.5 & 0.5 & 0.4\\ 0.6 & 0.6 & 0.5\\ 0.5 & 0.5 & 0.5\end{bmatrix},\ \boldsymbol{R}^4=\begin{bmatrix}0.5 & 0.5 & 0.5\\ 0.6 & 0.6 & 0.5\\ 0.5 & 0.5 & 0.5\end{bmatrix},\ \boldsymbol{R}^5=\boldsymbol{R}^4$$

因 $\boldsymbol{R}^5=\boldsymbol{R}^4$，可推得只要 $k\geqslant 5$，$\boldsymbol{R}^{k+1}=\boldsymbol{R}^k=\boldsymbol{R}^4$，故

$$\boldsymbol{R}=\boldsymbol{R}\cup\boldsymbol{R}^2\cup\boldsymbol{R}^3\cup\boldsymbol{R}^4=\begin{bmatrix}0.5 & 0.5 & 0.5\\ 0.7 & 0.6 & 0.5\\ 0.5 & 0.5 & 0.5\end{bmatrix}$$

$$\hat{\boldsymbol{R}}\circ\hat{\boldsymbol{R}}=\begin{bmatrix}0.5 & 0.5 & 0.5\\ 0.7 & 0.6 & 0.5\\ 0.5 & 0.5 & 0.5\end{bmatrix}\circ\begin{bmatrix}0.5 & 0.5 & 0.5\\ 0.7 & 0.6 & 0.5\\ 0.5 & 0.5 & 0.5\end{bmatrix}=\begin{bmatrix}0.5 & 0.5 & 0.5\\ 0.6 & 0.6 & 0.5\\ 0.5 & 0.5 & 0.5\end{bmatrix}\leqslant\begin{bmatrix}0.5 & 0.5 & 0.5\\ 0.7 & 0.6 & 0.5\\ 0.5 & 0.5 & 0.5\end{bmatrix}=\hat{\boldsymbol{R}}$$

可见，$\hat{R}$ 是传递的，但 $\hat{R}$ 不一定具有对称性。此例验证了式(3-78)的正确性。

**6. 模糊等价关系**

论域 $X$ 上同时具有自反性、对称性和传递性的模糊关系 $R$ 称为模糊等价关系。

若 $R$ 是离散有限论域 $X$ 上的模糊等价关系，则对 $\forall \lambda \in [0,1]$，截矩阵 $\boldsymbol{R}_\lambda$ 对应于一个普通等价关系的关系矩阵，由该普通关系矩阵 $\boldsymbol{R}_\lambda$ 可确定一个等价关系。按该等价关系可对 $X$ 进行等价划分，得到 $X$ 的一个分类。若 $\lambda < \lambda'$，由 $\boldsymbol{R}_{\lambda'}$ 得到的分类较之由 $\boldsymbol{R}_\lambda$ 得到的分类更为精细。

**7. 模糊相似关系**

论域 $X$ 上只同时具有自反性和对称性的模糊关系 $R$ 称为模糊相似关系。

显然，一个模糊等价关系一定也是一个模糊相似关系，但反过来不一定成立。

若 $R$ 是离散有限论域 $X$ 上的模糊相似关系，则对 $\forall \lambda \in [0,1]$，截矩阵 $\boldsymbol{R}_\lambda$ 对应于一个普通相似关系的关系矩阵。由该普通关系矩阵 $\boldsymbol{R}_\lambda$ 可确定一个相容关系。

按该相容关系只能得到 $X$ 的一个完全覆盖，若 $\lambda < \lambda'$，由 $\boldsymbol{R}_{\lambda'}$ 得到的完全覆盖较之由 $\boldsymbol{R}_\lambda$ 得到的完全覆盖更为精细。

**8. 恒等模糊关系**

论域 $X$ 上的恒等模糊关系记为 $I$，其对应的隶属函数定义为

$$\mu_I(x,y)=\begin{cases}1, & x=y \\ 0, & x\neq y\end{cases} \tag{3-79}$$

可定义 $X$ 上的任意模糊关系 $R$ 的 0 次幂为 $I$，即

$$R^0 = I \tag{3-80}$$

**9. 模糊关系的一些特性**

对论域 $X$ 上的一个模糊关系 $R$，有下列特性：

(1) 若 $R$ 是一个模糊等价关系，则 $R$ 一定也是一个模糊相似关系。

(2) 若 $R$ 是模糊等价关系，则 $R$ 一定是自反的、对称的和传递的。

(3) 若 $R$ 是一个模糊等价关系或模糊相似关系，则 $R$ 一定不是反自反的。

(4) 若 $R$ 是一个模糊相似关系，则 $R$ 一定是自反的、对称的。

(5) 若 $R$ 是模糊相似关系，则 $R$ 的传递闭包 $\hat{R}$ 一定是一个模糊等价关系。

(6) 若 $R$ 是模糊等价关系，记它的补为 $D(=R^c)$，则 $D$ 一定是反自反的、对称的，而且有

$$\mu_D(x,z) \leqslant \max\{\mu_D(x,y), \mu_D(y,z)\}, \forall x,y,z \in X \tag{3-81}$$

可将 $\mu_D(x,y)=1-\mu_R(x,y)$ 视为距离函数。

**10. 模糊关系的其他一些特性**

对离散有限论域 $X$ 上的模糊关系 $R$，有

(1) $R$ 与 $R$ 的转置的并 $R'$：

$$R' = R \cup R^{\mathrm{T}} \tag{3-82}$$

为对称模糊关系。

(2) $R$ 与 $R$ 的转置 $R^{\mathrm{T}}$ 以及恒等关系 $I$ 的并 $R''$：

$$R''=R\cup R^{\mathrm{T}}\cup I=R\cup R^{\mathrm{T}}\cup R^{0} \tag{3-83}$$

为模糊相似关系，即 $R''$ 具有自反性和对称性。

(3) $R$ 的传递闭包 $\hat{R}$ 与其转置 $\hat{R}^{\mathrm{T}}$ 以及恒等关系 $I$ 的并 $R'''$：

$$R'''=\hat{R}\cup\hat{R}^{\mathrm{T}}\cup I=\hat{R}\cup\hat{R}^{\mathrm{T}}\cup R^{0} \tag{3-84}$$

为模糊等价关系。

# 3.3 模糊分类

## 3.3.1 两个模糊集间的距离

两个模糊集间距离的度量是衡量模糊集之间相近程度的一种广泛使用的方法。两个模糊集间的距离越小，这两个模糊集越相近；否则，越不相近。

若映射 $d: F(X)\times F(X)\rightarrow[0,1]$ 是将 $X$ 上的任意两个模糊集映射到 $[0,1]$ 的一个函数，且对论域 $X$ 中的任意三个模糊集 $A$、$B$ 和 $C$，满足下列性质： (3-85)

(1) 自距离最小，即

$$d(A,A)=0 \tag{3-86}$$

(2) 对称性，即

$$d(A,B)=d(B,A) \tag{3-87}$$

(3) 若对任一 $x\in X$ 都有 $\mu_A(x)\leqslant\mu_B(x)\leqslant\mu_C(x)$ 或 $\mu_A(x)\geqslant\mu_B(x)\geqslant\mu_C(x)$，则

$$d(A,B)\leqslant d(A,C) \tag{3-88}$$

则称 $d(\ )$ 为模糊集间的一种距离度量。

设论域 $X=\{x_1,x_2,\cdots,x_n\}$，$A$、$B$ 为 $X$ 上任意的两个模糊集，$p$ 为某个正整数。模糊集 $A$ 与 $B$ 之间的明可夫斯基距离 $d_{\mathrm{M}}(A,B)$ 定义为

$$d_{\mathrm{M}}(A,B)=\sqrt[m]{\sum_{i=1}^{n}|\mu_A(x_i)-\mu_B(x_i)|^m} \tag{3-89}$$

式中，$m$ 为某个正整数。

当 $m=1$ 时，称为城块距离(city block distance)(曼哈顿距离)或汉明距离，记为 $d_{\mathrm{C}}(A,B)$，即

$$d_{\mathrm{C}}(A,B)=\sum_{i=1}^{n}|\mu_A(x_i)-\mu_B(x_i)| \tag{3-90}$$

汉明距离原来用于每个分量取值为－1或1的两个长度为 $n$ 的向量之间的距离度量(见式(2-101))。对于两个模糊集，若它们在每点上的隶属度仅取0或1，则按式(3-90)计算即可求得取值具有差异的点数。若两个模糊集仅可能是取值不同，则由式(3-90)计算所求得的是它们取值之差的绝对值之和。由此可见，此处的汉明距离实质上是式(2-101)的一种推广形式。

当 $m=2$ 时，称为欧几里德距离或欧氏距离，记为 $d_{\mathrm{E}}(A,B)$，即

$$d_{\mathrm{E}}(A,B)=\sqrt{\sum_{i=1}^{n}|\mu_A(x_i)-\mu_B(x_i)|^2} \tag{3-91}$$

由此可见，明可夫斯基距离给出了距离度量的一个概括描述。$m=1$ 所得到的城块距离和 $m=2$ 所得到的欧氏距离是最常用的两种距离形式。由于明可夫斯基距离度量是直接按取值之差来加以表达的，所以称之为绝对距离。当然，城块距离和欧氏距离也是绝对距离。在具体应用中，也可引入不同差异的重要程度度量，从而形成加权距离或相对距离等其他距离度量形式。

若论域 $X$ 为实数域 $\mathbf{R}$，则

$$d_M(A,B)=\sqrt[m]{\int_{-\infty}^{+\infty}|\mu_A(x)-\mu_B(x)|^m\mathrm{d}x} \tag{3-92}$$

当 $X=[a,b]$ 时，上式中的积分下限和上限分别用 $a$、$b$ 代替。

### 3.3.2 两个模糊集间的贴近度

1）贴近度的定义

两个模糊集间的相近程度还可用贴近度来衡量。与距离相反，两个模糊集间的贴近度越大，这两个模糊集越相近；否则，越不相近。

若映射 $\delta$：$F(X)\times F(X)\rightarrow[0,1]$ 是将 $X$ 上的任意两个模糊集映射到 $[0,1]$ 的一个函数，且对论域 $X$ 中的任意三个模糊集 $A$、$B$ 和 $C$，满足下列性质：

(1) 自贴近度最大，即

$$\delta(A,A)=1 \tag{3-93}$$

(2) 对称性，即

$$\delta(A,B)=\delta(B,A) \tag{3-94}$$

(3) 近大于远：如果对任一 $x\in X$ 都有 $\mu_A(x)\leqslant\mu_B(x)\leqslant\mu_C(x)$ 或 $\mu_A(x)\geqslant\mu_B(x)\geqslant\mu_C(x)$，那么

$$\delta(A,C)\leqslant\delta(B,C) \tag{3-95}$$

则称 $\delta(\ )$ 为模糊集间的一种贴近度。

性质(3)要求两个模糊集的贴近度较“接近”的大于“较远”的。

由于满足贴近度要求的映射不唯一，因此，模糊集间的贴近度可有多种不同定义。下面给出两种常用的贴近度——距离贴近度和格贴近度。

2）距离贴近度

基于距离概念定义的贴近度称为距离贴近度，其一般形式定义为

$$\delta(A,B)=1-a\left[d(A,B)\right]^b \tag{3-96}$$

式中，$a$ 和 $b$ 为可调参数，$d(A,B)$ 表示模糊集 $A$ 和 $B$ 之间的距离，可有多种选择。

(1) 当 $a=1$，$b=1$，$d(A,B)=d_C(A,B)$ 时，称为城块或汉明贴近度)，此时，

$$\delta_C(A,B)=1-d_C(A,B)=1-\sum_{i=1}^{n}|\mu_A(x_i)-\mu_B(x_i)| \tag{3-97}$$

(2) 当 $a=1$，$b=1$，$d(A,B)=d_E(A,B)$ 时，称为欧氏贴近度，此时，

$$\delta_E(A,B)=1-d_E(A,B)=1-\sqrt{\sum_{i=1}^{n}|\mu_A(x_i)-\mu_B(x_i)|^2} \tag{3-98}$$

(3) 当 $a=1/n$，$b=1$，$d(A,B)=d_C(A,B)$ 时，称为平均隶属度绝对差城块或汉明贴近度，即

$$\delta_C(A,B)=1-\frac{1}{n}d_C(A,B)=1-\frac{1}{n}\sum_{i=1}^{n}|\mu_A(x_i)-\mu_B(x_i)| \tag{3-99}$$

式中，$n$ 为论域中元素的个数。

(4) 当 $a=1$，$b=1$，$d(A,B)=d_M(A,B)$时，称为明可夫斯基贴近度，即

$$\delta_M(A,B)=1-d_M(A,B)=1-\sqrt[m]{\sum_{i=1}^{n}|\mu_A(x_i)-\mu_B(x_i)|^m} \tag{3-100}$$

式中，$m$ 为某个正整数。

在现实中，欧氏贴近度及汉明贴近度最常用。

3) 格贴近度

利用模糊集向量表示两个向量的内积和外积定义的贴近度称为格贴近度。

设 $A$ 和 $B$ 为论域 $X=\{x_1,x_2,\cdots,x_n\}$上的两个模糊集，则格贴近度定义为

$$\delta_G(A,B)=\frac{1}{2}[A\odot B+(1-A\otimes B)] \tag{3-101}$$

式中，$A\odot B$ 和 $A\otimes B$ 分别表示模糊集 $A$ 和 $B$ 的内积和外积(见式(3-38)和式(3-39))。

4) 其他贴近度

还可定义另外一种格贴近度：

$$\delta_Q(A,B)=1-\left[\bigvee_{i=1}^{n}\mu(x_i)-\bigwedge_{i=1}^{n}\mu(x_i)\right]+[A\odot B+(1-A\otimes B)] \tag{3-102}$$

等价地，该式可表示为

$$\delta_Q(A,B)=1-\left[\max_{1\leqslant i\leqslant n}\{\mu(x_i)\}-\min_{1\leqslant i\leqslant n}\{\mu(x_i)\}\right]+[A\odot B+(1-A\otimes B)] \tag{3-103}$$

### 3.3.3 模糊集归类

1) 单元素分类

在模糊集表示下，单元素到模糊集的归类一般按最大隶属度原则，将元素归到其具有最大隶属度的模糊集。由元素直接计算隶属度来判断其类属，称为直接单元素归类方法，简称为直接法，也称为隶属度原则法。

具体描述如下：若论域 $X$ 中模糊集 $A_j$ 对应的隶属函数为 $\mu_{A_j}(x)(j=1,2,\cdots,M)$，且对任一 $x\in X$ 有

$$\mu_{A_i}(x)=\max\{\mu_{A_1}(x),\mu_{A_2}(x),\cdots,\mu_{A_M}(x)\} \tag{3-104}$$

则认为 $x$ 隶属于 $A_i$。

2) 模糊集分类

将一个模糊集归类到多个模糊集中某一个的方法一般是按距离或贴近度加以归类。因为模糊集的归类需要先计算模糊集间的距离或贴近度，然后才能归类，所以也称为是一种间接的归类方法。有时也把这种按模糊集间的距离或贴近度加以归类的方法称为择近原则。模糊集分类是按择近原则进行的。

设论域 $X$ 中有 $M$ 个类的已知模糊集 $A_1,A_2,\cdots,A_M$，而 $B$ 为待归类的模糊集，若

$$d_H(B,A_i)=\min_{1\leqslant i\leqslant M}\{d_H(B,A_j)\} \tag{3-105}$$

或

$$\delta_H(B,A_i)=\max_{1\leqslant i\leqslant M}\{\delta_H(B,A_j)\} \tag{3-106}$$

则 $B$ 与 $A_i$ 的距离最接近，或 $B$ 与 $A_i$ 的贴近度最大，将 $B$ 归入模式类 $A_i$。式中，$d_H(B,A_j)$ 是一种通用的写法，具体选用 $d_M(B,A_j)$、$d_C(B,A_j)$、$d_E(B,A_j)$ 等其中之一，取决于实际要解决的问题。同样地，$\delta_H(B,A_j)$ 也是一种通用的写法，具体选用 $\delta_C(B,A_j)$、$\delta_E(B,A_j)$、$\delta_M(B,A_j)$ 等其中哪一个，也依赖于实际问题。

按择近原则进行归类，就是通过计算模糊集间的距离将待归类的模糊集归类到离其最近的模糊集所代表的类，或者通过计算模糊集间的贴近度将待归类的模糊集归类到与其具有最大贴近度的模糊集所代表的类。按式(3-105)进行的模糊集归类实际上是将模糊集归到离其最近的模糊模式类，而按式(3-106)则是将模糊集归到与其贴近度达最大的模糊模式类。

## 3.4 模糊聚类分析

进行模糊聚类时，类用模糊集表示。两类或两元素间的相似程度用隶属度表示，多类或多元素间的相似性通常用模糊关系或模糊矩阵表示。这里介绍几种典型的模糊聚类分析方法。

### 3.4.1 基于模糊等价关系的聚类分析法

模糊等价关系具有自反性、对称性和传递性。一个模糊等价关系对应一个模糊等价矩阵。模糊等价矩阵的任何截矩阵对应一个传统的等价关系，由等价关系可得到对论域的一个等价划分。因而，可用截矩阵对论域进行等价划分。按截矩阵进行等价划分的方法称为截矩阵分类法。

基于模糊等价关系的聚类分析法实质上也就是截矩阵分类法。由一个模糊等价关系可得到一系列的截矩阵，因而，可按不同的截矩阵对论域进行不同的等价划分。

**定理 3.1** 对于任意的 $\lambda\in[0,1]$，论域 $X=\{x_1,x_2,\cdots x_n\}$ 上的模糊等价矩阵 $R$ 的截矩阵 $\boldsymbol{R}_\lambda$ 是 $X$ 上的一个等价关系。

按截矩阵 $\boldsymbol{R}_\lambda(\lambda\in[0,1])$ 对论域进行的等价划分称为论域 $X$ 的一个 $\lambda$ 水平的划分或分类。

**定理 3.2** 按截矩阵 $\boldsymbol{R}_\lambda$ 和 $\boldsymbol{R}_\mu(0\leqslant\lambda\leqslant\mu\leqslant1)$ 对论域 $X$ 分别进行划分可得到两个等价划分，且在它们的等价类间有如下关系：$\boldsymbol{R}_\mu$ 的每一类必包含在 $\boldsymbol{R}_\lambda$ 的某一类中。称 $\boldsymbol{R}_\mu$ 的划分是比 $\boldsymbol{R}_\lambda$ 的划分“更细”的划分；或者说，$\boldsymbol{R}_\mu$ 划分是 $\boldsymbol{R}_\lambda$ 划分的“加细”划分。

设 $\lambda_1,\lambda_2,\cdots,\lambda_k$ 为[0,1]范围内的一个严格递减序列，即 $\lambda_1>\lambda_2>\cdots>\lambda_k$。若依次取 $\lambda_1,\lambda_2,\cdots,\lambda_k$，则按截矩阵 $\boldsymbol{R}_{\lambda_i}(i=1,2,\cdots,k)$ 所对应的等价关系对论域进行等价划分，可得到由细变粗的一系列等价划分。由于一个粗的等价划分中的等价类要么是细的等价划分中的等价类，要么是若干个细的等价类的并，因此，随着 $\lambda$ 由大变小，细的等价类要么不变，要么由几个细的等价类合并成为一个粗的等价类，呈现为逐步合并的趋势，最终可形成一个动态聚类图。若要寻求类数符合要求的划分，则可在类数符合要求的情况下找到对应的 $\lambda$ 值，进而得知所希望的聚类结果正是该 $\lambda$ 水平级的模糊等价聚类。

**例 3.12** 设论域 $X=\{x_1,x_2,\cdots x_5\}$，要求按 $X$ 上的下列模糊关系矩阵 $\boldsymbol{R}$ 在不同 $\lambda$ 水平聚类。

$$R=\begin{bmatrix}1&0.8&0.7&0.7&0.9\\0.8&1&0.7&0.7&0.8\\0.7&0.7&1&0.9&0.7\\0.7&0.7&0.9&1&0.7\\0.9&0.8&0.7&0.7&1\end{bmatrix}$$

**解** 因该矩阵对角线上全为1，且对称，所以该矩阵首先是一个模糊相似矩阵。再计算$\boldsymbol{R}\circ\boldsymbol{R}$：

$$\boldsymbol{R}\circ\boldsymbol{R}=\begin{bmatrix}1&0.8&0.7&0.7&0.9\\0.8&1&0.7&0.7&0.8\\0.7&0.7&1&0.9&0.7\\0.7&0.7&0.9&1&0.7\\0.9&0.8&0.7&0.7&1\end{bmatrix}\circ\begin{bmatrix}1&0.8&0.7&0.7&0.9\\0.8&1&0.7&0.7&0.8\\0.7&0.7&1&0.9&0.7\\0.7&0.7&0.9&1&0.7\\0.9&0.8&0.7&0.7&1\end{bmatrix}$$

$$=\begin{pmatrix}1&0.8&0.7&0.7&0.9\\0.8&1&0.7&0.7&0.8\\0.7&0.7&1&0.9&0.7\\0.7&0.7&0.9&1&0.7\\0.9&0.8&0.7&0.7&1\end{pmatrix}=\boldsymbol{R}$$

因为$\boldsymbol{R}\circ\boldsymbol{R}=\boldsymbol{R}$满足$\boldsymbol{R}\circ\boldsymbol{R}\subseteq\boldsymbol{R}$的要求，所以$\boldsymbol{R}$也是传递的。因为$\boldsymbol{R}$同时是自反的、对称的和传递的，所以$\boldsymbol{R}$是一个模糊等价矩阵。可根据不同的$\lambda$水平对论域进行等价划分。

(1) 取$\lambda=1$：$\boldsymbol{R}_1=\begin{pmatrix}1&0&0&0&0\\0&1&0&0&0\\0&0&1&0&0\\0&0&0&1&0\\0&0&0&0&1\end{pmatrix}$，$X$被分为5类：$\{x_i\}(i=1,2,\cdots,5)$，是“最细”的划分。

(2) 取$\lambda=0.9$：$\boldsymbol{R}_{0.9}=\begin{pmatrix}1&0&0&0&1\\0&1&0&0&0\\0&0&1&1&0\\0&0&1&1&0\\1&0&0&0&1\end{pmatrix}$，$X$被分为3类：$\{x_1,x_5\}$、$\{x_2\}$、$\{x_3,x_4\}$。

(3) 取$\lambda=0.8$：$\boldsymbol{R}_{0.8}=\begin{pmatrix}1&1&0&0&1\\1&1&0&0&1\\0&0&1&1&0\\0&0&1&1&0\\1&1&0&0&1\end{pmatrix}$，$X$被分为2类：$\{x_1,x_2,x_5\}$、$\{x_3,x_4\}$。

(4) 取$\lambda=0.7$：$\boldsymbol{R}_{0.7}=\begin{pmatrix}1&1&1&1&1\\1&1&1&1&1\\1&1&1&1&1\\1&1&1&1&1\\1&1&1&1&1\end{pmatrix}$，$X$被分为1类：5个元素全属于1类，是最

粗的聚类划分。

图 3.4 给出了其动态聚类图。

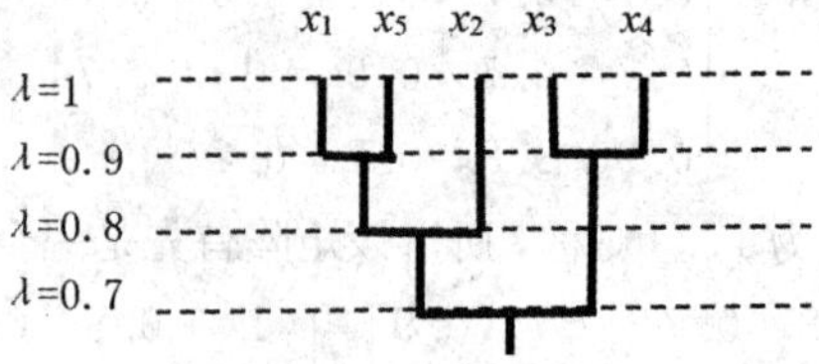


图 3.4 动态聚类图

## 3.4.2 基于模糊相似关系的聚类分析法

### 1. 基于模糊相似关系闭包的截矩阵分类法

模糊相似关系对应模糊相似矩阵。模糊相似矩阵的截矩阵只对应论域上的一个相容关系(而不一定是等价关系)，所以不能直接用模糊相似矩阵的截矩阵对论域进行划分。但可由模糊相似矩阵先求闭包得到一个模糊等价矩阵，然后利用该模糊等价矩阵的截矩阵对应的论域上的等价关系进行分类。这种方法就称为基于模糊相似关系闭包的截矩阵分类法。由于离散论域上的模糊关系用矩阵表示较直观，所以下面还用矩阵来表示。

**例 3.13** 设 $X=\{x_1,x_2,\cdots,x_5\}$。模糊关系矩阵为

$$\boldsymbol{R}=\begin{array}{c} \begin{matrix} x_1 & x_2 & x_3 & x_4 & x_5 \end{matrix} \\ \begin{pmatrix} 1 & 0.8 & 0.7 & 0.7 & 0.9 \\ 0.8 & 1 & 0.7 & 0.5 & 0.8 \\ 0.7 & 0.7 & 1 & 0.9 & 0.5 \\ 0.7 & 0.5 & 0.9 & 1 & 0.5 \\ 0.9 & 0.8 & 0.5 & 0.5 & 1 \end{pmatrix} \end{array} \begin{matrix} x_1 \\ x_2 \\ x_3 \\ x_4 \\ x_5 \end{matrix}$$

现要求按 $\mu_R(x_i,x_j)\geqslant 0.7(i,j=1,2,\cdots,5)$进行分类。

**解** 因为矩阵 $\boldsymbol{R}$ 的主对角线上的元素全为 1 且矩阵 $\boldsymbol{R}$ 对称，所以 $\boldsymbol{R}$ 是模糊相似矩阵。现在先判断 $\boldsymbol{R}$ 是否是传递的。

$$\boldsymbol{R}^2=\boldsymbol{R}\circ\boldsymbol{R}=\begin{pmatrix} 1 & 0.8 & 0.7 & 0.7 & 0.9 \\ 0.8 & 1 & 0.7 & 0.5 & 0.8 \\ 0.7 & 0.7 & 1 & 0.9 & 0.5 \\ 0.7 & 0.5 & 0.9 & 1 & 0.5 \\ 0.9 & 0.8 & 0.5 & 0.5 & 1 \end{pmatrix}\circ\begin{pmatrix} 1 & 0.8 & 0.7 & 0.7 & 0.9 \\ 0.8 & 1 & 0.7 & 0.5 & 0.8 \\ 0.7 & 0.7 & 1 & 0.9 & 0.5 \\ 0.7 & 0.5 & 0.9 & 1 & 0.5 \\ 0.9 & 0.8 & 0.5 & 0.5 & 1 \end{pmatrix}$$

$$=\begin{pmatrix} 1 & 0.8 & 0.7 & 0.7 & 0.9 \\ 0.8 & 1 & 0.7 & 0.7 & 0.8 \\ 0.7 & 0.7 & 1 & 0.9 & 0.7 \\ 0.7 & 0.7 & 0.9 & 1 & 0.7 \\ 0.9 & 0.8 & 0.7 & 0.7 & 1 \end{pmatrix}$$

由于 $\boldsymbol{R}^2$ 中第 3 行第 5 列的 0.7 不小于 $\boldsymbol{R}$ 中第 3 行第 5 列的 0.5，所以 $\boldsymbol{R}^2=\boldsymbol{R}\circ\boldsymbol{R}\subseteq\boldsymbol{R}$ 不成立，$\boldsymbol{R}$ 不是传递的，故 $\boldsymbol{R}$ 不是模糊等价矩阵，仅为模糊相似矩阵。然而，不能直接由模糊

相似矩阵 $\boldsymbol{R}$ 的截矩阵进行分类。下面介绍先将模糊相似矩阵生成模糊等价矩阵，然后用模糊等价矩阵的截矩阵来进行分类的方法。一个模糊相似矩阵经过不断求其平方、平方的平方……一定可以得到一个对应的模糊等价矩阵。该方法的步骤如下：

(1) 对模糊相似矩阵 $\boldsymbol{R}$ 不断做下列运算：

$$\boldsymbol{R}^2=\boldsymbol{R}\circ\boldsymbol{R},(\boldsymbol{R}^2)^2=\boldsymbol{R}^4=\boldsymbol{R}^2\circ\boldsymbol{R}^2,\cdots$$

直至$(\boldsymbol{R}^k)^2=\boldsymbol{R}^k$，这里 $k\geqslant 2$，是满足$(\boldsymbol{R}^k)^2=\boldsymbol{R}^k$ 的最小正整数。$\boldsymbol{R}$ 一定是一个模糊等价矩阵。

(2) 用由(1)得到的对应模糊等价矩阵 $\boldsymbol{R}^k$ 的截矩阵进行分类。

**例 3.14**　对于例 3.13 中的模糊相似矩阵 $\boldsymbol{R}$，有 $\boldsymbol{R}^2\neq\boldsymbol{R}$，但

$$\boldsymbol{R}^4=\boldsymbol{R}^2\circ\boldsymbol{R}^2=\begin{pmatrix}1&0.8&0.7&0.7&0.9\\0.8&1&0.7&0.7&0.8\\0.7&0.7&1&0.9&0.7\\0.7&0.7&0.9&1&0.7\\0.9&0.8&0.7&0.7&1\end{pmatrix}=\boldsymbol{R}^2$$

即满足条件$(\boldsymbol{R}^k)^2=\boldsymbol{R}^k$ 中的 $k=2$。由于 $\boldsymbol{R}^2$ 正好等于例 3.12 中的模糊等价矩阵，接下来必有 $\boldsymbol{R}^4=\boldsymbol{R}^2\circ\boldsymbol{R}^2=\boldsymbol{R}^2$，故可按例 3.12 中的方法，用 $\boldsymbol{R}^2$ 的截矩阵进行分类即可。

可以证明，对于 $n$ 阶模糊相似矩阵，最多只需 $\mathrm{lb}n+1$ 步矩阵平方运算，就可求得其对应的模糊等价矩阵。这里，$x$ 表示取大于或等于 $x$ 的最小整数。如在 $n=5$ 时，最多只需要 $\mathrm{lb}n+1=3$ 步平方运算即可。对上例，实际仅需 2 次平方运算就够了。一般地，从 $n$ 阶模糊相似矩阵求对应的模糊等价矩阵，最终的幂次上界是矩阵的阶 $n$。

由于模糊相似矩阵需要先求对应的模糊等价矩阵，然后用截矩阵法进行分类，而矩阵的多次平方运算的计算量庞大，因此，如果能直接由模糊相似矩阵进行聚类，就可避免大量的计算工作。最大树法就是一种直接由模糊相似矩阵直接进行聚类的一种典型方法。

**2. 基于模糊相似关系的直接聚类分析法——最大树法**

最大树法是通过先画出论域中元素对应的顶点，然后直接用模糊相似矩阵中由大到小的元素值画出树的必要连线(形成回路的边不画或以虚线画出)，再按不同隶属度对边进行剪枝，最后将属于同一连通分量的顶点归为一类的方法。

最大树法采用的具体步骤如下：

(1) 画顶点　对应于所有待分类的元素，即论域中的所有元素，画出相应的顶点。

(2) 画边　按由大到小逐次选择矩阵 $\boldsymbol{R}$ 中的非 0 元素值，画出对应的两个顶点之间的实线边，并标上权重(该元素值)。若出现回路，则不画出该边或以虚线画边。直到所有顶点按实线连接为一棵树。该树也称为最大树，最大树不一定唯一。

(3) 分类　让 $\lambda$ 取定某个值，剪掉权重小于 $\lambda$ 的边，将属于同一连通分量的顶点归为同一类，即得到对论域的一个该 $\lambda$ 水平分类。

**例 3.15**　利用模糊相似矩阵的最大树法区分家庭成员。设有多个由 3～5 人组成的家庭，家庭成员每人一张共计 9 张照片混放在一起。经过两两照片对照，构造了照片之间“相似程度”的模糊相似矩阵。要求按相似程度分类，合理地将多个家庭分开。该模糊相似矩阵的下三角部分元素(上三角部分与下三角部分对称，省略)如下：

$$
\begin{pmatrix}
1 \\
0 & 1 \\
0.7 & 0 & 1 \\
0 & 0.8 & 0 & 1 \\
0.6 & 0 & 0.2 & 0 & 1 \\
0 & 0.2 & 0 & 0.2 & 0 & 1 \\
0.1 & 0.7 & 0 & 0.2 & 0.2 & 0 & 1 \\
0 & 0 & 0 & 0 & 0 & 0.7 & 0 & 1 \\
0 & 0.1 & 0.2 & 0 & 0 & 0.6 & 0 & 0.6 & 1 \\
0 & 0 & 0 & 0 & 0 & 0 & 0 & 0.7 & 0.6 & 1
\end{pmatrix}
$$

**解** 对这个模糊相似矩阵用最大树法进行分类。

(1) 画顶点。按元素对应先画出所有顶点，直接以 1～9 代表不同的成员。

(2) 画边。按模糊相似矩阵元素值从大到小的顺序依次画出两个顶点间的边，构造“最大树”。

① 画出最大值 $\mu=0.8$ 对应的边，并标出权重。

② 画出次大值 $\mu=0.7$ 对应的边，并标出权重。

③ 画出 $\mu=0.6$，$\mu=0.2$，$\mu=0.1$ 对应的边，并标出权重。

当某条边画出时，若形成回路，则将该线以虚线绘出，以确保由实线连接的图构成一棵树。构造的最大树如图 3.5(a)中的实线连接部分所示，其中，虚线表示出现回路，可不画出。

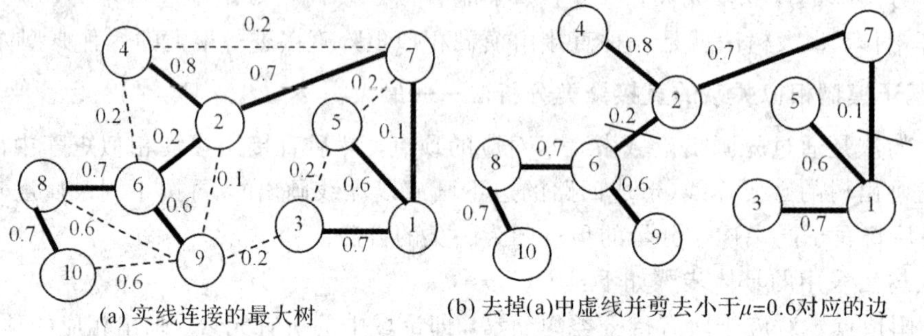


图 3.5 最大树和剪去小于 $\lambda=0.6$ 对应的边的结果

(3) 分类。随着 $\lambda$ 取不同的值，剪去小于 $\lambda$ 的边，将属于同一连通分量的顶点归为一类，可得到不同 $\lambda$ 水平的分类。

① 取 $\lambda=0.8$，剪去权值小于 0.8 的边，得 9 个类：{1}，{2,4}，{3}，{5}，{6}，{7}，{8}，{9}，{10}。

② 取 $\lambda=0.7$，剪去权值小于 0.7 的边，得 5 个类：{1,3}，{2,4,7}，{5}，{9}，{6,8,10}。

③ 取 $\lambda=0.6$，剪去权值小于 0.6 的边，得 3 个类：{1,3,5}，{2,4,7}，{6,8,9,10}，如图 35(b)所示。

④ 取 $\lambda=0.2$，剪去权值小于 0.2 的边，得 1 个类：{1,2,3,4,5,6,7,8,9}。

分析上述不同 $\lambda$ 水平分类结果，只有第③种情况符合“每个家庭有 3～5 人”的要求，所以三个家庭应为{1,3,5}、{2,4,7}、{6,8,9,10}。

最大树可能不唯一，但剪去小于 $\lambda$ 对应的边后所构成的子树是相同的。

### 3.4.3　模糊 $K$-均值算法

在 $K$-均值算法(也称 $C$-均值算法)的基础上，模糊数学将模糊隶属度的概念引入元素与类之间的关系上，得到模糊 $K$-均值算法。它是 $K$-均值算法的一种模糊化后的推广形式。

模糊 $K$-均值算法的基本思想为：在设定 $K$ 个类的情况下，先确定每个样本属于各类的隶属度，从而得到一个初始化隶属度矩阵，然后计算每个聚类的聚类中心。通过反复调整每个样本到各个类的隶属度(更新隶属度矩阵)，计算每个类的聚类中心。直到每个样本从属于各类的隶属度几乎不再变化(隶属度矩阵不再变化)，从而每个聚类的聚类中心也不再变化为止。该算法把调整每个样本到各个类的隶属度和计算每个类的聚类中心看成一次迭代，所以该算法的思想就是不断进行迭代，直至收敛。收敛的条件是隶属度矩阵几乎不再变化。

模糊 $K$-均值算法与 $K$-均值算法不同。在 $K$-均值算法聚类中的，每次得到的聚类中的每个类都是一个确定性子集，每个类的聚类中心用均值向量表示时，类的均值向量由该类当前所含的所有样本求均值得到。而在模糊 $K$-均值算法中，由于每次得到的聚类中的每个类仍是一个模糊集(每个样本都有一个属于该类的隶属度，从而是一个模糊集)，因此，每类聚类中心(不一定是样本均值向量)都必须让论域中的所有样本参加并进行某种“加权求和平均”计算而得。模糊 $K$-均值算法聚类得到的结果由 $K$ 个模糊集组成。若要给出一个清晰的聚类结果，则要在得到的 $K$ 个模糊集的基础上进一步进行反模糊化或去模糊化，明确地将每个元素划归到相应的某个类中。反模糊化或去模糊化通常是按某种法则，如最大隶属度法或重心法，将元素划归到使得所求隶属度值达到最大的相应类，从而将模糊聚类结果转化为确定性的聚类结果。

模糊 $K$-均值算法的具体步骤如下：

(1) 给定待聚类的样本集 $X=\{\boldsymbol{X}_1,\boldsymbol{X}_2,\cdots,\boldsymbol{X}_N\}$，给出聚类类数 $K$ 的值(一般有 $1<K<N$)。

(2) 给出初始隶属度矩阵 $\boldsymbol{U}(0)=[\mu_{ij}(0)]_{K\times N}$，其中，$i=1,2\cdots,K$ 表示矩阵的行号及类号；$j=1,2\cdots,N$ 表示矩阵的列号及样本编号；$\mu_{ij}(0)$ 表示第 $j$ 个样本属于第 $i$ 个类的隶属度。$\boldsymbol{U}(0)$ 一般由先验知识或专家按某种统计知识确定。通常要求矩阵 $\boldsymbol{U}(0)$ 中每列元素之和为 1。

模糊 $K$-均值
聚类算法代码

(3) 置迭代次数的初值为 0。用 $k$ 表示迭代次数，即置 $k$ 为 $0(k=0)$。

(4) 求每一类的聚类中心 $\boldsymbol{Z}_i(k)$。令

$$A_i=\sum_{j=1}^{N}\mu_{ij}^{m}(k),\quad w_{ij}(k)=\frac{\mu_{ij}^{m}(k)}{A_i}$$

则

$$\boldsymbol{Z}_i(k)=\frac{\sum_{j=1}^{N}[\mu_{ij}(k)]^m\boldsymbol{X}_j}{\sum_{j=1}^{N}[\mu_{ij}(k)]^m}=\sum_{j=1}^{N}w_{ij}\boldsymbol{X}_j \tag{3-107}$$

式中，$i=1,2,\cdots,K$；$m$ 是一个控制参数，一般取 $m\geqslant 2$。$\boldsymbol{Z}_i(k)$是一个实数向量。$\boldsymbol{Z}_i(k)$的计算要求 $N$ 个样本全部参与，这有别于非模糊 $K$-均值算法中聚类中心为样本均值向量时的计算方法。

(5) 更新隶属度矩阵，得矩阵 $\boldsymbol{U}(k+1)$。矩阵 $\boldsymbol{U}(k+1)$中的元素如下计算：令

$$B=\sum_{p=1}^{K}\left(\frac{[d^2(\boldsymbol{Z}_i(k),\boldsymbol{X}_j)]^{1/(m-1)}}{[d^2(\boldsymbol{Z}_p(k),\boldsymbol{X}_j)]^{1/(m-1)}}\right)$$

则

$$\mu_{ij}(k+1)=\frac{1}{\sum_{p=1}^{K}\left(\frac{[d^2(\boldsymbol{Z}_i(k),\boldsymbol{X}_j)]^{1/(m-1)}}{[d^2(\boldsymbol{Z}_p(k),\boldsymbol{X}_j)]^{1/(m-1)}}\right)}=\frac{1}{B} \tag{3-108}$$

式中，$i=1,2,\cdots,K$；$j=1,2,\cdots,N$；$m\geqslant 2$；$d^2(\boldsymbol{Z}_p(k),\boldsymbol{X}_j)$表示第 $j$ 个样本到第 $p$ 类聚类中心 $\boldsymbol{Z}_p(k)$距离的平方，实际上是两个实数向量之间的距离平方，一般取欧氏距离平方，有时也可取其他距离的平方。当为欧氏距离平方时，可写成

$$d^2(\boldsymbol{Z}_p(k),\boldsymbol{X}_j)=\|\boldsymbol{Z}_p(k)-\boldsymbol{X}_j\|^2$$

为避免分母为零，若 $d^2(\boldsymbol{Z}_i(k),\boldsymbol{X}_j)=0$，则令 $\mu_{ij}(k+1)=1$，$\mu_{pj}(k+1)=0(p\neq i)$，以保证此时 $\mu_{ij}(k+1)$最大(为 1)，其他的 $\mu_{pj}(k+1)(p\neq i)$最小(为 0)。其直观含义是，若第 $j$ 个样本与第 $i$ 类的聚类中心的距离为 0，则令 $\mu_{ij}(k+1)=1$，即第 $j$ 个样本完全属于第 $i$ 类，而 $\mu_{pj}(k+1)=0(p\neq i)$则表明第 $j$ 个样本完全不属于任何其他的第 $p$ 类($p\neq i$)。

在式子的表达上，有时用 $d_{ij}=\|\boldsymbol{Z}_i(k)-\boldsymbol{X}_j\|$，$d_{pj}=\|\boldsymbol{Z}_p(k)-\boldsymbol{X}_j\|$来加以表达。

(6) 若满足收敛条件：

$$\max_{i,j}\left\{|\mu_{ij}(k+1)-\mu_{ij}(k)|\right\}\leqslant\varepsilon \tag{3-109}$$

式中，$\varepsilon$ 为设定的一个较小的实数，则停止迭代，即算法收敛，否则，令 $k=k+1$，转到(4)继续迭代计算。

当算法收敛时，就得到了各类的最后聚类中心 $\boldsymbol{Z}_i(i=1,2,\cdots K)$，以及由各样本属于每个聚类的隶属程度构成的最终隶属度矩阵 $\boldsymbol{U}$。这时，准则函数：

$$J=\sum_{i=1}^{K}\sum_{j=1}^{N}\mu_{ij}^m\|\boldsymbol{X}_j-\boldsymbol{Z}_i\|^2 \tag{3-110}$$

达到最小。

(7) 根据隶属度矩阵 $\boldsymbol{U}$ 进行聚类，即按照隶属原则进行样本划分。

采用最大原则进行反模糊化，若

$$\mu_{ij}=\max_{1\leqslant p\leqslant K}\mu_{pj} \tag{3-111}$$

则将 $X_j$ 归于第 $i$ 类。

模糊 $K$-均值聚类算法与传统 $K$-均值聚类算法有 3 点区别：

(1) 各聚类中心的计算必须 $N$ 个样本全部参加，按"加权求和平均"方法计算。

(2) 模糊 $K$-均值聚类算法收敛的条件是用两代隶属度间的误差是否小于 $\varepsilon$ 来控制的，

而传统 $K$-均值算法则是用两代中心相同或样本分类完全无改变来控制的。

(3) 若要得到确定性聚类结果，则模糊 $K$-均值聚类算法最后要进行反模糊化操作。

**例 3.16** 设有 4 个二维样本，分别是

$$\boldsymbol{X}_1=[0,0]^{\mathrm{T}},\ \boldsymbol{X}_2=[0,1]^{\mathrm{T}},\ \boldsymbol{X}_3=[3,1]^{\mathrm{T}},\ \boldsymbol{X}_4=[3,2]^{\mathrm{T}}$$

初始隶属度矩阵为

$$\begin{array}{c} \quad\quad\quad\ \ \boldsymbol{X}_1\quad\ \boldsymbol{X}_2\quad\ \boldsymbol{X}_3\quad\ \boldsymbol{X}_4 \\ \boldsymbol{U}(0)=\begin{pmatrix}0.7 & 0.6 & 0.6 & 0.2\\ 0.3 & 0.4 & 0.4 & 0.8\end{pmatrix}\begin{matrix}\omega_1\\ \omega_2\end{matrix}\end{array}$$

取参数 $m=2$，利用模糊 $K$-均值算法把它们聚为两类。

例 3.16 代码

**解** 直观上来看，倾向于将 $\boldsymbol{X}_1$、$\boldsymbol{X}_2$、$\boldsymbol{X}_3$ 归为第一类 $\omega_1$，$\boldsymbol{X}_4$ 归为第二类 $\omega_2$。但尚需利用模糊 $K$-均值算法求得最终的聚类结果。下面用模糊 $K$-均值算法来进行聚类，看看结果是否如此。显然，样本总数 $N=4$。

(1) 取 $K=2$。

(2) 置 $k=0$。

(3) 取初始隶属度矩阵作为 $\boldsymbol{U}(k)$，即 $\boldsymbol{U}(0)$。

(4) 计算聚类中心 $\boldsymbol{Z}_1(k)$、$\boldsymbol{Z}_2(k)$，取 $m=2$，有

$$\boldsymbol{Z}_1(k)=\frac{0.7^2\times\begin{bmatrix}0\\0\end{bmatrix}+0.6^2\times\begin{bmatrix}0\\1\end{bmatrix}+0.6^2\times\begin{bmatrix}3\\1\end{bmatrix}+0.2^2\times\begin{bmatrix}3\\2\end{bmatrix}}{0.7^2+0.6^2+0.6^2+0.2^2}=\begin{bmatrix}0.77\\0.59\end{bmatrix}$$

$$\boldsymbol{Z}_2(k)=\frac{0.3^2\times\begin{bmatrix}0\\0\end{bmatrix}+0.4^2\times\begin{bmatrix}0\\1\end{bmatrix}+0.4^2\times\begin{bmatrix}3\\1\end{bmatrix}+0.8^2\times\begin{bmatrix}3\\2\end{bmatrix}}{0.3^2+0.4^2+0.4^2+0.8^2}=\begin{bmatrix}2.4\\1.6\end{bmatrix}$$

(5) 计算新的隶属度矩阵 $\boldsymbol{U}(k+1)$。取 $m=2$，分别计算 $\mu_{ij}(1)$。用 $d_{ij}=d(\boldsymbol{X}_j,\boldsymbol{Z}_i(0))=\|\boldsymbol{X}_j-\boldsymbol{Z}_i(0)\|$ 表示样本 $\boldsymbol{X}_j$ 到中心 $\boldsymbol{Z}_i(0)$ 的距离。以 $\boldsymbol{X}_3$ 为例，有

$$d_{13}^2=(3-0.77)^2+(1-0.59)^2=5.14$$

$$d_{23}^2=(3-2.4)^2+(1-1.6)^2=0.72$$

于是

$$\mu_{13}(1)=\frac{1}{\dfrac{d_{13}^2}{d_{13}^2}+\dfrac{d_{13}^2}{d_{23}^2}}=\frac{1}{1+\dfrac{5.14}{0.72}}=0.12$$

$$\mu_{23}(1)=\frac{1}{\dfrac{d_{23}^2}{d_{13}^2}+\dfrac{d_{23}^2}{d_{23}^2}}=\frac{1}{\dfrac{0.72}{5.14}+1}=0.88$$

类似地，可得到 $\boldsymbol{U}(1)$ 中的其他元素。

在满足收敛条件 $\max\limits_{i,j}\left\{|\mu_{ij}(k+1)-\mu_{ij}(k)|\right\}\leqslant\varepsilon$ 时迭代结束。否则，令 $k=k+1$，转到(4)。

设 $\varepsilon=0.0001$，得到的最终隶属度矩阵为

$$\boldsymbol{U}=\begin{bmatrix}0.9784 & 0.9735 & 0.0265 & 0.0216\\ 0.0216 & 0.0265 & 0.9735 & 0.9784\end{bmatrix}$$

根据$\boldsymbol{U}$按最大原则进行聚类：

① 因为$\mu_{11}(1)>\mu_{21}(1)$，$\mu_{12}(1)>\mu_{22}(1)$，所以$\boldsymbol{X}_1\in\omega_1$，$\boldsymbol{X}_2\in\omega_1$。

② 因为$\mu_{23}(1)>\mu_{13}(1)$，$\mu_{24}(1)>\mu_{14}(1)$，所以$\boldsymbol{X}_3\in\omega_2$，$\boldsymbol{X}_4\in\omega_2$。

所得结果与最初直观的倾向性结果并不完全一致，这说明模糊$K$-均值算法有其固有的客观聚类和调整作用。

### 3.4.4 模糊ISODATA算法

在模糊$K$-均值算法的基础上，进一步进行聚类的合并、分裂和删除操作，可得到模糊ISODATA(迭代自组织数据分析法)聚类算法。它也可以看成是传统ISODATA聚类算法模糊化后的结果，是一种动态聚类算法。这里给出模糊ISODATA算法的一个基本描述。

**1. 模糊ISODATA算法**

模糊ISODATA算法的基本步骤如下。

1) 选择初始聚类中心

设外层迭代步数变量$L$的初值为0，即$L=0$。选择$K$个初始聚类中心$\boldsymbol{Z}_i(0)$（$i=1,2,\cdots,K$）。

2) 求隶属度矩阵$\boldsymbol{U}$

隶属度矩阵由各个样本分别到K个聚类中心的隶属度构成。由于一般没有先验知识或专家给出隶属度矩阵$\boldsymbol{U}$，所以$\boldsymbol{U}$的获得需要利用模糊$K$-均值算法中的迭代计算方式来求取。具体计算过程如下：

(1) 设置内层迭代步数变量$n$为0，即$n=0$，记$\boldsymbol{Z}'_i(0)=\boldsymbol{Z}_i(0)$，$\boldsymbol{U}'(0)$为0矩阵。

(2) 置$n=n+1$，计算各个样本到初始聚类中心$\boldsymbol{Z}'_i(n-1)$的距离$d_{ij}$；

(3) 计算隶属度矩阵$\boldsymbol{U}'(n)$：

$$\mu'_{ij}(n)=\frac{1}{\sum_{p=1}^{K}\left(\frac{\|\boldsymbol{X}_j-\boldsymbol{Z}_i(n-1)\|^2}{\|\boldsymbol{X}_j-\boldsymbol{Z}_p(n-1)\|^2}\right)^{1/(m-1)}} \tag{3-112}$$

式中，$i=1,2,\cdots,K$；$j=1,2,\cdots,N$；$m\geqslant 2$。

(4) 若$\boldsymbol{U}'(n)$不收敛，即$\max\limits_{i,j}\{|\mu_{ij}(n)-\mu_{ij}(n-1)\}\leqslant\varepsilon$（$\varepsilon$为一个较小的实数）不成立，则用式：

$$\boldsymbol{Z}'_i(n)=\frac{\sum_{j=1}^{N}[\mu'_{ij}(n)]^m\boldsymbol{X}_j}{\sum_{j=1}^{N}[\mu'_{ij}(n)]^m} \tag{3-113}$$

更新聚类中心，即得到一组新的聚类中心$\boldsymbol{Z}'_i(n)$，这里，$i=1,2,\cdots,K$，转到(2)。否则，即$\boldsymbol{U}'(n)$收敛或说$\max\limits_{i,j}\{|\mu_{ij}(n)-\mu_{ij}(n-1)\}\leqslant\varepsilon$成立，结束计算，转到(5)。

(5) 第$L$步的$K$个聚类中心$\boldsymbol{Z}_i(L)=\boldsymbol{Z}'_i(n-1)$（$i=1,2,\cdots,K$）及隶属度矩阵$\boldsymbol{U}(L)=\boldsymbol{U}'(n)$。

也就是说，不断计算每个样本到新的聚类中心的距离$d_{ij}$，然后更新得隶属度矩阵$\boldsymbol{U}'(n)$……直到$\boldsymbol{U}'(n)$收敛。再将收敛时得到的$K$个聚类中心和隶属度矩阵作为第$L$步的相应结果。

$U'$的收敛条件同模糊 $K$ -均值算法中的收敛条件。相应的注意事项和要求已在模糊 $K$ -均值算法中描述，这里不再赘述。

从上述描述可见，第 $L$ 步的 $K$ 个聚类中心 $\boldsymbol{Z}_i(L)$ $(i=1,2,\cdots,K)$ 以及隶属度矩阵 $\boldsymbol{U}(L)$ 都是通过迭代计算之后得到的结果，而不是简单地给出来的。

为方便描述，下面直接用 $\boldsymbol{Z}_i$ 指代 $\boldsymbol{Z}_i(L)$，用 $\boldsymbol{U}$ 指代 $\boldsymbol{U}(L)$。

3）类调整

(1) 合并。若聚类中心 $\boldsymbol{Z}_i$ 和 $\boldsymbol{Z}_j$ 间的距离小于距离阈值 $M$，则合并得到一个新的聚类中心 $\boldsymbol{Z}_k$：

$$\boldsymbol{Z}_k = \frac{\left(\sum_{p=1}^{N}\mu_{ip}\right)\boldsymbol{Z}_i + \left(\sum_{p=1}^{N}\mu_{jp}\right)\boldsymbol{Z}_j}{\sum_{p=1}^{N}\mu_{ip} + \sum_{p=1}^{N}\mu_{jp}} \tag{3-114}$$

式中，$N$ 为样本个数。$\boldsymbol{Z}_k$ 是 $\boldsymbol{Z}_i$ 和 $\boldsymbol{Z}_j$ 的加权平均，而所用的权系数是全体样本分别对每一类的隶属度之和，距离阈值 $M$ 的计算如下：

$$M=D\left(1-\frac{1}{K^{\alpha}}\right) \tag{3-115}$$

式中，$\alpha$ 是可选参数，若选 $\alpha=1$，则 $D$ 为各聚类中心之间的平均距离。

(2) 计算各类在每个特征方向上的“模糊化方差”。第 $i$ 类的第 $j$ 个特征的模糊化方差为

$$S_{ij} = \frac{1}{N+1}\sum_{p=1}^{N}\mu_{ip}^{\beta}\ (x_{pj} - z_{ij})^2 \tag{3-116}$$

式中：$j=1,2,\cdots,n$；$i=1,2,\cdots,K$；$\beta$ 是可调参数，通常取 $\beta=1$；$x_{pj}$ 表示 $\boldsymbol{X}_p$ 的第 $j$ 个特征值，$z_{ij}$ 表示 $\boldsymbol{Z}_i$ 的第 $j$ 个特征值。

(3) 计算 $S_{ij}$ 的平均值 $S$：

$$S = \frac{1}{KN}\sum_{i=1}^{K}\sum_{j=1}^{N}S_{ij} \tag{3-117}$$

(4) 求阈值：

$$F=S(1+K^{\gamma}) \tag{3-118}$$

式中，$\gamma$ 为可调参数，通常取 $\gamma=1$。

(5) 按参数 $\theta$ 将每个样本对每一类的隶属度值 0－1 化：

$$t_{ip}=\begin{cases}0, & \mu_{ip}\leqslant\theta \\ 1, & \mu_{ip}>\theta\end{cases} \tag{3-119}$$

式中，$\theta$ 为常数，通常取 $\theta$ 满足 $0<\theta<0.5$。

(6) 对于每一类，分别计算：

$$\mathrm{Sum}_i = \sum_{p=1}^{N}t_{ip}\mu_{ip} \tag{3-120}$$

和

$$T_i = \sum_{p=1}^{N}t_{ip} \tag{3-121}$$

实际上，$\mathrm{Sum}_i$ 表示对第 $i$ 类的样本隶属度大于 $\theta$ 的隶属度之和，$T_i$ 表示那些样本的个数。

(7) 计算每类的“聚集程度”：

$$C_i=\mathrm{Sum}_i/T_i \tag{3-122}$$

(8) 若 $C_i>A$，这里 $A$ 为某个阈值，则表示第 $i$ 类的聚集程度较高，不分裂；否则要考虑分裂第 $i$ 类。

(9) 分裂。设不满足 $C_i>A$ 的类为第 $i$ 类。逐一考察 $S_{i1},S_{i2},\cdots,S_{id}$，其中，$d$ 为样本维长。若 $S_{ij}>F$，便在第 $j$ 个特征方向上对聚类中心 $\boldsymbol{Z}_i$ 分别增加和减少 $kS_{ij}$（$k$ 为分裂系数，$0<k\leqslant1$），得到两个新的聚类中心：

$$\boldsymbol{Z}_i^-=(z_{i1},z_{i2},\cdots,z_{ij}-kS_{ij},\cdots,z_{id}) \tag{3-123}$$

$$\boldsymbol{Z}_i^+=(z_{i1},z_{i2},\cdots,z_{ij}+kS_{ij},\cdots,z_{id}) \tag{3-124}$$

(10) 删除。若第 $i$ 类满足下列两个条件之一，则删除第 $i$ 类以及第 $i$ 类的聚类中心 $\boldsymbol{Z}_i$。

条件 1：$T_i\leqslant\delta N/K$，$\delta$ 是参数。因 $T_i$ 表示对第 $i$ 类的隶属度超过 $\theta$ 的点数，所以这一条件表示对第 $i$ 类的隶属度高的元素很少，应该删除第 $i$ 类以及第 $i$ 类的聚类中心 $\boldsymbol{Z}_i$。

条件 2：$C_i\leqslant A$，但第 $i$ 类不满足分裂条件，即对所有的 $j$，$S_{ij}\leqslant F$。这表明在 $\boldsymbol{Z}_i$ 的周围存在一批样本，其聚集程度不高，但也不非常分散。这时认为 $\boldsymbol{Z}_i$ 也不是一个理想的聚类中心，应该删除第 $i$ 类以及第 $i$ 类的聚类中心 $\boldsymbol{Z}_i$。

4) 迭代判断

若进行了类的合并、分裂或删除，则 $L=L+1$，即外层迭代次数增 1，转到(2)重新计算新隶属度矩阵 $\boldsymbol{U}$，否则，停止计算。

5) 分类清晰化

采用下列两种方法之一可将模糊聚类结果去模糊化：

(1) $\boldsymbol{X}_j$ 与哪一类的聚类中心最接近，就将 $\boldsymbol{X}_j$ 归到哪一类。即：$\forall\boldsymbol{X}_j\in X$，若 $\|\boldsymbol{X}_j-\boldsymbol{Z}_{\omega_i}\|=\min\|\boldsymbol{X}_j-\boldsymbol{Z}_i\|$，则 $\boldsymbol{X}_j\in\omega_i$ 类。

(2) $\boldsymbol{X}_j$ 对哪一类的隶属度最大，就将它归于哪一类。即：在 $\boldsymbol{U}$ 的第 $j$ 列中，若 $\mu_{ij}=\max\limits_{1\leqslant p\leqslant K}\mu_{pj}$，$j=1,2,\cdots,N$，则 $\boldsymbol{X}_j\in\omega_i$ 类。

其实，方法(1)也适用于前面的模糊 $K$-均值算法。

当算法结束时，就得到了各类的聚类中心以及表示各样本对各类隶属程度的隶属度矩阵，模糊聚类到此结束。这时，准则函数为

$$J=\sum_{i=1}^{K}\sum_{j=1}^{N}\mu_{ij}^m\|\boldsymbol{X}_j-\boldsymbol{Z}_i\|^2 \tag{3-125}$$

达到最小。

**2. 关于最优聚类数或最优聚类结果的讨论**

1) 最优聚类数

全局最优聚类数 $K$ 可用下列两个指标判定。

(1) 分类系数：

$$F(R)=\frac{1}{n}\sum_{i=1}^{K}\sum_{j=1}^{N}\mu_{ij}^2 \tag{3-126}$$

$F$ 越接近于 1，聚类效果越好。

(2) 平均模糊熵：

$$H(R)=\frac{1}{n}\sum_{i=1}^{K}\sum_{j=1}^{N}\mu_{ij}\ln(\mu_{ij}) \qquad (3-127)$$

$H$ 越接近于0，聚类效果越好。

在实际应用中，可分别选定 $K(2\leqslant K\leqslant N)$，计算上面两个不同的指标之一进行比较，从而确定最优聚类个数 $K$，即满足 $F$ 最接近于1或 $H$ 最接近于0所对应的聚类为最优的聚类结果。

2) 最优聚类结果

模糊ISODATA算法中究竟哪次的聚类结果是理想的？若直接依据隶属度矩阵 $\boldsymbol{U}$ 来判断，则因存储容量的限制，不一定能将每次迭代得到的 $U$ 都保存，再用于比较。因此，为了较客观地加以评价，通常采用下列三个指标作为模糊ISODATA算法聚类结果的评价依据。

(1) 最小相关度。对于第 $m$ 次迭代得到的隶属度矩阵 $\boldsymbol{U}_m$，任意两个不同行 $i,j(i\neq j)$ 的对应元素乘积之和 $R_{ij}^{(m)}$ 为

$$R_{ij}^{(m)}=\sum_{k=1}^{N}\mu_{ik}^{(m)}\mu_{jk}^{(m)} \qquad (3-128)$$

式中，$\mu_{ik}^{(m)}$，$\mu_{jk}^{(m)}$ 为 $\boldsymbol{U}_m$ 中的元素，$m$ 仅为第 $m$ 次迭代的标志。$R_{ij}^{(m)}$ 与样本数 $N$ 之比反映了两类的重复程度。称 $R_{ij}^{(m)}$ 的最大值：

$$R^{(m)}=\max_{i,j}R_{ij}^{(m)} \qquad (3-129)$$

为第 $m$ 次迭代的相关度。

相关度达到最小值的迭代次数是最合理的迭代次数。也就是说，当

$$R=R^{(m^*)}=\min_{m}R^{(m)} \qquad (3-130)$$

时，$m^*$ 被认为是最好的迭代次数，对应的聚类结果也是最理想的。相关度达到最小值的迭代次数 $m^*$ 不一定是唯一的。

(2) 最大聚集度。第 $m$ 次迭代的聚集程度称为第 $m$ 次迭代的聚集度。计算公式为

$$C^{(m)}=\min_{i}\left\{\sum_{j=1}^{N}(\mu_{ij}^{(m)})^2\right\} \qquad (3-131)$$

达到最大值的聚集度称为最大聚集度。若 $C^{(m^*)}=\max_{m}C^{(m)}$，则认为第 $m^*$ 次迭代所得到的聚类达到了最大聚集度，对应的聚类结果也被认为是最合理的。

(3) 最大稳定度。设算法已进行了 $m$ 次迭代，第 $i$ 次迭代所得的分类数为 $a_i$。假定有一个序列

$$i_1=i,\ i_2=i_1+1,\ i_3=i_2+1,\ \cdots,\ i_n=i_{n-1}+1=j$$

若对任意两个不同的 $i_p$ 和 $i_q(p,q=1,2,\cdots,n;p\neq q)$，对应的聚类数 $a_{i_p}$ 和 $a_{i_q}$ 都满足：

$$|a_{i_p}-a_{i_q}|\leqslant \mathrm{steac} \qquad (3-132)$$

式中，steac是参数，通常取为1，则记下 $i$ 和 $j$。在所有这样的 $i$ 和 $j$ 中取 $j-i$ 的最大值 $k$，称 $k$ 为最大稳定度。设 $k=j^*-i^*$，则 $i^*$ 到 $j^*$ 的任一次迭代结果都可以被认为是较合理的。

用上述对应指标得到的聚类结果一般认为是局部最优解。

## 3.5 模糊逻辑和模糊推理

以模糊集论为基础，对以一般集合论为基础的数理逻辑进行扩展，建立模糊逻辑，进而建立模糊推理理论，形成一种不确定推理，称为模糊推理。模糊推理就是表示和处理模糊性的推理方法。模糊推理是利用模糊性知识进行的一种不精确推理，已经在人工智能技术和应用开发中取得了很多成果，特别是在专家系统和模式识别中的运用越来越深入。

从不精确的前提集合中得出可能的不精确结论的推理过程，又称近似推理。在人的思维中，推理过程常常是近似的。例如，人们根据条件语句(假言)“若苹果是红的，则苹果是熟的”和前提(事实)“苹果非常红”，立即可得出结论“苹果非常熟”。这种不精确的推理不可能用经典的二值逻辑或多值逻辑来完成。

**1. 模糊语言变量**

L. A. Zadeh 的模糊推理是从语言变量开始研究的。L. A. Zadeh 引入了模糊语言值的概念。自然语言常用形容词或副词来描述事物的性质和形状，而很少用数字来刻划事物的定量化特征。如“小王个子很高”“小李非常年轻”等，“很大”“比较大”等。事实上，对于许多事物属性的描述也难以找到一个定量的标准。所谓模糊语言值，是指表示大小、长短、高矮、轻重、快慢、多少等程度的一些词汇。应用时可根据实际情况来约定自己所需要的语言值集合。如可用下述词汇表示程度的深浅：最大、极大、很大、相当大、比较大、大、有点大、有点小、比较小、小、相当小、很小、极小、最小。在这些词汇之间，虽然有时很难划清它们的界线，但其含义一般都可以正确理解，不一定会引起误会。

语句：如果气温低，且油便宜，则汽车空调制热器可打高。其中，语言变量有：气温、油价、汽车空调制热器；语言变量值有：低、便宜、高；对应的隶属函数有：$\mu_{\text{cold}}$、$\mu_{\text{cheap}}$、$\mu_{\text{high}}$。

一个语言变量可以表示为一个 5 元组：

$$(x, T, U, G, M)$$

式中，$x$ 代表语言变量，$T$ 表示项集，$U$ 表示论域，$G$ 表示句法规则，$M$ 表示语义规则。例如：$x$ ＝年龄，项集 $T=\{$yong, quite_yong, very_yong, middle_aged, old, not_so_old, very_old, …$\}$，论域 $U=[0,130]$，句法规则 $G(\text{age})=\text{old}$，语义规则 $M(\text{old})=\{(u,\mu_{\text{old}}(u))\mid u\in[0,130]\}$，且

$$\mu_{\text{old}}(u)=\begin{cases}0, & u\in[0,50)\\ \left[1+\left(\dfrac{u-50}{5}\right)^2\right]^{-1}, & u\in[50,130]\end{cases}$$

定义了语言变量“年龄”。

语言变量具有概括描述性，其内涵由论域具体给定，如上述语言变量“年龄”是由论域 $U=[0,130]$ 概括而来的。项集就是语言变量可取的值集，由模糊词术语组成，每一个项集都是模糊集。注意，语言变量的值集与语言变量论域是不同的。语言变量的呈现形式一般是论域的概括描述，如年龄、温度等，或是论域中具体的元素或元素组合，因为一条模糊语言要给出对对象主体(主语)的一个定性描述。

句法规则给出了语言变量取语言变量值的规则，如 $G(\text{age})=\text{old}$，但不是 $G(\text{age})<$

old、$G$(age)＞old、$G$(age)≠old，或 not $G$(age)＝old。也就是说，句法规则 $G$ 起到了决定取值方式的作用。

语义规则 $M$ 给出了每个语言变量值(是模糊集)在论域上的隶属函数的具体定义。此例中仅给出了 $\mu_{old}(u)$的定义，实际上其他隶属函数的定义都被省略掉了。

设语言变量所对应的基本语言项 $t$(属于项集)的隶属函数为 $\mu$，则非基本语言项的隶属函数通常可以由 $\mu$ 计算出来。L. A. Zadeh 为作用在基本项上的修饰词提供了一组经验公式：

(1) 非常 $t$ 的隶属函数：$\mu^2$ 或 $\mu^3$；

(2) 相当 $t$ 的隶属函数：$\sqrt[3]{\mu^2}$；

(3) 差不多 $t$ 的隶属函数：$\sqrt{\mu}$或$\sqrt[3]{\mu}$；

(4) 不 $t$ 的隶属函数：$1-\mu$。

显然这具有较浓厚的主观色彩，但由于用模糊语言值来表示不确定性时，对不熟悉模糊理论的人来说容易理解，而其模糊集形式只是内部表示，因此它仍不失为一种较好的表示方法。

**2. 模糊逻辑**

在经典逻辑或布尔逻辑中，命题要么为真，要么为假。即对任意一个命题(或可以判断真假的陈述句)，都建立了到真值空间{0, 1}的一个映射。将真值空间拓展为[0, 1]，则是模糊逻辑最基本的思想。在模糊逻辑中，命题的真值可以用[0, 1]中的一个数来表示其真假的程度。这更符合现实的情况。含有模糊成分的命题称为模糊命题。模糊命题的判断往往处于非真非假，即处于真假之间模棱两可的状态。对于模糊命题 $P$，其真值用 $T(P)$表示，$T(P)\in[0,1]$。有两种模糊命题：原子模糊命题和复合模糊命题。原子模糊命题是简单语句，例如：

$P$：今天气温很低。

$Q$：张明和张强长像相似。

其中，“今天气温”就是语言变量，“很低”就是语言变量值。语言变量值实际就是一个模糊子集。设 $T(P)=0.6$，则说明 $P$ 的真值为 0.6。若用模糊集 $A$ 表示“很低”这个概念，$x$=“今天气温”，当知道今天气温的具体值为 5℃时，有 $T(P)=0.6$，也可认为 $x$ 是 $A$(记为 $x$ is $A$)的程度为 0.6。这里，$x$ 是语言变量，$A$ 是语言变量值。若 $x$ 可取任意的一个气温值，则 $x$ is $A$ 就是一个谓词。因为 $A$ 是模糊集，所以 $x$ is $A$ 也就是一个模糊谓词。当 $x$ 不指定为某个具体温度值时，那么 $x$ is $A$ 就是指对于所有的温度取值($x$ 属于论域 $U$)都有一个属于“很低”这个模糊集 $A$ 的隶属程度，所以 $x$ is $A$ 就是一个模糊集，它就是由对于任意的 $x\in U$，有 $\mu_A(x)\in[0,1]$作为真值所决定的模糊集。

同理，在 $Q$ 中，张明和张强都是语言变量，“长像相似”是语言变量值，表示两者之间关系的一个模糊子集。$T(Q)=0.8$ 则表示“张明和张强长像相似”的真值为 0.8，或者说张明和张强长像相似的程度为 0.8。因此，“长像相似”是一个模糊二元关系或模糊关系。若用 $R$ 表示“长像相似”这个模糊关系，则 $Q$ 就是＜张明，张强＞ is $R$。$T(Q)=0.8$，则表示＜张明，张强＞ is $R$ 的程度为 0.8。在 $Q$ 中，语言变量的论域是人名空间 $U$(可含有多人)所构成的笛卡尔集空间 $U\times U$。对于人名空间中的任何两个人，都可以比较他们的相似性，从而得到不一定完全相同的相似程度值，这说明，$R$ 为 $U\times U$ 上的一个模糊集(实际上就是一个模糊关系)。

语言变量在使用时都是以其论域中的某个值作为代表而出现的。如“今天气温”，实际上语言变量就是取温度论域中的一个具体温度值(可具体查看今天的温度)，张明和张强实际上是人名论域空间 $U$ 的笛卡尔集空间 $U\times U$ 中的一个具体偶对元素。

复合模糊命题是由原子模糊命题经连接词 and、or、not 等有效连接构成的模糊命题。这些连接词可分别用模糊或、模糊与、模糊补来表示。常用的模糊命题的连接词有 5 个。

1) 析取“$\vee$”(模糊或)

$P$：他是一个好学生。

$Q$：他是一个学习认真的学生。

$P\vee Q$：他是一个好或学习认真的学生。

$$T(P\vee Q)=\max(T(P),\ T(Q))=T(P)\vee T(Q)$$

2) 合取“$\wedge$”(模糊与)

$P\wedge Q$：他是一个好且学习认真的学生。

$$T(P\wedge Q)=\min(T(P),\ T(Q))=T(P)\wedge T(Q)$$

3) 否定或非“$\neg$”(模糊补)

$\neg P$：他不是一个好学生。

$$T(\neg P)=1-T(P)$$

4) 蕴含“$\rightarrow$”

$P\rightarrow Q$：如果他是一个好学生，那么他是一个学习认真的学生。

$$T(P\rightarrow Q)=(T(P)\wedge T(Q))\vee(1-T(P))$$

5) 等价“$\leftrightarrow$”

$P\leftrightarrow Q$：他是一个好学生当且仅当他是一个学习认真的学生。

$$\begin{aligned}T(P\leftrightarrow Q)&=T(P\rightarrow Q)\wedge T(Q\rightarrow P)\\&=[(T(P)\wedge T(Q))\vee(1-T(P))]\wedge[(T(Q)\wedge T(P))\vee(1-T(Q))]\end{aligned}$$

有时，蕴含“$\rightarrow$”的计算可定义为如下形式：

$$T(P\rightarrow Q)=(1-T(P))\vee T(Q)$$

**3. 模糊推理**

模糊推理实质上是在模糊集上进行操作的。不同论域中的逻辑运算一般需扩展至笛卡尔意义下的相应操作。L. A. Zadeh 于 1975 年首先提出模糊推理的合成规则，即把条件语句“若 $x$ 为 $A$，则 $y$ 为 $B$”转换为模糊关系的规则，逻辑推理通过逻辑蕴含来实现。

设 $U$ 和 $V$ 为两个论域，$A$ 是 $U$ 上的模糊子集，$B$ 是 $V$ 上的模糊子集，则规则：

if　$A$　then　$B$

可以定义为 $U\times V$ 上的一个模糊关系：

$$R=A\rightarrow B=(A\times B)\cup(\neg A\times V)$$

或等价表示成

$$R=A\rightarrow B=\frac{\int_{U\times V}\max(\min(\mu_A(x),\mu_B(y)),1-\mu_A(x))}{(x,y)} \tag{3-133}$$

所以模糊规则实际上是 $U\times V$ 上的一个模糊关系(或模糊子集)。

在模糊推理中，推理规则中的前提与结论以及前提所对应的事实都可能是模糊集，设 $A$ 和 $A'$ 是 $U$ 上的两个模糊子集，$B$ 是 $V$ 上的模糊子集，那么，模糊蕴含为 $A\rightarrow B$，模糊前提为 $A'$，模糊结论为 $B'=A'\circ(A\rightarrow B)$，$B'$ 应该是 $V$ 上的模糊子集。

目前模糊数学领域已提出了许多模糊推理算法，如 Zadeh 方法、Mamdani 方法、Larsen 方法等。

为了使叙述更加清楚，下面通过隶属度的计算来加以描述。

将 $U$ 上的模糊子集 $A$ 用 $x$ is $A$ 表示，$A'$ 用 $x$ is $A'$ 表示，$V$ 上的模糊子集 $B$ 用 $y$ is $B$ 表示，$B'$ 用 $y$ is $B'$ 表示，则肯定前件法为

大前提(规则)：if $x$ is $A$，then $y$ is $B$

小前提(事实)：$x$ is $A'$

结论：$y$ is $B'$

可得

$$B'=A'\circ R=A'\circ(A\rightarrow B)$$

于是

$$B'=\max_{x}[\min(\mu_{A'}(x),\mu_{A\rightarrow B}(x,y))] \tag{3-134}$$

而否定后件法为

大前提(规则)：if $x$ is $A$，then $y$ is $B$

小前提(事实)：$y$ is $B'$

结论：$x$ is $A'$

可得

$$A'=R\circ B'=(A\rightarrow B)\circ B'$$

于是

$$A'=\max[\min_{y}(\mu_{A\rightarrow B}(x,y),\mu_{B'}(y))] \tag{3-135}$$

此外，还有三段论式方法等。下面主要以肯定前件法继续介绍。

由于模糊关系 $\mu_{A\rightarrow B}(x,y)$ 的计算有多种方法，如 Zadeh 方法和 Mamdani 方法等，因此，具体求取 $\mu_{B'}(y)$ 或 $\mu_A(x)$ 的方法也相应地会有所不同。

1) Zadeh 模糊推理方法

Zadeh 计算模糊关系的公式为

$$R=A\rightarrow B=(A\times B)\cup(\neg A\times V) \tag{3-136}$$

即

$$R=A\rightarrow B=\frac{\int_{U\times V}\max(\min(\mu_A(x),\mu_B(y)),1-\mu_A(x))}{(x,y)} \tag{3-137}$$

模糊结论为

$$B'=A'\circ R=A'\circ(A\rightarrow B)=A'\circ[(A\times B)\cup(\neg A\times V)] \tag{3-138}$$

或写成隶属度形式：

$$B'=\frac{\int_{V}\max_{x\in U}[\min(\mu_{A'}(x),\mu_{A\rightarrow B}(x,y))]}{y} \tag{3-139}$$

把按这种方式进行计算的推理称为 Zadeh 模糊推理。下面通过一个例子来加以具体说明。

**例 3.17** 设论域 $X=Y=\{1, 2, 3, 4, 5\}$，[小]=1/1+0.5/2；[较小]=1/1+0.4/2+0.2/3，[大]= 0.5/4+1/5，[若 $x$ 小则 $y$ 大]$(x, y)$=([小]$(x)$ ∧[大]$(y)$) ∨ (1− [小]$(x)$)。若 $x$ 小则 $y$ 大。已知 $x$ 较小，问 $y$ 如何？

**解** 由 Zadeh 方法可得 Fuzzy 关系 $A \to B$ 的模糊矩阵：

$$\boldsymbol{R}=\begin{bmatrix} 0 & 0 & 0 & 0.5 & 1 \\ 0.5 & 0.5 & 0.5 & 0.5 & 0.5 \\ 1 & 1 & 1 & 1 & 1 \\ 1 & 1 & 1 & 1 & 1 \\ 1 & 1 & 1 & 1 & 1 \end{bmatrix}$$

[$x$ 较小]∘[若 $x$ 小则 $y$ 大]=(1, 0.4, 0.2, 0, 0)∘$R$=(0.4, 0.4, 0.4, 0.5, 1)。故当 $x$ 较小时，$y$ 为以下模糊集：

$$0.4/1+0.4/2+0.4/3+0.5/4+1/5$$

2) Mamdani 模糊推理方法

Mamdani 模糊关系的计算公式为

$$A \to B = \int_{U\times V} \min(\mu_A(x), \mu_B(y))/(x, y) \tag{3-140}$$

对于上例，也可得到其 Mamdani 模糊推理的 Matlab 代码，具体见二维码文档。

Mamdani 模糊推理代码

3) Larsen 模糊推理方法

Lasen 模糊关系的计算公式为

$$A \to B = \int_{U\times V} (\mu_A(x) \cdot \mu_B(y))/(x, y) \tag{3-141}$$

可见，对模糊关系 $A \to B$ 计算公式的定义不同，可相应地产生不同的模糊推理。除了上述 Zadeh、Mamdani 和 Larsen 模糊推理方法外，还可定义如下不同的计算方法。

Kleene-Dienes 模糊推理方法：

$$\mu_{A\to B}(x, y)=\max(1-\mu_A(x), \mu_B(y)) \tag{3-142}$$

Lukasiewicz 模糊推理方法：

$$\mu_{A\to B}(x, y)=\min(1, (1-\mu_A(x)+\mu_B(y))) \tag{3-143}$$

Yager 模糊推理方法：

$$\mu_{A\to B}(x, y)=\mu_B(y)^{\mu_A(x)} \tag{3-144}$$

Godel 模糊推理方法：

$$\mu_{A\to B}(x, y)=\begin{cases} 1, & \mu_A(x)\leqslant\mu_B(y) \\ \mu_B(y), & \mu_A(x)>\mu_B(y) \end{cases} \tag{3-145}$$

Goguen 模糊推理方法：

$$\mu_{A\to B}(x, y)=\begin{cases} 1, & \mu_A(x)=0 \\ \min(1, \mu_B(y)/\mu_A(x)), & \mu_A(x)>0 \end{cases} \tag{3-146}$$

Wang 模糊推理方法：

$$\mu_{A\to B}(x,y)=\begin{cases}1, & \mu_A(x)\leqslant\mu_B(y)\\ \max(1-\mu_A(x),\ \mu_B(y)), & \mu_A(x)>\mu_B(y)\end{cases} \tag{3-147}$$

还有下列两种不同的计算方法：

$$\mu_{A\to B}(x,y)=1-\min(\mu_A(x),\ (1-\mu_B(y))) \tag{3-148}$$

$$\mu_{A\to B}(x,y)=1-[\mu_A(x)\cdot(1-\mu_B(y))] \tag{3-149}$$

当论域为连续区间时，上述 max 和 min 分别自然地用 sup 和 inf 代替。

对于前述例子，用其他的计算方法计算 $A\to B$，与用 Zadeh 模糊推理中 $A\to B$ 的计算方法类似，留给读者做练习。

显然，模糊推理是一种似然推理。

这里所介绍的主要是针对单条件和事实的模糊推理，对于多条件和事实的模糊推理也已有了很多相应的推广形式，此处就不做介绍了。

## 3.6　模糊推理应用系统

基于模糊数学理论，模糊推理技术通过模拟人的近似推理和综合决策过程，设计有效的推理算法，使推理更具合理性，已成为智能推理技术的一个重要分支，是人工智能推理理论中的一种高级策略和新颖技术。目前，模糊推理技术已用在工业过程和家电等领域，并取得实效。模糊推理应用系统得到了大力发展。

**1. 模糊推理应用系统的产生**

传统的推理技术已无法适应更精确的模糊推理要求，因为自然语言形式表达的信息既具有定性描述的特点，又具有模糊性，无法用经典逻辑进行处理或推理，因而需要探索新的处理理论和方法。模糊集理论是一种语言分析数学模型，能够对复杂系统或过程建立更为精确的模型，能使自然语言直接转化为计算机算法语言，为处理客观世界中存在的模糊现象提供有力工具。同时，模糊集理论适应科学发展的需要，应运而生了模糊推理系统，并已用于解决现实领域中的许多推理问题甚至控制问题。

**2. 模糊推理应用系统的基本原理**

以模糊集理论、模糊语言及模糊逻辑为基础，模糊推理通常用“if 条件，then 结果”形式来表达因果推理关系。模糊推理又通俗地称为语言推理，一般用于无法以严密的数学表示的推理模型，即可利用人(熟练专家)的经验和知识来很好地推理。因此，也可以说，利用人的智力模糊地进行系统推理的方法就是模糊推理。

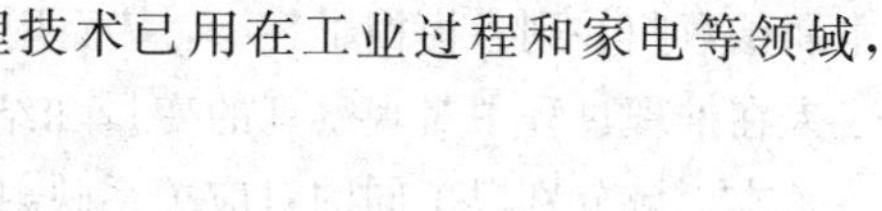

图 3.6　模糊推理系统

图 3.6 是模糊推理系统的一个基本构成结构图。模糊推理系统的核心部分为模糊推理器。模糊推理器的推理规律由计算机程序实现。实现模糊推理算法的过程是：先采样获取输入的精确值，将其模糊量化变成模糊量；然后将模糊量用相应的模糊语言表示，从而得到模糊语言集合的一个子集(实际上是一个模糊向量)；再由该模糊量和模糊推理规则(模糊关系，一般是一个模糊关系矩阵)根据推理的合成规则进行模糊运算，得到一个模糊向量，将该模糊向量进行非模糊化处理转换为精确量，最后根据一定的原则，判断其推理的结果。

**3. 模糊推理应用系统**

如图 3.7 所示，一个模糊推理应用系统的基本结构包括知识库、模糊推理、输入量模糊化、输出量精确化(或称反模糊化)四部分。

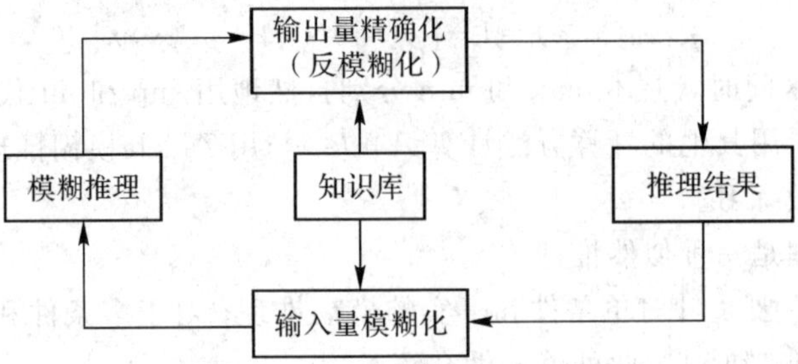


图 3.7 模糊推理机的基本结构

1) 知识库

知识库包括模糊推理应用系统的参数库和模糊规则库。模糊规则建立在语言变量的基础上。语言变量取值为“大”“中”“小”等这样的模糊子集，各模糊子集以隶属函数表明基本论域上的对象属于该模糊子集的程度。因此，为建立模糊规则，需要将基本论域上的精确值依据隶属函数归并到各模糊子集中，从而用语言变量值(大、中、小等)代替精确值。这个过程代表了人在推理过程中对观察到的变量和结果量的模糊划分。由于变量取值范围各异，故首先将各基本论域分别以不同的对应关系映射到一个标准化论域上。通常，对应关系取为量化因子。为便于处理，将标准论域等分且离散化，然后对论域进行模糊划分，定义模糊子集。

同一个模糊规则库对基本论域的模糊划分不同，推理效果也不同。具体来说，对应关系、标准论域、模糊子集数以及各模糊子集的隶属函数都对推理效果有很大影响，它们与模糊规则具有同样的重要性，因此把它们全归为知识库。

2) 模糊化

将精确的输入量转化为模糊量有两种方法：

(1) 将精确量转换为标准论域上的模糊单点集。

精确量 $x$ 经对应关系 $G$ 转换为标准论域上的基本元素。

(2) 将精确量转换为标准论域上的模糊子集。

精确量经对应关系转换为标准论域上的基本元素，在该元素上具有最大隶属度的模糊子集即为该精确量对应的模糊子集。

3) 模糊推理

最基本的单前件和后件的模糊推理形式为

前提 1  if  $x\in A$  then $y\in B$

前提 2  if  $x\in A'$

结论  then  $x\in B'$

其中，$A$、$A'$为论域 $U$ 上的模糊子集，$B$、$B'$为论域 $V$ 上的模糊子集。前提 1 称为模糊蕴涵关系，记作 $R=A\rightarrow B$。在实际应用中，即使是多前件或多条推理规则，一般先针对各条规则进行推理，然后将各个推理结果综合而得到最终推理结果。

4）精确化

推理得到的模糊子集要转换为精确值，以便得到最终推理结果的输出。常用两种精确化方法：

（1）最大隶属度法：在推理得到的模糊子集中，选取隶属度最大的标准论域元素的平均值作为精确化结果：

$$\mathrm{FD}=\max_{i=1}^{n}\mu_{F_i}=\max\{\mu_{F_1},\mu_{F_2},\cdots,\mu_{F_n}\}\tag{3-150}$$

（2）重心法：将推理得到的模糊子集的隶属函数与横坐标所围面积的重心所对应的标准论域元素作为精确化结果。在得到推理结果的精确值之后，还应按对应关系，得到最终推理结果输出：

$$\mathrm{FD}=\frac{\sum_{i=1}^{n}\mu_{F_i}D_{F_i}}{\sum_{i=1}^{n}\mu_{F_i}}=\frac{\mu_{F_1}D_{F_1}+\mu_{F_2}D_{F_2}+\cdots+\mu_{F_n}D_{F_n}}{\mu_{F_1}+\mu_{F_2}+\cdots+\mu_{F_n}}\tag{3-151}$$

**4. 模糊推理系统的特点**

模糊推理系统具有很多特点，归纳如下：

（1）简明性。模糊推理系统建立推理的方式完全顺应问题的描述，易于理解。

（2）模型简单。模糊推理系统利用推理规则来描述系统变量间的关系，同时不用数值而用语言式的模糊变量来描述系统，所以不必建立复杂的数学模型。

（3）自然语言对话。模糊推理系统是一个语言推理系统，操作人员使用自然语言进行人机对话。

（4）推理速度快。模糊推理系统是一种容易推理、掌握的较理想的推理系统，推理速度快。

（5）智能推理。模糊推理属于智能推理的范畴。

**例3.18**　设我们要基于学生的GPA和GRE成绩来评价学生的能力。对每个成绩分为三类：High(H)、Medium(M)、Low(L)。模糊推理规则表如图3.8所示。

对应能力：Excellent(E)＝95～100分
Very Good(VG)＝90～94分
Good(G)＝80～89分
Fair(F)＝70～79分
Poor(P)＝0～69分

| | | GRE | | |
|---|---|---|---|---|
| | | H | M | L |
| GPA | H | E | VG | F |
| | M | G | G | P |
| | L | F | P | P |

图3.8　模糊规则表

GRE的三个模糊隶属函数(Low, Medium, High)如下：

$$\mu_L(x)=\begin{cases}1, & 0\leqslant x\leqslant 800\\ \dfrac{1200-x}{1200-800}, & 800<x\leqslant 1200\\ 0, & \text{其他}\end{cases}$$

$$\mu_M(x)=\begin{cases}\dfrac{x-800}{1200-800}, & 800\leqslant x\leqslant 1200\\ \dfrac{1800-x}{1800-1200}, & 1200<x\leqslant 1800\\ 0, & \text{其他}\end{cases}$$

$$\mu_{\mathrm{H}}(x)=\begin{cases}\dfrac{x-1200}{1800-1200}, & 1200\leqslant x\leqslant 1800\\ 1, & x>1800\\ 0, & \text{其他}\end{cases}$$

GPA 的三个模糊隶属函数(对应 High, Medium, Low)如下:

$$\mu_{\mathrm{L}}(y)=\begin{cases}1, & y\leqslant 2.3\\ \dfrac{3.0-y}{3.0-2.3}, & 2.3<y\leqslant 3.0\\ 0, & \text{其他}\end{cases}$$

$$\mu_{\mathrm{M}}(y)=\begin{cases}\dfrac{y-2.2}{3.0-2.2}, & 2.2\leqslant y\leqslant 3.0\\ \dfrac{3.8-y}{3.8-3.0}, & 3.0<y\leqslant 3.8\\ 0, & \text{其他}\end{cases}$$

$$\mu_{\mathrm{H}}(y)=\begin{cases}\dfrac{y-3.0}{3.6-3.0}, & 3.0\leqslant y\leqslant 3.6\\ 1, & y>3.6\\ 0, & \text{其他}\end{cases}$$

能力评价的 5 个模糊隶属函数(对应 P, F, G, VG, E)如下:

$$\mu_{\mathrm{P}}(z)=\begin{cases}1, & z\leqslant 60\\ \dfrac{z-60}{70-60}, & 60<z\leqslant 70\\ 0, & \text{其他}\end{cases}$$

$$\mu_{\mathrm{F}}(z)=\begin{cases}\dfrac{z-60}{70-60}, & 60\leqslant z\leqslant 70\\ \dfrac{80-z}{80-70}, & 70<z\leqslant 80\\ 0, & \text{其他}\end{cases}$$

$$\mu_{\mathrm{G}}(z)=\begin{cases}\dfrac{z-70}{80-70}, & 70\leqslant z\leqslant 80\\ \dfrac{90-z}{90-80}, & 80<z\leqslant 90\\ 0, & \text{其他}\end{cases}$$

$$\mu_{\mathrm{VG}}(z)=\begin{cases}\dfrac{z-80}{90-80}, & 80\leqslant z\leqslant 90\\ \dfrac{100-z}{100-90}, & 90<z\leqslant 100\\ 0, & \text{其他}\end{cases}$$

$$\mu_{\mathrm{E}}(z)=\begin{cases}\dfrac{z-90}{100-90}, & 90\leqslant z\leqslant 100\\ 0, & \text{其他}\end{cases}$$

由 $\mu_{\mathrm{GRE}}=\{\mu_{\mathrm{L}},\mu_{\mathrm{M}},\mu_{\mathrm{H}}\}$ 和 $\mu_{\mathrm{GPA}}=\{\mu_{\mathrm{L}},\mu_{\mathrm{M}},\mu_{\mathrm{H}}\}$ 及 $\mu_{\mathrm{F}_n}=\{\mu_{\mathrm{P}},\mu_{\mathrm{F}},\mu_{\mathrm{G}},\mu_{\mathrm{VG}},\mu_{\mathrm{E}}\}$ 实现模糊决策。

现假定有一个学生的成绩为：GRE=900，GPA=3.6，问：经过模糊推理该学生的能力应评价为 P、F、G、VG、E 中的哪一个？试分别用最大隶属度法和重心法方法反模糊化求解。

**解**　GRE=900，GRE 的三个模糊隶属函数值为

$$\mu_{GRE}=\{\mu_L=3/4, \mu_M=1/4, \mu_H=0\}$$

$$GPA=3.6$$

GPA 的三个模糊隶属函数值为

$$\mu_{GPA}=\{\mu_L=0, \mu_M=1/4, \mu_H=1\}$$

由模糊关系表可得模糊控制表如图 3.9 所示。

$$\mu_{F_n}=\{\mu_P=1/4, \mu_F=3/4, \mu_G=1/4, \mu_{VG}=1/4, \mu_E=0\}$$

用最大隶属度法反模糊化求得 $\mu_F$(=3/4)最大，所以其能力等级应为第 2 等，即 F。

用重心法反模糊化求得

$$\begin{aligned}FD &= \frac{\sum \mu D}{\sum \mu} = \frac{\mu_P D_P + \mu_F D_F + \mu_G D_G + \mu_{VG} D_{VG} + \mu_E D_E}{\mu_P + \mu_F + \mu_G + \mu_{VG} + \mu_E} \\ &= \frac{\frac{1}{4}\times 60 + \frac{3}{4}\times 70 + \frac{1}{4}\times 80 + \frac{1}{4}\times 90 + 0}{1/4 + 3/4 + 1/4 + 1/4 + 0} \\ &= \frac{15 + 52.5 + 20 + 22.5}{1.5} \\ &= 73.3\end{aligned}$$

因 $\mu_F(73.3)=\mu_G(73.3)=0.67$，达到最大，所以其能力等级应为 F 或 G。

| | | GRE | | |
|---|---|---|---|---|
| | | H (0) | M (1/4) | L (3/4) |
| GPA | H (1) | E | VG | F |
| | M (1/4) | G | G | P |
| | L (0) | F | P | P |

图 3.9　对应模糊规则表的主要计算范围

## 3.7　基于模糊神经网络的节水灌溉模型

模糊系统可以高效模拟人类的思维推理过程，神经网络可以很好地处理推理过程中的自学习和自适应的问题，于是模糊神经网络结合了两者的优点，可以很好地解决农业灌溉中的需水量问题。这里将采用 T-S 模糊神经网络对节水灌溉模型进行训练和实验。

在农作物的管理中，各个生长阶段的需水量是不同的，人们只需要在适当的时候对农作物给予一定的水量就可以达到节水灌溉的目的。然而，如何能够准确地获得蔬菜所需水量，这便是我们需要研究的课题。模糊系统理论是沟通经典数学的精确性和现实世界中存在的大量的不精确性的桥梁，而人工神经网络具有自学习、自组织和自适应性，并具有强大的非线性处理的能力，两者构成了模糊神经网络。这里希望通过模糊神经网络强大的能力进行节水灌溉模型的训练和实现，达到节水灌溉的目的。

**1. 模糊神经网络**

模糊神经网络结合了神经网络系统和模糊系统的长处，它在处理非线性、模糊性等问题上具有很大的优越性，在智能信息处理方面存在巨大的潜力。越来越多的专家学者逐渐投入到了该领域中，并取出了卓有成效的研究成果。模糊神经网络就是模糊理论同神经网络相结合的产物，它汇集了神经网络与模糊理论的优点，集学习、联想、识别、信息处理于一体。

T-S模糊神经网络将模糊逻辑和神经网络的学习逼近特点融合在一起。

1) T-S模糊神经网络的结构

基于标准型的T-S模糊神经网络结构如图3.10所示。

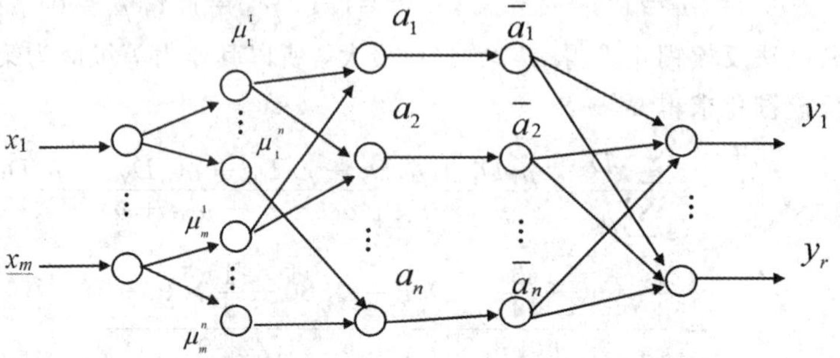


图3.10　基于标准型的T-S模糊神经网络结构

图3.10中，第1层为输入层；第2层每个结点表示一个语言变量值；第3层用来匹配模糊规则前件，计算出每条规则的隶属度；第4层用于归一化计算，输出规则的平均激活度；第5层是输出层，它所实现的是清晰化计算。

T-S模糊神经网络由前件网络和后件网络两部分组成。前件网络用来匹配模糊规则的前件，其结构与图3.10的前通层结构完全相同；后件网络用来产生模糊规则的后件，由$n$个结构相同的并列子网络组成。

2) T-S模糊神经网络算法

T-S模糊系统通过不断地自动更新及修正模糊子集的隶属函数来实现其自学功能。该模型分为输入层、模糊化层、模糊规则计算层和输出层等四层，采用if-then规则形式定义，在规则$R_i$下，其推理的过程如下：

$$r_i:\text{if } x_1 \text{ is } A_1^i,\ x_2 \text{ is } A_2^i,\ \cdots,\ x_k \text{ is } A_k^i \text{ then } y_i = p_0^i + p_1^i x_1 + \cdots + p_k^i x_k \tag{3-152}$$

其中，$A_j^i$为模糊系统的模糊集，$p_j^i$为模糊系统的参数($j=1,2,\cdots,k$)，$y_i$为根据模糊规则得到的输出。假设输入量为$\boldsymbol{x}=[x_1,x_2,\cdots,x_k]^{\mathrm{T}}$。

首先，根据模糊规则计算各输入变量$x_i$的隶属度：

$$\mu_{A_j^i}=\exp\left[\frac{-(x_j-c_j^i)^2}{b_j^i}\right] \tag{3-153}$$

式中，$j=1,2,\cdots,k$；$i=1,2,\cdots,n$；$c_j^i$和$b_j^i$分别是隶属函数的中心和宽度；$k$为输入参数的数量；$n$为模糊子集数。

然后，将各隶属度进行模糊化计算(采用连算乘子)

$$w^i=\mu_{A_j^1}(x_1)\times\mu_{A_j^2}(x_2)\times\cdots\times\mu_{A_j^k}(x_k) \tag{3-154}$$

式中，$i=1,2,\cdots,n$。

最后，根据模糊计算结果模型输出$y_i$：

$$y_i = \frac{\sum_{i=1}^{n} w^i (p_0^i + p_1^i x_1 + \cdots + p_k^i x_k)}{\sum_{i=1}^{n} w^i} \tag{3-155}$$

**2. 土壤水分的水量平衡**

通常情况下，人们根据经验进行灌溉的水量普遍偏高，这样就会导致大量的水资源浪费，因为农作物或者蔬菜在不同时间段所需的水量并不相同。此处以茄子和豆角为例，主要研究其在各个生长阶段的需水量和作物系数。

1) 水分平衡的原理和方法

根据农田水分平衡的公式，农田中的散蒸量计算如下：

$$\mathrm{ET} = I + P + \Delta W - R - S \tag{3-156}$$

式中，ET 为农田的蒸散量，$I$ 为灌溉量，$P$ 为降水量(因为是大棚内实验，所以可以忽略不计)，$\Delta W$ 为土体注水量的变化，$R$ 为径流量，$S$ 为土体下边界净通量(向下为正，向上为负)。通常情况下，平原地区的径流量($R$)可以忽略不计，$\Delta W$ 可通过测定土壤含水量获得，当下边界远大于计划灌水层时，下边界净通量(S)可假设为零。

作物需水量($\mathrm{ET_e}$)指作物在适宜的土壤水分和肥力条件下，经过正常生长发育，获得高产时的作物蒸腾量和棵间蒸发量之和。在充分满足作物对水肥需要以及上述对各变量的假设情况下，利用农田水量平衡原理计算的农田蒸散量(ET)即为作物需水量($\mathrm{ET_e}$)，则式(3-156)可转化为

$$\mathrm{ET_e} = I + \Delta W \tag{3-157}$$

作物系数是指农作物在特定的耕作方式、土壤肥力、产量条件以及本身特性的情况下对作物需水量所产生的作用。依据定义，作物系数等于作物需水量($\mathrm{ET_e}$)与相同时间段内参考作物蒸散量($\mathrm{ET_0}$)的比值：

$$K_e = \frac{\mathrm{ET_e}}{\mathrm{ET_0}} \tag{3-158}$$

式中，$\mathrm{ET_0}$ 可以利用测站和当地的气象数据，由下式推导得到：

$$\mathrm{ET_0} = \frac{0.408\Delta R_n + \gamma \frac{900}{T+273} U_2 (e_n - e_d)}{\Delta + \gamma(1 + 0.34 U_2)} \tag{3-159}$$

式中，$R_n$ 是地表净辐射通量($\mathrm{MJ \cdot m^{-2} \cdot d^{-1}}$)，$T$ 是单位日平均温度(℃)，$e_n$ 和 $e_d$ 分别表示饱和水气压值和实际水气压值，$U_2$ 表示 2 m 高空的风速($\mathrm{m \cdot s^{-1}}$)，$\gamma$ 是干湿表常数($\mathrm{kPa \cdot C^{-1}}$)，$\Delta$ 是饱和状态的水气压和温度的曲线斜率($\mathrm{kPa \cdot C^{-1}}$)。

2) 灌溉量计算模型

通常情况下，我们计划所需要的灌水量是根据蔬菜根系的深度确定的，当根系埋深 $d<20$ cm 时，计划灌水层为 20 cm；当 20 cm$<d<$30 cm 时，计划灌水层为 30 cm；当 30 cm$<d<$40 cm时，计划灌水层为 40 cm；当 40 cm$<d<$50 cm 时，计划灌水层为 50 cm。研究表明：60%ASW～90%ASW 的土壤含水量是最适宜蔬菜生长的，当含水量低于灌水量最低值 60%ASW 时，就要灌水至灌水最高值(90%ASW )，且需要把含水量控制在计划灌水层的(60%～90%)ASW，这样有利于促进蔬菜的生长，使蔬菜有最合适的生长环境，并且可得

$$\mathrm{IRRI} = (\theta_w + 0.9 \times \mathrm{ASW} - \theta)\mathrm{DEPTH} \tag{3-160}$$

式中，$\theta$ 为现在的土壤含水量，DEPTH 为计划含水厚度(mm)。ASW 的计算公式为

$$ASW=\theta_f-\theta_w \tag{3-161}$$

式中，$\theta_f$为田间持水量，$\theta_w$为萎蔫含水量。表 3.1 为蔬菜在不同时期的土壤含水量。

**表 3.1　土壤含水量**

| 蔬菜品种 | 发育阶段 | 田间持水量($667m^2$/吨) | 萎蔫含水量($667m^2$/吨) | 计划灌溉水层厚度/cm | 土壤适宜含水量/(%) |
|---|---|---|---|---|---|
| 茄子 | 幼苗期 | 0.35 | 0.15 | 20 | 50 |
| | 成长期 | 5.55 | 4.55 | 30 | 50 |
| | 结果期 | 6.55 | 5.55 | 40 | 60 |
| 豆角 | 幼苗期 | 0.45 | 0.25 | 20 | 50 |
| | 成长期 | 5.55 | 4.45 | 30 | 55 |
| | 结果期 | 7.00 | 6.00 | 30 | 65 |

**3. 基于 T-S 节水灌溉模型的实现**

综上所述，基于 T-S 节水灌溉的模型流程如图 3.11 所示。

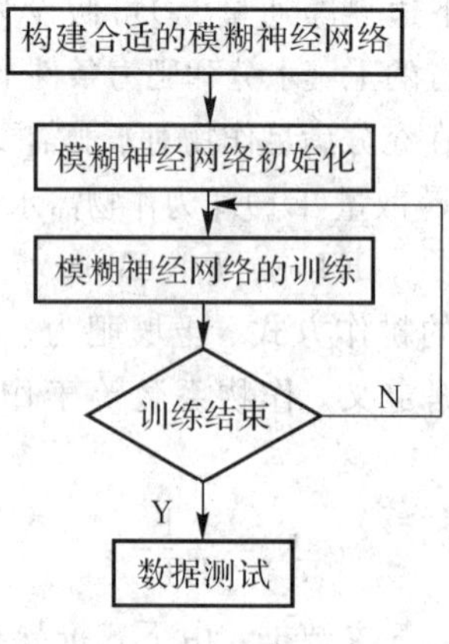


图 3.11　模糊神经网络算法流程图

1) 参数的初始化

在设计模糊神经网络的过程中，其输入和输出的加点数、模糊隶属函数的个数是由训练样本的维数来决定的。所设计的模糊神经网络的结构是 4-6-1：输入数据的维长为 4，输出的维长为 1，所以需要 6 个隶属函数。其中选择的系数为 $p_0$ 至 $p_4$。网络最大的迭代次数设定为 250，学习的速率设定为 0.05，期望的误差取 0.02。

2) 样本数据预处理

实验中需选取与蔬菜需水量紧密相关的四个因素，即当前土壤含水量、计划灌水层厚度、田间持水量、萎蔫含水量。其输出为灌水量。在进行模糊神经网络学习前，因神经元的函数是有界函数，所以需将输入输出向量进行规格化处理，规格化处理公式为

$$y=\frac{x-x_{\min}}{x_{\max}-x_{\min}} \tag{3-162}$$

3) 模型的构建以及对神经网络进行训练

以 T-S 模糊神经网络进行构建，第一层为输入层，是对数据进行预处理的结果；第二层为模糊化层，采用式(3-153)进行计算；第三层为模糊规则计算，采用式(3-154)进行计

算；第四层便为输出层，采用式(3-155)进行计算。

实验采用250组数据对T-S模型进行训练，然后采用20组数据对生成的网络进行检测。结果如表3.2所示，表明使用模型和计算的结果基本相同，模型适用于节水灌溉。

**表3.2 T-S模糊神经网络测试结果**

| | | | | | | | | | |
|---|---|---|---|---|---|---|---|---|---|
| 理论值 | 0.40 | 0.38 | 0.43 | 0.40 | 0.45 | 0.46 | 0.42 | 0.38 | 0.38 |
| 实际值 | 0.38 | 0.40 | 0.37 | 0.37 | 0.40 | 0.44 | 0.36 | 0.37 | 0.40 |
| 误差 | 0.02 | 0.02 | 0.06 | 0.03 | 0.05 | 0.02 | 0.06 | 0.01 | 0.02 |

对于在灌溉中影响灌溉量的种种因素进行分析，并且在此基础上推导得出灌溉所需的作物系数和需水量，然后利用大量数据对需水量的T-S神经网络模型进行训练，并采用实际的数据进行测试，最后借助Matlab中模糊神经网络对节水灌溉模型进行训练和学习，并且对得到的模型进行研究学习，对误差进行分析，最终得到节水灌溉模型。该过程仅仅需要获得相应的参数就可以得到相应的灌水量，从而达到节约用水的目的。

# 习 题 3

3.1 依据人体腹胀、乏力、肠鸣、口干、苔薄黄、脉沉缓五个指标受到影响的程度不同，可断定分别是由脾病A和肝炎B所产生的肝病，用隶属度表示的模糊集见表3.3。

**表3.3 肝病原因描述表**

| 类别 | 腹胀 | 乏力 | 肠鸣 | 口干 | 苔薄黄 | 脉沉缓 |
|---|---|---|---|---|---|---|
| A | 0.9 | 0.9 | 0.8 | 0.2 | 0.3 | 0.9 |
| B | 0.8 | 0.9 | 0.6 | 0.8 | 0.8 | 0.8 |

某人因患与肝病相关的疾病且其观察的结果用模糊集表示为

$$C=0.6/\text{腹胀}+0.9/\text{乏力}+0.3/\text{肠鸣}+0.7/\text{口干}+0.5/\text{苔薄黄}+0.8/\text{脉沉缓}$$

请问其诊断结论应该为哪一种？

3.2 设模糊集 $A=0.5/a+0.8/b+0.6/c+0.7/d$，求其截集 $A_{0.6}$ 和 $A_{0.7}$。

3.3 给定论域 $X=\{x_1, x_2, x_3, x_4, x_5\}$ 上的模糊等价关系矩阵 $\boldsymbol{R}$ 为

$$\begin{array}{c} \\ \boldsymbol{R}= \end{array}\begin{array}{c} \begin{array}{ccccc} x_1 & x_2 & x_3 & x_4 & x_5 \end{array} \\ \begin{pmatrix} 1 & 0.5 & 0.9 & 0.6 & 0.6 \\ 0.5 & 1 & 0.5 & 0.5 & 0.5 \\ 0.9 & 0.5 & 1 & 0.6 & 0.6 \\ 0.6 & 0.5 & 0.6 & 1 & 0.7 \\ 0.6 & 0.5 & 0.6 & 0.7 & 1 \end{pmatrix} \end{array}\begin{array}{c} \\ x_1 \\ x_2 \\ x_3 \\ x_4 \\ x_5 \end{array}$$

试用截矩阵法按不同 $\lambda$ 水平聚类，并绘出动态聚类图。

3.4　判断给定论域 $X=\{x_1,x_2,x_3,x_4,x_5\}$ 上的模糊相似矩阵：

$$\boldsymbol{R}=\begin{pmatrix} 1 & 0.3 & 0.7 & 0.4 & 0.6 \\ 0.3 & 1 & 0.5 & 0.3 & 0.4 \\ 0.7 & 0.5 & 1 & 0.6 & 0.8 \\ 0.4 & 0.3 & 0.6 & 1 & 0.9 \\ 0.6 & 0.4 & 0.8 & 0.9 & 1 \end{pmatrix}$$

是否具有传递性。若 $\boldsymbol{R}$ 不具有传递性，则：

(1) 先求 $\boldsymbol{R}$ 对应的模糊等价矩阵，再用截矩阵法对 $X$ 进行分类；

(2) 直接用最大树法依 $\boldsymbol{R}$ 进行分类。

3.5　分别求论域 $X=\{x_1,x_2,x_3,x_4\}$ 上模糊集 $A$ 和 $B$ 的汉明贴近度和格贴近度，其中：

$A=0.5/x_1+0.7/x_2+0.6/x_3+0.4/x_4$，$B=0.4/x_1+0.6/x_2+0.5/x_3+0.3/x_4$

3.6　采用内积、外积函数定义一种贴近度为

$$\sigma(A,B)=1-(\bar{A}-\underline{A})+(A\cdot B-A\odot B)$$

其中，$\bar{A}$ 为模糊集 $A$ 中隶属度的最大值，$\underline{A}$ 为最小值。设 $A$ 和 $B$ 为论域 $X=\{x_1,x_2,x_3,x_4,x_5\}$ 上的两个模糊集：

$$A=0.3/x_1+0.5/x_2+0.4/x_3+0.2/x_4+0.6/x_5$$

$$B=0.5/x_1+0.3/x_2+0.6/x_3+0.2/x_4+0.7/x_5$$

求 $A$ 和 $B$ 的贴近度 $\sigma(A,B)$。

3.7　取 $m=2$，初始隶属度矩阵 $\boldsymbol{U}=\begin{bmatrix} 0.6 & 0.7 & 0.2 & 0.9 \\ 0.4 & 0.3 & 0.8 & 0.1 \end{bmatrix}$，利用模糊 $K$-均值算法把 4 个样本：$\boldsymbol{X}_1=(1,0)^{\mathrm{T}}$，$\boldsymbol{X}_2=(0,1)^{\mathrm{T}}$，$\boldsymbol{X}_3=(2,3)^{\mathrm{T}}$，$\boldsymbol{X}_4=(4,2)^{\mathrm{T}}$ 聚成两类。

3.8　用 3.7 题中的数据运行测试模糊 $K$-均值算法程序。

3.9　编程实现模糊 ISODATA 聚类算法，并用图 3.12 所示数据分别在选取初始类数为 2、3、4 时加以运行测试。

| | 1 | 2 | 3 | 4 | 5 | 6 | 7 | 8 | 9 | 10 | 11 | 12 | 13 | 14 | 15 | 16 | 17 | 18 | 19 | 20 |
|---|---|---|---|---|---|---|---|---|---|---|---|---|---|---|---|---|---|---|---|---|
| $x_1$ | 0 | 1 | 0 | 1 | 2 | 1 | 2 | 3 | 6 | 7 | 8 | 6 | 7 | 8 | 9 | 7 | 8 | 9 | 8 | 9 |
| $x_2$ | 0 | 0 | 1 | 1 | 3 | 2 | 2 | 2 | 6 | 6 | 6 | 7 | 7 | 7 | 7 | 8 | 8 | 8 | 9 | 9 |

图 3.12　待聚类的 20 个样本

3.10　设要基于学生的身高和体重成绩来评价学生的健康。对每个学生的健康成绩分为 4 类：健康(H)、有点健康(SH)、不太健康(LH)、不健康(U)。模糊决策表如图 3.13 所示。

| | | 体重 | | | | |
|---|---|---|---|---|---|---|
| | | VS | S | M | H | VH |
| 身高 | VS | H | SH | LH | U | U |
| | S | SH | H | SH | LH | U |
| | M | LH | H | H | LH | U |
| | T | U | SH | H | SH | U |
| | VT | U | LH | H | SH | LH |

图 3.13　模糊决策表

身高的模糊隶属函数集如图 3.14 所示。

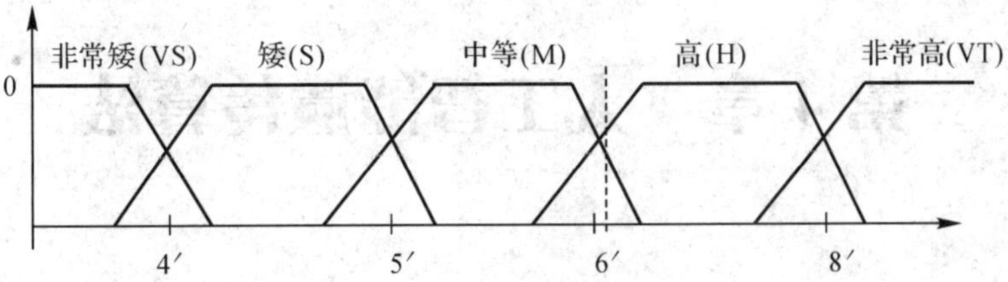


图 3.14　身高的模糊隶属函数

体重的模糊隶属函数集如图 3.15 所示(图中 lb 表示磅，1lb＝0.454 kg)。

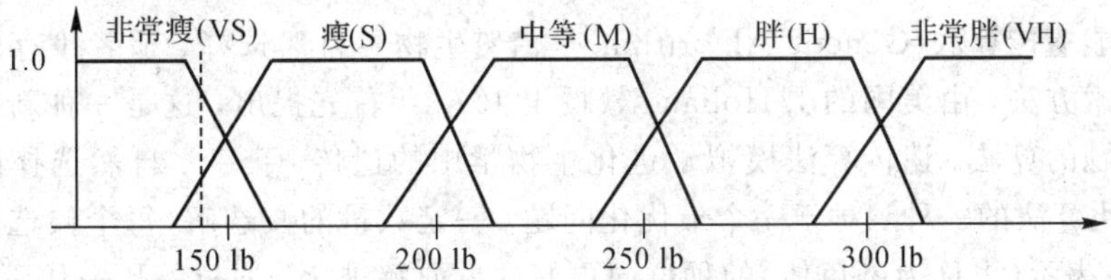


图 3.15　体重的模糊隶属函数集

现假定有一个学生的身高是 6′1″，体重是 140 lb，问此学生的健康评价为哪一个？试分别用最大隶属度和重心法反模糊化求解。

3.11　设论域 $X=Y=\{1,2,3,4,5\}$，[小]＝1/1＋0.5/2；[较小]＝1/1＋0.4/2＋0.2/3，[大]＝0.5/4＋1/5。若 $x$ 小则 $y$ 大。已知 $x$ 较小，问 $y$ 如何？试分别用 Mamdani 和 Larsen 模糊推理方法进行模糊推理。

习题 3　部分答案

# 第4章 人工智能遗传算法

## 4.1 人工智能遗传算法的基本概念

人工智能遗传算法(Genetic Algorithm)是借鉴生物界自然选择、适者生存遗传机制的一种随机搜索方法，由美国的J. Holland教授于1975年首先提出，这是一种新型的用于解决最优化问题的算法。遗传算法模拟了进化生物学中的遗传、突变、自然选择以及杂交等现象，是进化算法的一种。对于一个最优化问题，一定数量的候选解(每个候选解称为一个个体)的抽象表示(也称为染色体)的种群向更好的方向解进化，通过一代一代不断繁衍，使种群收敛于最适应的环境，从而求得问题的最优解。进化从完全随机选择的个体种群开始，一代一代繁殖、进化。在每一代中，整个种群的每个个体的适应度被评价，从当前种群中随机地选择多个个体(基于它们的适应度)，通过自然选择、优胜劣汰和突变产生新的种群，该种群在算法的下一次迭代中成为当前种群。传统上，解一般用二进制表示(0和1的串)，也可用其他方法表示。

遗传算法的主要特点是直接对结构对象进行操作，不存在函数求导、连续、单峰的限定；具有内在的隐闭并行性和更好的全局寻优能力；采用概率化的寻优方法，能自动获取和指导优化搜索，自适应调整搜索方向，不需要确定的规则。遗传算法已被人们广泛地应用于组合优化、机器学习、信号处理、自适应控制和人工智能等领域中的问题求解，已成为现代智能计算中的一项关键技术。

**1. 术语介绍**

由于遗传算法是由进化论和遗传学机理而产生的搜索算法，因此，在这个算法中会用到一些生物遗传学知识，下面将遗传算法所涉及的一些常用的基本概念术语做些说明。

(1) 个体(individuals)：遗传算法中所处理的对象称为个体。个体通常可以含解的编码表示形式、适应度值等构成成分，因而可看成是一个结构整体。其中，主要成分是编码。

(2) 种群(population)：由个体构成的集合称为种群。

(3) 位串(bit string)：解的编码表示形式称为位串。解的编码表示可以是0、1二值串、0～9十进制数字串或其他形式的串，可称为字符串或简称为串。位串和染色体(chromosome)相对应。在遗传算法的描述中，将不加区分地使用位串和染色体这两个名称概念，位串和染色体与个体的关系：位串和染色体一般是个体的成分，个体还可含有适应度值等成分。个体、染色体、位串或字符串有时在遗传算法中可不加区分地使用。

(4) 种群规模(population scale)：又称种群大小，指种群中所含个体的数目。

(5) 基因(gene)：位串中的每个位或元素统称为基因。基因反映个体的特征。同一位上的基因不同，个体的特征可能也不相同。基因对应于遗传学中的遗传物质单位。在 DNA 序列表示中，遗传物质单位也是用特定编码表示的。遗传算法中扩展了编码的概念，对于可行解，可用 0、1 二值、0～9 十个数字，以及其他形式的编码表示。例如，在 0、1 二值编码下，有一个串 S=1011，则其中的 1，0，1，1 这 4 个元素分别称为基因。基因和位在遗传算法中也可不加区分地使用。

(6) 基因位置(gene position)：一个基因在串中的位置称为基因位置，有时也简称基因位。例如，在串 S=1101 中，0 的基因位置是 3。

(7) 等位基因(alleles)：基因的具体值称为等位基因。在 0、1 串表示下，等位基因取 0 或 1。而在 0，1，2，…，9 十个数字表示下，等位基因取 0～9 中的任一值。基因是泛指，而等位基因指具体的值。例如，在串 S=1101 中，有两个不同的基因 0 和 1，而第 3 个等位基因是 0。

(8) 特征值：在用串表示整数时，基因的特征值与二进制数的权一致。例如，在串 $S=1011$ 中，对于基因位置 3 中的 1，它的基因特征值为 2，对于基因位置 1 中的 1，它的基因特征值为 8。当用十进制数字串表示染色体时，在 879 中，8 对应的特征值为 100，7 对应的特征值为 10，9 对应的特征值为 1。

(9) 适应度(fitness)：个体对环境的适应程度称为适应度(fitness)。为了体现染色体的适应能力，通常引入一个对每个染色体都能进行度量的函数，称为适应度函数。另外，可能还会引进一个建立在适应度函数基础上的一个函数，称为评估函数或评价函数。

(10) 选择(selection)：在整个种群或种群的一部分中选择某个个体的操作。

(11) 交叉(crossover)：两个个体对应的一个或多个基因段的交换操作。

(12) 变异(mutation)：个体位串上某个等位基因的取值发生变化。如在 0、1 串表示下，某位的值从 0 变为 1，或由 1 变为 0，都称为变异。

(13) 反转：对位串中的某段进行逆置。

(14) 重组：用某种方法选取两个亲代中的一些位重新组合出一个或两个个体的操作。交叉可看成是一种重组操作。

(15) 位串空间(bit string space)：在编码方案确定后，所有位串上的各个等位基因任意取值组合组成的集合，对应于遗传学中的基因型的集合。遗传算法中的基因操作在位串空间进行。

(16) 参数空间(parameter space)：指位串空间中的位串到物理系统映射后得到的数据值所构成的集合，对应遗传算法中表现型的集合。

(17) 基因型(genotype)：指基因的结构，即基因之间的关系，属于框架或型一级的概念。

(18) 表型(phenotype)：指基因所表示的参数集，也决定了译码结构。

表 4.1 给出了 0、1 二值编码下一个个体的位串表示形式，若其适应度以其表示的一个十进制数值来表示，则得到其适应度为 22。

**表 4.1 一个个体的编码**

| 基因位 | 1 | 2 | 3 | 4 | 5 |
|---|---|---|---|---|---|
| 位串 | 1 | 0 | 1 | 1 | 0 |

GA 与自然进化中的概念对照见表 4.2。

**表 4.2 遗传算法与自然进化中的概念对照表**

| 自然界 | 遗传算法 |
|---|---|
| 个体 | 位串和适应度整体 |
| 染色体 | 位串或字符串 |
| 基因 | 位、字符或特征 |
| 等位基因 | 特征值 |
| 基因位置、染色体位置 | 字符串位置 |
| 基因型(genotype) | 结构 |
| 表型(phenotype) | 参数集，译码结构 |

**2. 遗传算法的求解过程**

遗传算法的基本求解过程如下：

(1) 初始化：设置种群规模 $M$ 的大小，代数计数器 $t=0$，最大代数 $L$，并随机生成初始种群 $P(0)$。

(2) 适应度评价：对种群 $P(t)$ 中的每个个体计算适应度值。

(3) 选择运算：在个体适应度基础上，选择若干优良个体到下一代或作为配对交叉个体。

(4) 交叉运算：交换选择的两个个体的位串形成两个新个体。

(5) 变异运算：对选择的个体串的某基因位值按一定的概率进行变异。

(6) 种群 $P(t)$ 经过选择、交叉、变异运算之后得到下一代种群 $P(t+1)$。令 $t=t+1$，若 $t \geqslant L$，则以迭代中具有最大适应度的个体作为最优解输出，迭代终止，否则，转到(2)。

基本遗传算法伪代码：

```
Pc：交叉发生的概率
Pm：变异发生的概率
M：种群规模
G：终止进化的代数
T：进化产生的任何一个个体的适应度函数超过 T，则可以终止进化过程
初始化 Pm，Pc，M，G，T 等参数。随机产生第一代种群 Pop
do
{   计算种群 Pop 中每一个个体的适应度 F(i)。
    初始化空种群 newPop
    do
    {   根据适应度以比例选择算法从种群 Pop 中选出 2 个个体
        if ( random ( 0 , 1 ) < Pc )
        { 对 2 个个体按交叉概率 Pc 交叉操作
        }
        if ( random ( 0 , 1 ) < Pm )
        { 对 2 个个体按变异概率 Pm 变异操作
        }
```

遗传算法的一般流程

```
        将 2 个新个体加入种群 newPop 中
        } until（M 个子代被创建）
        用 newPop 取代 Pop
    }until（任何染色体得分超过 T 或繁殖代数超过 G）
```

**3. 遗传算法的特点**

遗传算法是解决搜索问题的一种通用算法，对于各种通用问题都可以使用。搜索算法的共同特征为：

(1) 首先组成一组候选解。

(2) 依据某些适应性条件测算这些候选解的适应度。

(3) 根据适应度保留某些候选解，放弃其他候选解。

(4) 对保留的候选解进行某些操作，生成新的候选解。

在遗传算法中，上述几个特征以一种特殊的方式组合在一起，基于染色体群的并行搜索，带有猜测性质地进行选择操作、交换操作和突变操作。这种特殊的组合方式将遗传算法与其他搜索算法区别开来。

遗传算法还具有以下几方面的特点：

(1) 遗传算法从问题解的串集开始，而不是从单个解开始搜索。这是遗传算法与传统优化算法的最大区别。传统优化算法是从单个初始值迭代求最优解的，容易陷入局部最优解，而遗传算法从串集开始搜索，覆盖面大，利于全局择优。

(2) 遗传算法同时处理种群中的多个个体，即对搜索空间中的多个解进行评估，减少了陷入局部最优解的风险，同时算法本身易于实现并行化运算。

(3) 遗传算法基本上不用搜索空间的知识或其他辅助信息，而仅用适应度函数值来评估个体，在此基础上进行遗传操作。适应度函数不仅不受连续可微单峰的约束，而且其定义域可以任意设定。这一特点使得遗传算法的应用范围大大扩展。

(4) 遗传算法不是采用确定性规则，而是采用概率的变迁规则来指导其搜索方向。

(5) 具有自组织、自适应和自学习性。遗传算法利用进化过程获得的信息自行组织搜索时，适应度大的个体具有较高的生存概率，并获得更适应环境的基因结构。

遗传算法目前处于兴盛发展阶段，无论是理论研究还是应用研究，都是十分热门的课题。尤其是遗传算法的应用研究显得格外活跃，不但其应用领域得以扩大，而且利用遗传算法进行优化和规则学习的能力也得到了显著提高。此外，一些新的理论和方法在应用研究中亦得到了迅速发展，这些无疑都给遗传算法增添了新的活力。遗传算法的应用研究已从初期的组合优化求解扩展到了许多更新、更工程化的应用方面。

随着应用领域的不断扩展，遗传算法的研究出现了几个引人注目的新动向。一是基于遗传算法的机器学习，这一新的研究课题把遗传算法从离散的搜索空间的优化搜索算法扩展到具有独特的规则生成功能的崭新的机器学习算法。这一新的学习机制对于解决人工智能中知识获取和知识优化精炼的瓶颈难题带来了希望。二是遗传算法正日益和神经网络、模糊推理以及混沌理论等其他智能计算方法相互渗透和结合，这对开拓新的智能计算技术具有十分重要的意义。三是并行处理的遗传算法的研究十分活跃，这一研究不仅对遗传算法本身的发展，而且对于新一代智能计算机体系结构的研究都是十分重要的。

## 4.2 遗传算法的构成要素

**1. 编码和译码**

遗传算法一般不能直接处理问题空间的参数，必须把它们转换成由基因按一定结构组成某种位串或染色体的形式，这一转换就叫作编码，也可以称作问题的表示(representation)。原问题空间或问题空间称为解空间，编码构成的染色体空间称为遗传空间。解空间或遗传空间中的任何点都称为可行解(候选解)。例如，在[0, 31]内求某个连续函数在整数点0，1，2，…，31上最大值的问题中，{0，1，2，…，31}就是问题空间，0，1，2，…，31中的任何点都是可行解。而将0，1，2，…，31编码为5位二进制串后，00000～11111构成遗传空间，其中的任何一个位串也称为可行解。遗传算法在遗传空间进行搜索，当搜索到满足条件的位串后，再将位串转为对应的解，这一过程则称为译码。原空间中的任何点及其函数值整体或在遗传空间中的位串及相应的适应度值整体都可称为个体。原空间中的任何点以及遗传空间中的位串都可直接称为个体。位串也可直接称为染色体。

编码的好坏决定了遗传算子的操作，也决定了遗传算法的效率。

到目前为止，还没有统一的标准用于如何进行编码。不过，有下面两个原则可供参考：

(1) 最小字符集编码原则，即用尽可能少的字符集进行编码。例如，0～31的十进制整数在用二进制编码时，仅用0、1两个字符。

(2) 有意义的积木块编码原则，即采用低阶、短定义及长模式的编码原则。这里“模式”指的是染色体的一种型，它确定了由某些位取定值而某些位可以任意取值的位串构成的一个具有某种相似性的染色体集合。在遗传算法的理论中，已通过一个所谓的模式定理得到证明，低阶、短定义及长模式的个体具有更好的繁殖能力。

评估编码的好坏遵循三个规范：完备性、健全性、非冗余性。

(1) 完备性(completeness)：问题空间点(候选解)都能作为GA空间中的点(染色体)表现。

(2) 健全性(soundness)：GA空间中的染色体能对应所有问题空间中的候选解。

(3) 非冗余性(nonredundancy)：染色体和候选解一一对应。

目前，常用的几种编码技术有二进制编码、字符编码、浮点数编码、格雷码编码、参数级联编码及多参数交叉编码等。

二进制编码：二进制编码是目前遗传算法中最常用的编码方法，即由二进制字符集{0, 1}产生通常的0，1字符串来表示问题空间的候选解。它具有以下特点：简单易行，符合最小字符集编码原则，便于用模式定理进行分析(因为模式定理就是以其为基础的)。其缺点是：存在着连续函数离散化时的映射误差，不能直接反映出所求问题本身的结构特征，不便于开发针对问题的专门知识的遗传运算算子，很难满足积木块编码原则。

字符编码：用特定的字符集作为编码字符集，如A～Z，1～9等。

浮点数编码：个体的每个基因值用某一范围内的某个浮点数来表示，个体的编码长度等于其决策变量的位数。

格雷码编码：连续的两个整数所对应的编码之间仅仅只有一个码位是不同的，其余码位都相同。

参数级联编码：对含有多个变量的个体进行编码的方法是通常将各个参数分别以某种编码方法进行编码，然后将它们的编码按照一定的顺序连接在一起，就组成了表示全部参数的个体编码。

多参数交叉编码：将各个参数中起主要作用的码位集中在一起，这样它们就不易于被遗传算子破坏掉。

**2. 适应度函数**

进化论中的适应度表示某一个体对环境的适应能力，也表示该个体繁殖后代的能力。遗传算法的适应度函数也叫评价函数，是用来判断种群中个体优劣程度的指标，它是根据所求问题的目标函数来进行评估的。

遗传算法在搜索进化过程中一般不需要其他外部信息，仅用评估函数来评估个体或解的优劣，并作为以后遗传操作的依据。由于遗传算法中的适应度函数要进行比较排序，并在此基础上计算选择概率，因此适应度函数的值要取正值。由此可见，在不少场合，将目标函数映射成求最大值形式且函数值非负的适应度函数是必要的。

适应度函数的设计需满足以下条件：

(1) 单值、连续、非负、最大化。

(2) 合理、一致性。

(3) 计算量小。

(4) 通用性强。

适应度函数的设计要结合求解问题的要求而定。适应度函数直接影响到遗传算法的性能。

**3. 初始种群选取**

遗传算法中初始种群的个体随机产生。一般来讲，产生初始种群可采取如下策略：

(1) 根据问题固有知识，设法把握最优解所占空间在整个问题空间中的分布范围，然后在此分布范围内设定初始种群。

(2) 先随机生成一定数目的个体，然后从中挑出最好的个体加到初始种群中。这一过程不断迭代，直到初始种群中的个体数达到了预先确定的规模。

**4. 遗传操作**

遗传操作模拟生物基因的遗传。在遗传算法中，通过编码组成初始种群后，遗传操作的任务就是对种群的个体按照它们对环境的适应度(适应度评估)施加一定的操作，从而实现优胜劣汰的进化过程。从优化搜索角度，遗传操作可使问题解在遗传过程中一代又一代地优化，并逼近最优解。

遗传操作包括以下三个基本遗传算子(genetic operator)：选择(selection)、交叉(crossover)、变异(mutation)。这三个遗传算子有如下特点：

个体遗传算子的操作都是在随机扰动的情况下进行的。因此，种群中的个体向最优解迁移的规则是随机的。需要强调的是，这种随机化操作和传统的随机搜索方法是有区别的。遗传操作进行的是高效有向的搜索而不是如一般随机搜索方法所进行的无向搜索。

遗传操作的效果和上述三个遗传算子所取的操作概率、编码方法、种群大小、初始种群以及适应度函数的设定密切相关。

1) 选择

从种群中挑选优胜的个体，淘汰劣质个体的操作叫选择。选择算子有时又称为再生算子(reproduction operator)。选择的目的是把优化的个体(或解)直接遗传给下一代或通过配对交叉产生新的个体再遗传给下一代。选择操作是建立在种群中个体的适应度评估基础上的，目前常用的选择算子有以下几种：适应度比例方法、随机遍历抽样法、局部选择法。

轮盘赌选择法 (roulette wheel selection)是最简单最常用的选择方法。在该方法中，各个体的选择概率和其适应度值成比例。设种群大小为 $n$，其中个体 $i$ 的适应度为 $f_i$，则 $i$ 被选择的概率为

$$P_i = \frac{f_i}{\sum_{j=1}^{n} f_j} \tag{4-1}$$

概率 $P_i$ 反映了个体 $i$ 的适应度在整个种群的个体适应度总和中所占的比例。个体适应度越大，其被选择的概率就越高，反之亦然。计算出种群中各个个体的选择概率后，为了选择交配个体，需要进行多轮选择。每一轮产生一个[0，1]之间的均匀随机数，将该随机数作为选择指针来确定被选个体。个体被选后，可随机地组成交配对，以供后面的交叉操作。

2) 交叉

在自然界生物进化过程中起核心作用的是生物遗传基因的重组(加上变异)。同样，遗传算法中起核心作用的是遗传操作的交叉算子。所谓交叉是指把两个父代个体的部分结构加以交换重组而生成新个体的操作。通过交叉，遗传算法的搜索能力得以提高。

交叉算子根据交叉率将种群中的两个个体随机地交换某些基因，产生新的基因组合，期望将有益基因重新组合在一起。根据编码表示方法的不同，可以有不同的交叉方法。

(1) 二进制编码下的交叉操作。

二进制编码下常用的交叉(binary valued crossover)操作有单点交叉、两点交叉、均匀交叉。

① 单点交叉(single-point crossover)。最常用的交叉算子为单点交叉。具体操作是在父代个体串中随机设定一个交叉点，实行交叉时，该点前或后的两个个体的部分结构互换，生成两个新个体。下面给出一个单点交叉的例子，选定个体 A 和个体 B 的第 5 位(从左向右数)，交换尾部位段(含位 5 上的码)：

个体 A： 1 0 1 1 ↑ 1 0 1 → 1 0 1 1 0 1 0 新个体

个体 B： 0 1 0 1 ↑ 0 1 0 → 0 0 0 1 1 0 1 新个体

② 两点交叉(two-point crossover)。在父代个体串中随机设定两个交叉点，将两个父代个体中处于两个交叉点之间的位串互换，生成两个新个体。例如：

个体 A： 1 1 ↑ 1 0 1 ↑ 0 1 → 1 1 1 0 0 0 1 新个体

个体 B： 1 0 ↑ 1 0 0 ↑ 1 0 → 1 0 1 0 1 1 0 新个体

③ 三点交叉。如对下列两个亲本：

1 ↑ 110 ↑ 1011 ↑ 1001010111

0 ↑ 100 ↑ 1101 ↑ 0101010101

在 2、5、9 处 3 点交叉得到的两个子代个体为

1↑100↑1011↑0101010101

0↑110↑1101↑0110110100

均匀交叉则是指子代的每一位或多位均从其父代随机选取。

此外，还有多点交叉(multiple-point crossover)、洗牌交叉(shuffle crossover)、缩小代理交叉(crossover with reduced surrogate)等。

(2) 十进制正整数编码下的交叉操作。

在主要针对旅行商问题求解时，城市按 1，2，…，$n$ 编码后所采取的一些交叉操作，分别有部分映射交叉(Partial-Mapped Crossover，PMX)、有序交叉(Order Crossover，OX)、基于位置的交叉(Position-Based Crossover，PBX)、序基交叉(Order-Based Crossover，OBX)、循环交叉(Cycle Crossover，CX)、子路交换交叉(Subtour Exchange Crossover，SEC)、边重组交叉等。下面结合实例对 1～9 所构成的两个置换编码进行交叉操作等加以介绍。

① 有序交叉分为直接和间接寻值两种。在直接(direct)方式下，选 4、6、7，得到两个子代个体：

7 8 5 4 3 6 1 9 2 ➔ 2 3 * 1 5 9 * 8 * ➔ 2 3 7 1 5 9 4 8 6

2 3 6 1 5 9 7 8 4 ➔ * 8 5 * 3 * 1 9 2 ➔ 6 8 5 7 3 4 1 9 2

而在间接(indirect)方式下，选 4、6、7，得到两个子代个体：

7 8 5 4 3 6 1 9 2 ➔ 2 3 * * 5 9 7 8 * ➔ 2 3 4 6 5 9 7 8 1

2 3 6 1 5 9 7 8 4 ➔ * 8 5 4 3 6 * * 2 ➔ 1 8 5 4 3 6 9 7 2

② 部分映射交叉，得到两个子代个体：

7 8 5 4 3 6 1 9 2　⇨　2 9 5 4 3 6 7 8 1

2 3 6 1 5 9 7 8 4　　　7 8 6 1 5 9 4 3 2

③ 循环交叉，得到两个子代个体：

7 8 5 4 3 6 1 9 2

2 3 6 1 5 9 7 8 4

环：7，2，4，1；8，3，5，6，9

7 * * 4 * * 1 * 2；　　2 * * 1 * * 7 * 4；

7 3 6 4 5 9 1 8 2；　　2 8 5 1 3 6 7 9 4.

④ 边重组交叉，对下列两个置换编码

7 8 5 4 3 6 1 9 2

2 3 6 1 5 9 7 8 4

得到的初始边表由每个点在不同序列中的相邻两个点，共 4 个相邻点组成(每个置换编码看成首尾相连的环，所以每个点在每个编码序列中有两个相邻点)，一个点的某个相邻点重复时前面写个“＋”。如＋6 是 1 的重复相邻点。

由边表构成一个子代个体的方法如下：

第一步　随机选某个点作为始点即当前点，将其从边表中删掉；

第二步　按下列顺序选择下一个点排在当前点之后，作为新当前点，并将其从边表中删掉。

① 若当前点所在行(全部相邻点)中有带“＋”的相邻点，则将其优先选取；

② 在当前点所在行中选具有最短边长的点；

③ 若当前点有多个相邻点的最短边长都相同，则随机选取一个。

从初始边表(见表 4.3)开始，选 1，6，3 后，边表如表 4.4 所示。直到 1，6，3，4，5，8，7，2，9 选后，边表为空，得到一个子代个体：1 6 3 4 5 8 7 2 9。用类似的方法，可从下一个点为开始点，求得第二个子代个体，如：7 8 5 1 6 3 4 2 9。

不像二进制编码，利用一位上的 0 到 1 或 1 到 0 的变异可从一个染色体得到一个新的染色体。在置换编码下，只有用其他方式进行类似的操作，当然，这些方式对二进制编码也适用。

**表 4.3　初始边表**

| | | | | |
|---|---|---|---|---|
| 1 | +6 | 9 | 5 | |
| 2 | 7 | 9 | 3 | 4 |
| 3 | 4 | +6 | 2 | |
| 4 | 3 | 5 | 2 | 8 |
| 5 | 4 | 8 | 1 | 9 |
| 6 | +1 | +3 | | |
| 7 | 2 | +8 | 9 | |
| 8 | 5 | +7 | 4 | |
| 9 | 1 | 2 | 5 | 7 |

**表 4.4　选 1，6，3 后的边表**

| | | | | |
|---|---|---|---|---|
| 1 | | 9 | 5 | |
| 2 | 7 | 9 | | 4 |
| 3 | 4 | | 2 | |
| 4 | | 5 | 2 | 8 |
| 5 | 4 | 8 | | 9 |
| 6 | | | | |
| 7 | 2 | +8 | 9 | |
| 8 | 5 | +7 | 4 | |
| 9 | | 2 | 5 | 7 |

(3) 十进制正整数编码下的其他操作。

① 倒置。如对下列置换编码倒置 2～6 位下可得到一个子代个体：

7 8 5 4 3 6 1 9 2 ➔ 7 6 3 4 5 8 1 9 2

② 基因交换。如将下列置换编码第 5～7 位与第 2～4 位上的基因交换可得到一个子代个体：

7 8 5 4 3 6 1 9 2 ➔ 7 3 6 1 8 5 4 9 2

③ 基因插入。如将下列置换编码第 7 位上的基因插入第 4 位之前得到一个子代个体。

7 8 5 4 3 6 1 9 2 ➔ 7 8 5 1 4 3 6 9 2

(4) 浮点数编码方法下的交叉操作。浮点数编码方法下的交叉操作又称为实值重组(real valued recombination)，进一步又分为离散重组(discrete recombination)、中间重组(intermediate recombination)、线性重组(linear recombination)、扩展线性重组(extended linear recombination)等交叉方法。

3) 变异

变异算子的基本内容是对种群中个体串的某些基因位上的基因值做变动。依据个体编码表示方法的不同，可以有实值变异和二进制变异两种算法。

一般来说，变异算子操作的基本步骤如下：

(1) 对群中所有个体以事先设定的变异概率判断是否进行变异。

(2) 对进行变异的个体随机选择变异位进行变异。

遗传算法引入变异的目的有两个：一是使遗传算法具有局部的随机搜索能力。当遗传算法通过交叉算子已接近最优解邻域时，利用变异算子的这种局部随机搜索能力可以加速向最优解收敛。显然，此种情况下的变异概率应取较小值，否则接近最优解的积木块会因变异而遭到破坏。二是使遗传算法可维持种群多样性，以防止出现未成熟收敛现象。此时收敛概率应取较大值。

遗传算法中，交叉算子因其全局搜索能力而作为主要算子，变异算子因其局部搜索能力而作为辅助算子。遗传算法通过交叉和变异这对相互配合又相互竞争的操作而使其具备兼顾全局和局部的均衡搜索能力。所谓相互配合，是指当种群在进化中陷于搜索空间中某个超平面而仅靠交叉不能摆脱时，通过变异操作，有助于这种摆脱。所谓相互竞争，是指当通过交叉已形成所期望的积木块时，变异操作有可能破坏这些积木块。如何有效地配合使用交叉和变异操作，是目前遗传算法的重要研究内容之一。

基本变异算子是指对种群中的个体码串随机挑选一个或多个基因位并对这些基因位的基因值做变动(以变异概率 $P.$ 做变动)，(0，1)二值码串中的基本变异操作是由 0 变为 1 或由 1 变为 0。例如，个体 A：1 0̲1 1̲011－＞1110011，基因位下方标有“_”号的基因发生变异。

变异率的选取一般受种群大小、染色体长度等因素的影响，通常选取的值很小。

遗传算法的变异概率值一般取 0.001～0.1。

**5. 控制参数和终止条件**

当最优个体的适应度达到给定的阈值，或者最优个体的适应度和种群适应度不再上升，或者迭代次数达到预设的代数时，算法终止。预设的代数一般设置为 100～500 代。

由于遗传算法的整体搜索策略和优化搜索方法在计算时，不依赖于梯度信息或其他辅助知识，而只需要影响搜索方向的目标函数和相应的适应度函数，因此遗传算法提供了一种求解复杂系统问题的通用框架，它不依赖于问题的具体领域，对问题的种类有很强的鲁棒性，所以可广泛应用于许多领域的问题求解，如函数优化、组合优化、车间调度等。

遗传算法的具体流程图

**6. 算法具体流程**

具体流程可根据前面的分析绘制，或参考右侧二维码中的内容绘制。

## 4.3　分组选优交叉与概率接受差解模拟退火遗传算法

模拟退火遗传算法 SA( Simulated Annealing Algorithms) 是模拟加热熔化的金属的退火过程，来寻找全局最优解的有效优化算法之一。在金属退火过程中，往往先将金属加温熔化，使其中的分子可自由运动，然后逐渐降低温度，使分子形成低能态的晶体。如果温度下降得足够慢，那么金属一定会形成最低能量的基态。根据这一过程，N. Metropolis 等人于 1953 年提出了 SA 算法的思想，后来 S . Kirkpatrick 等人先后研究发展了 SA 算法的理论，并将其应用到寻找函数最优解问题上。遗传算法与模拟退火算法都是模仿自然界的某些规律来进行问题的求解。如何将它们有机地结合起来，是目前研究的一个有意义的课题。

1) GA 算法与 SA 算法的结合

遗传算法最为严重的问题是“过早收敛”问题。由于种群规模是有限的，按复制、交叉、变异操作和按适应度进行选择，使得高于种群平均适应度的个体在下一代中得到更多的复制，这样不断进行，一旦某些个体在种群中占有绝对优势，则 GA 算法就会强化这种优势，从而使搜索范围变窄，表现为种群收敛于一些相同的串。由于“遗传漂移”，迅速收敛的种群达到的未必是全局最优的，这就是“过早收敛”问题。

保持种群的多样性可以预防“过早收敛”，但是无限制的多样性会导致种群最终很难收敛。受限的多样性是让种群中的一些个体分别代表解空间中不同的局部最优区域。将模拟退火算法的机制引入 GA 中，则是一种保持“有用的多样性”的方法，这样可以避免种群收敛于某一局部区域或者在各个局部区域之间跳来跳去且收敛性差的弊病。

GA 的替换策略有：新产生的几个子代替换种群中几个最坏的个体，新产生的子代替换其父代等。GA 的生成策略有：接受所有子代；设 f0 是种群的最低适应度，仅接受适应度大于其所在子种群最低适应度的子代；仅接受适应度大于整个种群的最低适应度的子代；仅接受适应度大于其父代的子代。即当新产生子代的适应度大于某一随种群进化而变动的阈值时被接受。实际中，有时存在 GA 骗问题，即函数表现为适应度高的山峰被一些低谷所包围(要达到山峰必须经过低谷)，低适应度的种群也可能会包含一些有用的个体，因此，在遗传算法中应适当考虑差解。

基于这种考虑，在 GA 的生成策略中引入模拟退火算法的求解机制：设新产生的个体适应度为 $f$，阈值为 $\overline{f}$，当 $f>\overline{f}$ 时，接受新个体，否则，以一定的概率接受新个体。即计算概率 $P=\exp[(f-\overline{f})/T]$，其中，$T$ 是控制参数，相当于热力学中的温度。当 $P>\xi$ 时，接受新个体，否则放弃它。这里，$\xi$ 是某个概率阈值。

此外，根据生物遗传的特点，在种群交叉时，传统 GA 算法通常采用两两交叉的形式，而在某些生物遗传中，我们认为应在种群内进一步分组，在每一分组中，采用由适应度相对最高者与其他的个体进行交配的机制，如生物猴就具有这方面的特点。分组中个体数的多少可以是动态的，但至少是 2 个。

为了接受差解，可以计算种群或分组中个体的平均适应度 $f_{avg}$ 和最小适应度 $f_{min}$。对于每一个新产生的个体，若其适应度高于 $\overline{f}=(f_{avg}+f_{min})/2$，则在种群中随机选取一个其适应度低于 $\overline{f}$、大于 $f_{min}$ 的个体来代替；否则，以概率 $P=\exp[(f-\overline{f})/T]$ 替换种群中适应度低于 $\overline{f}$ 的个体，即当 $P>\xi$ 时替换，否则仍保持该个体。这里，$\xi$ 亦是某个概率阈值。

其本质上就是说，将模拟退火算法与遗传算法相结合，得到相应的一个或多个改进的遗传算法，具体体现在下列几个方面：

(1) 采取种群分组，选择分组中的最优个体与分组内的其他每一个个体交配。

(2) 按受差解。进一步又分为两种途径：

① 可简称直接模拟退火遗传算法；

② 用比平均适应度低的差解，以一定的概率替换种群中的个体，可简称为略有改进的直接模拟退火遗传算法。

遗传算法是一种并行搜索算法，搜索的效率高，不需要目标函数的微分值，对目标函数的要求宽松，本质上是属于随机寻优算法，也不存在局部收敛的问题。模拟退火算法可以使解的收敛从局部最优跳出，最终达到全局收敛。将遗传算法和模拟退火算法的思想结合起来，可以克服收敛速度慢和易陷入局部极小的缺陷，也解决了单独利用遗传算法往往只能在短时间内寻找到接近全局最优解的近优解这一问题。因为遗传算法的寻优过程是随机的，带有一定的盲目性和概率性，即使已经到达最优点附近，也很可能“视而不见”，与其“擦肩而过”，引入 SA 算法的思想后，会避免这种现象的发生。

将模拟退火算法和遗传算法相结合，可得到改进的算法。下面将给出该算法的具体步骤。

2）模拟退火遗传算法

在构造模拟退火的遗传算法之前，首先应当实现遗传算法中数字串的实数化，即以十进制数字串取代遗传算法中的二进制数字串来直接表征参数。这样可以避免取值范围不明确，难以进行编码的困难，取消了编码译码过程，提高了算法的速度，计算精度也大为提高。

下面介绍模拟退火遗传算法两种算法的具体步骤。

算法一

(1) 随机产生初始种群（假设其尺度为 $N$）。

(2) 对所产生的种群中的每个个体，计算其适应度函数值。

(3) 对种群分组，分组后求出每一组中具有最大适应度值的个体，将其与分组中每一个其他个体进行交叉，并进行变异等其他遗传操作算子运算。对当前个体，若其适应度值 $f>\overline{f}$，则将其直接选出作为下一代个体；若 $f<\overline{f}$，则以概率 $P=\exp[(f-\overline{f})/T]$ 选择它，即当 $P>\xi$ 时被选中，否则放弃，$\xi$ 为某个概率阈值。

(4) 重复(2)和(3)，直到设定的收敛条件满足为止。

算法二

(1) 随机产生初始种群(假设其规模为 $N$)。

(2) 对所产生的种群中的每个个体，计算其适应度函数值。

(3) 对种群分组，分组后求出每一组中具有最大适应度值的个体，将其与分组中每一个其他个体进行交叉，并进行变异等其他遗传操作算子运算。对当前个体，若其适应度值 $f>\overline{f}=(f_{avg}+f_{min})/2$，则在种群中随机选取一个适应度值低于 $\overline{f}$、大于 $f_{min}$ 的个体来代替；若 $f<\overline{f}$，则以概率 $P=\exp[(f-\overline{f})/T]$ 替换种群中适应度值低于 $\overline{f}$ 的个体，即当 $P>\xi$ 时替换，否则仍保持该个体。$\xi$ 为某个概率阈值，以此方式判断处理即表示可接受差解。

(4) 重复(2)和(3)，直到设定的收敛条件满足为止。

算法一和算法二收敛的条件一般都是事先给种群演化的最大代数设定某个值。有时也可以用两代中的最大适应度值的改变量小于某个给定量为止作为收敛条件。

这里所提出的两种算法分别都是模拟退火算法和遗传算法的不同结合形式，从编程实现上述算法及实际运行结果(源程序省略)来看，算法一和算法二均是可行的算法。当然每个算法的收敛速度有异，但它们却是不同于其他形式的 GA 算法的算法。算法二的随机性考虑得更充分些，但从算法实现的角度来看，算法一相对简便一些。

## 4.4　遗传算法的应用

### 4.4.1　遗传算法用于解聚类问题

**1. 问题描述**

对于所测得的对象，不管是图像还是其他东西，都要先将数据加以整理，形成按属性或特征值构成的样本向量。现在假设有 $N$ 个样本，每个样本有 $m$ 个特征，要将其分为 $M$

类。使得每类内的样本具有较大的相似性，而类间样本具有一定的不相似性。相似性通过欧氏距离来度量，即距离相近的样本聚在同一类，而距离较大的样本不聚在同一类。除了利用欧氏距离作度量外，也可改用其他距离度量。

如前面给出的例子，样本数 $N=20$，$M=2$，即要将 20 个样本聚为 2 类。评价聚类好坏的标准采用聚类准则函数，下面将遗传算法用于该问题的求解。

**2. 染色体设计**

采用十进制整数编码。十进制整数编码属于一种符号编码。针对本问题，用 1～20 表示 20 个样本的编号。染色体长度取为 20，即位串长为 20 位。位串中的每一位是基因，基因的位序号表示样本的编号，等位基因取为 1～2，即基因的值可取 1～2 两个值，表示对应编号的样本所属的类号。每个个体或染色体实际上就代表了一种聚类方案。如表 4.5 所示，如基因位 6 上的基因值为 1，则表明样本 6 聚在第 1 类中；基因位 18 上的基因值为 2，则表明样本 18 聚在第 2 类中。也就是说，基因值相同的对应样本属于同一类。通过遗传算法求解之后得到的最优聚类结果的表示形式也如此类似给出。

**表 4.5　一个个体的编码表示**

| 样本编号 | 1 | 2 | 3 | 4 | 5 | 6 | … | 18 | 19 | 20 |
|---|---|---|---|---|---|---|---|---|---|---|
| 基因位 | 1 | 2 | 3 | 4 | 5 | 6 | … | 18 | 19 | 20 |
| 基因值(类号) | 1 | 2 | 2 | 1 | 2 | 1 | … | 2 | 2 | 2 |

为了便于进行遗传算法的编程，对种群中的每个个体 $i$ 的结构设计如下：

```
P(i)={cluster,
      fitness;
      index;
     }
```

其中：$i$ 代表个体编号，取值为 $1\sim m$，$m$ 为种群规模，即个体总数；cluster 表示样本的一个聚类结果，即一个可行解；fitness 表示第 $i$ 个可行解即染色体的适应度值。index 表示个体的一种索引号，将用于个体按聚类准则值排序后的序号。

**3. 适应度函数设计**

适应度函数在评价个体时起着非常重要的作用，也是遗传算法中关键性的一个设计内容。好的适应度函数可以使遗传算法通过种群进化求得最优解。

首先计算每代种群中每个个体所表示的一个可行聚类解的类内距离平方总和，将其作为每个个体的一个评估值，步骤如下：

(1) 首先获得人工输入的聚类类别数 clsNum($2\leqslant \text{clsNum}\leqslant N$，$N$ 是样本总数)。

(2) 对于当前个体 $k$，统计其表示的聚类中每一类的样本个数，并求出同类样本之和，设 $N_i$ 为第 $i$ 类样本个数，则样本总数 $N=\sum_{j=1}^{\text{clsNum}} N_j$，第 $i$ 类样本之和为 $\sum_{j=1}^{N_i} X_j^{(\omega_i)}$ 。

(3) 计算聚类中心，对于第 $i$ 类，其聚类中心 $\text{mean}_i$ 为

$$\text{mean}_i = \frac{1}{N_i}\sum_{j=1}^{N_i} X_j^{(\omega_i)} \tag{4-2}$$

于是个体的聚类中心是($\text{mean}_1$，$\text{mean}_2$，…，$\text{mean}_{\text{clsNum}}$)，即由各个聚类的中心，构成了个体的聚类中心。

(4) 求个体的聚类准则函数值，将其作为个体的评估值。对第 $i$ 类，计算 $i$ 内的每个样本到第 $i$ 个聚类中心的距离平方，并计算它们全部之和，计算方法如下：

$$D_i = \sum_{j=1}^{N_i} \| X_j^{(\omega_i)} - \text{mean}_i \|^2 \tag{4-3}$$

$$D = \sum_{i=1}^{\text{clsNum}} D_i = \sum_{i=1}^{\text{clsNum}}\sum_{j=1}^{N_i} \| X_j^{(\omega_i)} - \text{mean}_i \|^2 \tag{4-4}$$

当聚类类别数 clsNum$=N$ 时，显然 $D=0$。但当 clsNum$\neq N$ 时，$D>0$。在clsNum值确定后，$D$ 的大小可以用来衡量聚类的好坏。$D$ 越小，说明相应的聚类效果越好，对应的个体被选择到下一代的可能性越大。

对于第 $k$ 个个体，其评估值暂存于 Val(k)中，即 Val($k$)$=D$。

在种群中的每个个体的评估值计算完成后，继续计算每个个体的适应度值。适应度是个体被选择复制的依据。个体适应度大的个体被选择复制到下一代的可能性高于个体适应度小的个体。

实验表明若直接采用上面已计算出来的个体 $k$ 的评估值 Val($k$)作为个体 $k$ 的适应度值，则会存在以下两个问题：

(1) 适应度大的少数个体被选择复制的几率高，引起遗传算法过早收敛于局部最优解。

(2) 种群中个体适应度值彼此接近，算法倾向于随机搜索，使算法趋于停顿。

为避免这些问题的出现，这里不以个体的评估值作为适应度值，而是先将个体按评估值由小到大排序，设计一个只与个体排序后的序号相关的函数作为适应度函数，而不论个体的评估值的大小。因此，适应度按如下两步计算：

遗传算法解聚类问题流程图

对 Val 数组由小到大排序，并记录对应的个体 $k$ 排序后的序号 order($k$)；计算个体 $k$ 的适应度函数值：

$$P(k).\text{fitness} = a\,(1-a)^{\text{order}(k)-1} \tag{4-5}$$

其中，$a$ 为在(0，1)中取值的一个常数，取 $a=0.7$。

**4. 遗传操作**

1) 选择操作

设 $F$ 是一个长度为 $m$ 的数组。分量 $F(i)$保存种群中从个体 1 到个体 $i$ 的适应度之和($i=1$，2，…，$m$)，即

$$F(i) = \sum_{k=1}^{i} P(k).\text{fitness}$$

显然，$F(m)$是种群中所有个体的适应度之和，即

$$F(m) = \sum_{k=1}^{m} P(k).\text{fitness}$$

计算 $F=F/F(m)$，则按 Matlab 矩阵计算方法得到，$F$ 的第 $i$ 个分量 $F(i)$ 表示的是第 $i$ 个个体之前所有个体的适应度在总的适应度之和中所占的比例，亦即

$$F(i)=\frac{\sum_{k=1}^{i}P(k).\text{fitness}}{\sum_{k=1}^{m}P(k).\text{fitness}}$$

按照赌轮选择法，对每个个体 $k$，产生一个随机数 $p$，若 $p<F(k)$，则将第 $k$ 个样本复制到下一代。如此循环直到生成一个规模为 $m$ 的中间种群。

2) 交叉操作

为简单起见，循环变量 $k$ 从第 1 个个体开始直到第 $m/2$ 个个体，产生一个随机数 $p$，若 $p<p_c$，则选定一个“一点交叉”的交叉位 point，将中间种群中的第 $2k-1$ 和第 $2k$ 个个体从交叉位后的基因进行交换。若 $m$ 是奇数，则最后一个个体没有配对交叉，直接复制。这样就得到一个规模为 $m$ 的一个新的中间种群。

3) 变异操作

对交叉操作产生的新的中间种群中的每个个体，循环每一基因位，产生一个随机数 $p$，若 $p<p_m$，则对该基因位进行变异，即随机产生 1～clsNum 中的任意一个数替换该基因位上的值，直到得到下一代种群。

变异概率 $p_m$ 一般较小，取值在 0.001～0.1 之间，这里取 $p_m=0.05$。如果变异概率过大，可能会破坏个体的优良性，使之得不到最优解。

由此产生了新的种群后，将其作为下一代种群，并进入下一轮迭代计算。

**5. 算法实现**

将样本数据作为算法函数的参数，求得样本个数 $N$ 和特征个数 $n$；

通过对话框获得种群大小 popsize＝100，聚类类别数 clsNum＝2 和最大迭代次数 MaxGeneration＝100。设置交叉概率 $p_c=0.6$，变异概率 $p_m=0.05$，用于设计适应度函数的 $a=0.7$(见式 4-5)。

(1) 建立初始种群。对最优个体(保存精英个体)赋初值。

(2) 计算每个个体的适应度：先计算每个个体的评估值，即按每个个体所表示的一个聚类计算聚类准则函数值，然后对所有个体按评估值进行由小到大排序，再按每个个体排序的序号计算个体适应度函数值。

(3) 生成下一代种群。

选择操作：按赌轮法依据适应度占比选择复制个体，直到产生 popsize 个个体，形成中间种群。之后进行交叉操作并进行变异操作。

(4) 将种群中的每个个体适应度值与最优个体适应度值进行比较，若有更优，则保存更优。

(5) 若已达到最大迭代次数，则退出循环，转到(6)，否则转到(3)。

(6) 将总的最优个体进行解码，得到每个样本在最优情况下所属的类别。

例 4.1 遗传算法解聚类问题代码

**例 4.1** 对图 4.1 中给出的 20 个样本，用遗传算法进行聚类。

**解** 通过对遗传算法解聚类问题编程，使用图 4.1 中的数据，得到运

行的输入界面(见图 4.2)，运行结果见图 4.3。

| | 1 | 2 | 3 | 4 | 5 | 6 | 7 | 8 | 9 | 10 | 11 | 12 | 13 | 14 | 15 | 16 | 17 | 18 | 19 | 20 |
|---|---|---|---|---|---|---|---|---|---|---|---|---|---|---|---|---|---|---|---|---|
| $x_1$ | 0 | 1 | 0 | 1 | 2 | 1 | 2 | 3 | 6 | 7 | 8 | 6 | 7 | 8 | 9 | 7 | 8 | 9 | 8 | 9 |
| $x_2$ | 0 | 0 | 1 | 1 | 3 | 2 | 2 | 2 | 6 | 6 | 6 | 7 | 7 | 7 | 7 | 8 | 8 | 8 | 9 | 9 |

图 4.1　待聚类的 20 个样本

图 4.2　输入界面

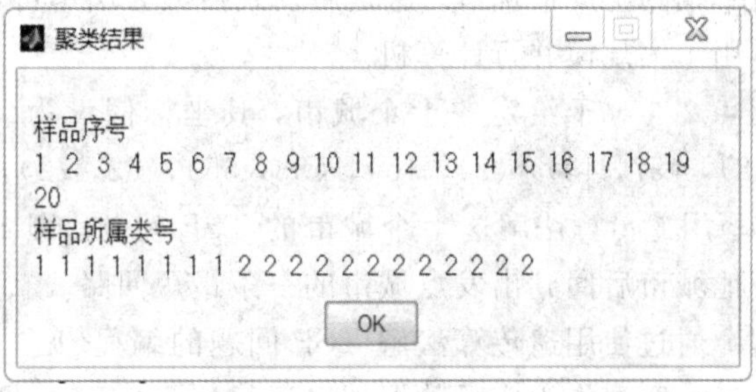


图 4.3　运行结果

### 4.4.2　遗传算法用于解 TSP 问题

考虑满足三角不等式的货郎担问题。把染色体表示成所有城市的一个排列。设有 $n$ 个城市，一条路径可以编码长度为 $n$ 的整数向量$(i_1, i_2, \cdots, i_n)$，其中 $i_k$ 表示第 $i_k$ 个城市。该向量是 1 到 $n$ 的一个排列。在这种表示方法下，传统的杂交算子产生的向量可能不是从 1 到 $n$ 的排列，这就产生了不符合问题要求的路径，因此要设计保持编码有效性的杂交算子，即交换后所得到的向量仍然是从 1 到 $n$ 的一种排列，这样的杂交算子现已设计出很多种。例如，在两个父代向量上随机选取一段(子串)，将两个子串进行交换，再将与子串中的位相应的又不属于子串中的位进行交换：

$$\begin{matrix} 1\ 2\ 3\ 4|5\ 6|7\ 8\ 9\ 10 \\ 3\ 6\ 8\ 9|10\ 7|1\ 2\ 5\ 4 \end{matrix} \rightarrow \begin{matrix} 1\ 2\ 3\ 4|10\ 7|6\ 8\ 9\ 5 \\ 3\ 7\ 8\ 9|5\ 6|1\ 2\ 10\ 4 \end{matrix}$$

至于变异算子，也已有许多种。例如，随机选取染色体上的一段，然后将该段内元的顺序打乱，比如，1 2 3 4|5 6 7|8 9 10→1 2 3 4|6 7 5|8 9 10

TSP 问题的遗传算法步骤如下：

(1) 选择种群规模为 $N$，从 $N$ 个随机起点开始产生 $N$ 个排列，即 $N$ 条路径。

(2) 搜索每条路径的局部最优解。

(3) 选择配对使在平均性能之上的个体得到更多的子代。

(4) 执行杂交和变异。

(5) 搜索每条路径得到其极小解，如果不收敛，则转到(3)，否则，停止执行。

上述算法是要从局部极小转移到更好的局部极小，在得到每条路径的局部最小解后，便把找到的路径作为遗传信息传递给后代，即对这些已找到局部极小解的路径应用遗传算子，这就是算法第(2)、(3)、(4)步的工作。具体到执行第(4)步之前，要完成分类匹配的工作，即对串 1 2 3 4 5 6 7 8 9 10 和 9 2 5 4 3 6 8 7 10 1 分别找到两个局部极小的子串(满足一定的条件)：2 3 4 5 6，9 和 8 7 10 1，然后将两个局部极小子串连接成一个完整串：9 2 3 4 5 6 8 7 10 1。这就完成了杂交算子的工作。

这个杂交算子的优点是，打断的只是有限数量的连接，最大数量为连接子串的长度。

随着计算的进行，所得的解有更多的共同连接，这使得实际被打断的连接数下降，如果降到少于10%，则执行变异，从而避免陷入局部最优。

遗传算法在其搜索过程中不容易陷入局部最优，即使在所定义的适应度函数是不连续的、非规则的或有噪声的情况下，它通过保持在解空间不同区域中多个点的搜索也能以很大的概率找到全局最优解，这是启发式搜索方法不可比拟的。另外，遗传算法具有并行性，从而适用于大规模并行计算机。

**例 4.2** 对于给定的十个城市，其坐标假设为(13, 23)，(86, 13)，(41, 22)，(57, 43)，(24, 15)，(33, 55)，(62, 72)，(11,10)，(73,79)，(43,5)。用遗传算法解这十个城市的 TSP 问题。即求从某城市出发经过每个其他城市后回到出发点城市的一条最短回路。

遗传算法解
TSP 问题代码

**解** 通过使用遗传算法解 TSP 问题的编程(见二维码文档)，对给出的城市坐标数据作为实际数据加以运行，可求得解(见图 4.4、图 4.5 和图 4.6)。

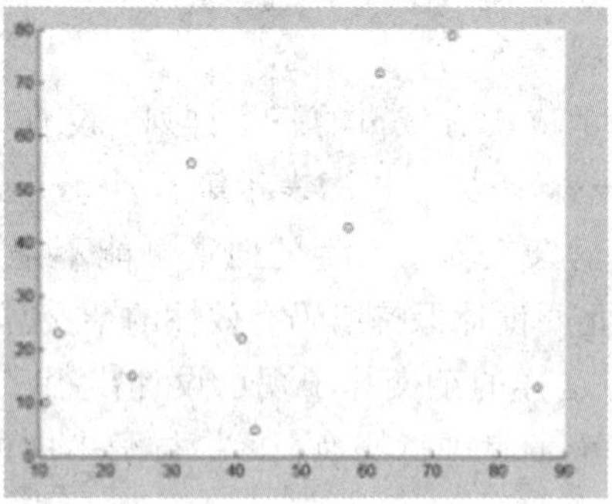

图 4.4 十个城市初始坐标

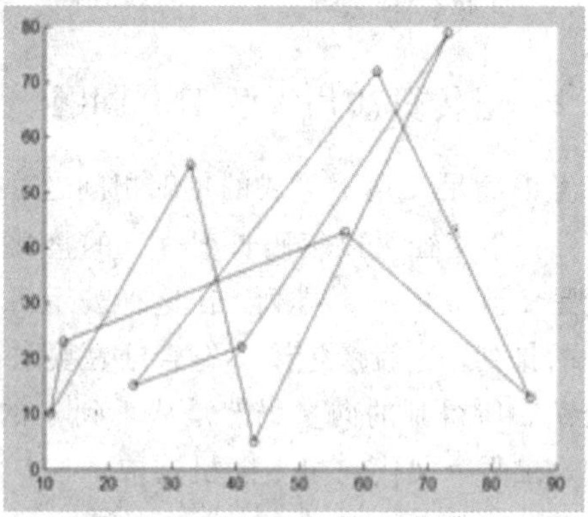

图 4.5 十个城市 TSP 随机路径

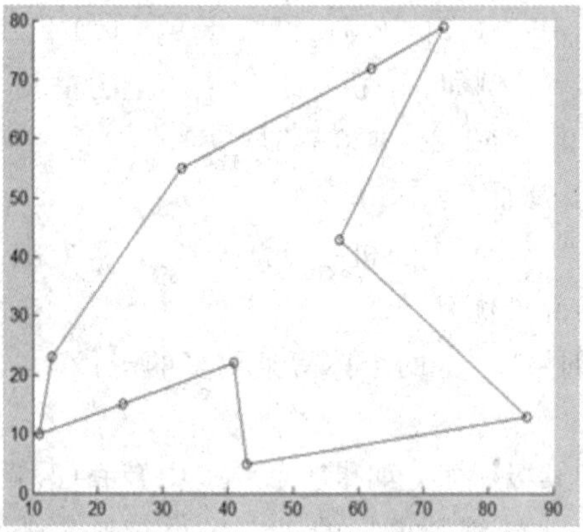

图 4.6 十个城市 TSP 最短路径

遗传算法已在人工智能、神经网络、机器人和运筹学等领域得到广泛的应用，但还需要研究以下几个方面的问题：种群规模、$p_c$ 和 $p_m$ 的选取；过早收敛问题(最后结果并不总是达到最优解)；新的遗传算法和新的遗传算子；并行遗传算法；遗传算法的基础理论；遗传算法的模型研究；遗传算法在其他领域(神经网络、机器学习等)中的应用等方面。这些问题都是研究的重要方向，而且目前已经取得了一些成果。

# 习　题　4

4.1　简述遗传算法的构成要素。

4.2　简述遗传算法的应用。

4.3　类比计算类问题求解，下列说法不正确的是 ______ 。

A. 一个染色体即是问题的一个“可能解”，都可表示为基本单位是基因的编码形式

B. 为产生新可能解，复制、杂交、变异指一个或两个可能解的编码片段间的操作方式

C. 环境适应性用能够判断一个可能解的好与坏的某一函数值作为度量，称为“适应度”

D. 遗传算法就是“通过复制、交叉或变异，不断产生新可能解、计算适应度、淘汰适应度差的可能解、保留适用度好的可能解”

E. 以上说法都不正确

4.4　关于交叉规则的设计，下列说法不正确的是______ 。

A. 可以采取基本的两段交叉或多段交叉

B. 可以采取点交叉、行交叉或列交叉

C. 可以不以“位”为单位进行交叉，而以若干位的一个组合为单位进行交叉

D. 交叉规则仅有以上 ABC 几种情况

4.5　遗传算法设计需要引入变异操作。变异操作是对种群中的某些可能解(个体)的某些编码进行突变处理。关于如何应用变异操作，下列说法不正确的是______ 。

A. 对种群中的所有可能解(个体)以事先设定的变异概率确定是否进行变异

B. 对进行变异的可能解(个体)随机选择变异位置进行相应位置的“位”变异

C. 对进行变异的可能解(个体)随机选择变异位置进行相应位置的“位组合”变异

D. 变异概率应选取较大值，即使变异频繁发生，这样有助于快速收敛到满意解

4.6　常用的选择方法有 ____________ 、______________ 、________________ 。

4.7　遗传算法中常用的三种遗传算子是______ 、______ 和 ______ 。

4.8　试给出下列两个亲本在交叉点为 5 处的单点交叉得到的两个子代个体。

011011011001001011

101110110010111100

4.9　试给出下列两个亲本在交叉点为 2、6、8 处的 3 点交叉得到的两个子代个体。

011011011001001011

101110110010111100

4.10　给出下列两个亲本(求解 TSP 问题)置换编码的有序交叉在直接方式下，选 4、6、7，得到的两个子代个体。

2 5 9 6 4 7 3 1 8

7 6 8 4 1 3 5 9 2

4.11　试给出题 4.10 中两个亲本置换编码在间接方式下选序号 4、6、7 有序交叉得到的两个子代个体。

4.12　试给出下列两个亲本置换编码在部分映射交叉下得到的两个子代个体。

2 5 9 6 4 7 3 1 8

7 6 8 $\underline{4\ 1\ 3\ 5}$ 9 2

4.13　试给出题 4.10 中两个亲本置换编码在循环交叉下得到的两个子代个体。

4.14　试给出题 4.10 中两个亲本置换编码分别在倒置(reverse)2～6 位下得到的两个子代个体。

4.15　试给出题 4.10 中两个亲本置换编码分别在将第 5～7 位上基因与第 2～4 位上基因交换之后得到的两个子代。

4.16　试给出题 4.10 中两个亲本置换编码分别在将第 7 位上的基因插入第 4 位之前后得到的两个子代个体。

4.17　试给出题 4.10 中两个亲本置换编码在边重组交叉下分别以 2 和 7 作为入口得到的两个子代个体。

4.18　试用遗传算法求解区间[0, 31]上的二次函数 $y=x(x-1)$ 的最大值。

习题 4 部分答案

# 第 5 章　蚁群优化算法

人们把群居昆虫的集体行为称作“群智能”( Swarm Intelligence, SI )，或称“群体智能”“群集智能”“集群智能”等。其特点是，虽然个体的行为简单无序，但当它们一起协同工作时，通过交换信息，却能够表现出非常复杂(智能)的社会化行为特征。

群智能作为一种新兴的演化计算技术，已成为研究人工智能的焦点，它与人工智能，特别是进化策略以及遗传算法有着极为特殊的关系。群智能算法的特性是无智能的主体通过合作，表现出智能行为的特性，在没有集中控制且不提供全局模型的前提下，为寻找复杂的分布式问题求解方案提供了基础。其表现出来的优点为：具有灵活性，群体可以适应随时变化的环境；具有稳健性，即使个体失败，整个群体仍能完成任务；另外，还有自我组织的优点，活动既不受中央控制，也不受局部监管。典型的算法有蚁群算法(模拟蚂蚁觅食)与粒子群算法(模拟鸟群捕食)。

## 5.1　蚁群优化算法的起源

蚁群算法又称蚂蚁算法，是一种模拟进化算法，具有典型的群体计算智能特性。它由 M. Dorigo 于 1992 年在其博士论文中提出，最初称为蚂蚁系统(Ant System)，其灵感来源于蚂蚁在寻找食物过程中发现最优路径的行为。近年来，M. Dorigo 等人进一步将蚂蚁算法发展为一种通用优化技术——蚁群优化(ant colony optimization, ACO)。蚁群算法具有自组织、较强的鲁棒性、分布并行计算、信息正反馈和启发搜索等特性。它在组合优化问题求解、连续时间系统的优化等问题中得到了广泛应用。

蚂蚁是一种具有组织、分工、协作和通信联络能力的群体昆虫，能够完成从蚁穴到食物源寻找最短路径的复杂任务。

蚂蚁寻找食物的过程大致如下：在没有找到食物源时，蚂蚁随机向前移动。在有一只蚂蚁找到了食物的时候，它就会向其经过的环境(路径)上释放信息素，其他的蚂蚁就被吸引过来，并沿着信息素很快找到食物。在最初的时候，可能有些蚂蚁随机地选择了其他路径，也许是更短的路径，由于被吸引到最短路径上的蚂蚁越来越多，释放的信息素浓度越来越高，最后大部分蚂蚁都被吸引到同一条从蚁穴到食物源的最短路径上，并协作完成食物到蚁穴的搬运工作。

蚂蚁通过遗留在来往路径上的信息素(pheromone)即挥发性化学物质来进行通信联络和协调，具有自组织能力，这可用 M. Dorigo 等设计的“双桥实验”来验证(见图 5.1)。

设 A 点为蚁穴，F 点为食物源，BCED 构成障碍物。由于障碍物的存在，蚂蚁从 A 点出发，只能随机经过点 C 或 D 到达 F，或反之从 F 经过 C 或 D 到达 A。各点之间的距离如图 5.1(a)所示。设每个单位时间有 30 只蚂蚁从 A 到 F，又有 30 只蚂蚁从 F 到 A，蚂蚁走过后留下的信息素为一定量，信息素停留的时间为单位 1。

在初始时刻，由于在路径上无任何信息素，位于 A 或 F 点上的蚂蚁可随机选择路径，可认为它们以均等概率选择不同的两条路径中的任意一条行走，如图 5.1(b)所示，各有一半的蚂蚁在不同的两条路径上行走。而经过若干个单位时间后，较短的路径 BCE 上的信息素量是路径 BDE 上信息素量的两倍。这样，更多的蚂蚁被吸引到较短的路径上，如图 5.1(c)所示，20 只蚂蚁选走 BCE，而 10 只蚂蚁选走 EDB。随着时间的推移，蚂蚁将选走最短路径 BCE 及 ECB 的概率越来越大，最终甚至完全都选走最短路径，从而找到了食物源与蚁穴之间的最短路径。由此可见，蚂蚁间的信息交换也是一个正反馈的过程。

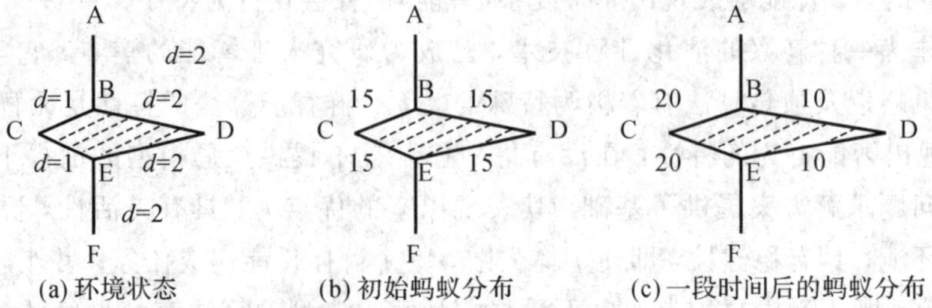


图 5.1 蚂蚁自组织“双桥实验”示意图

## 5.2 蚂蚁系统的模型与实现

蚁群寻找食物源的过程与旅行商问题(TSP 问题)中寻找最优路径的过程十分相似，都是为了找到最短路径。用蚁群算法解 TSP 问题能获得满意的解，这也正是蚁群算法最初提出并受到关注的原因。下面以蚁群算法解 TSP 问题为背景来描述蚁群算法。

先描述相关的几个概念和记号。

信息素量：蚂蚁从城市 $i$ 走到城市 $j$，都会释放信息素，所有蚂蚁在 $t$ 时刻释放在 $i$ 和 $j$ 之间的边 $l_{ij}$ 上信息素的总量用 $\tau_{ij}(t)$ 表示。

禁忌表：每只蚂蚁在周游(走完全部城市每个一次且仅一次称为一次周游)过程中，已走过的城市不得重复访问。蚂蚁 $k$ 走过的城市序号放在表 $\text{tabu}_k$ 中，表 $\text{tabu}_k$ 称为蚂蚁 $k$ 的禁忌表。一旦蚂蚁 $k$ 走过城市 $i$，$i$ 就立即加入 $\text{tabu}_k$ 表中。$\text{tabu}_k(s)$ 中存放的是蚂蚁 $k$ 走过的第 $s$ 个城市的序号。当 $\text{tabu}_k$ 表中含所有城市序号时，蚂蚁 $k$ 就完成了一次周游。此时，蚂蚁 $k$ 所走过的路径便构成了 TSP 问题的一个可行解。

转移概率：在时刻 $t$，处在城市 $i$ 的蚂蚁 $k$ 可根据路径上残留的信息素量和城市之间的距离等信息，计算其独立地选择走到下一个可以到达的城市 $j$ 的概率，该概率称为转移概率，记为 $p_{ij}^k(t)$。只有当转移概率大于一定的阈值时，转移才能确实发生。

蚁群算法思想描述：在算法的初始时刻，将 $m$ 只蚂蚁随机放到 $n$ 座城市。每只蚂蚁 $k$ 的禁忌表 $\text{tabu}_k$ 的第一个元素 $\text{tabu}_k(1)$ 记录其当前所在城市。设在 $t$ 时刻从城市 $i$ 到城市 $j$ 的路径上的信息素量为 $\tau_{ij}(t)$，初始时 $\tau_{ij}(0)=C$($C$ 为一较小的常数)。每只蚂蚁根据路径上的信息素和启发式信息(两个城市间的距离)独立地选择下一个城市：在时刻 $t$，蚂蚁 $k$ 从城市 $i$ 转移到 $j$ 的转移概率为

$$p_{ij}^k(t)=\begin{cases}\dfrac{\tau_{ij}^{\alpha}(t)\eta_{ij}^{\beta}(t)}{\sum\limits_{s\in J_k(i)}\tau_{is}^{\alpha}(t)\eta_{is}^{\beta}(t)}, & j\in J_k(i)\\ 0, & j\notin J_k(i)\end{cases} \tag{5-1}$$

式中：$J_k(i)=\{1, 2, \cdots, n\}-\text{tabu}_k$；$\eta_{ij}=1/d_{ij}$；$\alpha$、$\beta$分别表示信息素和启发式因子的相对重要程度，由经验设定。

当所有蚂蚁完成一次周游后，各路径上的信息素量将进行更新：

$$\tau_{ij}(t+1)=(1-\rho)\tau_{ij}(t)+\Delta\tau_{ij} \tag{5-2}$$

$$\Delta\tau_{ij}=\sum_{k=1}^{m}\Delta\tau_{ij}^k \tag{5-3}$$

$$\Delta\tau_{ij}^k=\begin{cases}\dfrac{Q}{L_k}, & \text{若蚂蚁 } k \text{ 在本次周游中经过边 } l_{ij}\\ 0, & \text{其他}\end{cases} \tag{5-4}$$

式中：$\rho(0<\rho<1)$表示路径上信息素的蒸发系数；$1-\rho$表示信息素量的持久性系数；$Q$为正常数；$L_k$表示第$k$只蚂蚁在本次周游中所走过的路径长度之和；$\Delta\tau_{ij}^k$表示第$k$只蚂蚁在本次迭代中留在边$l_{ij}$上的信息素量，$\Delta\tau_{ij}$表示所有蚂蚁在本次迭代中在边$l_{ij}$上产生的信息素增量。若蚂蚁$k$在本次迭代中经过了边$l_{ij}$，则$\Delta\tau_{ij}^k=\dfrac{Q}{L_k}$；否则，蚂蚁$k$在本次迭代中没有经过边$l_{ij}$，则$\Delta\tau_{ij}^k=0$。

例如，初始参数可设为：城市数$n=30$，蚂蚁数$m=30$，$\alpha=1$，$\beta=5$，$\rho=0.5$，最大迭代代次数$N=200$，$Q=100$。

$\Delta\tau_{ij}^k$、$\Delta\tau_{ij}$和$p_{ij}^k(t)$的表达形式不同，可得到不同的蚁群算法。可视不同的具体问题确定。M. Dorigo 根据$\Delta\tau_{ij}^k$的不同表示形式，给出了三种不同模型，分别称为蚁周系统(ant-cycle system)或蚁周模型、蚁量系统(ant-quantity system)或蚁量模型以及蚁密系统(ant-density system)或蚁密模型。

(1) 蚁周模型：

$$\Delta\tau_{ij}^k=\begin{cases}\dfrac{Q}{L_k}, & \text{蚂蚁 } k \text{ 在本次周游中经过边 } l_{ij}\\ 0, & \text{其他}\end{cases} \tag{5-5}$$

(2) 蚁量模型：

$$\Delta\tau_{ij}^k=\begin{cases}\dfrac{Q}{d_{ij}}, & \text{蚂蚁 } k \text{ 在时刻 } t \text{ 和 } t+1 \text{ 经过边 } l_{ij}\\ 0, & \text{其他}\end{cases} \tag{5-6}$$

(3)蚁密模型：

$$\Delta\tau_{ij}^k=\begin{cases}Q, & \text{蚂蚁 } k \text{ 在时刻 } t \text{ 和 } t+1 \text{ 经过边 } l_{ij}\\ 0, & \text{其他}\end{cases} \tag{5-7}$$

在蚁密模型和蚁量模型中，对信息素进行更新所用的$\Delta\tau_{ij}^k$利用的是局部信息，而在蚁周模型中，$\Delta\tau_{ij}^k$利用的是全局信息，这是因为$L_k$只有当蚂蚁$k$完成了一次周游后才可计算出来。

# 5.3 蚁群优化算法的应用

## 5.3.1 用蚁群优化算法解聚类问题

给定样本集 $X=\{\boldsymbol{X}_1, \boldsymbol{X}_2, \cdots, \boldsymbol{X}_N\}$，将其聚类为若干类，使得类内样本具有相似性，类间样本具有最大相异性，这在本质上是一个多目标非线性规划问题，目前尚未有有效的解决方法。利用蚁群算法来求解聚类问题，实际上就是要充分发挥蚁群算法所具有的优良的分布式搜索最优解的能力，将其求解各类组合优化问题的方法引入到聚类问题的求解研究上来。针对"聚类类数已知"和"聚类类数未知"两种情况，下面来具体描述蚁群算法分别在其中的应用方法。

**1. 用蚁群优化算法解聚类类数已知的聚类问题**

1）问题描述

假设给定了样本集 $X=\{\boldsymbol{X}_1, \boldsymbol{X}_2, \cdots, \boldsymbol{X}_N\}$，每个样本 $\boldsymbol{X}_i$ 为描述对象的行向量，这里 $N=20$，每个样本由 $n=2$ 个特征数据构成(见图 4.1)。

2）蚂蚁结构

每只蚂蚁设计为将样本聚类为 2 类的一种聚类结果表示，用一个长度为 $N$ 的向量表示，向量的下标值自然地对应样本号，向量中分量的值是类别号。在本问题下，向量中第 $i$ 个分量中存放第 $i$ 个样本所属的类号 1 或 2。

例如，图 5.2 中给出的是某只蚂蚁当前的状态，向量的第 4 个分量值为 2，表示第 4 个样本在该蚂蚁表示的当前聚类结果中归类为第 2 类。与每只蚂蚁对应的向量将所有样本都进行了归类。

| 下标: | 1 | 2 | 3 | 4 | 5 | 6 | 7 | 8 | 9 | A | B | C | D | E | F | G | H | I | J | K |
|---|---|---|---|---|---|---|---|---|---|---|---|---|---|---|---|---|---|---|---|---|
| 蚂蚁$k$: | 1 | 2 | 1 | 2 | 1 | 1 | 1 | 1 | 2 | 2 | 2 | 1 | 1 | 1 | 1 | 2 | 2 | 2 | 1 | 1 |

图 5.2 某只蚂蚁当前状态下表示的一个聚类结果

3）信息素矩阵

对应于将 20 个样本划分为两类问题，信息素矩阵 $\boldsymbol{\tau}$ 设计为 $20\times2$ 矩阵。矩阵中的元素 $\tau_{ij}(i=1, 2, \cdots, 20; j=1, 2)$的值用于表示第 $i$ 个样本要分配到第 $j$ 类的信息素量。其初值为某个非负的常量，以后在迭代过程中会被不断地随代更新。$\tau_{ij}$ 可看成是蚂蚁从第 $i$ 个样本"走"到第 $j$ 类所残留的信息素量。信息素矩阵实例可见后面例程的运行结果示例。

4）目标函数

将样本集 $X=\{\boldsymbol{X}_1, \boldsymbol{X}_2, \cdots, \boldsymbol{X}_N\}$划分为 $M$ 个类 $\omega_1, \omega_2, \cdots, \omega_M$，以每个样本到其所在类的聚类中心(一般用类均值表示)的距离之和或距离平方和达到最小作为目标函数。以下是以距离平方和表示的数学模型：

$$\begin{aligned}\text{Min } J &= \sum_{i=1}^{M}\sum_{j=1}^{N_i}\| X_j^{(i)} - M_i \|^2 \\ &= \sum_{i=1}^{M}\sum_{j=1}^{N_i}\sum_{k=1}^{n}(x_{jk}^{(i)} - m_{ik})^2\end{aligned} \tag{5-8}$$

式中：$\boldsymbol{M}_i=\frac{1}{N_i}\sum_{j=1}^{N_i}X_j^{(i)}$，表示第 $i$ 类的均值向量；$X_j^{(i)}$ 表示第 $i$ 类中的第 $j$ 个样本（$j=1, 2, \cdots, N_i$）；$N_i$ 表示第 $i$ 类中的样本个数；$x_{jk}^{(i)}$ 表示第 $i$ 类中第 $j$ 个样本的第 $k$ 个分量；$m_{ik}$ 表示第 $i$ 类的均值向量的第 $k$ 个分量。

对于每只蚂蚁，由其所表示的一个聚类结果都可计算出一个目标函数值，蚂蚁结构的形成即构成了一个聚类，可单独计算而且加以保存。

5）蚁群的逐代更新

除初始代蚁群中每只蚂蚁所代表的聚类结果可随机给定外，下一代蚁群中的蚂蚁所代表的解可在上一代的基础上加以更新。更新的方法是，在 $t$ 代的蚂蚁利用 $t-1$ 代所构成的信息素矩阵加以调整。每只蚂蚁针对当前的一个样本，先由系统产生一个随机数 $q$，与预定义的一个概率 $q_0$（$1<q_0<1$）进行比较，根据比较结果进行如下两种方式的处理：

（1）若 $q<q_0$，则选择该样本与类间具有的最大信息素所在的类作为该样本所在的类；

（2）若 $q\geqslant q_0$，则要先计算其转移到各个类的转移概率，再按轮盘赌的方法，选定该样本所要转移到某随机选定的类。转移概率 $p_{ij}$ 为

$$p_{ij}=\frac{\tau_{ij}}{\sum_{s=1}^{M}\tau_{is}}\ (i=1, 2, \cdots, N;\ j=1, 2, \cdots, M) \tag{5-9}$$

轮盘赌方法的实现代码见后面的代码实现细节。

第一种处理方式利用的是已有知识，而第二种方式可拓展新解的空间。

如果所有蚂蚁都按上述方式进行了处理，就完成了蚁群的一代更新。当然，在对每一代进行处理时，通常会设计一个简单的机制，把最好的蚂蚁解即目标函数值最小者所对应的解加以保留，使之为已完成的各代迭代中的最优解。

6）局部搜索

如果仅基于上述基本的蚁群算法迭代更新求解办法求解，效率可能不高，需要迭代的次数会较多，求得优化解的速度慢，因为所有解可能会趋向沿同一条由信息素导引的路线，解空间狭小，不利于求解。为了改善求解性能，一种有效的办法是在每次迭代求解的最后部分嵌套一种局部搜索技术，从一些较优的解中，寻找在进行下一次迭代前可多衍生一些可行解的解，从而提高求解效率。

局部搜索技术既可以对所有解进行，也可以只对部分解进行。一种较常规的方法是只对部分解进行局部搜索。具体做法是，对本轮迭代所得到的解按目标函数值由小到大排序，只对前 $L$ 个目标函数值较小的解进行局部搜索。局部搜索方法有多种，这里选择的仍然是一种随机变换操作。局部搜索变换的具体步骤如下：

（1）先对本代内产生的所有解按目标函数值由小到大排序。

（2）对前 $L$ 个目标函数值较小的每个解 $k$（$k=1, 2, \cdots, L$）中的每个样本 $j$，产生一个随机数 $r$，与预定义的一个随机数阈值 $q_1$（$1<q_1<1$）比较，若 $r<q_1$，则该样本可能要改变其原属类别，（设只有第 $j$ 个样本可能要改变其原属类别。（这里仅设一个解中只有一个样本可能要改变类别）。

（3）若解 $k$ 中的第 $j$ 个样本要改变其类别，则：

① 计算第 $j$ 个样本与所有类中心的距离，选择最短距离所对应的类作为第 $j$ 个样本的类。若确实改变了类别，则重新聚类(仅修改所涉及的两个类中心的均值向量和所含样本个数)，否则，不需重新聚类。

② 计算第 $k$ 个解在改变第 $j$ 个样本类别后得到的解的目标函数值，若比原目标函数值小，则代替原解，否则不做代替。若比最小目标函数值小，则替换原最小目标函数值，并作为最优解暂存，否则不做替换，直到所有 $L$ 个目标函数值较小的解处理完毕。

7) 信息素矩阵的更新

在局部搜索执行后，利用前 $L$ 个目标函数值较小的解，即蚂蚁的信息素，对整个信息素矩阵进行更新。采用的信息素公式为

$$\tau_{ij}(t+1)=(1-\rho)\tau_{ij}(t)+\Delta\tau_{ij} \tag{5-10}$$

$$\Delta\tau_{ij}=\sum_{s=1}^{L}\Delta\tau_{ij}^{s} \tag{5-11}$$

$$\Delta\tau_{ij}^{s}=\begin{cases}\dfrac{Q}{J_s}, & \text{若样本 } i \text{ 属于 } j \text{ 类}\\ 0, & \text{其他}\end{cases} \tag{5-12}$$

式中：$i=1, 2, \cdots, N$，表示样本号；$j=1, 2, \cdots, M$，表示类号；$\rho(0<\rho<1)$为信息素挥发系数，$1-\rho$ 则为信息素持久系数，这里取 $\rho=0.1$；$Q$ 为常数，取 $Q=0.001$；$s=1, 2, \cdots, L$，表示取 $L$ 个蚂蚁；$J_s$ 表示 $L$ 个蚂蚁中第 $s$ 个蚂蚁的目标函数值。

在完成局部搜索和信息素更新处理后，一次迭代完成。再继续迭代，直到达到最大迭代次数，返回最优解作为聚类结果。

8) 算法流程

绘出带有局部搜索的用蚁群算法解聚类数目已知的聚类问题算法流程图，具体可参考右侧二维码中的内容。

聚类数已知的聚类问题蚁群算法流程图

9) 实现步骤

(1) 初始化蚁群参数，包括蚂蚁数目 antNum(取 200)，类数 clsNum(取为 2)，最大迭代次数 iterNum(取为 1000)，转移概率阈值 $q$(取为 0.65)，信息素矩阵 $\text{tao}_{N\times M}$($N$ 为样本数，$M=\text{clsNum}$ 为类数)，信息素挥发系数 $\rho$(取为 0.1)，局部搜索转移概率阈值 $j_p$(取为 0.05)，前 $L$ 个较小目标函数值对应的 $L$(取为 5)，每只蚂蚁表示的一个聚类结果(可省略)，等等。

(2) 根据信息素矩阵以及转移概率重构所有蚂蚁表示的解。

(3) 计算所有蚂蚁所代表的解的各类中心均值，并计算目标函数值。

(4) 按目标函数值由小到大对所有蚂蚁进行排序，排在首位的显然是当前最优解。

(5) 取前 $L$ 个蚂蚁实施局部搜索，保存当前最优解。

(6) 仅按前 $L$ 只蚂蚁残留的信息素更新(全局的)信息素矩阵。

(7) 若某种约束条件已达到，则停止迭代；否则，迭代计数器增 1，若还没有达到最大迭代次数，则转到(2)继续下轮迭代。

(8) 输出当前最优解。

10) 例程代码

通过上述步骤可得到求解的例程代码(代码略去)。

11）运行结果示例

对聚类数已知的聚类问题，用蚁群算法求解第4章中图4.1给出的实例数据，运行的参数输入界面和运行的结果见图5.3。

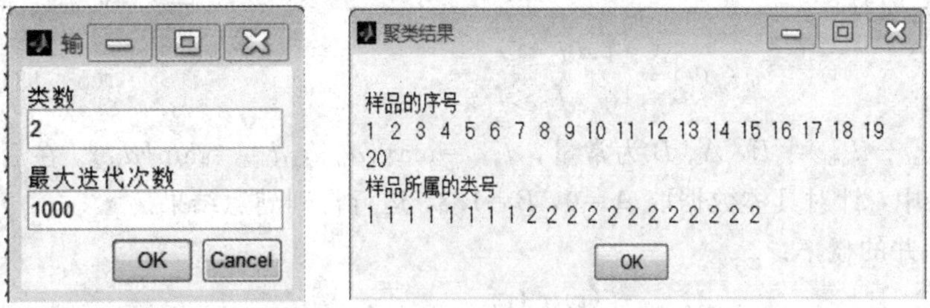


聚类数已知的聚类问题蚁群算法代码

图5.3 运行时输入部分参数及聚类结果

运行结果中得到的信息素矩阵：

| | |
|---|---|
| 0.0019 | 0.0000 |
| 0.0019 | 0.0000 |
| 0.0019 | 0.0000 |
| 0.0019 | 0.0000 |
| 0.0019 | 0.0000 |
| 0.0019 | 0.0000 |
| 0.0019 | 0.0000 |
| 0.0019 | 0.0000 |
| 0.0000 | 0.0019 |
| 0.0000 | 0.0019 |
| 0.0000 | 0.0019 |
| 0.0000 | 0.0019 |
| 0.0000 | 0.0019 |
| 0.0000 | 0.0019 |
| 0.0000 | 0.0019 |
| 0.0000 | 0.0019 |
| 0.0000 | 0.0019 |
| 0.0000 | 0.0019 |
| 0.0000 | 0.0019 |
| 0.0000 | 0.0019 |

**2. 用蚁群优化算法解聚类类数未知的聚类问题**

在聚类类数未知的情况下，使用蚁群算法来求解聚类问题，可将样本视为具有不同属性的蚂蚁，将聚类中心看成是蚂蚁要寻找的“食物源”。这样，样本聚类就可以看成是蚂蚁寻找“食物源”的过程。聚类从单元素构成的类开始，逐次合并两个较近的类，直到不可再合并为止。

（1）初始时 $N$ 个样本各自构成一类。$N$ 个单样本对应得到 $N$ 个类 $\omega_1$，$\omega_2$，…，$\omega_N$。

（2）计算所有任意两类 $\omega_i$ 和 $\omega_j$ 之间的欧氏距离 $d_{ij}$：

$$d_{ij} = \| M_i - M_j \| = \sqrt{\sum_{k=1}^{n} (m_{ik} - m_{jk})^2}$$

$$M_i = \frac{1}{N_i}\sum_{k=1}^{N_i} X_k,\ X_k \in \omega_i$$

(3) 计算各蚂蚁从 $\omega_i$ 到 $\omega_j$ 的信息素量。设 $r$ 为聚类半径，$\tau_{ij}(t)$ 表示在时刻 $t$ 从 $\omega_i$ 到 $\omega_j$ 的信息素量，则 $\tau_{ij}(t)$ 定义为

$$\tau_{ij}(t)=\begin{cases}1,\ d_{ij}\leqslant r\\0,\ d_{ij}>r\end{cases} \tag{5-13}$$

式中：$r=A+d_{\min}+(d_{\max}-d_{\min})\cdot B$，$A$、$B$ 为常量，$d_{\max}=\max\{d_{ij}\}$，$d_{\min}=\min\{d_{ij}\}$。在后面给出的实例运行结果中，针对具体数据取 $A=0$，$B=1/3$，运行得到满意结果。

(4) 计算 $\omega_i$ 到 $\omega_j$ 归并的概率：

$$p_{ij}(t)=\frac{\tau_{ij}^{\alpha}(t)\eta_{ij}^{\beta}(t)}{\sum\limits_{s\in S}\tau_{is}^{\alpha}(t)\eta_{is}^{\beta}(t)} \tag{5-14}$$

式中，$S=\{k\,|\,d_{ik}<r,\ k=1,\ 2,\ \cdots,\ M,\ k\neq i\}$，表示与 $\omega_i$ 的距离小于 $r$ 的类标号集合；$M$ 为当前类数；$\eta_{is}^{\beta}(t)$ 为权重系数。

(5) 若 $p_{ij}(t)\geqslant q_0$，则将 $\omega_i$ 归并到 $\omega_j$，类别数减 1($q_0$ 为某一给定的概率转移阈值)，并计算合并后得到的一个新类的类中心均值向量；否则，不做归并及类中心均值向量计算。

(6) 若无归并发生，则停止迭代；否则转到(2)，继续迭代。

聚类数未知的聚类问题的蚁群算法流程图

蚁群算法解聚类数未知的聚类问题代码

运行实例结果见图 5.4。

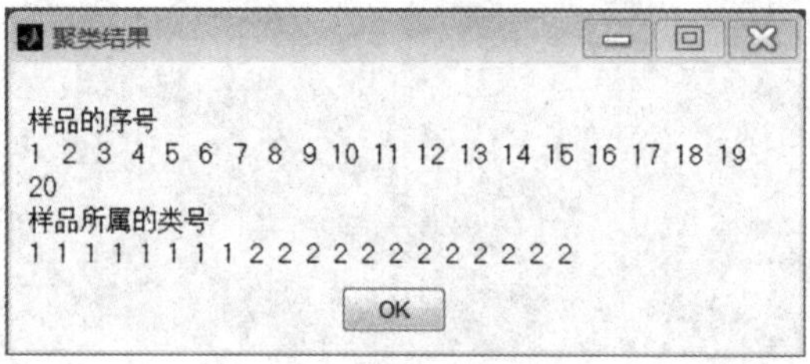


图 5.4 实例运行结果

## 5.3.2 用蚁群优化算法解 TSP 问题

用蚁群优化算法解 TSP 问题需要处理以下问题：

(1) 当蚂蚁数 $m$ 大于城市数 $n$，即 $m>n$ 时，要将 $m$ 只蚂蚁放到 $n$ 个城市上，即为每只蚂蚁选择一个开始的城市编号，然后考虑每只蚂蚁下一步可到达的城市。

蚁群算法解 TSP 问题代码

(2) 每只蚂蚁要记住自己已到达过的城市，即有自己的禁忌表，

不能重复访问。

(3) 每只蚂蚁按转移概率到达下一个可到达的城市，并完成各自的周游。

(4) 在一个周期中每只蚂蚁都要记录本次最佳路线。

(5) 信息素要更新。

(6) 在下一周期开始前，禁忌表要清零。

具体工作原理与前面描述的一般工作原理类似。

# 习　题　5

5.1　简述蚁群算法的基本模型。

5.2　简述蚁群算法进行旅行商问题的求解步骤。

5.3　简述蚁群算法在已知聚类中心数目的聚类问题中的实现方法与步骤。

5.4　简述蚁群算法在未知聚类中心数目的聚类问题中的实现方法与步骤。

5.5　蚁群算法的优点有________。

A. 搜索时间短　　B. 具有很高的并行性

C. 具有较好的可扩充性　　D. 不容易陷入局部最优

5.6　蚁群算法就是模拟蚂蚁寻找食物的过程，它能够求出从原点出发，经过若干个给定的中间点，最终返回原点的________。

5.7　蚂蚁在行走过程中会释放一种称为________的物质，用来标识自己的行走路径。

5.8　蚁群算法规则有觅食规则、移动规则、避障规则、________。

5.9　蚂蚁在刚发现食物的时候挥发的信息素会______，距离越远，信息素越______。

5.10　蚂蚁最终能够找到最短路径，直接依赖于最短路径上________的堆积，而信息素的堆积是一个________的过程。

5.11　某种群中若存在众多无智能的个体，它们通过相互之间的简单合作所表现出来的智能行为即称为________。

5.12　在蚁群算法聚类问题设计中，若聚类数目已知，如果一幅位图中包含 15 个样本，将其分成 5 类，试给出蚂蚁的编码方法以及一种可能的编码方案，且每个蚂蚁的编码长度应该设为多长？蚂蚁的适应度应如何计算？信息素矩阵应如何构造？

习题 5 部分答案

# 第6章 粒子群算法

粒子群算法也称为粒子群优化算法(Particle Swarm Optimization，PSO)，由 James Kenney(社会心理学博士)和 Russ Eberhart(电子工程学博士)于 1995 年提出，是近年来发展起来的一种新的进化算法(Evolutionary Algorithm，EA)。粒子群算法源于对鸟群捕食行为的研究，是基于迭代的方法，简单，易于实现，需要调整的参数相对较少，在函数优化、神经网络训练、工业系统优化和模糊系统控制发布等方面取得了成功的应用。

## 6.1 粒子群算法的原理描述

把每个可行解看作一个“粒子(particle)”，每个粒子都有一个适应度值，并且都有一个由速度决定其飞翔的方向和距离. 通过初始化一群随机粒子，算法让粒子进行迭代寻优，对于每次迭代,每个粒子通过跟踪“个体极值($p_{\text{best}}$)”和“全局极值($g_{\text{best}}$)”来更新自己的位置，算法保留粒子个体历史适应度极值和整个粒子群的全局适应度极值，直到达到最大迭代次数，从而找到适应度最优的解。

假设在 $D$ 维搜索空间中有 $m$ 个粒子，其中第 $i$ 个粒子的位置为矢量：

$$\boldsymbol{x}_i=[x_1^{(i)},\ x_2^{(i)},\ \cdots,\ x_D^{(i)}] \tag{6-1}$$

其中,第 $i$ 个粒子的飞翔速度也是一个矢量，为

$$\boldsymbol{v}_i=(v_1^{(i)},\ v_2^{(i)},\ \cdots,\ v_D^{(i)}) \tag{6-2}$$

第 $i$ 个粒子搜索到的最优位置是

$$\boldsymbol{p}_{\text{best}}^{(i)}=(p_{\text{best}_1}^{(i)},\ p_{\text{best}_2}^{(i)},\ \cdots,\ p_{\text{best}_D}^{(i)}) \tag{6-3}$$

整个粒子群搜索到的最优位置为

$$\boldsymbol{g}_{\text{best}}=(g_{\text{best}_1},\ g_{\text{best}_2},\ \cdots,\ g_{\text{best}_D}) \tag{6-4}$$

第 $i$ 个粒子的速度和位置更新为

$$v_d^{(i)}(k+1)=wv_d^{(i)}(k)+c_1r_1(p_{\text{best}_d}^{(i)}-x_d^{(i)}(k))+c_2r_2(g_{\text{best}_d}-x_d^{(i)}(k)) \tag{6-5}$$

$$x_d^{(i)}(k+1)=x_d^{(i)}(k)+v_d^{(i)}(k+1) \tag{6-6}$$

式中：$i=1,\ 2,\ \cdots,\ m$；$d=1,\ 2,\ \cdots,\ D$；$w$ 为惯性权重；$c_1$ 和 $c_2$ 为两个正常数，称为加速因子；$r_1$ 和 $r_2$ 分别为不同的随机数。

将 $v_d^{(i)}(k)$ 限制在一个最大速度 $V_{\max}$ 内。

$wv_d^{(i)}(k)$：“惯性部分”，对自身运动状态的信任。$c_1r_1(p_{\text{best}_d}^{(i)}-x_d^{(i)}(k))$：“认知部分”，对粒子本身的思考，即来源于自己经验的部分。$c_2r_2(g_{\text{best}_d}-x_d^{(i)}(k))$：“社会部分”，粒子间的信息共享，来源于种群中其他优秀粒子的经验。$p_{\text{best}_d}^{(i)}$ 表示粒子 $i$ 的局部最优位置，$g_{\text{best}_d}$ 表示粒子群全局最优位置，如图 6.1 所示。

当 $c_1=0$ 时，粒子没有了认知能力，变为只有社会部分的模型(social-only)。

当 $c_2=0$ 时，粒子之间没有了社会信息，模型变为只有认知部分(cognition-only)的

模型。

$$v_d^{(i)}(k+1)=wv_d^{(i)}(k)+c_1r_1(p_{\text{best}_d}^{(i)}-x_d^{(i)}(k))$$

$$x_d^{(i)}(k+1)=x_d^{(i)}(k)+v_d^{(i)}(k+1),\quad i=1,2,\cdots,m;d=1,2,\cdots,D$$

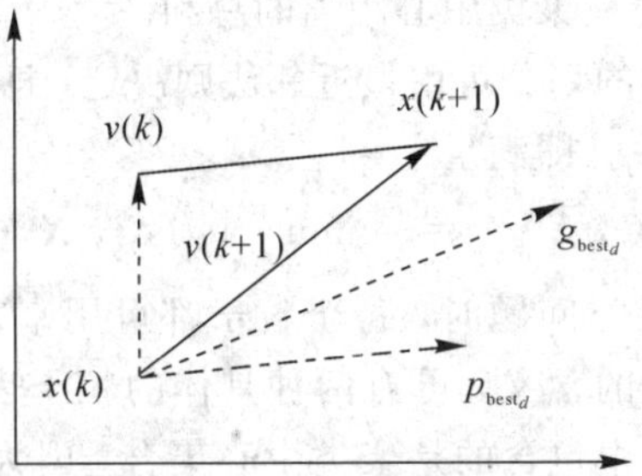


图 6.1　单个粒子的速度和位置更新示意图(省去了相应变重名的右上角标(*i*))

最大速度 $V_{\max}$ 决定了当前位置与最好位置之间区域的分辨率(或精度)。如果太快，则粒子有可能越过极小点；如果太慢，则粒子不能在局部极小点之外进行足够的探索，会陷入到局部极值区域内。这种限制可以达到防止计算溢出、决定问题空间搜索粒度的目的。

权重因子包括惯性权重 $w$ 和学习因子 $c_1$ 和 $c_2$。$w$ 使粒子保持着运动惯性，并使其具有扩展搜索空间的趋势，有能力探索新的区域。$c_1$ 和 $c_2$ 代表将每个粒子推向 $p_{\text{best}}^{(i)}$ 和 $g_{\text{best}}$ 位置的统计加速项的权值。较低的值允许粒子在被拉回之前可以在目标区域外徘徊，较高的值导致粒子突然地冲向或越过目标区域。以下给出标准 PSO 算法的步骤。

标准 PSO 算法的步骤：

步骤 1：初始化一群粒子(种群规模为 $m$)，包括随机位置和速度。

步骤 2：评价每个粒子的适应度。

步骤 3：对每个粒子 $i$，将其适应度值与其经过的最好位置 $\boldsymbol{p}_{best}^{(i)}$ 做比较，如果较好，则将其作为当前的最好位置 $\boldsymbol{p}_{best}^{(i)}$。

PSO 算法流程图

步骤 4：对每个粒子，将其适应度值与全局最好位置 $\boldsymbol{g}_{best}$ 做比较，如果较好，则将其作为当前的最好位置 $\boldsymbol{g}_{best}$。

步骤 5：调整粒子速度和位置。

步骤 6：未达到结束条件则转至步骤 2。

迭代终止条件根据具体问题一般选为最大迭代次数 *GN*(*Generation Numbe*，最大代数，为常数)或(和)粒子群迄今为止搜索到的最优位置满足预定最小适应阈值。

# 6.2　粒子群算法的应用

## 6.2.1　粒子群算法实现聚类分析

寻找模式样本集 $X=\{\boldsymbol{X}_i \mid i=1,2,\cdots,N\}$ 的一个划分 $\omega=\{\omega_1,\omega_2,\cdots,\omega_M\}$，即

$$X=\bigcup_{j-1}^{M}\omega_j,\ \omega_j\bigcap\omega_k=\varnothing\quad(j\neq k)\tag{6-7}$$

使得总的类内离散度之和 $J$ 达到最小，这就是要解决的聚类问题，这里，设 $M$ 为聚类数目，$\boldsymbol{X}_i$ 为 $n$ 维模式向量，$J$ 的定义如下：

$$J = \sum_{j=1}^{M} \sum_{\boldsymbol{X}_i \in \omega_j} d(\boldsymbol{X}_i, \overline{\boldsymbol{X}}^{(\omega_j)}) \tag{6-8}$$

式中：$\overline{\boldsymbol{X}}^{(\omega_j)}$为第 $j$ 个聚类的中心向量；$d(\boldsymbol{X}_i, \overline{\boldsymbol{X}}^{(\omega_j)})$为样本 $\boldsymbol{X}_i$到聚类中心$\overline{\boldsymbol{X}}^{(\omega_j)}$的距离。聚类准则函数 $J$ 即为各类样本到对应聚类中心距离的总和。

当聚类中心确定后，聚类的划分可由最近邻法则决定，即对样本 $\boldsymbol{X}_i$，若 $\boldsymbol{X}_i$离第 $j$ 类的聚类中心最近，则 $\boldsymbol{X}_i$属于类 $\omega_j$，即满足：

$$d(\boldsymbol{X}_i, \overline{\boldsymbol{X}}^{(\omega_j)}) = \min_{k=1,2,\cdots,M} [d(\boldsymbol{X}_i, \overline{\boldsymbol{X}}^{(\omega_k)})] \tag{6-9}$$

在使用粒子群算法求解聚类问题时，每个粒子都可用来表示聚类问题一个可行的解，从而粒子群构成解集。根据解的含义，可有两种具体的粒子表示形式：一种是粒子中包含的是聚类结果；另一种是粒子中包含的是聚类中心集合，因为由聚类中心集合可以按就近原则立即得到聚类结果。为了便于理解，这里用基于粒子中包含聚类结果的方法来加以实现。

在具体求解中，为简单起见，每个粒子 $i$ 包含两部分内容，即粒子所表示的一个可行解和适应度值。粒子 $i$ 的结构表示为

```
P(i)={  cluster,
     fitness
    }
```

PSO 算法解聚类问题代码

$P(i)$. cluster 是 $N$ 个样本分配到 $M$ 个类的一个聚类结果。

每个粒子 $i$ 的适应度值表示粒子 $i$ 的适应度，所以粒子 $i$ 的适应度值 $P(i)$. fitness 是一个实数。粒子 $i$ 的适应度值计算公式为

$$P(i).\text{fitness} = \frac{c}{J_i}$$

式中：$J_i$为粒子 $i$ 所表示的解的类内离散度；$c$ 为常数，如取 $c=1$。适应度值与粒子 $i$ 所表示的解的类内离散度呈反比关系。粒子的适应度值越大，粒子所表示的解的类内离散度越小，聚类的效果越好。而粒子的位置、速度，相应地用另两个单元数组加以表示：state，ve。

每个粒子 $i$ 的位置 state$\{i\}$是一个长度为 $M$ 的数组，state$\{i\}(j)$存放第 $j$ 个聚类中心向量，即 state$\{i\}(j)= \overline{\boldsymbol{X}}^{(\omega_j)}$ $(j=1, 2, \cdots, M)$，于是，有

$$\text{state}\{i\} = (\overline{\boldsymbol{X}}^{(\omega_1)}, \overline{\boldsymbol{X}}^{(\omega_2)}, \cdots, \overline{\boldsymbol{X}}^{(\omega_M)})$$

每个粒子 $i$ 的速度 ve$\{i\}$ 也是一个长度为 $M$ 的数组，ve$\{i\}(j)$存放第 $j$ 个聚类中心的速度，即 ve$\{i\}(j)=\boldsymbol{S}_j$ $(j=1, 2, \cdots, M)$，于是，有

$$\text{ve}\{i\} = (\boldsymbol{S}_1, \boldsymbol{S}_2, \cdots, \boldsymbol{S}_M)$$

式中，$\boldsymbol{S}_j$表示第 $j$ 个聚类中心的速度，也是一个 $n$ 维向量。

另外，对每个粒子 $i$，用 $p_{\text{best}}(i)$保存其进化历史中的个体最优解，它包含个体 $i$ 到目前为止的个体最优位置及相应的个体最大适应度值两个成分。

```
pbest(i)={  state,
       fitness
      }
```

用 $g_{\text{best}}$保存整个粒子群进化历史中的全局最优解，它包含整个粒子群到目前为止的最优位置、最大适应度值及对应的一个聚类。

```
gbest={  state,
```

```
        fitness
    }
```

每个粒子 $i$ 的速度和位置更新公式为

$$P(i).\mathrm{ve} = wP(i).\mathrm{ve} + h_1\,\mathrm{rand}()(p_{\mathrm{best}}(i).\mathrm{state} - P(i).\mathrm{state}) + h_2\,\mathrm{rand}()(g_{\mathrm{best}}.\mathrm{state} - P(i).\mathrm{state})$$

$$P(i).\mathrm{state} = P(i).\mathrm{state} + P(i).\mathrm{ve},\ i=1, 2, \cdots, m$$

### 6.2.2 粒子群算法求解 TSP 问题

将粒子群算法应用于求解 TSP 问题，是将粒子群算法应用于求解离散优化问题的一个典型代表。在有 $n$ 个城市的情况下，1，2，…，$n$ 的任何一个排列都可看成是一个候选解。如(1，4，3，2，5)就是 5 个城市的一个 TSP 问题的候选解。

交换算子和交换序列：一个交换算子就是可用来调换候选解中两个位置上的元素的序偶。用 $O(i, j)$ 表示一个交换算子，表示可用来调换候选解中第 $i$ 位上的元素和第 $j$ 位上的元素。例如，当前候选解 $\boldsymbol{S}=(1, 2, 3, 4, 5)$，则将 $\boldsymbol{O}=(2, 4)$ 作用到 $\boldsymbol{S}$ 上得到

$$\boldsymbol{S}' = \boldsymbol{S} \oplus \boldsymbol{O} = (1, 4, 3, 2, 5) \tag{6-10}$$

由一个或多个交换算子构成的有序序列称为交换序列。交换序列作用到一个候选解上得到的结果就是由其所包含的交换算子按序逐次作用到候选解上所得到的结果。例如，设 $SS=\{\boldsymbol{O}_1, \boldsymbol{O}_2, \boldsymbol{O}_3\}$，$\boldsymbol{O}_1=(2, 4)$，$\boldsymbol{O}_2=(3, 5)$，$\boldsymbol{O}_3=(1, 3)$，则

$$\begin{aligned} S'' &= \boldsymbol{S} \oplus SS = \boldsymbol{S} \oplus \boldsymbol{O}_1 \oplus \boldsymbol{O}_2 \oplus \boldsymbol{O}_3 \\ &= (1, 4, 3, 2, 5) \oplus \boldsymbol{O}_2 \oplus \boldsymbol{O}_3 \\ &= (1, 4, 5, 2, 3) \oplus \boldsymbol{O}_3 \\ &= (5, 4, 1, 2, 3) \end{aligned}$$

用粒子群算法解 TSP 问题的代码

由两个给定的候选解可求得一个交换序列。例如，设 $\boldsymbol{A}=(1, 2, 3, 4, 5)$，$\boldsymbol{B}=(3, 5, 2, 1, 4)$，因 $B(1)=A(3)$，得(1，3)，$A_1=A\oplus(1, 3)=(3, 2, 1, 4, 5)$。因 $B(2)=A_1(5)$，得(2，5)，$A_2=A_1\oplus(2, 5)=(3, 5, 1, 4, 2)$，如此用 $B$ 与 $A$ 不断变化后的结果比较下去，最后，$SS=\{(1, 3), (2, 5), (3, 5), (4, 5)\}$ 是一个将 $\boldsymbol{A}$ 调换为 $\boldsymbol{B}$ 的交换序列。即 $\boldsymbol{B}=\boldsymbol{A}\oplus SS$，或记为 $SS=\boldsymbol{B}\Theta\boldsymbol{A}$。

有了交换序列的概念，粒子群算法中的速度和状态更新式可改写为

$$V_i^{t+1} = V_i^t \oplus (r_1\, p_i^t \Theta X_i^t) \oplus (r_2\, p_g^t \Theta X_i^t) \tag{6-11}$$

$$X_i^{t+1} = X_i^t \oplus V_i^{t+1} \tag{6-12}$$

式中：$V_i^t$ 表示 $t$ 时刻第 $i$ 个粒子的速度；$X_i^t$ 表示 $t$ 时刻第 $i$ 个粒子中的可行解；$p_i^t$ 表示 $t$ 时刻第 $i$ 个粒子记忆的历史最好解；$p_g^t$ 表示 $t$ 时刻全局最好解；$r_1\, p_i^t \Theta X_i^t$ 表示 $p_i^t \Theta X_i^t$ 中的交换算子全部按概率 $r_1$ 保留；$r_2\, p_g^t \Theta X_i^t$ 表示 $p_g^t \Theta X_i^t$ 中的交换算子全部按概率 $r_2$ 保留。$r_1$ 和 $r_2$ 属于[0，1]，其值越大，保留的交换算子越多，向局部最优和全局最优学习的就越多。$X_i^t \oplus V_i^{t+1}$ 表示 $t$ 时刻第 $i$ 个粒子中保存的候选解 $X_i^t$ 在速度(交换序列的作用下)运动到新的候选解 $X_i^{t+1}$。

每个粒子的结构包含以下成分：候选解(作状态)、适应度(回路长的倒数，作评价函数值)、当前速度、记录的历史局部最优解 $p_{\mathrm{best}}$(全局最优解 $g_{\mathrm{best}}$ 也按此结构)。

### 6.2.3 自适应权重粒子群优化 SVM 参数

在解决小样本、非线性以及高维数据分类时，支持向量机具有明显的优势，因此适用于解决复杂的分类问题，如遥感图像分类等。

1）支持向量机原理

支持向量机是建立一个最优分类超平面，使超平面在正确分开不同类别样本的同时，还能使得分类间隔最大化。假设训练样本集为

$$D=\{(x_1, y_1), (x_2, y_2), \cdots, (x_n, y_n)\} \tag{6-13}$$

$$y_i\in\{1, -1\}, i=1, 2, \cdots, n \tag{6-14}$$

SVM 求最优分类超平面的一个通用提法是求下列优化问题的解：

$$\min \frac{1}{2}\|\boldsymbol{w}\|^2+C\sum_{i=1}^{n}\xi_i \tag{6-15}$$

使得

$$y_i(\boldsymbol{w}^{\mathrm{T}}\varphi(x_i)+b)\geqslant 1-\xi_i,\quad \xi_i\geqslant 0, i=1, 2, \cdots, n \tag{6-16}$$

式中：$\boldsymbol{w}$ 为超平面法向量；$\xi_i$ 为松弛因子；$C$ 为惩罚因子；$x_i$ 为第 $i$ 个样本的特征；$y_i$ 为类别标签；$\varphi(x_i)$为映射函数。

利用 Lagrange 函数，可得到该问题的对偶形式：

$$\min_{\alpha} \frac{1}{2}\sum_{i=1}^{n}\sum_{j=1}^{n} y_i y_j \alpha_i \alpha_j K(x_i, x_j)-\sum_{j=1}^{n}\alpha_j \tag{6-17}$$

使得

$$\sum_{i=1}^{l} y_i\alpha_i=0, 0\leqslant \alpha_i\leqslant C, i=1, 2, \cdots, l \tag{6-18}$$

解式(6-14)得最优化函数为

$$f(x)=\mathrm{sgn}\left(\sum_{i=1}^{l}\alpha_i y_i K(x_i, x_j)+b\right) \tag{6-19}$$

其中，$\alpha_i$ 为 Lagrange 乘子。核函数：

$$K(x_i, x_j)=\varphi(x_i)\cdot\varphi(x_j) \tag{6-20}$$

这里采用高斯核函数作为 SVM 模型中的核函数，其数学形式为

$$K(x_i, x_j)=\exp(-\gamma\|x_i-x_j\|^2) \tag{6-21}$$

其中，$\gamma$ 为核参数。

在支持向量机模型中，惩罚因子 $C$ 和核函数参数 $\gamma$ 是影响分类结果的主要因素。

采用启发式算法，无须遍历解空间的所有位置，就可以寻找到问题的最优解，因此能够高效地寻找到最优的 SVM 参数。

2）用粒子群算法优化 SVM 参数

用粒子群算法优化 SVM 参数可以提高 SVM 的分类性能。由于粒子群算法在演化过程中很容易过早收敛并陷入局部最优，目前已经有很多学者提出对粒子群算法进行优化。优化主要针对的是传统的粒子群算法在优化支持向量机时，也存在易陷入局部最优、分类精度低以及早熟收敛的缺点。

3）自适应权重粒子群算法优化 SVM 参数

采用自适应权重代替传统的惯性权重来平衡粒子的全局和局部搜索能力，可以提高分

类精度。

惯性权重 $w$ 的大小影响粒子群算法在求解过程中的搜索能力。若 $w$ 较大，则有利于提高粒子的全局最优能力，使得算法跳出局部最优点；若 $w$ 较小，则会提高粒子的局部最优能力，使得算法趋于收敛。

$$w=w_{\max}-\frac{w_{\max}-w_{\min}}{1+\exp\left(\left|\dfrac{f_i-f_{\text{avg}}}{f_g-f_{\text{avg}}}\right|\right)} \tag{6-22}$$

式中：$w_{\max}$ 为权重的最大值，$w_{\min}$ 为权重的最小值，通常取 $w_{\max}=0.9$，$w_{\min}=0.4$；$f_i$ 为第 $i$ 个粒子的适应度值，$f_{\text{avg}}$ 为种群平均适应度值，$f_g$ 为种群最优适应度值。

将每个粒子的位置变量设定为二维，分别对应 SVM 的惩罚因子 $C$ 和核参数 $\gamma$，用粒子的适应度值来评价粒子所处位置的好坏程度。这里利用台湾林智仁教授开发的 LIBSVM 工具箱里的 svmtrain 函数来计算各个粒子的适应度值。

WPSO-SVM 算法步骤如下：

步骤 1：初始化 PSO 的相关参数。在一定范围内随机生成粒子的初始位置，每个粒子初始位置的两个分量为 $x(i, 1)$ 和 $x(i, 2)$。其中，$x(i, 1)$ 的范围为 $(C_{\min}, C_{\max})$，$x(i, 2)$ 的范围为 $(\gamma_{\min}, \gamma_{\max})$。

步骤 2：计算粒子的适应度值。将每个粒子的位置分量 $x(i, 1)$ 和 $x(i, 2)$ 代入适应度函数中得到适应度值，计算过程如下：

$$\begin{cases}\text{cmd}=[\text{'}-v\text{'},\ \text{num2str}(v),\ \text{'}-c\text{'},\ \text{num2str}(x(i,1)),\ \text{'}-g\text{'},\ \text{num2str}(x(i,2))]\\ f(i)=\text{svmtrain}(\text{train\_label},\ \text{train},\ \text{cmd})\end{cases}$$

其中，$v$ 表示交叉验证数，$c$ 表示惩罚因子 $C$，$g$ 表示核参数 $\gamma$，$f(i)$ 表示第 $i$ 个粒子在当前位置的适应度值（算法中用 $f_i$ 标记 $f(i)$）。train_label 表示训练数据集标签，train 表示训练数据集。

步骤 3：根据粒子初始适应度值，可得到粒子的个体极值 $p_{\text{best}}$ 和种群极值 $g_{\text{best}}$。

步骤 4：根据式(6-23)更新权重；根据式(6-5)和式(6-6)更新粒子的速度和位置。

步骤 5：计算粒子当前的适应度值，更新粒子的个体极值 $p_{\text{best}}$ 和种群极值 $g_{\text{best}}$。

步骤 6：判断是否达到最大迭代次数，若满足，则转至步骤 7；否则，转至步骤 2。

步骤 7：输出种群最优位置（对应 SVM 的惩罚因子 $C$ 和核参数 $\gamma$）。

步骤 8：输入最佳参数，进行分类。

4）实验测试

采用 UCI 数据库中的 Seeds 和 Wine 数据集对改进的算法进行验证分析。Seeds 数据集中一共有 210 个样本，有三个类别。将 Seeds 数据集中的每个类别随机抽取 40 组数据作为训练集，剩余的数据作为测试集。

实验参数设置为：种群进化次数为 200；种群数量为 20；学习因子 $c_1$ 为 1.5，$c_2$ 为 1.7；惯性权重 $w_{\max}=0.9$，$w_{\min}=0.4$；SVM 参数 $c$ 的范围为 0.01～100，$g$ 的范围为 0.01～10。

用 PSO-SVM 算法得到的结果是：错分数目为 11；分类精度为 87.78%。用 WPSO-SVM 算法得到的结果是：错分数目为 7；分类精度为 92.22%。

Wine 数据集一共有 178 个样本，有三个类别。将 Wine 数据集的 178 个样本随机分成 108 组训练集和 70 个测试集。

用 PSO-SVM 算法得到的结果是：错分数目为 9；分类精度为 87.14％。

用 WPSO-SVM 算法得到的结果是：错分数目为 6；分类精度为 94.28％。

在两组实验中，WPSO-SVM 的分类精度均优于 PSO-SVM。这说明，引入自适应权重进行优化，粒子的全局和局部优化能力能够达到良好的平衡，从而避免了粒子早熟收敛。相较于 PSO-SVM 算法能够更好地提取特征，WPSO-SVM 提高了分类精度。

# 习　题　6

6.1　简述粒子群算法的基本原理。

6.2　简述粒子群算法与其他进化算法的异同。

6.3　在粒子群算法聚类问题设计中，简述如何定义粒子结构以及粒子的更新方式。

6.4　简述粒子群算法在聚类问题中的实现方法和步骤。

6.5　简述粒子群算法的优缺点。

6.6　画出粒子群算法的流程。

6.7　粒子群算法的优点有________。

A. 搜索速度快　　B. 具有记忆性

C. 需调整的参数较少　　D. 可以有效解决离散及组合优化问题

6.8　粒子群算法的缺点有________。

A. 需要调整的参数较多　　B. 容易陷入局部最优

C. 不能有效解决离散及组合优化问题　　D. 不能有效求解非直角坐标系描述问题

6.9　粒子的速度更新公式为____________。

6.10　粒子的位置更新公式为____________。

6.11　如果把一个优化问题看作是空中觅食的鸟群，那么粒子群中每个优化问题的可行解就是搜索空间中的一只鸟，称为“粒子”，“食物”就是优化问题的________。

6.12　每个粒子均有________和________两个属性，同时每个粒子都有一个由优化问题决定的________来评价粒子的“好坏”程度。

6.13　粒子群算法具有________和________的特点。

6.14　在粒子群算法求解聚类问题中，每个粒子作为一个________组成粒子群(解集)。

6.15　判断正误。

(1) 粒子群优化算法主要应用于函数优化、神经网络训练、工程领域应用、随机优化问题的求解和最优控制问题的求解。

(2) 对于速度的更新由粒子的当前速度、认知部分、社会部分三部分构成。

习题 6 部分答案

# 第 7 章　模拟退火算法

## 7.1　模拟退火算法的描述

### 7.1.1　模拟退火算法及其模型

**1. 物理退火过程**

模拟退火算法(Simulated Annealing，SA)最早的思想由 N. Metropolis 等(1953 年)提出，1983 年，S. Kirkpatrick 等将其应用于组合优化。模拟退火算法是基于 Monte-Carlo 迭代求解策略的一种随机寻优算法，其出发点建立在固体退火过程与组合优化问题求解的相似性上。退火是指将固体加热足够高，让分子呈充分的随机排列状态，然后逐步降温，使固体在不同的温度下，分子也做相应的充分运动，实现分时间阶段趋于平衡态。直到完全冷却，分子以低能状态排列，固体最终达到某种稳定状态。加温过程增强了粒子的热运动，消除了系统原来可能存在的非均匀态。等温过程是系统与环境换热而温度不变的一个过程。系统在任何等温状态下都自发变化，朝自由能减少的方向运行，当自由能达到最小时，系统达到平衡态。逐步冷却的过程使粒子热运动减弱并渐趋有序，系统能量逐渐下降，从而得到低能的晶体结构。

模拟退火算法就是模仿固体退火过程而设计的一种通用的优化算法。它从某一较高初温出发，伴随温度参数的不断下降，结合概率突跳特性在解空间中随机寻找目标函数的全局最优解，即使处在局部最优解也能概率性地跳出并最终趋于全局最优。模拟退火算法理论上可求得概率的全局优化解。目前模拟退火算法已在工程中得到了广泛应用，诸如 VLSI、生产调度、控制工程、机器学习、神经网络、信号处理等领域。该算法的目的是解决 NP 复杂性问题、克服优化过程陷入局部极小、克服初值依赖性。

在某一温度 $T$ 下，分子停留在状态 $s$，从而其内部能量等于 $E(s)$ 的概率服从Boltzmann 分布：

$$P\{E=E(s)\}=\frac{1}{Z(T)}\exp\left(-\frac{E(s)}{kT}\right) \tag{7-1}$$

式中：$E$ 表示分子能量，是一个随机变量，$E(s)$ 表示分子状态为 $s$ 时的能量；$k>0$，为Boltzmann常数；$Z(T)$ 为概率分布的标准化因子，即

$$Z(T)=\sum_{s\in D}\exp\left(-\frac{E(s)}{kT}\right) \tag{7-2}$$

式中，$D$ 表示所有不同状态组成的集合。

在同一温度 $T$ 下，设有两个能量 $E_1$ 和 $E_2$，若 $E_1<E_2$，则

$$P\{E=E_1\}-P\{E=E_2\}=\frac{1}{Z(T)}\exp\left(-\frac{E_1}{kT}\right)\left[1-\exp\left(-\frac{E_2-E_1}{kT}\right)\right] \tag{7-3}$$

上式等号右边大于0，这说明，在同一温度下，固体处于能量大的状态的概率比处于能量小的状态的概率要小。当温度很高时，设 $D$ 为固体在一个温度下所有可能状态构成的状态空间，$|D|$ 为 $D$ 中状态的个数，$D_0$ 是具有最低能量的状态，每个状态的概率基本相同，接近平均值 $1/|D|$。当 $|D|\geqslant 2$ 时，固体处于最低能量状态的概率超出平均值 $1/|D|$。当温度趋于0时，固体以概率1趋于最低能量状态。

在给定温度下，固体达到热平衡的过程可以用 Monte - Carlo 方法（一种计算机随机模拟方法）模拟，该方法虽简单，但需大量采样才能可得到精确结果，且计算量大。

一般的模拟退火算法流程图

因而，在实际应用中，一般采用 Metropolis 准则（1953 年）——以概率接受新状态来实现。其实现思想如下：

在温度 $T$ 下，当前状态 $s_i$ 是否可转移到新状态 $s_j$ 遵循以下原则：若 $E_j<E_i$，则接受 $s_j$ 作为当前状态，即转移；否则，若概率为

$$p=\exp\left(-\frac{E_j-E_i}{kT}\right) \tag{7-4}$$

大于当前产生的一个在[0，1)区间的随机数，则仍接受状态 $s_j$ 为当前状态，即仍转移；否则，状态 $s_i$ 仍为当前状态，即当前状态不转移到其他状态。

在高温下，可接受与当前状态能量差较大的新状态；在低温下，只接受与当前状态能量差较小的新状态。

**2. 组合优化与物理退火的相似性**

组合优化问题对应某一金属物体。组合优化问题的解对应粒子状态，最优解对应能量最低的状态，设定初温对应熔解过程，Metropolis 抽样过程对应等温过程，控制参数的下降对应温度冷却，目标函数对应能量，具体可参见表7.1。

**表7.1 组合优化与物理退火的相似性**

| 组合优化问题 | 金属物体 |
|---|---|
| 解 | 粒子状态 |
| 最优解 | 能量最低的状态 |
| 设定初温 | 熔解过程 |
| Metropolis 抽样过程 | 等温过程 |
| 控制参数的下降 | 冷却 |
| 目标函数 | 能量 |

**3. 模拟退火算法的马氏链描述**

在模拟退火算法中，新状态接受概率仅依赖于新状态和当前状态，并由温度加以控制，所以模拟退火算法对应了一个马尔可夫链（马尔可夫链指下一状态只与当前状态有关，而与前面状态无关的一种随机状态转移机制）。

### 7.1.2　模拟退火算法关键参数和操作设计

**1. 状态产生函数**

状态产生函数的设计原则是，能产生的候选解应遍布全部解空间。设计方法是，在当前状态的邻域结构内以一定概率方式(均匀分布、正态分布、指数分布等)产生。

**2. 状态接受原则**

状态接受的原则是：

(1) 在固定温度下接受使目标函数下降的候选解的概率要大于上升的候选解概率。

(2) 随着温度的下降，接受使目标函数上升的解的概率要逐渐减小。

(3) 当温度趋于零时，只能接受目标函数下降的解。

状态接受的条件或范围的具体形式对算法的影响不大，一般采用 $\min[1, \exp(-\Delta C/t)]$。

**3. 初温**

通过理论分析可得到初温的解析式，但解决实际问题时难以得到精确参数。初温应充分大。实验表明，初温越大，获得高质量解的概率越大，但需花费较多的计算时间。初温设计的方法如下：

(1) 均匀抽样一组状态，以各状态目标值的方差为初温。

(2) 随机产生一组状态，确定两两状态间最大目标差值，利用一定函数确定初温。

(3) 利用经验公式。

**4. 温度更新函数**

时齐算法的温度下降函数有下列主要方法：

$$t_{k+1}=\alpha t_k \tag{7-5}$$

式中，$k\geqslant 0$，$0<\alpha<1$，$\alpha$ 越接近于 1，温度将下降得越慢，且其大小可以不断变化。

$$t_k=\frac{K-k}{K}t_0 \tag{7-6}$$

式中，$t_0$ 为起始温度，$K$ 为算法温度下降的总次数。

**5. 模拟退火算法的基本思想和步骤**

基本步骤：

(1) 随机取定一个初始状态为当前状态 $x$，设定合理的退火策略(选择各参数值，如玻尔兹曼常数 $k$、初始温度 $T=T_0$、降温规律等)。

(2) 令 $x'=x+\Delta x$($\Delta x$ 为小的均匀分布的随机扰动)，计算 $\Delta E=E(x')-E(x)$。

(3) 若 $\Delta E<0$，则接受 $x'$为新的状态，否则以概率 $p=\exp(-\Delta E/(kT))$接受 $x'$，其中 $k$ 为玻尔兹曼常数。具体做法是产生 0 到 1 之间的随机数 $a$，若 $p>a$，则接受 $x'$，否则，系统仍以 $x$ 为当前状态。

(4) 重复步骤(2)、(3)直到系统达到平衡状态。一般认为在重复步骤(2)和(3)若干轮后，当前状态都没发生转移，就认为在当前温度下系统达到了平衡状态。

(5) 按步骤(1)中给定的规律降温，在新温度下重新执行步骤(2)～(4)，直到 $T=0$ 或达到某一预定低温。

(6) 输出算法结果(记录的最好状态)。

由以上步骤可以看出，$\Delta E>0$ 时仍然有一定的概率（$T$ 越大概率越大）接受 $x'$，因而可以跳出局部极小点。理论上，温度 $T$ 的下降应该不快于 $T(t)=T_0/(1+\ln t)$，$t=1, 2, 3, \cdots$。式中 $T_0$ 为起始高温，$t$ 为时间变量。常用的公式是 $T(t)=\alpha T_0(t-1)$，其中 $0.85\leqslant\alpha\leqslant 0.98$。

绘制一个一般的模拟退火算法流程图（见二维码文档）。

模拟退火算法解聚类问题的代码

## 7.2 用模拟退火算法求解给定类数为 $k$ 的聚类问题

**1. 目标函数**

以 $k$ 类聚类的总类间离散度作为目标函数（能量函数）：

$$E=\sum_{i=1}^{k}\sum_{\boldsymbol{X}\in\omega_i}d(\boldsymbol{X}, \boldsymbol{M}_i) \tag{7-7}$$

式中：$\boldsymbol{X}$ 为样本向量；$\omega_i$ 表示第 $i$ 个类，一共 $k$ 个类；$\boldsymbol{M}_i$ 表示第 $i$ 个类的均值向量，$d(\boldsymbol{X}, \boldsymbol{M}_i)$ 表示 $\boldsymbol{X}$ 到 $\boldsymbol{M}_i$ 的欧氏距离。目标函数 $E$ 就是各样本到其类均值中心距离的总和。

**2. 初始温度**

对初始时产生的样本随机划分为 $k$ 个类的聚类，将相应的聚类准则函数值作为初始温度值。

**3. 扰动方法**

以随机改变某一样本所属的当前类别，产生一个新的聚类即新解。

**4. 退火方式**

采用 $t_{k+1}=\alpha t_k$，$k\geqslant 0$，$0<\alpha<1$ 的方式退火降温，其中，$\alpha$ 通过对话窗口输入，建议设定在 0.85～0.99 范围内。

**5. 参数控制**

通过设置 $m_1$ 和 $m_2$ 两个参数（如前已述），分别控制 Metropolis 抽样稳定是否达到，以及退温过程中所得最优解是否不变。若都成立，则认为已找到最优解。

用模拟退火算法解聚类问题（数据见图 4.1），得到的结果如图 7.1～图 7.3 所示。得到的聚类结果见图 7.2 中的窗口。得到的聚类结果见图 7.2 中的窗口。报出的退火次数见图 7.3。每次退火得到的解结果见图 7.4。

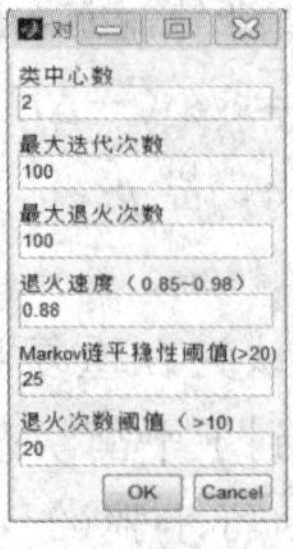


7.1 输入参数窗口

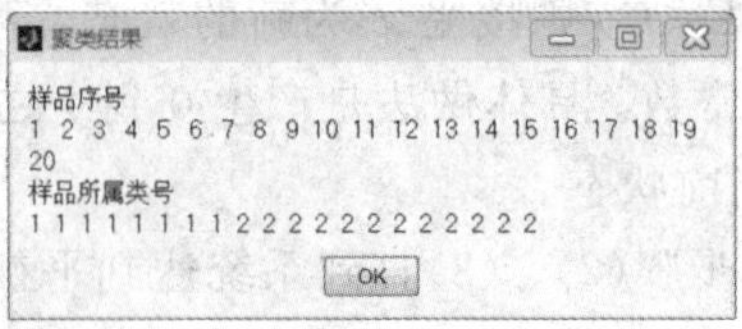


图 7.2 聚类结果的输出

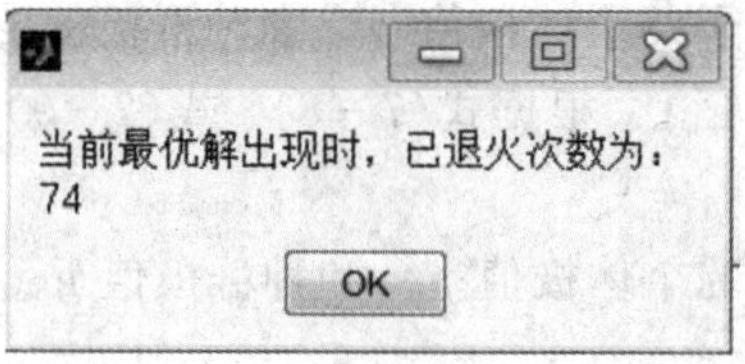


图 7.3　迭代次数

'初始目标函数值：' '81.6947'
'已退火' '1' '次:' '最优目标函数值:' '63.7902'
'已退火' '2' '次:' '最优目标函数值:' '63.7902'
'已退火' '5' '次:' '最优目标函数值:' '43.1997'
'已退火' '7' '次:' '最优目标函数值:' '42.3008'
'已退火' '23' '次:' '最优目标函数值:' '38.3118'
'已退火' '24' '次:' '最优目标函数值:' '28.5377'
'已退火' '25' '次:' '最优目标函数值:' '27.5441'
'已退火' '28' '次:' '最优目标函数值:' '26.58'
'已退火' '36' '次:' '最优目标函数值:' '26.5653'
'已退火' '47' '次:' '最优目标函数值:' '26.5606'
'已退火' '65' '次:' '最优目标函数值:' '26.5533'
'已退火' '71' '次:' '最优目标函数值:' '26.548'
'已退火' '74' '次:' '最优目标函数值:' '26.545'

运行输出的中间结果(有省略)

图 7.4　运行结果

# 7.3　用模拟退火算法优化粒子群算法

**1. 基本思想**

用模拟退火算法对粒子群算法进行优化，可使得粒子以一定的概率接受较差的解，从而能够跳出局部最优解，达到全局最优。利用改进后的粒子群算法找到最优 SVM 参数，并将其运用到遥感领域，可提高分类精度。

SA 算法在搜索过程中不仅可接受比当前解更好的解，也会以一定的概率接受较差解。SA 算法在搜索过程中具有一定的突跳概率，可跳出局部最优解，最终达到全局最优。本章采用带压缩因子的 PSO 算法来选取合适的参数，确保 PSO 算法能够有效收敛。粒子的速度和位置可更新为

$$v_{ij}^{k+1}=\chi[v_{ij}^{k}+c_1r_1(p_{\text{best},j}-x_{ij}^{k})+c_2r_2(g_{\text{best},j}-x_{ij}^{k})] \tag{7-8}$$

$$x_{ij}^{k+1}=x_{ij}^{k}+v_{ij}^{k+1} \tag{7-9}$$

式中，$\chi$为压缩因子：

$$\chi=\frac{2}{|2-B-\sqrt{B^2-4B}|},\ B=c_1+c_2 \tag{7-10}$$

为了提高 PSO 算法获得全局最优的能力，在所有 $p_i$ 中选取一个位置，来替代公式中的 $g_{\text{best}}$。此处采用轮盘赌策略来确定 $p_i$，则粒子的速度公式可更新为

$$v_{ij}^{k+1}=\chi[v_{ij}^{k}+c_1r_1(p_{\text{best},j}-x_{ij}^{k})+c_2r_2(g'_{\text{best},j}-x_{ij}^{k})] \tag{7-11}$$

式中，$g'_{\text{best}}$为选中的粒子。

同时，由于选取的粒子 $g'_{\text{best}}$ 比 $g_{\text{best}}$ 差一个特殊解，因此，要选取性能较好的粒子来替代 $g_{\text{best}}$。在温度 $t$ 时，$p_i$ 相对于 $g_{\text{best}}$ 的突跳概率为

$$P=\frac{\mathrm{e}^{\frac{-(f_{pi}-f_{g_{\text{best}}})}{t}}}{\sum\limits_{i=1}^{N}\mathrm{e}^{\frac{-(f_{pi}-f_{g_{\text{best}}})}{t}}} \tag{7-12}$$

式中，$N$ 为种群大小，$f$ 表示适应度值。

**2. 算法描述**

SA 的 PSO 算法步骤如下：

步骤 1：初始化 PSO 相关参数，设置初始温度。

步骤 2：计算粒子的适应度值。

步骤 3：根据粒子的初始适应度值，可得到粒子的个体极值 $p_{best}$ 和种群极值 $g_{best}$。

步骤 4：根据轮盘赌策略，确定 $g_{best}$ 的替代值 $g'_{best}$，根据式(7-8)、式(7-9)更新粒子速度和位置。

步骤 5：计算粒子的当前适应度值，更新粒子的个体极值 $p_{best}$ 和种群极值 $g_{best}$。

步骤 6：进行退火操作。

步骤 7：判断是否达到最大迭代次数，若满足则转至步骤 8，否则转至步骤 2。

步骤 8：输出种群最优解(对应 SVM 的惩罚因子 $C$ 和核参数 $\gamma$)。

步骤 9：输入最佳参数，进行分类。

**3. 实验验证**

实验参数设置：种群进化次数为 200；种群数量为 20；学习因子 $c_1$ 为 1.5，$c_2$ 为 1.7；惯性权重 $w_{max}=0.9$，$w_{min}=0.4$；SVM 参数 $c$ 的范围为 0.01～100，$g$ 的范围为 0.01～10。采用 UCI 数据库中的 Seeds 对改进的算法进行验证分析。WPSO-SVM 的分类出错数目为 6，分类精度为 93.33%。

将 Wine 数据集的 178 个样本随机分成 108 组训练集和 70 个测试集。WPSO-SVM 的分类出错数目仅为 2，分类精度为 97.14%。这说明，对粒子群算法在优化 SVM 参数时，引入 SA 算法进行优化，赋予粒子一定的突跳概率，能够跳出局部最优解，从而达到全局最优。

验证分析表明，SAPSO-SVM 算法相较于 PSO-SVM 和 WPSO-SVM 算法分类最优。

# 习　题　7

7.1　简述模拟退火算法的基本原理。

7.2　简述模拟退火算法与爬山算法的异同。

7.3　简述 Metropolis 准则及其含义。

7.4　简述模拟退火算法的流程。

7.5　简述模拟退火算法的优缺点。

7.6　与爬山算法不同，模拟退火算法虽也是一种贪心算法，但在其搜索过程中引入了________。

7.7　由于以________接受差解，因此模拟退火算法有可能跳出局部最优解，求得全局最优解。

7.8　模拟退火算法的参数问题主要指________、退火速度问题和温度管理问题。

7.9　Metropolis 准则表示为________________________。

7.10　模拟退火算法由解空间、________和初始解组成。

7.11　模拟退火算法模拟物理中固体物质退火过程，整个过程由升温过程、________和________三部分组成。

7.12　根据 Metropolis 准则，粒子在温度 $T$ 时趋于平衡的概率为__________。

习题 7 部分答案

# 第 8 章　禁忌搜索算法

禁忌搜索(Tabu search)算法是由 Fred Glover 在 1986 年提出的一种优化求解算法，现在已形成一套完整算法体系。禁忌搜索算法是局部邻域搜索算法的一种推广，简称为 TS 搜索算法。在确定了目标函数后，禁忌搜索算法先选定一个初始可行解作为出发点或当前可行解，并将其设为当前全局最优解的初值，再通过一系列的操作或特定搜索方向(或称移动方向)试探性地找出一个或多个算法的可行解，构成一个可行解集，然后从这些可行解中选择使目标函数达到最优的一个，作为新的当前可行解(该可行解可能比原当前可行解更优，或者不一定更优)，同时也确定了使目标函数在该可行解中达到最优解所选定的移动(也称之为使目标函数值变化最多的移动)。若新的当前可行解比当前全局最优解更优，则用其更新当前全局最优解。然后从新的当前可行解出发，继续上述操作，找其他可行解集，以便找出其中最优的新的当前可行解，不断重复上述方法进行搜索，直到收敛条件满足为止。为了避免陷入局部最优解，TS 设立一个禁忌表(Tabu 表，或简称 $T$ 表)，“记忆”在搜索中已采用过的操作或可行解，防止较早重回到不久前使用过的操作或已生成的可行解，从而指导操作或搜索(移动)方向。

## 8.1　禁忌搜索算法的描述

**1. 禁忌搜索算法的主要思路**

在搜索过程中构造一个可行解的短期循环记忆表——禁忌表，禁忌表中存放较近时刻已搜索过的 $|T|$ 个可行解($|T|$表示禁忌表的长度，也是被禁止搜索的可行解的最大个数)。

对于刚进入禁忌表的可行解，在以后的 $|T|$ 次循环中是禁止使用的，以避免较快回到旧解，从而避免陷入循环。$|T|$ 次循环后禁忌解除。若禁忌表已满，在新的可行解进入禁忌表之前，最早进入禁忌表的可行解解禁。禁忌表是一个循环表，在搜索过程中被循环地修改，使禁忌表始终保持 $|T|$ 个可行解。

即使引入了禁忌表，禁忌搜索仍可能出现循环。因此，必须给定停止准则以避免出现循环，一般通过设定一个最大的迭代次数(简称为代数)来解决。当迭代次数已达到最大代数时结束计算。或者当迭代内所发现的最优解无法改进或无法离开该最优解时，算法停止。在迭代过程中，历史最优解总是被记忆下来，在新的迭代中，若发现有更优的解，则及时更新历史最优解。当解的过程结束时，最好的解也就用历史最优解来表示。

**2. 禁忌搜索算法的主要概念**

(1) 评价函数。禁忌搜索算法一般将目标函数作为评价函数。评价函数用于判断所产生的可行解的优劣，是一个重要的衡量指标。现实中，也可自定义其他函数作为评价函数，但这种情况一般较少。有时也可定义多个评价函数，以提高解的区分性。

(2) 搜索算子。禁忌搜索算法的搜索算子又可称为搜索方向，它实际上表现为对当前可行解的某种“操作”或者从当前可行解到其邻近的可行解的“移动”。使用搜索算子，可从当前可行解生成其“邻近”可行解，从而构成当前可行解的邻域。搜索算子是当前可行解转移的关键，对整个算法的搜索速度有很大影响。搜索算子需要结合问题的特点来加以确定。

(3) 禁忌对象。禁忌搜索算法的禁忌对象是指在禁忌搜索算法中若干迭代代内不允许使用的对象。被禁忌的对象可以是搜索算子或者可行解，一般要视待解问题的特性而定。禁忌对象的选择是否得当，对算法的运算效率有很大影响。将搜索算子或操作作为禁忌对象比将可行解作为禁忌对象简单方便，选择后者有时可能会降低算法性能，而选择前者有时可提高搜索效率。

(4) 禁忌表。禁忌表记录 TS 搜索过程中被禁忌的对象。禁忌表用以防止过早出现搜索循环、陷入局部最优。禁忌表的设计涉及禁忌表长度和禁忌步长。

(5) 禁忌表长度。禁忌表长度指禁忌表本身的长度。若禁忌表长度设计得过小，则有可能导致新的禁忌对象无法加入禁忌表。此时，若要加入新的禁忌对象，就需要提前解禁早入禁忌表的对象。过早解禁也有可能陷入搜索循环，甚至陷入局部最优。

(6) 禁忌步长。禁忌步长指被禁忌对象在多少次迭代后可解禁的迭代步数。若禁忌步长过小，则算法可能会陷入局部最优。若禁忌步长过大，则有可能跳过好的可行解甚至最优解。

(7) 解禁策略。解禁策略又称为解禁规则、特赦规则或渴望规则，指如何解禁被禁对象。除禁忌对象的禁忌步长减为 0 时自然解禁外，新的一个或多个禁忌对象若要加入禁忌表，而禁忌表长度又不够时，则原来早入禁忌表的对象就要解禁。当同时要解禁多个禁忌对象时，究竟选择哪些早入禁忌对象提前解禁，需要有一定的解禁对策。按进入禁忌表的自然顺序解禁早入的禁忌对象是最简单的解禁策略。当所有的对象都被禁忌后，选择最好的被禁对象加以解禁也属于解禁策略要考虑的问题。当某个被禁忌的对象解禁后会带来解的评价函数值显著改进时，亦需要相应的解禁策略予以解禁。具体来说，当某一个被禁忌对象的移动或邻近解可得到比未被禁忌的移动或邻近解更优，甚至比历史最优更优的邻近可行解时，算法应不受禁忌表的限制而接受这个移动或将相应的可行解作为当前可行解。解禁策略是对于禁忌表解禁要求的适当放松。

(8)移动策略。移动策略指从当前可行解转移到邻近可行解的规则。可采用选择最佳邻域移动的法则，如采用“最好解优先策略”或“第一个改进解优先策略”来选择移动。前者需比较所有邻域中的解，耗时较长，但能有效提高解的收敛性。后者在发现第一个改进可行解时就转移，耗时较少，但收敛效率不如前者，它往往只适用于邻域空间较大的问题。

(9) 停止规则。禁忌搜索中停止规则的设计多种多样，如在最大迭步代数、算法运行时间、给定数目的迭代内不能改进解或组合策略等。

以上概念也是决定禁忌搜索算法效果的一些重要因素。每个因素在很大程度上都对禁忌搜索算法的效率有一定的影响，有时甚至会影响解的质量。

**3. 禁忌搜索算法的主要过程**

禁忌搜索算法的主要过程如下：

第一步　令迭代步数计数器 $i=0$，$T=\varnothing$，产生初始可行解 $x$，并令最优解 $x_g=x$。

第二步　生成可行解 $x$ 的一些邻近可行解构成邻域集 $N(x)$。

第三步　若 $N(x)=\varnothing$，则转至第二步；否则，求属于 $N(x)$ 的一个(局部)最优解 $x'$。

第四步　若 $x'\in N(x)$ 且 $x'$ 不满足解禁条件，则令 $N(x)=N(x)-\{x'\}$，转至第三步；否则，置 $x=x'$。若 $x$ 好于 $x_g$，则置 $x_g=x$。

第五步　若表 $T$ 的长度已等于最大长，则去掉最早解，并将 $x$ 添加至表 $T$。

第六步　若满足结束条件，则 $x_g$ 为最终解，算法结束；否则，令 $i=i+1$，转至第二步，即进入下一轮迭代。

禁忌搜索算法是一种通用的寻优算法。算法的特点是，通过禁忌，可短期内禁止重复前面的工作，避免使用重复的可行解，有利于跳出局部最优解。其中第三步体现了在局部寻优的基础上向前搜索。第四步保证了最终解是所搜索过的可行解中的最好解。禁忌表 $T$ 的长度的选择要求自定义，越长对求解越好，但会影响算法性能。结束条件可用最大迭代步数或搜索的解在若干代内无明显改善来控制。

**4. 禁忌搜索算法示例**

为了更直观地理解禁忌搜索算法，下面以禁忌搜索算法求解一个简单的 TSP 问题为例，给出用 TS 算法解 TSP 问题的主要步骤。

禁忌搜索算法的流程图

**例 8.1**　假设有 5 座城市 $a$，$b$，$c$，$d$，$e$，城市间的距离在下列距离矩阵 $\boldsymbol{D}$ 中给出，现在要用禁忌算法求从某城市出发，巡游每座城市一次且仅一次，最后回到出发城市的一条路径，使所行走的距离最短。要求只给出用禁忌算法求解的前二代迭代过程，以示演算。

$$\boldsymbol{D}=\begin{bmatrix} 0 & 2 & 3 & 1 & 0.5 \\ 2 & 0 & 4 & 2 & 3 \\ 3 & 4 & 0 & 1 & 6 \\ 1 & 2 & 3 & 0 & 7 \\ 0.5 & 3 & 6 & 7 & 0 \end{bmatrix}$$

**解**　不失一般性，设起点和终点均为 $a$，这样，在任何一个可行解即城市序列中，$a$ 始终排在首位，而排在末尾的 $a$ 则可省略，也就是说，从序列的最后一座城市总是回到城市 $a$。再设搜索方式是将相邻的两座城市调换。

首先设初始可行解为 $x=(abcde)$。当前全局最优解初值为 $x_g=x=(abcde)$。禁忌表 $T$ 的长度为 $L=10$，禁忌表的初值为空。取路径长度，也就是取目标函数作为评价函数。初始解的评估值为 $f(x)=2+4+1+7+0.5=14.5$。将初始可行解及禁忌步长 $H=2$ 加入禁忌表 $T$，得到：

$T=\{((abcde),\ 2)\}$

**第 1 次迭代计算**　为了生成当前可行解 $x$ 的邻域 $N(x)$，按取出一个点插入到其他点处的方式可得到不在禁忌表中互异的可行解如下：

在当前可行解 $x=(abcde)$ 中，取出 $b$ 插入其他位置产生互异可行解：$(acbde)$，$(acdbe)$，$(acdeb)$。

在当前可行解 $x=(abcde)$ 中，取出 $c$ 插入其他位置产生互异可行解：$(acbde)$，$(abdce)$，$(abdec)$，但因 $(acbde)$ 已在禁忌表中，所以有效互异可行解只有 $(abdce)$，$(abdec)$。

在当前可行解 $x=(abcde)$ 中，取出 $d$ 插入其他位置产生互异可行解：$(adbce)$，

(*abdce*)，(*abced*)，但因(*abdce*)已求得过，所以有效互异可行解只有(*adbce*)，(*abced*)。

在当前可行解 $x=$(*abcde*)中，取出 *e* 插入其他位置产生互异可行解：(*aebcd*)，(*abecd*)，(*abced*)，但因(*abced*) 已求得过，所以有效互异可行解只有(*aebcd*)，(*abecd*)。

于是以下互异的可行解组成 $x$ 的邻域 $N(x)$：

$N(x)=$ { (*acbde*)，(*acdbe*)，(*acdeb*)，(*abdce*)，(*abdec*)，(*adbce*)，(*abced*)，(*aebcd*)，(*abecd*)}

同时计算出 $N(x)$中每个可行解的评估函数值，即路径长度：

路径(*acbde*)的长度＝3＋4＋2＋7＋0.5＝16.5

路径(*acdbe*)的长度＝3＋1＋2＋3＋0.5＝9.5

路径(*acdeb*)的长度＝3＋1＋3＋4＋3＝14

路径(*abdce*)的长度＝2＋2＋3＋6＋0.5＝13.5

路径(*abdec*)的长度＝2＋2＋7＋6＋3＝20

路径(*adbce*)的长度＝1＋2＋4＋6＋0.5＝13.5

路径(*abced*)的长度＝2＋4＋6＋7＋1＝20

路径(*aebcd*)的长度＝0.5＋3＋4＋1＋1＝9.5

路径(*abecd*)的长度＝2＋3＋6＋1＋1＝13

其中，最短路径长度的可行解有两个：(*acdbe*)和(*aebcd*)，它们在 $N(x)$中均具有最小路径长度 9.5。这里，随机取其中一个。例如，取 $y=$(*acdbe*)，并用 $y$ 替换 $x$ 作为新的当前解，即此时 $x=y=$(*acdbe*)。由于 $y$ 的长度 9.5 小于当前全局最优解 $x_g=$(*abcde*)的长度 14.5 (9.5＜14.5)，因此要用 $y$ 更新当前全局最优解 $x_g$，即 $x_g=y=$(*acdbe*)，$x_g$ 的评估函数值为 9.5。

修改已在禁忌表 $T$ 中可行解的禁忌值(减 1)，并将 $N(x)$中的可行解添上禁忌值 2 后加入禁忌表 $T$，得到：

$T=$ { ((*abcde*)，1)，((*acbde*)，2)，((*acdbe*)，2)，((*acdeb*)，2)，((*abdce*)，2)，((*abdec*)，2)，((*adbce*)，2)，((*abced*)，2)，((*aebcd*)，2)，((*abecd*)，2) }

第一轮迭代计算到此结束。

**第 2 次迭代计算** 由当前可行解 $x=$(*acdbe*)，为了生成当前可行解 $x$ 的邻域 $N(x)$，按取出一个点插入到其他点处的方式可得到不在禁忌表中互异的可行解如下：

在当前可行解 $x=$(*acdbe*)中，取出 *c* 插入其他位置产生互异可行解：(*abcde*)，(*adbce*)，(*adbec*)。但因(*abcde*)，(*adbce*)已在禁忌表中，所以有效互异可行解只有(*adbec*)。

在当前可行解 $x=$(*acdbe*)中，取出 *d* 插入其他位置产生互异可行解：(*adcbe*)，(*acbde*)，(*acbed*)。但因(*acbde*)已在禁忌表中，所以有效互异可行解只有(*adcbe*)，(*acbed*)。

在当前可行解 $x=$(*acdbe*)中，取出 *b* 插入其他位置产生互异可行解：(*abcde*)，(*acbde*)，(*acdeb*)。但因(*abcde*)，(*acbde*)已在禁忌表中，所以有效互异可行解只有：(*acdeb*)。

在当前可行解 $x=$(*acdbe*)中，取出 *e* 插入其他位置产生互异可行解：(*aecdb*)，(*acedb*)，(*acdeb*)。但因(*acdeb*)已在禁忌表中，所以有效互异可行解只有(*aecdb*)，(*acedb*)。

于是，互异的可行解组成 $x$ 的邻域 $N(x)$：

$$N(x)=\{(adbec),(adcbe),(acbed),(acdeb),(aecdb),(acedb)\}$$

同时计算出 $N(x)$ 中每个可行解的评估函数值，即路径长度：

路径 $(adbec)$ 的长度 $=1+2+3+6+3=15$

路径 $(adcbe)$ 的长度 $=1+3+4+3+0.5=11.5$

路径 $(acbed)$ 的长度 $=3+4+3+7+1=18$

路径 $(acdeb)$ 的长度 $=3+1+7+3+2=16$

路径 $(aecdb)$ 的长度 $=3+6+1+2+2=14$

路径 $(acedb)$ 的长度 $=3+6+7+2+2=20$

其中，最短路径长度的可行解是 $y=(adcbe)$，长度 $=11.5$，并用 $y$ 替换 $x$ 作为新的当前解，即此时 $x=y=(adcbe)$。由于 $y$ 的长度 11.5 不小于当前全局最优解 $x_g=(acdbe)$ 的长度 9.5 $(9.5<11.5)$，所以不用 $y$ 更新当前全局最优解 $x_g$，即仍有 $x_g=(acdbe)$，$x_g$ 的评估函数值仍为 9.5。

先修改已在禁忌表 $T$ 的可行解的禁忌值(减 1)，并将禁忌表中的禁忌值减 1 后为 0 的旧可行解解禁，即从禁忌表 $T$ 中删除。这里，$(acbde)$ 被解禁并将其从 $T$ 中删除。得到的禁忌表为

$$T=\{((acbde),1),((acdbe),1),((acdeb),1),((abdce),1),((abdec),1),((adbce),1),((abced),1),((aebcd),1),((abecd),1)\}$$

再考虑将新的 $N(x)$ 中的可行解加上禁忌值 2 后加入禁忌表 $T$。

由于禁忌表的长度为 10，而禁忌表中只剩下一个空间，只可装入 $N(x)$ 中的一个解，装不下新的邻域中的 6 个可行解，因此，按禁忌算法的思想，此时要将早在禁忌表中的一些可行解解禁，即提前解禁。假设按自然次序将前面的 5 个可行解提前解禁，从禁忌表中删除，则可得到禁忌表 $T$ 如下：

$$T=\{((adbce),1),((abced),1),((aebcd),1),((abecd),1),((adbec),2),((adcbe),2),((acbed),2),((acdeb),2),((aecdb),2),((acedb),2)\}$$

至此，第二轮迭代计算结束。

若迭代到此结束，则得到的最优解为 $x_g=(acdbe)$，$x_g$ 的评估函数值即最短路径长度为 9.5。否则，按上述迭代方法可继续进行下一轮的迭代。

## 8.2　禁忌搜索算法的应用

禁忌搜索算法解
TSP 问题代码

### 1. 禁忌搜索算法解 TSP 问题

TSP 算法的实现涉及以下概念：

初始解的表示：用序列 1，2，…，$n$ 表示一个初始解，并作为当前解。

当前解的邻域：用解的序列中随机取得的两个位上的数字交换得到一个可行解，多个这样的可行解构成其邻域。

禁忌表：以一个定长的顺序队列存储已搜索过的一部分可行解，属于禁忌表的候选解禁忌搜索。

适应度函数定义为当前序列的路径长度即适应度值。

**2. 禁忌搜索算法用于特征选择**

从 $n$ 个特征中选择固定的 $m$ 个特征($m \leqslant n$)，以特征组的准则值 $J$ 达到最小为例，初始可行解 $x$ 可通过 Matlab 的如下方式来生成：

x＝randperm(n)＜＝m

建立 $x$ 的邻域 $N(x)$可通过交换 $x$ 中任意两位 0 或 1 的数字来完成。邻域的大小即所含可行解的个数完全由需要来确定。通过特征组的准则值 $J$，可求出 $N(x)$中的局部最优解 $x'$，表 $T$ 的长度和迭代的最大代数均可根据需要设定。其他计算或步骤均可直接利用禁忌搜索算法的相应计算或步骤加以实现。

若从 $n$ 个特征中选择不固定的 $m$ 个特征($m \leqslant n$)，使特征组的准则值 $J$ 达到最小，则初始可行解 $x$ 可通过 Matlab 的如下方式来生成：

x＝randperm(n)

其他类同，在此不做赘述。

## 8.3 禁忌搜索算法设计的要点

从前面对禁忌搜索算法的讨论可知，影响禁忌搜索算法的因素有初始解、评价函数、禁忌表长度、禁忌步长、邻域构成方法、禁忌表中解禁的可行解的选择、禁忌对象的选择、收敛条件等。

(1) 初始解的选择。一般是随机选择，若有先验知识，有时也可加快搜索步伐。

(2) 评价函数的选择。一般以问题求解的目标函数作为评价函数，也可选定多个评价函数以提高可行解的区分度。

(3) 禁忌表长度。实际中，可固定禁忌表长度，也可改为可变长度的禁忌表。若禁忌表长度太长，则算法效率可能会受到影响；但若禁忌表长度过短，则可行解可能得不到充分的搜索，存在陷入局部最优的可能性，影响搜索质量。

(4) 禁忌步长。可根据求解问题的特征设定禁忌步长。实际中也可考虑变步长。

(5) 邻域构成方法。从当前可行解生成其邻近可行解，从而构成其邻域，可有很多方法。实际中，需要结合具体的求解问题设计相应的产生方法。例如，在求解 TSP 问题时，可用插入、交换、倒置多种方法，现在也有人探讨将遗传算法、粒子群算法等与禁忌算法相结合的方法，目的在于充分产生当前可行解的邻近可行解，避免陷入局部最优，使搜索的范围更加广泛。

(6) 解禁的可行解的选择。当禁忌表可行解的禁忌步长减为 0 时可立即解禁。但当固定长度的禁忌表长度不够长，新的邻域中的可行解无法加入禁忌表时，需要将早入禁忌表的可行解提前解禁，这就存在一个究竟解禁哪些可行解的问题。实际中，若能将禁忌表中的可行解按评价函数或目标函数值排成一定次序，总是先解禁早入的评价函数值较优的可行解，有时会在一定程度上加快搜索，但也有陷入局部最优的风险。

(7) 禁忌对象的选择。禁忌对象可以是可行解，也可以是操作或者搜索方向，选定什么作为禁忌对象，对求得最优解也有很大的影响。有的较易产生循环，而有的不易产生循环。所谓循环就是指回到已选作为当前可行解的情况。

(8) 收敛条件。收敛条件可用最大步数来控制，达到最大迭代步数就停止迭代，也可根据全局最优解在连续几次迭代得不到改善的情况下停止计算。

# 习　题　8

8.1　禁忌搜索算法中，禁忌表的作用是什么？

8.2　试设计算法并实现代码求解：在禁忌搜索算法解 TSP 问题中，在产生当前解的邻域时，不用两个单个位上的序号交换，而是改用长度为 2 的序列交换(一个可行解可看成尾首相连的环)。

8.3　试在禁忌搜索算法解 TSP 问题中设计其他的邻域产生方法，如字段倒置、单点取出并插入等。

习题 8 部分答案

# 第9章 人工智能免疫系统

人工智能免疫系统(Artificial Immune System, AIS)是借鉴自然免疫系统的特性、机理和工作原理构成的人工智能系统。人工智能免疫系统已被运用于科学和工程实际中以解决复杂的工程问题，是近年来相关领域一个方兴未艾的研究热点。

## 9.1 免疫的基本概念与特点

免疫是指免除瘟疫。机体在初次感染病毒或细菌治愈后会对其产生免疫功能，对其再次感染具有抵抗力。将病毒或细菌统称为抗原性异物，简称病原体或抗原。当机体接触抗原性异物时会产生一种生理反应，并通过免疫应答，开启机体免疫系统，识别自身与异己物质，从而破坏和排斥进入人体的抗原异物或人体本身所产生的损伤细胞或肿瘤细胞等，以维持机体生理平衡，维持健康。免疫功能是通过淋巴细胞产生抗体而实现的。淋巴细胞分为B细胞、T细胞和自然杀伤(NK)细胞。B细胞的主要功能是产生抗体，且每个B细胞只产生一种抗体，并参与免疫调节。T细胞的主要功能是调节其他细胞的活动或直接对抗原实施攻击。B细胞在骨髓中分化成熟，T细胞随血液循环到胸腺，在胸腺激素等的作用下成熟。B细胞和T细胞成熟之后进行克隆增殖、分化并表达功能。NK细胞不依赖抗原刺激而自发地发挥细胞毒效应，具有杀伤靶细胞的作用。如果任一细胞由于抗原的刺激而被激活并开始繁殖，其他能识别这种基因类型的细胞系也被激活并开始繁殖。淋巴细胞也起调节作用。当抗原侵入人体后，免疫系统相应地产生免疫应答，就是产生抗体。免疫系统有能力产生多种抗体，由其控制机制进行调节，产生所需抗体。免疫系统主要依靠抗体来对入侵抗原进行攻击以保护机体。淋巴细胞共同作用并相互影响和控制，形成生物机体内高度规律的反馈型免疫系统。

**1. 基本概念**

1) 抗原

抗原是指能刺激免疫系统产生免疫应答，并能与免疫应答产物抗体和致敏淋巴细胞在体内结合，发生免疫效应(特异性反应)的物质。

2) 抗体

抗体指免疫系统受抗原刺激后，免疫细胞转化为浆细胞并产生能与抗原发生特异性结合的免疫蛋白质。

3) 疫苗

疫苗是将病原微生物(如细菌、病毒等)及其代谢产物，经过人工减毒、灭活或利用基因工程等方法制成的用于预防疾病的制剂。疫苗保留了病原菌刺激机体免疫系统的特性。当动物体接触到这种不具伤害力的病原菌后，免疫系统便会产生一定的保护物质，如免疫激素、活性生理物质、特殊抗体等。当机体再次接触到这种病原菌时，机体的免疫系统便会依循其原有的记忆，制造更多的保护物质来阻止病原菌的伤害。

4）免疫调节

在免疫反应过程中，大量抗体的产生降低了抗原对免疫细胞的刺激，从而抑制抗体的分化和增殖，同时产生的抗体之间也存在着相互刺激和抑制的关系，这种抗原与抗体、抗体与抗体之间的相互制约关系使抗体免疫反应维持在一定的强度，保证了机体的免疫平衡。

5）免疫记忆

免疫记忆指免疫系统将能与抗原发生反应的抗体作为记忆细胞保存下来，当同类抗原再次侵入时，相应的记忆细胞被激活而产生大量的抗体，缩短免疫反应时间。

6）抗原识别

通过表达在抗原表面的表位和抗体分子表面的对位的化学基进行相互匹配选择完成识别，这种匹配过程也是一个不断对抗原学习的过程，最终能选择产生最适当的抗体与抗原结合而排除抗原。免疫系统能够识别出抗原并根据不同抗原的特性生成不同的浆细胞来产生抗体。

7）抗体亲和力

抗体亲和力指抗体的抗原决定簇同抗原的抗原决定簇的结合强度。

8）记忆细胞

B细胞分为浆细胞和记忆细胞，记忆细胞保存亲和度高的抗体信息。

**2. 免疫系统的特点**

（1）识别与分类。可自动识别自体和非自体。

（2）多样性。可进行基因重组、克隆或高频变异，产生新的抗体。

（3）自学习。产生抗体是免疫系统的学习和优化过程。

（4）记忆功能。与抗原亲和度高的抗体被记忆细胞记忆，若抗原再次入侵，就可由记忆细胞进行快速有效应答。

（5）分布式。免疫系统中的淋巴细胞分布在全身，根据周围的环境自适应地确定自身的行为，整个免疫系统无中心控制点。

（6）自调节。在清除抗原后，系统可自行恢复到原有的稳定状态，具有较强的抗干扰和维持系统自平衡的能力。

（7）促进和抑制。亲和度高的抗体浆细胞被促进繁殖，亲和度低的抗体浆细胞被抑制。

## 9.2 基本人工免疫模型和度量

由于自然免疫系统是一个复杂的系统，目前人工智能免疫系统只是自然免疫系统的一种模拟，因此，人们从不同的认识角度提出了不同的人工智能免疫模型。目前，已提出的人工智能免疫模型有独特型免疫网络模型、多值免疫网络模型、免疫联想记忆模型、二进制模型、形态空间模型、信息熵模型等。

**1. 独特型免疫网络模型**

抗原的表面具有反映抗原特性的部位，称为表位(epitope)，又称为抗原决定位。特定的抗体通过自身的可变区与抗原决定位的结合来识别抗原，抗体上可以与抗原决定位结合的部位称为对位(paratope)，表位和对位的关系如同锁和钥匙的关系，这种结合关系导致了免疫响应的特异性。不只抗原具有能够被其他抗体识别并结合的抗原决定簇，抗体也具有抗原性。抗体上能够被其他抗体识别的抗原决定位一般称为独特型(idiotype)抗原决定簇，或称独特位(idiotope)。

当某种抗体的对位与表位或独特位结合后，分泌这种抗体的B细胞会受到激励，当激励超过一定阈值后，进行克隆繁殖，从而产生免疫响应。同时，被结合的抗原或抗体受到抑制，抗体对应的B细胞数量会减少。大量抗体的相互作用以及与抗原作用组成一个网络。

Jerne首先提出了独特型免疫网络模型，他认为淋巴细胞通过识别而互相刺激或抑制，形成相互作用的动态网络，免疫系统对抗原的识别不是局部行为，而是由整个网络实现对抗原的识别，可用一个不等式来描述免疫网络的动态特性。Jerne所提出的这种模型也称为Jerne模型。

在Jerne模型的基础上，Stadler认为B淋巴细胞的繁殖可由一个对称的非负函数表述，同时可用动态方程描述免疫网络的动态行为，该模型称为Stadler模型。

Hirayama则进一步用数学方程来描述独特型免疫网络在短时间内的动态行为，形成了对应的Hirayama模型。

**2. 多值免疫网络模型**

Tang基于B细胞和T细胞的相互作用机理，提出了一种多值免疫网络模型，用于模式识别。这种模型不但具有良好的记忆能力，而且还有抑制噪声的能力。在该模型中，抗原作为输入模式，B细胞作为输入层，辅助T细胞作为输出层，辅助T细胞和B细胞的连接权值作为记忆模式，抗体作为输入模式与记忆模式的误差。通过模式输入、激活T细胞、记忆模式与输入模式的比较、调节辅助T细胞和B细胞的连接权值4个步骤来学习，最终使记忆模式接近输入模式，达到模式识别的目的。

**3. 免疫联想记忆模型**

免疫系统在消灭抗原后，通过生成记忆细胞实现对抗原的记忆。Smith认为，免疫记忆是一种具有鲁棒性的联想记忆，并将其与分布式记忆相比较，指出了两者之间的相似性。

Abbattista基于免疫网络的学习和自适应原理提出了免疫联想记忆模型，用于模式识别。该模型用$n$维空间的某些特定点来记忆模式，分为学习和回忆两个阶段。学习阶段可以找到代表输入模式空间中的某些特定点，回忆阶段可以在学习得到的模式中找到与输入模式相匹配的模式。

此外，Lagreca提出了免疫系统的二进制模型，用来描述B细胞种群的进化行为，并对其动态行为进行了研究。Tarakanov基于免疫系统中抗体与抗原的相互作用原理，建立了免疫系统数学模型。Zak模拟免疫系统的功能提出了免疫系统的随机模型，这种模型具有自己非己识别、自我修复等功能，为信息处理和计算提供了一种方法。

**4. 二进制模型**

1986年，Farmer提出的免疫系统二进制模型为免疫系统的数学化理解和人工智能免疫系统的设计，以及免疫算法的研究提供了数学基础。在该模型中，认为每个抗原有抗原决定基，每个抗体有抗体决定簇和抗原决定基。抗体和抗原的亲和度由抗体的抗体决定簇和抗原的抗原决定基的匹配程度来决定。一个抗体相对于其他抗体而言是一个特殊的抗原，该抗体的抗原决定基与其他抗体的抗体决定簇的匹配程度决定了它们两者之间的亲和度。在 Farmer 提出的二进制人工智能免疫系统模型中，用二进制串表示抗体决定簇和抗原决定基性质的氨基酸序列，并假设每个抗原和每个抗体型都分别只有一个抗体决定簇，但可能有多个不同的抗原决定基。通过这些决定基之间的匹配程度控制不同类型的抗体的复制和减少，以达到优化系统的目的。

在 Farmer 二进制模型中，每个抗体表示为一个偶对$(e, p)$，其中，$e$ 和 $p$ 分别表示抗原决定基和抗体决定簇的二进制串，长度分别为 $l_e$ 和 $l_p$。$e$ 和 $p$ 合并起来仍是二进制串。所有抗体和抗原的抗原决定基的二进制串长度都为 $l_e$，所有抗体的抗体决定簇的二进制串长度都为 $l_p$。匹配通过计算两个串之间的互补字符个数来完成。

设抗体 $i$ 的抗原决定基二进制串的第 $n$ 位为 $e_i(n)$，抗体决定簇二进制串的第 $n$ 位为 $p_i(n)$，则抗体 $i$ 的抗原决定基二进制串的第 $n$ 位 $e_i(n)$与抗体 $j$ 的抗体决定簇二进制串的第 $n$ 位 $p_j(n)$匹配可用它们的异或运算 $e_i(n) \oplus p_j(n)$得到。$e_i(n) \oplus p_j(n)$表示二进制变量 $e_i(n)$和 $p_j(n)$不相同时返回结果 1，否则，返回结果 0。抗体 $i$ 的抗原决定基的二进制串与抗体 $j$ 的抗体决定簇的二进制串的匹配特异性度量 $m_{ij}$ 定义为

$$m_{ij} = \sum_k G\left[\sum_n e_i(n+k) \oplus p_j(n) - s + 1\right] \tag{9-1}$$

式中：$k$ 表示错位值；$s$ 为匹配阈值，当 $s \geqslant \min\{l_e, l_p\}$时，免疫发生反应，亦称两个串相互识别，否则，不发生反应；$G$ 函数定义为

$$G(x) = \begin{cases} x, & x > 0 \\ 0, & x \leqslant 0 \end{cases} \tag{9-2}$$

在 $m_{ij}$ 的计算中，必须计算 $k$ 的所有情况，但实际上只需计算 $-2 \leqslant k \leqslant 2$ 的情况。

图 9.1 给出了在 $l_e = l_p = 8$，$s = 6$，抗体 $i$ 的抗体决定簇 $p_i$ 和抗体 $p_j$ 的抗原决定基在 $k = -1$时的匹配情况。对于 $k = -1$，$G(x) = 1$，而对于 $k$ 的其他取值，$G(x) = 0$，所以 $m_{ij} = 1$。由此可见，$m_{ij}$ 越大，抗体 $j$ 与抗体 $i$ 的互补匹配程度越高，反之，互补匹配程度越低。

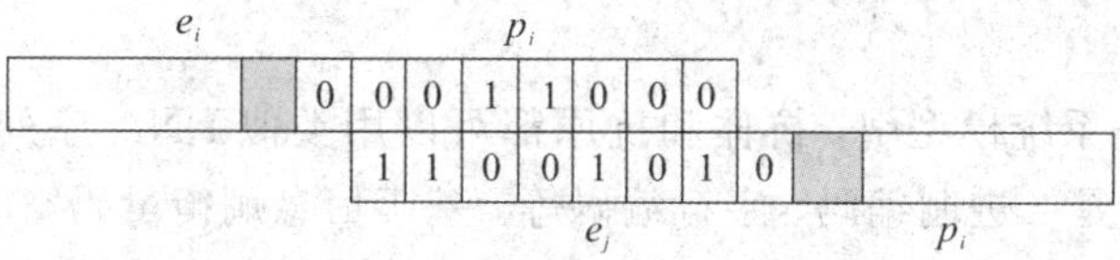


图 9.1　抗体与抗体匹配示意图

同时，也可建立相应的微分方程模型，描述如下：

设 $N$ 种类型的抗体浓度为$\{x_1, x_2, \cdots, x_N\}$，$n$ 种类型的抗原浓度为$\{y_1, y_2, \cdots, y_n\}$，这里，浓度可看成是抗体或抗原的数量，则抗体浓度的变化方程为

$$\dot{x}_i = c\left[\sum_{j=1}^{N} M_{ji} x_i x_j - k_1 \sum_{j=1}^{N} M_{ij} x_i x_j + \sum_{j=1}^{n} M_{ji} x_i y_j\right] - k_2 x_i \tag{9-3}$$

式中：方括号内的第一项为所有抗体 $j$ 的表位分别对抗体 $i$ 的对位产生的刺激的累加，第二项为当抗体 $i$ 的表位被抗体 $j$ 识别后产生的抑制作用的累加(前面带负号)，第三项是抗体 $i$ 对所有抗原浓度结合力度的叠加；最后一项是细胞死亡的趋势描述(前面带负号)；参数 $c$ 是一个比例常数，与每个单位时间的碰撞刺激产生的抗体比例有关；常数 $k_1$ 表示刺激与抑制之间可能的一种不平衡所需携带的因子；$k_2$ 为自然死亡率，也是一个比例因

子；当 $M_{ij}=M_{ji}$ 时，表示表位和对位之间的相互作用呈对称性，$M_{ji}$ 为抗体 $i$ 对抗原 $j$ 的结合力度。

**5. 形态空间模型**

由 Perelson 和 Oster 在 1979 年提出的形态空间模型，以定量方式描述了免疫细胞分子和抗原之间的相互作用。设形态空间内有一个体积为 $V$ 的区域，其中含有抗体决定基和抗原决定基形状互补区域。一个抗体可识别在其周围体积为 $V_\varepsilon$ 内的互补抗原决定基，ε 为识别半径。每个抗原也一定能被某个抗体识别。设用长度为 $L$ 的实数向量$(a_1, a_2, \cdots, a_L)$表示抗体，$(g_1, g_2, \cdots, g_L)$表示抗原，以它们之间的距离为基础来度量抗体和抗原之间的亲和度。在距离度量中，可选用曼哈顿距离、欧氏距离和汉明距离之一。

曼哈顿距离：

$$D=\sum_{i=1}^{L}|a_i-g_i| \tag{9-4}$$

欧氏距离：

$$D=\sqrt{\sum_{i=1}^{L}(a_i-g_i)^2} \tag{9-5}$$

汉明距离：

$$D=\sum_{i=1}^{L}\delta_i,\begin{cases}\delta_i=1,\ a_i\neq g_i\\ \delta_i=0,\ \text{其他}\end{cases} \tag{9-6}$$

同理，抗体和抗体之间的距离也可选用上述三种距离之一来度量。抗体与抗体以及抗体与抗原之间的亲和力可如下计算：

$$f=\frac{1}{1+t} \tag{9-7}$$

式中，$t$ 表示抗体与抗体或抗体与抗原之间的距离。

形态空间模型为人工智能免疫模型的研究提供了一定的思想基础。

**6. 信息熵模型**

在人工智能免疫系统模型中，抗体和抗原都可以用类似 DNA 序列编码的形式加以表示。编码的方式可以是二进制编码、字符编码等。基于信息熵衡量码空间中抗体、抗原、抗体与抗体以及抗体与抗原之间的匹配程度、亲和度、多样性等，就构成了信息熵模型。

1）抗体群的多样性计算

利用信息理论，可用抗体的信息量描述抗体的多样性，以及抗体和抗原的亲和度。设一个免疫系统由 $N$ 个抗体构成，也就是一个抗体群。抗体群的多样性可用信息熵来表示。

在生成新的抗体群过程中，要控制相同抗体的数量，这就需要在这一过程中计算抗体的相似度。每个抗体会计算它与其他抗体间的相似性，然后计算该抗体的浓度。

首先，需要识别抗原(也就是要知道要解决的问题是什么)。

识别抗原以后，随机产生一个初始抗体群，抗体群的大小和抗体长度都是自定义的参数值。

现在假设一个免疫系统的初始抗体群(抗体群大小为 $N$，遗传因子共 $M$ 位)如表 9.1 所示。

**表9.1　抗　体　群**

| 位号 | 1 | 2 | 3 | … | $j$ | … | $M$ |
|---|---|---|---|---|---|---|---|
| 抗体1 | $K_{11}$ | $K_{12}$ | $K_{13}$ | … | $K_{1j}$ | … | $K_{1M}$ |
| 抗体2 | $K_{21}$ | $K_{22}$ | $K_{23}$ | … | $K_{2j}$ | … | $K_{2M}$ |
| ⋮ | ⋮ | ⋮ | ⋮ | | ⋮ | | ⋮ |
| 抗体$N$ | $K_{N1}$ | $K_{N2}$ | $K_{N3}$ | … | $K_{Nj}$ | … | $K_{NM}$ |

针对抗体群，先计算各个遗传因子的信息熵，再计算整个抗体群的信息熵。

为了判断抗体是否具有多样性，根据信息论的定义，用信息熵来表示抗体的多样性，抗体由$M$位遗传因子构成，先计算抗体群第$j$位遗传因子的信息熵$H_j(N)$：

$$H_j(N) = -\sum_{i=1}^{s} P_{ij}\log P_{ij} \tag{9-8}$$

式中：$P_{ij}$表示在$j$位置的遗传因子取值$i$的概率(遗传因子的取值范围是$s$个符号离散值)。

$N$个抗体在$j$位置共对应$N$个遗传因子。在这$N$个值中，假设取值为$i$的有$n_{ij}$个，那么

$$P_{ij} = \frac{n_{ij}}{N} \tag{9-9}$$

再计算$M$位遗传因子组成的该抗体群整体的信息熵$H(N)$：

$$H(N) = \frac{1}{M}\sum_{j=1}^{M} H_j(N) \tag{9-10}$$

2) 抗体间的相似度计算

在生成新的抗体群过程中，要控制相同抗体的数量，这就需要在这一过程中计算抗体的相似度。为保证抗体种群的多样性，在生成新一代抗体的过程中必须适度控制相同抗体的数量，避免近亲繁殖，这就需要计算抗体$u$与$v$之间的相似度$s(u, v)$，计算公式如下：

$$s(u, v) = \frac{1}{1+H(u, v)} \tag{9-11}$$

$H(u, v)$为抗体$u$与$v$共有信息的程度量，当$H(u, v)=0$时，说明抗体$u$与$v$完全相同，相似度为1；当抗体$u$与$v$不一致时，$H(u, v)$很大，两者的相似度$s(u, v)$趋于0。

3) 抗体与抗原亲和度计算

抗体$j$与抗原间的亲和度$f_j$的关系是：当$f_j=1$时，表示抗体$j$与抗原完全亲和，抗原被消灭，抗体$j$即为所求问题的最优解，其计算公式如下：

$$f_j = \frac{1}{1+O_j} \tag{9-12}$$

式中，$O_j$为所求问题的目标函数(对应于抗体$j$)。

为清除相似度高的抗体，还需计算抗体的浓度。设抗体$j$的浓度为$C_j$，与抗体$j$相似度为1的抗体数为$n_j$，抗体总数为$N$，则

$$C_j = \frac{N_j}{N} \tag{9-13}$$

新一代抗体$j$的期望值$e_j$由下式计算：

$$e_j = \frac{f_j}{C_j} \tag{9-14}$$

信息熵模型的核心问题就是找出能够完全亲和抗原的抗体。若没有找到，则需要做免疫操作(如交叉、变异、克隆等)去生成新的抗体，更新抗体群，同时更新记忆细胞。

## 9.3 免疫算法

设定好所求问题的目标函数，一般目标函数会有很多未知参数，其核心问题就是找出能够完全亲和抗原的抗体，也就找到了最优解。

基于自然免疫系统工作机理，模仿自然免疫系统所设计的人工智能免疫算法称为免疫算法。免疫算法通过模仿自然免疫系统中的抗原识别、抗体产生、抗体记忆和调节机制等功能实现问题求解。

**1. 免疫算法**

已经提出的免疫算法有阴性选择算法、克隆选择算法、基于疫苗的免疫算法、基于免疫网络的免疫算法和免疫遗传算法等。

免疫算法的流程图

1) 阴性选择算法

阴性选择算法又称为反向或否定选择算法，由 Forrest 提出。算法主要包括两个步骤：

(1) 生成检测器集合。

(2) 检测器与被保护数据比较。

该算法的基本思想是：首先产生一个检测器集合，其中，每一个检测器与被保护数据都不匹配；然后不断地将检测器与被保护数据进行比较，若检测器与被保护数据相匹配，则判断数据发生了变化。该算法的优点是异常检测不需要先验知识，鲁棒性强；缺点是当被保护的数据变长时，检测器的数量呈指数级增加，产生检测器的代价过大。针对该算法的缺点，Helman 对该算法进行了改进，改进的主要思想是让检测器呈线性增加。

2) 克隆选择算法

基于免疫系统的克隆理论，De Castro 提出了克隆选择算法，它是一种模拟免疫系统学习过程的进化算法，称为克隆选择算法。免疫应答产生抗体是免疫系统必不可少的学习过程。抗原被一些与之匹配的 B 细胞识别，B 细胞受刺激后产生分裂，以寻求与抗原匹配更好的细胞。这一分裂过程循环往复，直到找到与抗原完全匹配的细胞，再变成浆细胞而产生抗体。这一过程就是克隆选择过程。克隆选择算法模拟生物体的免疫过程进行优化，所以称为克隆选择算法。

3) 基于疫苗的免疫算法

在遗传算法中加入免疫算子，以提高算法的收敛速度和防止种群退化。其中免疫算子包括接种疫苗(提高适应度)和免疫选择(防止种群退化)两部分。该方法由焦李成、王磊等提出。理论分析表明，这种算法是收敛的，并具有很好的有效性。

4) 基于免疫网络的免疫算法

该算法是由 Naruaki 基于 MHC(主要组织相溶性复合体)和免疫网络理论提出的，是一种自适应优化免疫算法，用于解决多智能体中每个智能体的工作域分配问题。该算法主要分两步：

(1) MHC区别自己和非己，消除智能体重的竞争状态。

(2) 用免疫网络产生智能体的自适应行为。

该算法具有自适应能力，比遗传算法具有更高的搜索效率。

5) 免疫遗传算法

免疫遗传算法实质上是一种改进的遗传算法，由Chun提出。该算法基于体细胞和免疫网络理论改进了遗传算法的选择操作，从而保持种群的多样性，提高全局寻优能力。通过加入免疫记忆功能，提高收敛速度。在该算法中，将目标函数作为抗原，可行解作为抗体，可行解的适应度作为抗体与抗原的亲和度。在算法中还引入了抗体浓度的概念，并用信息熵来描述，表示种群中相似的可行解的数量。该算法根据抗体与抗原之间亲和力以及抗体的浓度进行选择操作。亲和力高且浓度低的抗体被选择的概率大，这样就刺激了亲和度高的抗体进行繁殖，抑制浓度高的抗体，保持了种群的多样性。Chun还将免疫遗传算法与进化策略、遗传算法进行比较，指出了免疫遗传算法的特点和优点。

除了上述主要免疫算法外，Hunt还提出了一种包括骨髓、B细胞网络、抗原和抗体的免疫学习算法，Ishida提出了基于智能体结构的免疫算法等。

**2. 免疫算法的主要内容**

免疫算法是具有选择学习、容错记忆、克隆仿真和协同免疫优化的启发式人工智能算法。由于收敛速度快，求解精度高，稳定性能好，并有效克服早熟和骗的问题，成为新兴的实用智能算法。

为了便于理解，这里将免疫算法与用搜索法求解优化问题相比较，把抗原和抗体分别对应优化问题的目标函数、可行解(以及优化解)，而抗原和抗体之间的亲和度则对应于解与目标函数的匹配程度，来加以说明。

定义一个目标函数 min f(x)＋约束条件作为抗原，而针对抗原的变量计算，可以产生很多抗体(就是许多种可以选择的情况)，然后通过判断抗原和抗体的亲和度(亲和度高表示这个抗体是比较好的)及抗体之间的排斥力(相似度高的两个可以排除一个，使抗体多样化)，再通过交叉、变异、克隆、选择、替换等操作来更新抗体，一直循环到满足一定条件就可以退出循环。生物免疫和免疫算法概念间的对应关系见表9.2。

**表9.2　对　照　表**

| 生物免疫系统 | 免疫算法 |
|---|---|
| 抗原 | 优化问题 |
| 抗体 | 优化问题的可行解 |
| 亲和度 | 可行解的质量 |
| 细胞活化 | 免疫选择 |
| 细胞分化 | 个体克隆 |
| 亲和度成熟 | 变异 |
| 克隆抑制 | 优秀个体选择 |
| 动态稳态维持 | 种群刷新 |

1）免疫操作

免疫操作又称免疫处理，一般就是指免疫选择、克隆、变异和克隆抑制等。

免疫选择：根据种群中抗体的亲和度和浓度计算结果选择优质抗体，使其活化。

克隆：对活化的抗体进行克隆复制，得到若干副本。

变异：对克隆得到的副本进行变异操作，使其发生亲和度突变。

克隆抑制：对变异结果进行再选择，抑制亲和度低的抗体，保留亲和度高的变异结果。

应用免疫算法求解实际问题时，常将抗原和抗体之间的亲和度对应于优化问题的目标函数、优化解、解与目标函数的匹配程度。其基本思想是将想要求解的各类优化问题的目标函数（约束条件）与抗原相对应，找到可与抗原进行亲和反应的抗体，该抗体就是所要求得的最优解。

需要解决的最核心的问题包括以下两个方面：

(1) 计算抗原和抗体的亲和度，亲和度越高，得到的越可能是最优解。

(2) 计算抗体和抗体间的相似度，检查抗体群的多样性。

免疫算法必须要产生多样性抗体与抗原去抗衡，从而找到最优解。

2）免疫算法的特点

(1) 多样性：通过基因重组，并可以进行高频变异。

(2) 收敛快：即产生满足要求的最优解所用时间较短。

**3. 免疫算法的步骤**

免疫算法的步骤如下：

(1) 抗原识别。理解待优化的问题，对问题进行可行性分析，提取先验知识，构造出合适的亲和度函数，并制定各种约束条件。

(2)初始抗体群的产生。通过编码把问题的可行解表示成解空间中的抗体，在解的空间内随机产生一个初始种群。

(3) 亲和度评价。对种群中的每个可行解进行亲和度评价。

(4) 记忆单元的更新。将与抗原亲和度高的抗体加入到记忆单元，并用新加入的抗体取代与其亲和度最高的原有抗体（抗体和抗体的亲和性计算）

(5) 判断是否满足算法终止条件。如果满足条件则终止算法寻优过程，输出计算结果，否则继续寻优运算。

(6) 计算抗体浓度和激励度。促进和抑制抗体的产生：计算每个抗体的期望值，抑制期望值低于阈值的抗体。与抗原间具有的亲和力越高，该抗体的克隆数目越高，其变异率也越低。

(7) 进行免疫处理。包括免疫选择、克隆、变异和克隆抑制。

免疫选择：根据种群中抗体的亲和度和浓度计算结果选择优质抗体，使其活化。

克隆：对活化的抗体进行克隆复制，得到若干副本。

变异：对克隆得到的副本进行变异操作，使其发生亲和度突变。

克隆抑制：对变异结果进行再选择，抑制亲和度低的抗体，保留亲和度高的变异结果。

(8) 种群刷新。以随机生成的新抗体替代种群中激励度较低的抗体，形成新一代抗体，转至步骤(3)。

## 9.4　免疫算法的应用

1）应用免疫算法求函数极值

问题描述：使用免疫算法计算函数 $f(x)=x+10\sin(5x)+7\cos(4x)$ 在区间[−10，10]上的最大值。

免疫算法求函数极值代码

该函数的最大值在 $x=9.7024$ 附近。

该函数的图像如图 9.2 所示。

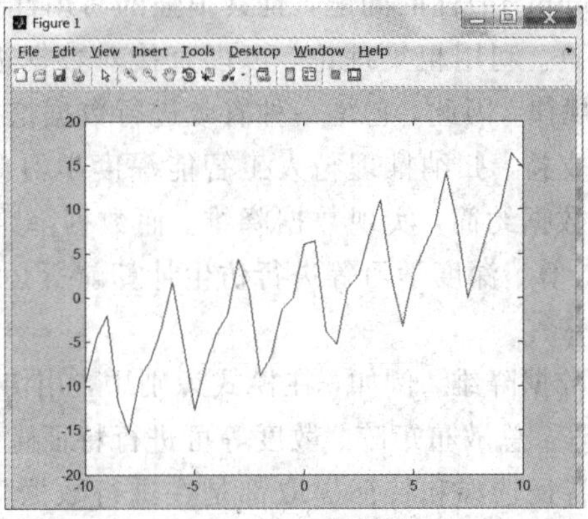


图 9.2　$x+10\sin(5x)+7\cos(4x)$ 在区间[−10,10]上的曲线图

2）运用免疫算法求解 TSP 问题

TSP 问题的描述已在前面给出过，也可运用免疫算法求解 TSP 问题，这里不做叙述。

免疫算法求解 TSP 问题代码

## 习　题　9

9.1　简述免疫算法的一般原理。

9.2　用克隆免疫算法求解下列函数的最大值：

$$f(x)=\sum_{i=1}^{n}x_i^3,\qquad x_i\in[-10,10],\ i=1,2,\cdots,n;\ n=5$$

9.3　使用一种免疫算法求解 TSP 问题，如中国的省会、直辖市和特区构成的 TSP 问题。

习题 9 部分答案

# 第 10 章　数据降维的粗集处理方法

1982 年，波兰数学家 Z. Pawlak 提出了粗集理论（Rough Set Theory）。由于粗集理论具有严密的数学基础，不需要数据的先验知识，就能够处理不精确(imprecise)、不一致(inconsistent)、不完整(incomplete)性的问题，且具很强的易用性，因此，它已成为一种进行数据分析和处理的有效工具。利用粗集理论，可以直接对数据进行分析和推理，从中发现隐含的知识，揭示潜在的规律，因此，它是一种有效进行数据挖掘或知识发现的方法。粗集理论已被广泛应用于决策支持、归纳推理与人工智能深度学习等领域。粗集理论的最大优势或核心思想是可以进行数据约简，实现数据降维。而数据降维正是在计算智能中使用神经网络、模糊系统、进化计算、深度学习等进行仿生计算前所必需的，否则，如果数据的维度过高，必然影响算法效率。

通过特征选择可以实现数据降维，例如，在模式识别中，用协方差矩阵、自相关矩阵、类内散布矩阵、类间散布矩阵、总散布矩阵、散度等可进行特征选择。利用 K－L 变换、主因素法等可实现特征提取。特征选择和特征提取都是在进行数据降维工作。但大量矩阵运算对计算的要求较高，而利用粗集方法进行数据降维则是一种新颖的方法。

本章从信息系统出发，先介绍粗集的有关概念和基础知识，再介绍信息系统约简或降维的方法，最后探讨不完备信息系统的约简或降维处理。

## 10.1　信息系统和决策系统

### 10.1.1　信息系统

1）论域

设所分析的数据对象组成一个数据集，记为 $U$，也称其为论域。令

$$U=\{x_1, x_2, \cdots, x_N\} \tag{10-1}$$

论域一般不为空，即 $U\neq\varnothing$。

2）属性集

属性集即全部属性或性质的集合，记为 $A$。设

$$A=\{a_1, a_2, \cdots, a_n\} \tag{10-2}$$

3）值域

任意对象 $x_i$ 在任一属性 $a_j$ 上的取值记为 $v_{ij}$。在完备信息系统中，$v_{ij}$ 不能缺失。属性 $a_j$ 的值域记为 $V_{a_j}$。全部属性值组成的集合简称为值域，记为 $V$，即

$$V=\bigcup_{j=1}^{n} V_{a_j} \tag{10-3}$$

4）信息函数

对于给定对象 $x_i$，$x_i$ 在属性 $a_j$ 上的取值可看成是一个二元函数映射的结果。将此二元

函数记为 $f$，称为信息函数，有 $f: U \times A \to V$。

于是，对 $\forall x_i \in U$，$\forall a_j \in A$，有

$$f(x_i, a_j) = v_{ij} \in V_a \subseteq V \tag{10-4}$$

5）信息系统

将 $U$、$A$、$V$、$f$ 组成的 4 元组 $(U, A, V, f)$ 称为信息系统，记为

$$S = \langle U, A, V, f \rangle \tag{10-5}$$

有时可将 $S$ 简记为 $S=\langle U, A \rangle$。

实际上，一个信息系统就是一个数据表，也简称为信息表。表的一行对应论域中的一个对象，除第一列外，表的其他列对应一个属性。一个对象在所有属性上的取值就对应表中一行中除第一个数据(表示对象)外的所有数据。

在实际中，属性的值可以取自于某个区间，如实数区间的值，简称为连续值，也可能取离散值。为简单起见，这里主要以取离散值来加以介绍。当然，其他的取值可通过离散化转换为离散的数值。

若信息系统中每个对象在每个属性上的取值都是确定的，即没有缺失或遗漏，则称其为完备信息系统；否则，称其为不完备信息系统。

表 10.1 给出了一个完备信息系统的实例，其中，论域 $U=\{x_1, x_2, \cdots, x_5\}$，属性集 $A=\{a, b, c, d\}$。

**表 10.1 一个信息系统**

| $U$ | $a$ | $b$ | $c$ | $d$ |
|---|---|---|---|---|
| $x_1$ | 1 | 1 | 2 | 1 |
| $x_2$ | 1 | 0 | 2 | 3 |
| $x_3$ | 1 | 2 | 2 | 1 |
| $x_4$ | 2 | 2 | 2 | 2 |
| $x_5$ | 0 | 0 | 1 | 1 |

### 10.1.2 决策系统

1）决策表

设 $S=\langle U, A, V, f \rangle$ 为一个信息系统，若其属性集 $A$ 可进一步划分为条件属性集 $C$ 和决策属性集 $D$，当满足 $A=C\cup D$，$C\cap D=\varnothing$ 时，则称信息系统 $S$ 为一个决策系统，构成的数据表称为决策表(Decision Table)。决策系统和决策表这两个术语在这里可通用，它们均指同一事物。由 IND(C)得到的相应等价类或不可分辨类称为条件类，由 IND(D) 得到的相应等价类或不可分辨类称为决策类。

若决策系统中每个对象在每个属性上的取值都是确定的，即没有缺失或遗漏，则称其为完备决策系统；否则，称其为不完备决策系统。

2）决策表的分类

当且仅当任意两个对象在决策属性集 $C$ 上的取值相同时，它们在决策属性集 $D$ 上的取值也一定相同，此时称决策表是一致的或协调的；否则，称决策表是不一致的或不协调的。

以后，在不致引起误解的情况下，条件属性就是指 $C$ 中的属性，甚至就是 $C$ 本身，而

决策属性就是指 $D$ 中的属性，甚至就是 $D$ 本身。

例如，设数据对象构成的论域 $U=\{x_1, x_2, \cdots, x_5\}$，属性集 $A=\{a, b, c, d\}$，条件属性集 $C=\{a, b, c\}$，决策属性集 $D=\{d\}$，则 $A=C\cup D$，$C\cap D=\varnothing$。一个对应的具体完备决策表见表 10.2 所示。

决策系统或决策表是信息系统的特例，信息系统里包括决策系统或决策表。

**表 10.2 一个决策表**

| $U$ | $a$ | $b$ | $c$ | $d$ |
|---|---|---|---|---|
| $x_1$ | 1 | 0 | 0 | 0 |
| $x_2$ | 1 | 2 | 2 | 0 |
| $x_3$ | 0 | 2 | 1 | 1 |
| $x_4$ | 1 | 2 | 0 | 1 |
| $x_5$ | 1 | 0 | 2 | 2 |

## 10.2 粗集的基本概念

因为以信息系统为背景来介绍粗集中的一些基本概念比较直观，所以下面结合信息系统来介绍粗集中的一些主要概念。当然，不限于信息系统，在更广泛的意义上，这些概念也可以得以定义和理解。

### 10.2.1 基本概念

**1. 不可分辨关系**

论域 $U$ 上的一个不可分辨关系也称为 $U$ 上的一个等价关系，它是一个具有自反性、对称性和传递性的二元关系。

1）单属性诱导的不可分辨关系

由单个属性 $a\in A$ 诱导的二元关系定义为

$$R_a=\{<x, y>|x, y\in U, f(x, a)=f(y, a)\} \tag{10-6}$$

为书写方便起见，有时，将对象 $x$ 在属性 $a$ 上的取值 $f(x, a)$ 简写为 $f_a(x)$ 或 $a(x)$，于是有

$$R_a=\{<x, y>|x, y\in U, a(x)=a(y)\}$$

可以证明，$R_{a_j}$ 是 $U$ 上的一个不可分辨关系，即一个等价关系。

注意，$<x, y>$ 和 $<y, x>$ 同时属于一个二元关系时，我们可以写成 $(x, y)$ 属于该二元关系。即 $(x, y)$ 代表的是无序偶对，而 $<x, y>$ 和 $<y, x>$ 都是有序偶对。显然，若该二元关系为对称关系时，用 $(x, y)$ 来表示较简便。

在不引起误解的情况下，有时，为方便起见，由属性诱导的等价关系直接用属性名表示，如用 $a$ 表示 $R_a$，即

$$a=R_a \tag{10-7}$$

这样当 $R_a$ 中的 $a$ 作为下标时，就可直接用 $a$ 代替 $R_a$。

若 $<x, y>\in R_a$，则用属性 $a$ 无法将 $x$ 和 $y$ 区分开。

2）属性子集诱导的不可分辨关系

设 $P \subseteq A$ 且 $P \neq \varnothing$。由属性子集 $P$ 诱导的不可分辨关系定义为

$$R_P = \{<x, y> | x, y \in U, a \in P, a(x) = a(y)\} \tag{10-8}$$

也可证明，$R_P$ 是 $U$ 上的一个不可分辨关系，即一个等价关系。

当 $(x, y) \in R_P$ 时，按 $P$ 中任一属性无法将 $x$ 和 $y$ 区分开，也称按 $P$ 无法将 $x$ 和 $y$ 区分开，因而称此时的 $x$ 和 $y$ 是 $P$ 不可分辨的。

为书写方便起见，有时，在不引起误解的情况下，由属性子集诱导的等价关系直接用属性子集表示，如用 $P$ 表示 $R_P$，即

$$P = R_P \tag{10-9}$$

此外，当 $P$ 是由有限几个属性组成的集合时，直接用其中的属性的任意排列来表示由属性子集 $P$ 诱导的不可分辨关系 $R_P$。例如，当 $P=\{a, b, c\}$ 时，也可直接用 $a$，$b$，$c$ 的任意一个排列来表示由 $P$ 诱导的不可分辨关系 $R_P$，如

$$abc = R_P \tag{10-10}$$

当然也有 $bac=R_P$，$acb=R_P$，等等。这样做的好处是，当属性子集 $P$ 诱导的不可分辨关系 $R_P$ 中的下标 $P$ 要展开书写时，可以省掉集合中属性名间的间隔逗号“，”及集合表示的左右花括号。例如，$R_P=R_{\{a, b, c\}}$，肯定没有 $R_{abc}$ 及 $abc$ 简洁。同时，当 $R_P$ 作为下标时，就可直接用 $abc$ 代替 $R_P$ 或 $R_{\{a, b, c\}}$ 或 $R_{abc}$。

通常将 $R_P$ 记为 $\mathrm{IND}(P)$，即

$$\mathrm{IND}(P) = R_P \tag{10-11}$$

可以证明，属性子集 $P \subseteq A$ 诱导的不可分辨关系满足：

$$\mathrm{IND}(P) = R_P = \bigcap_{a_j \in P} R_{a_j} \tag{10-12}$$

用一个等价关系可对论域进行等价划分，形成等价类。每个等价类是论域的一个子集，每个这样的子集中的元素所具有的共同特性形成某种概念。因此，一个等价关系相当于给出了一个知识，用该知识可实现论域的划分，形成不同的概念，图10.1给出了粗集中的主要概念的示意说明。

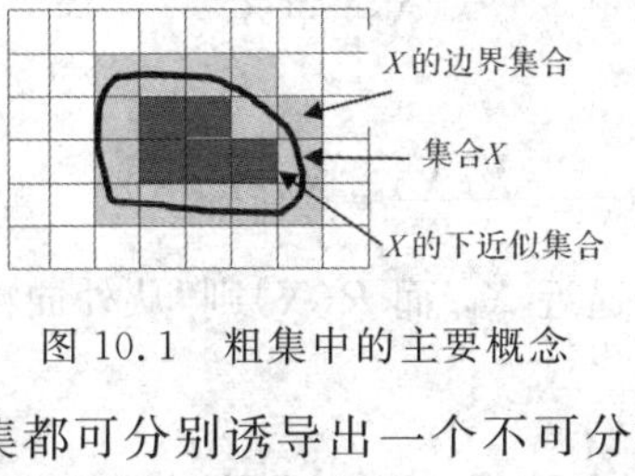


图10.1　粗集中的主要概念

因为由任一属性或属性子集都可分别诱导出一个不可分辨关系或等价关系，所以一个信息系统与一个知识库相对应，即一个数据表格就是一个知识库。

**2. 不可分辨类**

设 $R$ 为 $U$ 上的一个不可分辨关系，可按 $R$ 实现对论域的等价划分。由 $R$ 进行等价划分后得到的 $x$ 所属的等价类记为 $[x]_R$，即

$$[x]_R = \{y | <x, y> \in R, y \in U\} \tag{10-13}$$

$[x]_R$ 实际上是由那些与 $x$ 按 $R$ 不可分辨的对象组成的一个集合。

$R$ 可以是 $U$ 上的任意一个不可分辨关系。这里，我们主要讨论信息系统中由属性或属

性子集诱导的不可分辨关系。例如，$[x]_a$ 表示由属性 $a$ 诱导的不可分辨关系对应的等价划分中 $x$ 所在的等价类或不可分辨类。$[x]_{ab}$ 表示由属性子集 $\{a, b\}$ 诱导的不可分辨关系对应的等价划分中 $x$ 所在的等价类或不可分辨类。

设 $P\subseteq A$，$P\neq\varnothing$，则对由 $P$ 诱导的不可分辨关系 $R_P$，有

$$[x]_{R_P}=[x]_P=\bigcap_{a\in P}[x]_a \tag{10-14}$$

**3. 商集**

由不可分辨关系 $R$ 对 $U$ 进行等价划分得到的所有等价类组成的集合记为 $U/R$，即

$$U/R=\{[x]\mid x\in U\} \tag{10-15}$$

有时，也称 $U/R$ 为商集。

当 $R$ 为由单个属性 $a$ 诱导的不可分辨关系时，记为 $U/a=U/R$。

当 $R$ 为由多个属性(如 $a$，$b$，$c$)诱导的不可分辨关系时，记为 $U/\{abc\}=U/R$，此时花括号不省略。只有用 $U/abc$ 不会引起歧义时，才可直接用 $U/abc$ 表示 $U/\{abc\}$。

**4. 下近似集**

设集合 $X\subseteq U$，$R$ 是 $U$ 上的任意一个不可分辨关系，称

$$\underline{R}(X)=\{x\mid x\in U, [x]_R\subseteq X\} \tag{10-16}$$

为 $X$ 的 $R$ 下近似集(Lower Approximation Set)，简称为 $X$ 的下近似(Lower Approximation)。

显然，有

$$\underline{R}(X)\subseteq X\subseteq U \tag{10-17}$$

**5. 上近似集**

设集合 $X\subseteq U$，$R$ 是 $U$ 上的任意一个不可分辨关系，称

$$\overline{R}(X)=\{x\mid x\in U, [x]_R\cap X\neq\varnothing\} \tag{10-18}$$

为 $X$ 的 $R$ 上近似集(Upper Approximation Set)，简称为 $X$ 的上近似(Upper Approximation)。

显然，有

$$X\subseteq\overline{R}(X) \tag{10-19}$$

于是，有

$$\underline{R}(X)\subseteq X\subseteq\overline{R}(X) \tag{10-20}$$

可见，$\underline{R}(X)$是“从内向外扩”去逼近 $X$，而 $\overline{R}(X)$则“从外向内缩”去逼近 $X$。

**6. 粗集**

设集合 $X\subseteq U$，$R$ 是 $U$ 上的任意一个不可分辨关系。若

$$\underline{R}(X)=X=\overline{R}(X) \tag{10-21}$$

则称 $X$ 为在 $R$ 下可精确定义的，此时称 $X$ 为一个 $R$ 精确集，简称精确集，也称 $X$ 为一个 $R$ 可定义集。否则，$X$ 为粗糙的，称 $X$ 为一个 $R$ 粗集或 $R$ 不可定义集，简称粗集。若集合 $X$ 是一个粗集，则 $X$ 不能按 $R$ 抽象出一个精确概念，只能得到一个粗概念，只好用下近似集和上近似集抽象出来的精确概念加以“近似”逼近，并认为 $X$ 按 $R$ 所抽象出的概念是介于它们两者之间的。

**7. 边界集**

称集合

$$\mathrm{BND}_R(X)=\overline{R}(X)-\underline{R}(X) \tag{10-22}$$

为 $X$ 的 $R$ 边界集或边界域。显然，当 $\mathrm{BND}_R(X)=\varnothing$时，有 $\overline{R}(X)=\underline{R}(X)=X$，即 $X$ 是一个 $R$ 精确集。当 $\mathrm{BND}_R(X)\equiv\varnothing$，即 $\overline{R}(X)\neq\underline{R}(X)$时，称 $X$ 为 $R$ 粗糙集。

**8. 正域**

$X$ 的 $R$ 正域记为 $\mathrm{POS}_R(X)$，定义为

$$\mathrm{POS}_R(X)=\underline{R}(X) \tag{10-23}$$

**9. 负域**

$X$ 的 $R$ 负域记为 $\mathrm{NEG}_R(X)$，定义为

$$\mathrm{NEG}_R(X)=U-\overline{R}(X) \tag{10-24}$$

**10. 近似精度**

对于 $U$ 上的一个不可分辨关系 $R$ 和集合 $X\neq\varnothing$，定义

$$\alpha_R(X)=\frac{|\underline{R}(X)|}{|\overline{R}(X)|} \tag{10-25}$$

为 $X$ 的 $R$ 近似精度，简称为近似精度。其中，$|\cdot|$表示求集合的基数运算。显然，$\alpha_R(X)\in[0,1]$，即，$0\leqslant\alpha_R(X)\leqslant1$。近似精度反映了利用知识 $R$ 进行划分得到的概念近似表达 $X$ 时所具有的确定性及完全性的一种程度。$\alpha_R(X)$越大，近似精度越高。当 $\alpha_R(X)=1$ 时，$X$ 为精确集。

**11. 粗糙度**

定义

$$\rho_R(X)=1-\alpha_R(X) \tag{10-26}$$

为 $X$ 的 $R$ 粗糙度。粗糙度反映了利用知识 $R$ 进行划分得到的概念近似表达 $X$ 时所具有的不确定性及不完全性的一种程度。

**12. 粗隶属度函数**

定义

$$\mu_X(x)=\frac{|[x]_R\cap X|}{|[x]_R|} \tag{10-27}$$

为 $X$ 在 $R$ 下的粗隶属度函数。显然，$0\leqslant\mu_X(x)\leqslant1$ 。$\mu_X(x)$可解释为 $x$ 在 $R$ 下隶属于 $X$ 的程度。

## 10.2.2　与约简相关的概念

**1. 冗余属性和非冗余属性**

设 $P\subseteq A$ 为一个属性子集，$a\in P$ 为 $P$ 中的一个属性，若

$$\mathrm{IND}(P)=\mathrm{IND}(P-\{a\}) \tag{10-28}$$

则称 $a$ 为 $P$ 中可省略的或冗余的一个属性，否则称 $a$ 为 $P$ 中不可省略的或非冗余的一个

属性。

**2. 独立属性集**

设 $P\subseteq A$，若 $P$ 中任意一个属性都是不可省略的，则称 $P$ 是独立属性集，或称 $P$ 是独立的，否则，称 $P$ 为依赖属性集，或称 $P$ 是依赖的。

同理，若 $R\subset P$，且

$$\mathrm{IND}(P)=\mathrm{IND}(P-R) \tag{10-29}$$

则称 $R$ 为 $P$ 中可省略的或冗余的一个属性子集。

**3. 核**

$P$ 中所有不可省属性构成的属性子集称为 $P$ 的核(Core)，记作 $\mathrm{CORE}(P)$。

**4. 约简**

设 $Q\subseteq P$，若 $Q$ 是独立的，$\mathrm{IND}(Q)=\mathrm{IND}(P)$，且不存在 $S\subset Q$，使得 $\mathrm{IND}(S)=\mathrm{IND}(P)$，则称 $Q$ 是属性子集 $P$ 的一个约简(Reduct)。

属性子集 $P$ 可以有一个或多个约简。将 $P$ 的所有约简构成的集合记为 $\mathrm{RED}(P)$，即

$$\mathrm{RED}(P)=\{Q\mid Q\subseteq P,\ \mathrm{IND}(Q)=\mathrm{IND}(P)\} \tag{10-30}$$

核和约简满足的关系可用下列定理来描述。

**定理 10.1**　属性子集 $P$ 的核等于 $P$ 的所有约简的交集，即

$$\mathrm{CORE}(P)=\bigcap_{Q\in \mathrm{RED}(P)} Q \tag{10-31}$$

由此可见，$P$ 的核是属性子集 $P$ 的任何约简所需要的属性子集。核可以作为每一属性约简的计算基础。任何一个约简都可看成是在核的基础上增加一些属性而构成的。

**5. 相对正域**

相对正域反映了 $U$ 中所有可以根据分类(知识) $P$ 的信息准确分类到关系 $Q$ 的等价类中去的对象构成的集合，是一个属性子集与另一个属性子集(分类)之间的关系。

设 $P$ 和 $Q$ 为论域 $U$ 上的等价关系，$Q$ 的 $P$ 正域记作 $\mathrm{POS}_P(Q)$，定义为

$$\mathrm{POS}_P(Q)=\bigcup_{X\in U/Q} \underline{P}(X) \tag{10-32}$$

$Q$ 的 $P$ 正域也称为 $Q$ 相对于 $P$ 的正域，简称相对正域。

**6. 相对冗余属性和非冗余属性**

设 $P$ 和 $Q$ 为论域 $U$ 上的属性子集，$a\in P$ 为 $P$ 中的一个属性。若

$$\mathrm{POS}_P(Q)=\mathrm{POS}_{P-\{a\}}(Q) \tag{10-33}$$

则称 $a$ 为 $P$ 中相对于 $Q$ 可省略的或相对冗余属性，否则，称 $a$ 为 $P$ 中 $Q$ 不可省略的或相对非冗余属性。

同理可以定义 $P$ 中相对于 $Q$ 可省略的属性子集。$R\subseteq P$ 为 $P$ 中的一个属性子集，若

$$\mathrm{POS}_P(Q)=\mathrm{POS}_{P-R}(Q) \tag{10-34}$$

则称 $R$ 为 $P$ 中相对于 $Q$ 可省略的或相对冗余属性子集。

若 $P$ 中的任一属性都是 $Q$ 不可省略的或相对非冗余属性，则称 $P$ 是相对于 $Q$ 独立的，简称 $P$ 是 $Q$ 独立的。

**7. 相对核**

$P$ 中 $Q$ 不可省略的或相对非冗余属性构成的子集称为 $P$ 相对于 $Q$ 的相对核，或称为 $P$

的 $Q$ 核。$P$ 的 $Q$ 核称为相对核，记为 $CORE_Q(P)$，即

$$CORE_Q(P)=\{a \mid a\in P,\ POS_P(Q)\neq POS_{P-R}(Q)\} \tag{10-35}$$

**8. 相对约简**

相对约简和相对核的概念反映了一个属性子集(分类)与另一个属性子集(分类)之间的关系。相对约简是通过相对正域来定义的。设 $S\subseteq P$，称 $S$ 为 $P$ 的 $Q$ 约简。当且仅当 $S$ 是 $P$ 的 $Q$ 独立子集，$POS_S(Q)=POS_P(Q)$，且不存在 $W\subset S$，使得 $POS_W(Q)=POS_P(Q)$，则 $S$ 称为 $P$ 的相对于 $Q$ 约简即相对约简。

$P$ 的 $Q$ 相对约简 $S\subseteq P$ 满足

$$S\in\{R \mid POS_P(Q)=POS_R(Q),\ \neg\exists W\subset R[POS_P(Q)=POS_W(Q)]\} \tag{10-36}$$

$P$ 的所有 $Q$ 约简即相对约简构成的集合记为 $RED_Q(P)$，即

$$RED_Q(P)=\{R \mid POS_P(Q)=POS_R(Q),\ \neg\exists W\subset R[POS_P(Q)=POS_W(Q)]\} \tag{10-37}$$

相对约简与相对核的关系满足下列定理。

**定理 10.2**　$P$ 的 $Q$ 核等于 $P$ 的所有 $Q$ 约简的交集：

$$CORE_Q(P)=\bigcap_{S\in RED_Q(P)} S \tag{10-38}$$

$P$ 的 $Q$ 核是属性 $P$ 的本质部分。为了保证将对象分类到 $Q$ 的概念中去的分类能力不变，$Q$ 核属性是不可省略的。

属性 $P$ 的 $Q$ 约简是 $P$ 的子集，该子集是 $Q$ 独立的，且具有与属性 $P$ 把对象分类到属性 $Q$ 的概念中去的相同的分类能力。

约简和相对约简在信息系统中实际就是属性约简。属性集中可能含有冗余的属性，属性约简是研究属性集(知识库)中哪些属性是必要的，哪些是不必要的。删除不必要的或冗余的属性，保留必要属性，可保持系统的分类能力不变。

属性约简是粗集理论的重要内容之一，在数据降维及知识发现等领域具有很强的实际意义。

**9. 约简与相对约简的区别**

约简和相对约简的区别是，约简是在不改变论域中对对象的分类能力的前提下消去冗余属性所得到的属性子集。而相对约简是在不改变将对象划分到另一个分类中去的分类能力的前提下，消去冗余属性所得到的属性子集。

### 10.2.3　粗集的基本性质

设 $R$ 为非空论域 $U$ 上的一个不可分辨关系，$X$，$Y$ 均为 $U$ 上的子集，除了式(10-20)成立外，粗集还具有下列基本性质：

$$\underline{R}(\varnothing)=\overline{R}(\varnothing)=\varnothing \tag{10-39}$$

$$\underline{R}(U)=\overline{R}(U)=U \tag{10-40}$$

$$\underline{R}(\underline{R}(X))=\overline{R}(\underline{R}(X))=\underline{R}(X) \tag{10-41}$$

$$\overline{R}(\overline{R}(X))=\underline{R}(\overline{R}(X))=\overline{R}(X) \tag{10-42}$$

$$\underline{R}(\sim X)=\sim\overline{R}(X) \tag{10-43}$$

$$\overline{R}(\sim X)=\sim\underline{R}(X) \tag{10-44}$$

$$X\subseteq Y\Rightarrow \underline{R}(X)\subseteq\underline{R}(Y) \tag{10-45}$$

$$X \subseteq Y \Rightarrow \overline{R}(X) \subseteq \overline{R}(Y) \tag{10-46}$$

$$\underline{R}(X \cap Y) = \underline{R}(X) \cap \underline{R}(Y) \tag{10-47}$$

$$\overline{R}(X \cup Y) = \overline{R}(X) \cup \overline{R}(Y) \tag{10-48}$$

$$\underline{R}(X \cup Y) \supseteq \underline{R}(X) \cup \underline{R}(Y) \tag{10-49}$$

$$\overline{R}(X \cap Y) \subseteq \overline{R}(X) \cap \overline{R}(Y) \tag{10-50}$$

用集合论的证明方法可以证明这些性质均成立，这里不做证明。

### 10.2.4 属性子集的依赖性

**1. 属性子集的完全依赖性**

属性集中的属性并不是同等重要的，有些属性可以由其他属性导出。

设 $S=\langle U, A, V, f\rangle$ 为一个信息系统，$P, Q \subseteq A$。对于任意两个对象 $x, y \in U$，若它们在 $P$ 上的取值相等时，必在 $Q$ 上取值相等，则称 $Q$ 依赖于 $P$，记作 $P \Rightarrow Q$。当 $Q$ 依赖于 $P$ 时，也称 $P$ 决定 $Q$，或由 $P$ 可推导出 $Q$。反过来，若又有它们在 $Q$ 上的取值相等时，必在 $P$ 上的取值相等，则称属性子集 $P$ 与属性子集 $Q$ 等价，记作 $P \equiv Q$。

**定理 10.3** $P \Rightarrow Q$，当且仅当

$$\text{IND}(P) \subseteq \text{IND}(Q) \tag{10-51}$$

**定理 10.4** 当且仅当 $P \Rightarrow Q$ 且 $Q \Rightarrow P$ 时，有 $P \equiv Q$。

当 $P \Rightarrow Q$ 与 $Q \Rightarrow P$ 均不成立时，称属性子集 $P$ 与属性子集 $Q$ 相互间没有依赖关系。

**2. 属性子集的部分依赖性**

属性子集的依赖也可能不是完全的而是部分的，也就是说，属性子集 $P$ 可能只部分地决定属性子集 $Q$，或说属性子集 $Q$ 部分依赖于属性子集 $P$。可由属性子集 $Q$ 相对于属性子集 $P$ 的相对正域来确定其部分依赖程度。

**3. 依赖度**

定义

$$k = \gamma_P(Q) = |\text{POS}_P(Q)| / |U| \tag{10-52}$$

为属性 $Q$ 依赖于属性 $P$ 的依赖度，并记作

$$P \Rightarrow_k Q \tag{10-53}$$

显然 $0 \leqslant k \leqslant 1$。

① 当 $k=1$ 即 $P \Rightarrow_1 Q$ 时，称属性 $Q$ 完全依赖于属性 $P$。

可以证明，$P \Rightarrow_1 Q$ 与 $P \Rightarrow Q$ 等价。于是，$P \Rightarrow_1 Q$ 可简记为 $P \Rightarrow Q$。

② 当 $0 < k < 1$ 时，称属性 $Q$ 部分依赖于属性 $P$。

③ 当 $k=0$ 时，称属性 $Q$ 完全独立于属性 $P$。

依赖度 $k=\gamma_P(Q)$ 反映了根据属性 $P$ 将对象分类到属性 $Q$ 的基本概念中去的能力。当 $P \Rightarrow_k Q$ 时，论域中共有 $k|U|$ 个属于 $Q$ 的 $P$ 正域的对象，这些对象可以依据属性 $P$ 分类到属性 $Q$ 的基本概念中去。

设 $C$ 为决策表上的条件属性集，$D$ 为决策属性集。当且仅当 $C \Rightarrow D$，即 $D$ 依赖于 $C$ 时，称决策表是一致的；否则，称决策表是不一致的，即 $C \Rightarrow_k D\ (0 \leqslant k < 1)$。

**4. 依赖度和相对约简的关系**

用依赖度可以将相对约简等价地描述为：设 $P, Q\subseteq A$，$R\subseteq P$，称 $R$ 是 $P$ 的 $Q$ 约简。当且仅当 $R$ 是 $P$ 的 $Q$ 独立子集时，$\gamma_R(Q)=\gamma_P(Q)$，且不存在 $W\subset R$，使得 $\gamma_W(Q)=\gamma_P(Q)$，则 $R$ 称为 $P$ 相对于 $Q$ 的约简即相对约简。

前面在定义相对约简时，使用的是相对正域 $POS_P(Q)$，是从集合的观点给出的。而按依赖度来定义相对约简时，使用的是依赖度 $\gamma_P(Q)=|POS_P(Q)|/|U|$，是从数值依赖度的观点来定义的。因为依赖度是由相对正域 $POS_P(Q)$求基数再除以常数$|U|$的计算所得到的结果，所以基于依赖度所描述的相对约简，与前面定义的相对约简完全等价。

## 10.3　完备信息系统的属性约简

前面所定义和讨论的约简，在信息系统中就是属性的约简。若直接按前面的定义求属性约简，因为不知道究竟哪个属性子集可以作为约简，所以其计算量庞大。若将属性集的所有子集都加以判断，其计算量属于 NP 问题。因此需要寻找更有效的计算方法来求约简。现在已有基于分辨矩阵、属性重要度、信息熵、包含度等多种计算方法或启发式计算方法来解决这一问题。

### 10.3.1　分辨矩阵约简法

**1. 完备信息系统的分辨矩阵约简法**

1) 完备信息系统的分辨矩阵

令 $S=<U, A, V, f>$为一完备信息系统，论域$U$ 中元素的个数$|U|=n$，$|A|=m$。波兰数学家 Skowron 提出的 Skowron 矩阵（又称分辨矩阵）$\boldsymbol{M}$，定义为一个 $n$ 阶对称矩阵 $(m_{ij})_{n\times n}$，其 $i$ 行 $j$ 列处的元素定义为

$$m_{ij}=\{a\in A\,|\,a(x_i)\neq a(x_j)\}\tag{10-54}$$

即 $m_{ij}$ 是能够区别对象 $x_i$ 和 $x_j$ 的所有属性构成的一个属性子集。

2) 完备信息系统的分辨函数

对于每一个 $a_i\in A$，指定一个布尔变量与之对应，如仍叫 $a_i$，但此时 $a_i$ 是一个布尔变量。结合前述内容看，$a_i$ 究竟是属性还是布尔变量，可通过前后文加以区分。当 $m_{ij}=\{a_1, a_2, a_3\}$，即 $m_{ij}$ 含 $a_1$、$a_2$、$a_3$ 三个属性时，用$\vee m_{ij}$ 表示 $a_1\vee a_2\vee a_3$（其中的 $a_1$、$a_2$、$a_3$ 均为对应的布尔变量），即

$$\vee m_{ij}=a_1\vee a_2\vee a_3$$

上述表示方法可同理推广到 $m_{ij}$ 为任一属性子集的情况。

将完备信息系统的分辨函数定义为一个 $m$ 元布尔函数，形式如下：

$$f(a_1, a_2, \cdots, a_m)=\wedge\{\vee m_{ij}\,|\,1\leqslant j<i\leqslant n,\ m_{ij}\neq\varnothing\}\tag{10-55}$$

式中，$\vee m_{ij}$ 表示由 $m_{ij}$ 中所有属性对应的布尔变量的析取构成的项，因而 $f(a_1, a_2, \cdots, a_m)$就是所有项$\vee m_{ij}$ 的合取。

**定理 10.5**　完备信息系统的分辨函数的析取范式中每一合取项是信息系统的一个约简。

3）完备信息系统的分辨矩阵约简法实例

对于表 10.1 所给出的信息系统实例，可得到分辨矩阵如表 10.3 所示。

**表 10.3　实例信息系统的分辨矩阵**

| | 1 | 2 | 3 | 4 | 5 |
|---|---|---|---|---|---|
| 1 | | | | | |
| 2 | $b,d$ | | | | |
| 3 | $b$ | $b,d$ | | | |
| 4 | $a,b,d$ | $a,b,d$ | $a,d$ | | |
| 5 | $a,b,c$ | $a,c,d$ | $a,b,c$ | $a,b,c,d$ | |

完备信息系统的对应分辨函数(不计重复项，∧简写为乘法)可表示为

$$f(a,\ b,\ c,\ d)=(b\vee d)b(a\vee b\vee d)(a\vee d)(a\vee b\vee c)\ (a\vee c\vee d)(a\vee b\vee c\vee d)$$

经过对函数 $f$ 用吸收律 $a(a\vee b)=a$ 进行化简，并求其析取范式，得

$$f(a,\ b,\ c,\ d)=b(a\vee d)=ab\vee bd$$

于是，可得到该完备信息系统的 2 个约简 $\{a,\ b\}$ 和 $\{b,\ d\}$，核是 $\{b\}$。得到的 2 个约简数据表格如表 10.4 和表 10.5 所示。

**表 10.4　约简 $\{a,b\}$**

| $U$ | $a$ | $b$ |
|---|---|---|
| $x_1$ | 1 | 1 |
| $x_2$ | 1 | 0 |
| $x_3$ | 1 | 2 |
| $x_4$ | 2 | 2 |
| $x_5$ | 0 | 0 |

**表 10.5　约简 $\{b,d\}$**

| $U$ | $b$ | $d$ |
|---|---|---|
| $x_1$ | 1 | 1 |
| $x_2$ | 0 | 3 |
| $x_3$ | 2 | 1 |
| $x_4$ | 2 | 2 |
| $x_5$ | 0 | 1 |

**2. 完备决策表的分辨矩阵约简法**

1）完备决策表的分辨矩阵

完备决策表的分辨矩阵是一对称 $n$ 阶方阵，其元素定义为

$$m_{ij}=\begin{cases}\{a\,|\,a\in C\wedge a(x_i)\neq a(x_j)\}, & <x_i,\ x_j>\notin \mathrm{IND}(D)\\ \varnothing, & <x_i,\ x_j>\in \mathrm{IND}(D)\end{cases} \tag{10-56}$$

2）完备决策表的分辨函数

完备决策表的分辨函数定义如下：

$$f=\wedge\{\vee m_{ij}\} \tag{10-57}$$

**定理 10.6**　完备决策表的分辨函数 $f$ 的极小析取范式中的每一合取项都是决策表的一个相对约简。

3）完备决策表的分辨矩阵约简法实例

对表 10.2 的完备决策表实例得到决策表的分辨矩阵如表 10.6 所示。

**表 10.6　实例决策表的分辨矩阵**

| | 1 | 2 | 3 | 4 | 5 |
|---|---|---|---|---|---|
| 1 | | | | | |
| 2 | | | | | |
| 3 | $a,b,c$ | $a,c$ | | | |
| 4 | $b$ | $c$ | | | |
| 5 | $c$ | $b$ | $a,b,c$ | $b,c$ | |

根据完备决策表的分辨函数定义，不计重复项，并将∧简写为乘，利用吸收率化简，得

$$f=(a\vee b\vee c)\ (a\vee c)\ (b)\ (c)(b\vee c)=bc$$

于是，得到完备决策表的 1 个约简：$\{b,\ c\}$。核为$\{b,\ c\}$。实例决策表的约简见表 10.7。

**表 10.7　决策表约简$\{b,c\}$**

| $U$ | $b$ | $c$ | $d$ |
|---|---|---|---|
| $x_1$ | 0 | 0 | 0 |
| $x_2$ | 2 | 2 | 0 |
| $x_3$ | 2 | 1 | 1 |
| $x_4$ | 2 | 0 | 1 |
| $x_5$ | 0 | 2 | 2 |

4）决策规则

由完备决策表按下面类似的方法可生成决策规则，但一般不是很简化。由于约简后的决策表与原决策表具有同等的判断能力，因此，为了得到简化的决策规则，一般由约简后得到的决策表来生成决策规则。

设由决策表 $S=<U,\ A,\ V,\ f>$ 约简后得到的约简表为 $S'=<U,\ A',\ V,\ f>$，其中，$A'\subseteq A$，$A'=C'\cup D$，$C'\cap D=\varnothing$，$C'\subseteq C$ 为约简后的条件属性集，$D$ 为决策属性集。

设 $C_i\in U/C'$ 表示一个条件类，$D_j\in U/D$ 表示一个决策类。条件类 $C_i$ 的描述 $\mathrm{Des}(C_i)$ 定义为

$$\mathrm{Des}(C_i)=\wedge\{(a,\ v_a)\mid a\in C,\ a(x)=v_a,\ x\in C_i\} \tag{10-58}$$

决策类 $D_j$ 的描述 $\mathrm{Des}(D_j)$ 定义为

$$\mathrm{Des}(D_j)=\wedge\{(a,\ v_a)\mid a\in D,\ a(x)=v_a,\ x\in D_j\} \tag{10-59}$$

决策规则的一般形式如下：

$$r_{ij}:\mathrm{Des}(C_i)\rightarrow \mathrm{Des}(D_j)，当\ C_i\cap D_j\neq\varnothing \tag{10-60}$$

规则 $r_{ij}$ 的确定性因子为

$$c_{ij}=\mu(C_i,\ D_j)=\frac{|C_i\cap D_j|}{|C_i|} \tag{10-61}$$

显然

$$0<c_{ij}=\mu(C_i,\ D_j)\leqslant 1 \tag{10-62}$$

由表 10.7 可得

$$U/C'=U/\{b, c\}=\{\{x_1\}, \{x_2\}, \{x_3\}, \{x_4\}, \{x_5\}\}$$
$$U/D=U/\{d\}=\{\{x_1, x_2\}, \{x_3, x_4\}, \{x_5\}\}$$

令

$$C_1=\{x_1\}, C_2=\{x_2\}, C_3=\{x_3\}, C_4=\{x_4\}, C_5=\{x_5\};$$
$$D_1=\{x_1, x_2\}, D_2=\{x_3, x_4\}, D_3=\{x_5\}$$

则得到简化决策表的决策规则有：

(1) 由 $C_1$ 和 $D_1$ 得

$$r_{11}: (b=0)\wedge(c=0)\rightarrow d=0, c_{11}=|C_1\cap D_1|/|C_1|=1/1=1$$

(2) 由 $C_2$ 和 $D_1$ 得

$$r_{21}: (b=2)\wedge(c=2)\rightarrow d=0, c_{21}=|C_2\cap D_1|/|C_2|=1/1=1$$

(3) 由 $C_3$ 和 $D_2$ 得

$$r_{32}: (b=2)\wedge(c=1)\rightarrow d=1, c_{32}=|C_3\cap D_2|/|C_3|=1/1=1$$

(4) 由 $C_4$ 和 $D_2$ 得

$$r_{42}: (b=2)\wedge(c=0)\rightarrow d=1, c_{42}=|C_4\cap D_2|/|C_4|=1/1=1$$

(5) 由 $C_5$ 和 $D_3$ 得

$$r_{53}: (b=0)\wedge(c=2)\rightarrow d=2, c_{53}=|C_5\cap D_3|/|C_5|=1/1=1$$

可以检验，确定性因子大于 0 的决策规则只有上述 5 条，且它们的确定性因子都为 1。将它们不带规则编号和确定性因子列出，即得到下列决策规则：

$(b=0)\wedge(c=0)\rightarrow d=0$

$(b=2)\wedge(c=2)\rightarrow d=0$

$(b=2)\wedge(c=1)\rightarrow d=1$

$(b=2)\wedge(c=0)\rightarrow d=1$

$(b=0)\wedge(c=2)\rightarrow d=2$

## 10.3.2 基于依赖度的完备决策表约简方法

### 1. 与依赖度相关的概念

1) 属性重要度

设 $a\in C$ 为一个条件属性，则属性 $a$ 关于 $D$ 的重要度定义为

$$\mathrm{Sig}_{C,D}(a)=\gamma_C(D)-\gamma_{C-\{a\}}(D) \tag{10-63}$$

式中 $\gamma_{C-\{a\}}(D)$表示在 $C$ 中去掉属性 $a$ 后，条件属性子集 $C-\{a\}$ 对决策属性集 $D$ 的依赖程度。$\mathrm{Sig}_D(a, C)$表示 $C$ 中去掉属性 $a$ 后，导致不能被准确分类的对象在系统中所占的比例。

2) 核属性

若

$$\mathrm{Sig}_{C,D}(a)\neq 0 \tag{10-64}$$

则称 $a$ 是核属性。$a$ 是核属性，则 $\gamma_C(D)-\gamma_{C-\{a\}}(D)\neq 0$，即 $\gamma_C(D)\neq\gamma_{C-\{a\}}(D)$。核属性又被称为不可省略属性。

3) 核属性集

记

$$\mathrm{CORE}_D(C)=\{a\mid \mathrm{Sig}_{C,D}(a)\neq 0\} \tag{10-65}$$

为核属性集。

4）冗余属性

若

$$\mathrm{Sig}_{C,D}(a)=0 \tag{10-66}$$

则称属性 $a$ 是冗余的或可省略的。$a$ 是冗余属性，则 $\gamma_C(D)=\gamma_{C-\{a\}}(D)$。

在决策表进行条件属性的约简时，每约简一个条件属性，都要检查决策表的一致性。若决策表是一致的，则可以删除该属性；否则，不可以删除该属性。

可以证明，这里给出的核属性、可省略的属性与前面的相关定义是等价的。

**2. 基于依赖度的约简算法**

基于依赖度的约简算法实际上是一个启发式算法。

基于依赖度的约简算法如下：

(1) 输入决策表。

(2) 计算决策类、条件等价类、下近似集和依赖度。

(3) 计算每个属性的重要度 $\mathrm{Sig}_{C,D}(a)=\gamma_C(D)-\gamma_{C-\{a\}}(D)$，$a\in C$。

(4) 求核属性集 $\mathrm{CORE}_D(C)=\{a\,|\,\mathrm{Sig}_{C,D}(a)\neq 0\}$。

(5) 置 $\mathrm{RED}=\mathrm{CORE}_D(C)$，即约简的初始值设为核属性集。

(6) 取使

$$\max_{b\in C-\mathrm{RED}} \mathrm{Sig}_{\mathrm{RED}\cup\{b\},D}(b) \tag{10-67}$$

成立的属性 $a$。若存在一个或多个这样的属性，则从中任选一个作为 $a$，置

$$\mathrm{RED}=\mathrm{RED}\cup\{a\} \tag{10-68}$$

重复(6)，否则转至(7)。

(7) 输出约简 RED。

### 10.3.3　基于信息熵的完备决策表约简方法

**1. 信息熵**

设 $X=\{X_1, X_2, \cdots, X_m\}$ 为论域 $U$ 的任意一个等价划分。对 $i=1, 2, \cdots, m$，记

$$p_i=p(X_i)=\frac{|X_i|}{|U|} \tag{10-69}$$

则

$$H(X)=-\sum_{i=1}^{m}\frac{|X_i|}{|U|}\,\mathrm{lb}\,\frac{|X_i|}{|U|}=-\sum_{i=1}^{m}p_i\,\mathrm{lb}\,p_i \tag{10-70}$$

被定义为划分 $X$ 的信息熵。信息熵衡量了该划分的纯度。设 $|U|=N\neq 0$，当 $X_i$ 均为单元素构成的集合时，$m=|U|=N$，$H(X)=\mathrm{lb}|U|=\mathrm{lb}N$。当 $X$ 只含一个元素即 $X=\{U\}$ 时，$m=1$，$H(X)=0$，所以 $0\leqslant H(X)\leqslant \mathrm{lb}N$。可见，$H(X)$ 的值越小，划分的纯度越低。当 $H(X)=0$ 时，所有的元素都在一起，没有起划分作用。$H(X)$ 的值越大，划分的纯度越高。当 $H(X)=\mathrm{lb}N$ 时，每个元素都被单独划分为一类，划分得最细，划分的纯度最高。

利用信息熵的概念可实现对决策表的约简。

设决策表$S=\langle U, A=C\cup D, V, f\rangle$，其中，$C$为条件属性集，$D$为决策属性集。由$C$可得到$U/C=X=\{X_1, X_2, \cdots, X_m\}$。记

$$H(C)=H(X)=-\sum_{i=1}^{m}p_i\operatorname{lb}p_i=-\sum_{i=1}^{m}\frac{|X_i|}{|U|}\operatorname{lb}\frac{|X_i|}{|U|} \tag{10-71}$$

由$D$可得到$U/D=Y=\{Y_1, Y_2, \cdots, Y_k\}$。记

$$q_i=q(Y_i)=\frac{|Y_i|}{|U|} \tag{10-72}$$

则

$$H(D)=H(Y)=-\sum_{i=1}^{k}q_i\operatorname{lb}q_i=-\sum_{i=1}^{k}\frac{|Y_i|}{|U|}\operatorname{lb}\frac{|Y_i|}{|U|} \tag{10-73}$$

**2. 条件熵**

定义

$$\begin{aligned}H(D\mid C)&=H(Y\mid X)\\&=-\sum_{i=1}^{m}p(X_i)\sum_{j=1}^{k}p(Y_j\mid X_i)\operatorname{lb}p(Y_j\mid X_i)\end{aligned} \tag{10-74}$$

为条件属性集$C$下决策属性$D$产生的条件熵，式中，

$$p(Y_j|X_i)=\frac{p(Y_j\cap X_i)}{p(X_i)}=\frac{|Y_j\cap X_i|}{|X_i|} \tag{10-75}$$

同时，也有

$$H(C\mid D)=H(X\mid Y)=-\sum_{i=1}^{k}p(Y_j)\sum_{i=1}^{m}p(X_i\mid Y_j)\operatorname{lb}p(X_i\mid Y_j) \tag{10-76}$$

式中，

$$p(X_i|Y_j)=\frac{p(X_i\cap Y_j)}{p(Y_j)}=\frac{|Y_j\cap X_i|}{|Y_j|} \tag{10-77}$$

**3. 互信息**

定义

$$\begin{aligned}I(C, D)&=-\sum_{j=1}^{k}p(Y_j)\sum_{j=1}^{m}p(X_i\mid Y_j)\operatorname{lb}\frac{p(X_i\mid Y_j)}{p(X_i)}\\&=-\sum_{j=1}^{k}\sum_{j=1}^{m}p(X_i, Y_j)\operatorname{lb}\frac{p(X_i\mid Y_j)}{p(X_i)}\\&=H(X)-H(X\mid Y)=H(C)-H(C\mid D)\\&=H(Y)-H(Y\mid X)=H(D)-H(D\mid C)\\&=H(X)+H(Y)-H(X, Y)\\&=H(C)+H(D)-H(C, D)\end{aligned} \tag{10-78}$$

式中，

$$p(X_i, Y_j)=\frac{|X_i\cap Y_j|}{|U|} \tag{10-79}$$

$$
\begin{aligned}
H(X, Y) = H(C, D) \\
&= -\sum_{i=1}^{m}\sum_{j=1}^{k} p(X_i, Y_j)\,\mathrm{lb}\,p(X_i, Y_j) \\
&= -\sum_{i=1}^{m}\sum_{j=1}^{k} \frac{|X_i \cap Y_j|}{|U|}\,\mathrm{lb}\,\frac{|X_i \cap Y_j|}{|U|}
\end{aligned}
\tag{10-80}
$$

**4. 利用互信息进行决策表约简的算法**

利用互信息进行决策表约简的算法也是一种启发式算法。由互信息定义属性重要度：

$$
\begin{aligned}
\mathrm{Sig}_{C,D}(a) &= I(C, D) - I(C-\{a\}, D) \\
&= H(D|C) - H(D|(C-\{a\}))
\end{aligned}
\tag{10-81}
$$

式中，$a \in C$。式(10-81)表示属性 $a$ 在 $C$ 中的重要程度，它是由 $C$ 和 $D$ 的互信息量减去由 $C$ 去掉属性 $a \in C$ 后得到的 $C-\{a\}$ 与 $D$ 的互信息量之差。

但在求约简中，往往从一个属性子集出发，逐步扩充属性子集而得到，所以换个角度考虑，可将利用互信息定义属性重要度的方式描述如下：

若已知 $R \subset C$，$a \in C-R$，则

$$
\begin{aligned}
\mathrm{Sig}_{R,D}(a) &= I(R \cup \{a\}, D) - I(R, D) \\
&= [H(D) - H(D|R \cup \{a\})] - [H(D) - H(D|R)] \\
&= H(D|R) - H(D|(R \cup \{a\}))
\end{aligned}
$$

于是，不难设计出利用 $\mathrm{Sig}_{R,D}(a)$ 约简决策表的方法的相应算法。

基于互信息的决策表约简算法具体如下：

(1) 输入决策表。

(2) 计算决策类、条件等价类、下近似集和依赖度。

(3) 计算每个属性的重要度 $\mathrm{Sig}_{C,D}(a) == H(D|C) - H(D|(C-\{a\}))$，$a \in C$。

(4) 求核属性集 $\mathrm{CORE}_D(C) = \{a \mid \mathrm{Sig}_{C,D}(a) \neq 0\}$。

(5) 置 $\mathrm{RED} = \mathrm{CORE}_D(C)$，即约简的初始值设为核属性集。

(6) 取使

$$
\max_{b \in C-\mathrm{RED}} \mathrm{Sig}_{\mathrm{RED} \cup \{b\}, D}(b)
$$

成立的属性 $a$。若存在一个或多个这样的属性，则从中任选一个作为 $a$，置

$$
\mathrm{RED} = \mathrm{RED} \cup \{a\}
$$

重复(6)，否则，转至(7)。

(7) 输出约简 RED。

### 10.3.4　基于粗糙集的分类器设计

以决策表中的数据作为训练集，按粗集方法先约简，后规则化简(去重)，可求得决策规则，即构造分类器，对待处理的样本可以进行决策判断，即预测其决策值。这里给出了一个基于分类近似质量定义属性重要度的方法，并针对完备信息决策系统实现的较为完善的代码。

粗集分类器

# 10.4 不完备信息系统的粗集模型

粗集理论最早主要是针对完备信息系统，利用不可分辨关系对论域子集或决策类的上近似集和下近似集计算，实现对子集的近似刻画。利用可分辨矩阵及区分函数，可对系统进行约简或数据降维。近年来，粗集理论在知识获取方面已取得了很大的成功。

但是在现实生活中，由于数据测量的误差、数据理解或获取的条件限制等原因，获取的数据表往往是不完备信息，即可能存在部分对象的一些属性值未知的情况。但Pawlak的经典粗集理论所处理的信息表必须是一个完备的信息表，每个样本对象的所有属性都应是已知的。对于数据缺失、遗漏等造成的不完备信息系统的处理无能为力，因为无法按原有的方法构造不可分辨关系。

为了使粗集理论能够适应于不完备信息系统的处理，目前主要有两种处理方法：第一种是间接处理方法，它的特点是通过一定的方法(一般是基于概率统计)把不完备信息系统转化为完备信息，也称之为数据补齐。即对不完备信息进行缺失弥补后按原有方法构造不可分辨关系。但弥补却有一定的难度，因为究竟补上什么值才算合理，无法判断。有时可能会出现弥补的值与实际相差较大的现象。

第二种是直接处理方法，它的特点是对经典粗集理论中的相关概念在不完备信息系统下进行适当的扩充。主要是不再一定要建立不可分辨关系，而是放宽到其他的关系，使之更能合理地描述数据对象间存在的关系或联系，刻画更加具体和合理。目前，已经有了基于容差关系(一种相容关系)、非对称相似关系、限制容差关系、量化容差关系等一些扩充粗集的模型。

给定不完备信息系统 $\mathrm{IIS}=\langle U, A, V, f\rangle$，其中，$U$ 为非空有限论域，$A$ 为属性集，$V$ 为值域，空值 $*\in V$，$f: U\times A\to V$ 为信息函数。

显然，完备信息系统是不完备信息系统的特例。因此，在不完备信息系统下研究的方法和结果也完全适用于完备信息系统，所以研究不完备信息系统具有更广泛的实际意义。

**1. 容差关系及模型**

在 Kryszkiewicz 提出的容差关系中，最主要的一个概念是赋予信息表中没有值的元素一个“Null”值，“Null”值被解释为可取值域中除空值外的任何一个可能的值。这样的值仅仅是被遗漏但又是真实存在的。各个对象都具有潜在的完备信息，现在只是遗漏了一些值。由于不精确的数据存在，因此迫使人们去处理带空值的不完备信息表。

1) 容差关系

设属性子集 $B\subseteq A$，$U$ 上按属性集 $B$ 生成的容差关系定义为

$$T_B=\{\langle x, y\rangle \mid \forall a\in B(a(x)=a(y)\vee a(x)=*\vee a(y)=*)\} \tag{10-82}$$

显然，$T_B$ 自反、对称，但不一定是传递的。

2) 容差类

对于对象 $x\in U$，$x$ 在关系 $T$ 下的容差类集合定义为

$$S_{T,B}(x)=\{y \mid y\in U, \langle x, y\rangle\in T\} \tag{10-83}$$

$S_{T,B}(x)$表示信息表中与对象 $x$ 相容的对象的集合，也就是与 $x$ 无法区分的对象的集合，包括 $x$ 本身在内。

3）上近似和下近似

对象子集 $X$ 关于属性集 $B\subseteq A$ 的上近似和下近似分别为

$$\overline{T}_B(X)=\{x\mid x\in U,\ S_{T,B}(x)\cap X\neq\varnothing\} \tag{10-84}$$

$$\underline{T}_B(X)=\{x\mid x\in X,\ S_{T,B}(x)\subseteq X\} \tag{10-85}$$

显然，$\overline{T}_B(X)=\bigcup_{x\in X}S_{T,B}(x)$。

下面以一个简单不完备信息表为例来说明以上概念。

**例 10.1**　表 10.8 是一个不完备信息表，其中 $x_1$，$x_2$，…，$x_{12}$ 是对象，$c_1$，$c_2$，$c_3$，$c_4$，$d$ 是属性，值域集为{0，1，2，3，*}。设 $B=\{c_1,\ c_2,\ c_3,\ c_4\}$，决策类为

$$\Phi=\{x\mid d(x)=1\}=\{x_1,\ x_2,\ x_4,\ x_7,\ x_{10},\ x_{12}\}$$

$$\Psi=\{x\mid d(x)=2\}=\{x_3,\ x_5,\ x_6,\ x_8,\ x_9,\ x_{11}\}$$

分析表 10.8 可得到每个对象 $x_i$ 的容差类 $S_{B,T}(x_i)$，如表 10.9 的第 2 列所示。因而可计算出两个决策类的下近似和上近似分别如下：

$$\underline{T}_B(\Phi)=\underline{T}_B(\{x_1,\ x_2,\ x_4,\ x_7,\ x_{10},\ x_{12}\})=\varnothing$$

$$\underline{T}_B(\Psi)=\underline{T}_B(\{x_3,\ x_5,\ x_6,\ x_8,\ x_9,\ x_{11}\})=\{x_6\}$$

$$\overline{T}_B(\Phi)=\overline{T}_B(\{x_1,\ x_2,\ x_4,\ x_7,\ x_{10},\ x_{12}\})=U$$

$$\begin{aligned}\overline{T}_B(\Psi)&=\overline{T}_B(\{x_3,\ x_5,\ x_6,\ x_8,\ x_9,\ x_{11}\})\\&=\{x_1,\ x_2,\ x_3,\ x_4,\ x_5,\ x_7,\ x_8,\ x_9,\ x_{10},\ x_{11},\ x_{12}\}\end{aligned}$$

以上结果并不十分理想，另外，一些不同的对象在这里被认为是不可分辨的、近似相同的。例如，对于对象 $x_1$，我们具有完备信息，并且也不觉得它与其他对象有什么冲突，但 $x_1$ 并不是属性集 $B$ 下 $\Phi$ 的下近似。造成这种问题的原因是 $x_{11}$ 缺少属性值。这些缺少的属性值使得 $x_{11}$ 被认为与 $x_1$ 相似，从而导致 $x_1$ 的容差类过大，使 $S_{B,T}(x)$ 不能被包含在 $\Phi$ 中，因而就有 $x_1\notin\underline{T}_B(\Phi)$。

**表 10.8　一个不完备信息系统**

| 对象 | $c_1$ | $c_2$ | $c_3$ | $c_4$ | $d$ |
|---|---|---|---|---|---|
| $x_1$ | 3 | 2 | 1 | 0 | 1 |
| $x_2$ | 2 | 3 | 2 | 0 | 1 |
| $x_3$ | 2 | 3 | 2 | 0 | 2 |
| $x_4$ | * | 2 | * | 1 | 1 |
| $x_5$ | * | 2 | * | 1 | 2 |
| $x_6$ | 2 | 3 | 2 | 1 | 2 |
| $x_7$ | 3 | * | * | 3 | 1 |
| $x_8$ | * | 0 | 0 | * | 2 |
| $x_9$ | 3 | 2 | 1 | 3 | 2 |
| $x_{10}$ | 1 | * | * | * | 1 |
| $x_{11}$ | * | 2 | * | * | 2 |
| $x_{12}$ | 3 | 2 | 1 | * | 1 |

表 10.9 每个对象 $x_i$ 的 $S_{B,T}(x_i)$、$R_{S,B}^{-1}(x_i)$、$R_{S,B}(x_i)$和 $N_{L,B}(x_i)$中所含的元素

| 对象 | $S_{T,B}(x_i)$ | $R_{S,B}^{-1}(x_i)$ | $R_{B,S}(x_i)$ | $N_{B,T}(x_i)$ |
|---|---|---|---|---|
| $x_1$ | $x_1, x_{11}, x_{12}$ | $x_1$ | $x_1, x_{11}, x_{12}$ | $x_1, x_{11}, x_{12}$ |
| $x_2$ | $x_2, x_3$ | $x_2, x_3$ | $x_2, x_3$ | $x_2, x_3$ |
| $x_3$ | $x_2, x_3$ | $x_2, x_3$ | $x_2, x_3$ | $x_2, x_3$ |
| $x_4$ | $x_4, x_5, x_{10}, x_{11}, x_{12}$ | $x_4, x_5$ | $x_4, x_5, x_{11}$ | $x_4, x_5, x_{11}, x_{12}$ |
| $x_5$ | $x_4, x_5, x_{10}, x_{11}, x_{12}$ | $x_4, x_5$ | $x_6$ | $x_4, x_5, x_{11}, x_{12}$ |
| $x_6$ | $x_6$ | $x_6$ | $x_1, x_{11}, x_{12}$ | $x_6$ |
| $x_7$ | $x_7, x_8, x_9, x_{11}, x_{12}$ | $x_7, x_9$ | $x_7$ | $x_7, x_9, x_{12}$ |
| $x_8$ | $x_7, x_8, x_{10}$ | $x_8$ | $x_8$ | $x_8$ |
| $x_9$ | $x_7, x_9, x_{11}, x_{12}$ | $x_9$ | $x_7, x_9, x_{11}, x_{12}$ | $x_7, x_9, x_{11}, x_{12}$ |
| $x_{10}$ | $x_4, x_5, x_8, x_{10}, x_{11}$ | $x_{10}$ | $x_{10}$ | $x_{10}$ |
| $x_{11}$ | $x_1, x_4, x_5, x_7, x_9, x_{10}, x_{11}, x_{12}$ | $x_1, x_4, x_5, x_9, x_{11}, x_{12}$ | $x_{11}$ | $x_1, x_4, x_5, x_9, x_{11}, x_{12}$ |
| $x_{12}$ | $x_1, x_4, x_5, x_7, x_9, x_{11}, x_{12}$ | $x_1, x_9, x_{12}$ | $x_{11}, x_{12}$ | $x_1, x_4, x_5, x_7, x_9, x_{11}, x_{12}$ |

**2. 非对称相似关系及模型**

Stefanowski 给出了一种基于非对称相似关系的扩充方法，在这种方法中，我们认为对象可能被不完全描述不仅仅可能由于知识不精确，还可能由于不可能用所有的属性来描述它们。因此，我们并不认为一个缺少的属性值是不确定的，而是一个当前不存在的，而且是不能够与其他值相比较的。

基于这种观点，各个对象可能有或多或少的完全描述，它取决于有多少属性被使用。基于这种观点，只有当对象 $x$ 与对象 $y$ 的已知属性值相同时，才能认为这两个对象相似。给定不完备信息系统 IIS=$<U, A, V, f>$，属性子集 $B\subseteq A$，$B\neq\varnothing$，记未知值为“$*$”。

1）非对称相似关系

$U$ 上的非对称相似关系定义为

$$S_B=\{<x, y>\mid \forall a\in B[a(x)= * \vee a(x)=a(y)]\} \tag{10-86}$$

显然，这种关系是传递的、自反的，但不是对称的。相似关系 $S_B$ 是对象集合 $U$ 上的偏序。实际上，相似关系可以认为是包含关系的一个代表，只要 $x$ 的描述包含于 $y$ 的描述中，就认为 $x$ 与 $y$ 相似。对于任意个体 $x\in U$，可定义两个非对称相似集合。

2）非对称相似 $x$ 的对象集合

非对称相似 $x$ 的对象集合定义为

$$R_{S,B}(x)=\{y\mid y\in U, <y, x>\in S_B\} \tag{10-87}$$

3）$x$ 与之非对称相似的对象集合

$x$ 与之非对称相似的对象集合定义为

$$R_{S,B}^{-1}(x)=\{y \mid y\in U, <x, y>\in S_B\} \tag{10-88}$$

显然，$R_{S,B}(x)$和$R_{S,B}^{-1}(x)$是两个不一定相同的集合。

4) 上近似和下近似

现在给出对象集合 $X\subseteq U$ 的上近似、下近似的定义。对象集合 $X\subseteq U$ 关于属性集 $B\subseteq A$ $(B\neq\varnothing)$在非对称相似关系 $S_B$ 下的上近似$\bar{S}_B(X)$和下近似$\underline{S}_B(X)$的定义分别为

$$\bar{S}_B(X)=\{x \mid x\in U, R_{S,B}(x)\cap X\neq\varnothing\} \tag{10-89}$$

$$\underline{S}_B(X)=\{x \mid x\in U, R_{S,B}^{-1}(x)\subseteq X\} \qquad (10-)$$

比较容差关系和非对称相似关系，可以得到如下定理。

**定理 10.7**　给定不完备信息系统 IIS=<U, A, V, f>和对象集合 $X\subseteq U$，在非对称相似关系下，$X$ 的上近似和下近似是对在容差关系下 $X$ 的上近似和下近似的改进，即

$$\underline{T}_B(X)\subseteq\underline{S}_B(X) \tag{10-91}$$

$$\bar{S}_B(X)\subseteq\bar{T}_B(X) \tag{10-92}$$

例如，对表 10.8，在假设与表 10.1 给出的示例中具有相同的 $B$，$\Phi$ 和 $\Psi$ 下，应用非对称相似关系来分析，可以得到每个对象 $x_i$ 的相似类$R_{S,B}^{-1}(x_i)$和 $R_{S,B}(x_i)$如表 10.9 的第 3 列和第 4 列所示。

$$\underline{S}_B(\Phi)=\{x_1, x_{10}\},\ \bar{S}_B(\Phi)=\{x_1, x_2, x_3, x_4, x_5, x_7, x_{10}, x_{11}, x_{12}\}$$

$$\underline{S}_B(\Psi)=\{x_6, x_8, x_9\},\ \bar{S}_B(\Psi)=\{x_2, x_3, x_4, x_5, x_7, x_8, x_9, x_{11}, x_{12}\}$$

根据非对称相似关系得到的近似集合比根据容差关系得到的近似集合含有更多的信息。而且一些直觉上希望分类到 $\Phi$ 所代表的决策类(决策值 $d=1$ 的类)和 $\Psi$ 所代表的决策类的元素也分别包含在下近似集合$\underline{S}_B(\Phi)$和$\underline{S}_B(\Psi)$中。显然，这种扩充方法比基于容差关系的扩充方法安全性要小，因为某些已知信息比较少的对象(如 $a_{10}$)可能会被划分到近似集中。

**3. 限制容差关系及模型**

首先，我们用表 10.8 来测试容差关系、相似关系及量化容差关系。在容差关系中，对象 $x_7$ 和 $x_8$ 是相似的、不可分辨的。但这两个对象并没有相同的属性值，它们只有很小的可能性具有相同的属性值。这种问题也存在于其他一些对象对中，比如 $x_4$ 和 $x_{10}$、$x_7$ 和 $x_{11}$ 等。在非对称相似关系中，$x_1$ 和 $x_{12}$看起来很相似，但是我们却丢掉了这个信息。

在一个大型的信息系统中，由于相似关系的非对称性，对于一些明显地具有大量相同的已知属性的信息，直观上就可以判定为相似的个体，但它们却不满足相似关系，因而不能被划分在同一个相似类中。比如，对象 $x$=(1, *, 3, 4, 5, 6, 7, 8, 9, 10, …)和对象 $y$=(*, 2, 3, 4, 5, 6, 7, 8, 9, 10, …)是相似的，但是它们不满足相似关系。在量化容差关系中，需要预先知道信息系统中属性值的概率分布情况，这对于一个新的不完备信息系统来说是很困难的。甚至在连系统的整体情况都还不清楚的时候，无法知道其精确的分布概率。鉴于这种扩充关系的局限性，我们研究并提出了一种限制容差关系。

1) 非空取值属性集

在不完备信息系统 IIS=<U, A, V, f>中，设 $B\subseteq A$，令

$$P_B(x)=\{b \mid b\in B, b(x)\neq *\} \tag{10-93}$$

为 $x$ 在 $B$ 中属性值为非 $*$ 的属性的集合。

2）限制容差关系

定义 $U$ 上的一个限制容差关系为

$$L_B=\{<x, y>|\ \forall b\in B[(b(x)=b(y)=*)\vee[(P_B(x)\cap P_B(y)\neq\varnothing)$$
$$\wedge\ \forall b\in B[(b(x)\neq *)\wedge(b(y)\neq *))\rightarrow(b(x)=b(y))]]]\} \tag{10-94}$$

显然，限制容差关系 $L_B$ 具有自反性、对称性，但不具有传递性。

3）限制容差类

定义限制容差类为

$$N_{L,B}(x)=\{y|y\in U\wedge<x, y>\in L_B\} \tag{10-95}$$

4）上、下近似集

定义 $X$ 在限制容差关系下的上、下近似集分别为

$$\overline{L}_B(X)=\{y|y\in U\wedge N_{L,B}(y)\cap X\neq\varnothing\} \tag{10-96}$$

$$\underline{L}_B(X)=\{y|y\in U\wedge N_{L,B}(y)\subseteq X\} \tag{10-97}$$

**定理 10.8** 给定不完备信息表 IIS$=<U, A, V, f>$和集合 $B\subseteq A$，$X\subseteq U$，则 $X$ 在容差关系下的下近似集包含于其在限制容差关系下的下近似集中，$X$ 限制容差关系下的上近似集包含于其在容差关系下的上近似集中，即

$$\underline{T}_B(X)\subseteq\underline{L}_B(X) \tag{10-98}$$

$$\overline{L}_B(X)\subseteq\overline{T}_B(X) \tag{10-99}$$

**证明** 因为 $\forall x, y(<x, y>\in L_B\Rightarrow<x, y>\in T_B)$，而且

$$N_{L,B}(x)=\{y|y\in U\wedge(x, y)\in L_B\},\ S_{T,B}(x)=\{y|y\in U\wedge(x, y)\in T_B\}$$

所以 $\forall y$，$y\in N_{L,B}(x)\Rightarrow y\in S_{T,B}(x)$。反之，如果 $y\in S_{T,B}(x)$，不一定有 $y\in N_{L,B}(x)$，故 $\forall x$，$N_{L,B}(x)\subseteq S_{T,B}(x)$。

因$\underline{L}_B(X)=\{y|x\in X\wedge L_{L,B}(x)\subseteq X\}$，$\underline{T}_B(X)=\{y|x\in X\wedge S_{T,B}(x)\subseteq X\}$，所以对于 $\forall x\in U$，$S_{T,B}(x)\subseteq X\Rightarrow N_{L,B}(x)\subseteq X$。但反过来不一定成立。故$\underline{T}_B(X)\subseteq\underline{L}_B(X)$。

又因$\overline{L}_B(X)=\{y|N_{L,B}(y)\cap X\neq\varnothing\}$，$\overline{T}_B(X)=\{y|S_{L,B}(y)\cap X\neq\varnothing\}$，且 $\forall x$，$N_{L,B}(x)\subseteq S_{T,B}(x)$，所以当 $N_{L,B}(x)\cap X\neq\varnothing$时，必有 $S_{T,B}(x)\cap X\neq\varnothing$。于是，必有$\overline{L}_B(X)=\{y|y\in U\wedge N_{L,B}(y)\cap X\neq\varnothing\}\subseteq\overline{T}_B(X)=\{y|y\in U\wedge S_{T,B}(y)\cap X\neq\varnothing\}$，即$\overline{L}_B(X)\subseteq\overline{T}_B(X)$。

**定理 10.9** 给定不完备信息表 IIS$=<U, A, V, f>$和集合 $B\subseteq A$，$X\subseteq U$，若对于任意的 $x$ 都有 $P_B(x)\neq\varnothing$，则

$$\underline{T}_B(X)\subseteq\underline{L}_B(X)\subseteq\underline{S}_B(X) \tag{10-100}$$

$$\overline{S}_B(X)\subseteq\overline{L}_B(X)\subseteq\overline{T}_B(X) \tag{10-101}$$

**证明** 由定理 10.7 知

$$\underline{T}_B(X)\subseteq\underline{L}_B(X),\ \overline{L}_B(X)\subseteq\overline{T}_B(X)$$

因为对于 $\forall x$，$\forall y$，$P_B(x)\neq\varnothing\wedge P_B(y)\neq\varnothing$，所以有对于 $\forall x$，$\forall y$，$<x, y>\in S_B\Rightarrow<x, y>\in L_B$，而且

$$N_{L,B}(x)=\{y \mid \langle x, y\rangle \in L_B\},\ R_{S,B}(x)=\{y \mid \langle y, x\rangle \in S_B\}$$

$$R_{S,B}^{-1}(x)=\{y \mid \langle x, y\rangle \in S_B\},\ N_{L,B}(x)=\{y \mid \langle x, y\rangle \in L_B\}$$

$$R_{S,B}(x)=\{y \mid y\in U,\ \langle y, x\rangle \in S_B\},\ R_{S,B}^{-1}(x)=\{y \mid y\in U,\ \langle x, y\rangle \in S_B\}$$

所以对于 $\forall y$，有 $y\in R_{S,B}(x)\Rightarrow y\in N_{L,B}(x)$。反之，如果 $y\in N_{L,B}(x)$，不一定有 $y\in R_{S,B}(x)$，故 $R_{S,B}(x)\subseteq N_{L,B}(x)$。

同理可证 $R_{S,B}^{-1}(x)\subseteq N_{L,B}(x)$。

因为$\underline{S}_B(X)=\{x \mid x\in U,\ R_{S,B}^{-1}(x)\subseteq X\}$，$\underline{L}_B(X)=\{y \mid y\in U \wedge N_{L,B}(y)\subseteq X\}$，所以 $N_{L,B}(y)\subseteq X\Rightarrow R_{S,B}^{-1}(x)\subseteq X$，但反过来不一定成立，故$\underline{L}_B(X)\subseteq \underline{S}_B(X)$。

又因 $R_{S,B}(x)\subseteq N_{L,B}(x)$，所以 $R_{S,B}(x)\cap X\neq\varnothing\Rightarrow N_{L,B}(x)\cap X\neq\varnothing$，故可得$\bar{S}_B(X)\subseteq \bar{L}_B(X)$。

如果没有 $\forall x(P_B(x)\neq\varnothing)$ 这个条件，即在信息表中包含一个属性值都不知道的个体对象的情况下，定理 10.8 将不再成立，但定理 10.7 还是成立的。但是对于一个属性值都不知道的个体对象，我们可以单独对它们进行处理，没有必要将其和其他个体对象一起来考虑，因此，定理 10.8 在实际应用中还是很有价值的。

实际上，容差关系和相似关系是对不可分辨关系的扩充的两个极端：容差关系的条件太宽松，使得易于将根本没有相同已知属性信息的个体误分到同一个容差类中，而相似关系却可能将具有很多相同已知属性信息的个体分到不同的相似类中。定理 10.7 和定理 10.8 说明我们提出的限制容差关系刚好介于容差关系和相似关系这两个极端情况之间。用限制容差关系分析表 10.8，可以得到 $N_{L,B}(x_i)(i=1, 2, \cdots, 12)$如表 10.9 最后一列所示。

$$\underline{L}_B(\Phi)=\{x_{10}\},\ \bar{L}_B(\Phi)=\{x_1, x_2, x_3, x_4, x_5, x_7, x_9, x_{10}, x_{11}, x_{12}\}$$

$$\underline{L}_B(\Psi)=\{x_6, x_8\},\ \bar{L}_B(\Psi)=U$$

可以检验：

$$\underline{T}_B(\Phi)\subseteq\underline{L}_B(\Phi)\subseteq\underline{S}_B(\Phi),\ \underline{T}_B(\Psi)\subseteq\underline{L}_B(\Psi)\subseteq\underline{S}_B(\Psi)$$

$$\bar{S}_B(\Phi)\subseteq\bar{L}_B(\Phi)\subseteq\bar{T}_B(\Phi),\ \bar{S}_B(\Psi)\subseteq\bar{L}_B(\Psi)\subseteq\bar{T}_B(\Psi)$$

限制容差关系吸收了容差关系和非对称相似关系的优点，丢弃了二者的缺陷，更加符合客观实际。比如，个体对象 $x_{10}$ 和 $x_{11}$ 在容差关系中被认为是不可分辨的，这很牵强，因为这两个对象没有任何相同的已知属性取值情况，而在限制容差关系中，我们得到了 $x_{10}$ 和 $x_{11}$ 是可以分辨的结果，这与实际相符合，再如，个体对象 $x_3$ 和 $x_{12}$ 在相似关系中被认为是可以分辨的，这也很牵强，因为这两个对象的大多数属性如属性 $c_1$，$c_2$，$c_3$ 上的取值情况相同。而在限制容差关系中，我们得到了 $x_9$ 和 $x_{12}$ 是不可以分辨的结果，这也与实际情况相符。

**4. 量化容差关系及模型**

首先，我们来考虑对象 $x_1$，$x_{11}$ 和 $x_{12}$，有

$$\langle x_{11}, x_1\rangle\in T,\ \langle x_{12}, x_1\rangle\in T,\ \langle x_{11}, x_1\rangle\in S,\ \langle x_{12}, x_1\rangle\in S$$

这里 $T$ 为前面所定义的容差关系，$S$ 为前面所定义的非对称相似关系。但是我们可能直觉上希望得到 $x_{12}$ 比 $x_{11}$ 更近似于 $x_1$ 的结果，$x_{12}$ 只有一个未知属性值，而 $x_{12}$ 的其他属性值与

$x_1$ 的相同，这种区别可以用量化容差关系予以表达。

不同的量化容差关系可以用不同的比较规则来定义。另外，在完备信息表中也可以定义量化容差关系。

1）容差度

给定不完备信息表 IIS=$<U, A, V, f>$和 $B\subseteq A$。假设对于$\forall x\in U$，$x$ 在属性 $a\in B$ 上取值的概率为 $1/|V_a|$（$|V_a|$表示集合的基数）。对于$\forall x_i, x_j\in U$，$x_i$，$x_j$ 在属性集合 $B\subseteq A$ 上取等值的容差度为 $p_B(x_i, x_j)=\prod_{b\in B} p_b(x_i, x_j)$。其中 $p_b(x_i, x_j)$表示 $x_i$，$x_j$ 在属性集合 $b\in B$ 上取等值的容差度为

$$p_b(x_i, x_j)=\begin{cases}1/|V_b|, & b(x_i)=*\vee b(x_j)=*\\1/|V_b|^2, & b(x_i)=*\wedge b(x_j)=*\\1, & b(x_i)\neq *\neq b(x_j)\wedge b(x_i)=b(x_j)\end{cases} \tag{10-102}$$

显然，两个对象的容差度越大，两者越相似。

2）量化容差关系

取容差度阈值 $\lambda\in[0, 1]$，则由下列式子定义的二元关系称为量化容差关系：

$$L_{B,\lambda}=\{<x_i, x_j>|p_B(x_i, x_j)\geqslant\lambda\} \tag{10-103}$$

若取容差度阈值 $\lambda=1$，则量化容差关系称退化容差关系，即 $L_{B,1}=T_B$。

3）量化容差类

定义下列集合为容差度阈值为 $\lambda\in[0, 1]$属性子集 $B\subseteq A$ 下的量化容差类：

$$W_{B,\lambda}(x)=\{y|y\in U, <x, y>\in L_{B,\lambda}\} \tag{10-104}$$

4）量化容差关系下的上下近似集

设 $B\subseteq A$，$X\subseteq U$，则量化容差关系下的上下近似集定义为

$$\overline{L}_{B,\lambda}(X)=\{x|x\in U, W_{B,\lambda}(x)\cap X\neq\varnothing\} \tag{10-105}$$

$$\underline{L}_{B,\lambda}(X)=\{x|x\in U, W_{B,\lambda}(x)\subseteq X\} \tag{10-106}$$

**5. 变精度粗集模型**

变精度粗集模型是 Ziarko 提出的一种粗集模型。

1）相对错误分类率

设 $X, Y\subseteq U$，集合 $X$ 关于集合 $Y$ 的相对错误分类率定义为

$$c(X, Y)=\begin{cases}1-\dfrac{|X\cap Y|}{|X|}, & |X|>0\\0, & |X|=0\end{cases} \tag{10-107}$$

这里 $c(X, Y)$表示 $X$ 包含于 $Y$ 的程度，$c(X, Y)$越小，$X$ 包含于 $Y$ 的程度越大；$c(X, Y)$越大，$X$ 包含于 $Y$ 的程度越小。

设 $R$ 为 $U$ 上的一个不可分辨关系，按 $R$ 可实现对论域的等价划分。设 $\beta\in[0, 0.5]$为一个常数，$X\subseteq U$，则可定义 $X\subseteq U$ 的 $\beta$ 上近似和 $\beta$ 下近似。

2）$\beta$ 下近似

$$\underline{R}_\beta(X)=\bigcup E(E\in U/R, c(E, X)\leqslant\beta\} \tag{10-108}$$

3）$\beta$ 上近似

$$\overline{R}_\beta(X)=\bigcup E(E\in U/R, c(E, X)<1-\beta\} \tag{10-109}$$

当 $\beta=0$ 时，Ziarko 变精度粗集模型就是 Pawlak 粗集模型。

变精度粗集模型的引入为信息系统提供了更大的近似分析空间。

**6. 基于量化容差关系的变精度粗集模型**

设不完备信息系统 $S=<U, AT, V, f>$，$\forall X\subseteq U$，$A\subseteq AT$ 和 $0\leqslant\alpha, \beta\leqslant 1$，则对象子集 $X$ 关于属性子集 $B$ 的 $\beta$ 精度上、下近似集分别定义为

$$\overline{LL}_{B,\alpha,\beta}(X)=\{x\in U : c(X, W_{B,\alpha}(x))<1-\beta\}$$

$$\underline{LL}_{B,\alpha,\beta}(X)=\{x\in U : c(X, W_{B,\alpha}(x))\leqslant\beta\}$$

式中：$\beta$ 一般取[0，0.5]的数，为分类精度；$W_{B,\alpha}(x)=\{y\mid y\in U, <x, y>\in L_{B,\alpha}\}$，为量化容差关系中的容差类；$L_{B,\alpha}=\{<x_i, x_j>\mid p_B(x_i, x_j)\geqslant\alpha\}$，为量化容差关系。

$X$ 关于属性子集 $B$ 的 $\beta$ 精度上、下近似集具有下列特性：

(1) 当 $\beta=0$ 时，$\overline{LL}_{B,\alpha,\beta}(X)_A=\overline{L}_{B,\alpha}(X)$；$\underline{LL}_{B,\alpha,\beta}(X)=\underline{L}_{B,\alpha}(X)$。

(2) 若 $S=<U, AT, V, f>$ 为完备信息系统，则当 $\beta=0$，$\alpha=1$ 时，有

$$\underline{LL}_{B,\alpha,\beta}(X)=\underline{B}(X)$$

$$\overline{LL}_{B,\alpha,\beta}(X)=\overline{B}(X)$$

式中，$\underline{B}(X)$ 和 $\overline{B}(X)$ 分别表示 $X$ 在 $B$ 下的上下近似集。

**7. 基于限制容差关系的变精度粗集模型**

设不完备信息系统为 $S=<U, AT, V, f>$，$\forall x, y\in U$，$B\subseteq A$，$0\leqslant\alpha<1$，定义

$$\mu(x, y)=\begin{cases}\dfrac{|P_B(x)\cap P_B(y)|}{|P_B(x)\cup P_B(y)|-|P_B(x)\cap P_B(y)|}, & P_B(x)\cup P_B(y)\neq\varnothing\\ 1, & P_B(x)\cup P_B(y)=\varnothing\end{cases}$$

其中，| |表示集合的基数。称二元关系 $RR_{B,\alpha}$ 为变精度限制容差关系：

$$RR_{B,\alpha}=\{(x, y)\in U\times U\mid (x, y)\in L_A\wedge\mu(x, y)\geqslant\alpha\}$$

可以看出，变精度限制容差关系是自反的和对称的，但不一定满足传递性。

对于 $\forall x\in U$，$B\subseteq A$，$0\leqslant\alpha<1$，记对象 $x$ 相对于属性子集 $B$ 的变精度限制容差类为

$$NN_{B,\alpha}(x)=\{y\in U: (x, y)\in RR_{B,\alpha}\}$$

对于 $\forall X\subseteq U$，$B\subseteq A$，$0\leqslant\alpha<1$，对象集 $X$ 关于属性子集 $B$ 的上近似集和下近似集分别定义为

$$\underline{RR}_{B,\alpha}(X)=\{x\mid x\in U, NN_{B,\alpha}(x)\subseteq X\}$$

$$\overline{RR}_{B,\alpha}(X)=\{x\mid x\in U, NN_{B,\alpha}(x)\cap X\neq\varnothing\}$$

对象集 $X$ 关于属性子集 $B$ 的 $\beta$ 精度下的下近似集和上近似集分别定义为

$$\underline{RR}_{B,\alpha,\beta}(X)=\{x\mid x\in U, c(NN_{B,\alpha}(x), X)\leqslant\beta\}$$

$$\overline{RR}_{B,\alpha,\beta}(X)=\{x\mid x\in U, c(X, NN_{B,\alpha}(x))<1-\beta\}$$

式中，$\beta$ 一般取[0，0.5]的数，为分类精度。

## 10.5　不完备信息系统的属性约简

与完备信息系统相类似，也可定义不完备信息系统的属性约简概念。

### 10.5.1 利用分辨矩阵和分辨函数进行约简

形式上，一个集合 $B\subseteq A$ 是信息系统的一个约简，若 $T_B=T_A$ 且 $\forall B'\subset B$，$T_{B'}\neq T_A$。

**1. 容差关系下的约简**

用 $\text{IIS}=<U, A, V, f>$表示一个不完备信息系统，用 $DT=<U, A=C\cup\{d\}, V, f>$表示一个不完备决策表(IDT)，其中($d\notin C$ 且 $*\notin V_d$)。

**广义决策函数** 设不完备决策表为 $\text{IDT}=<U, A=C\cup\{d\}, V, f>$，$B\subseteq C$。函数 $\partial_B: U\rightarrow P(V_d)$，使得

$$\partial_B(x)=\{i\mid d(y)=i,\ y\in S_B(x)\} \tag{10-120}$$

称为 $DT$ 中的广义决策函数，其中，$P(V_d)$表示 $V_d$ 的幂集。

如果对于任意 $x\in U$，有 $|\partial_C(x)|=1$，则 IDT 是协调的(确定的)，否则它是不协调的(不确定的)。

从广义决策规则函数、规则为真和最优决策规则的定义可知，对于 $x(x\in U)$，最优规则的决策规则的决策部分等于$(d, w_1)\vee(d, w_2)\vee\cdots\vee(d, w_r)$。

设 $B\subseteq C$，定义 $a_B(x_i, x_j)$为

$$\begin{aligned}a_B(x_i, x_j)&=\{a\mid a\in B,\quad [a(x_i)=*\vee a(x_j)=*\vee a(x_i)=a(x_j)]\}\\&=\{a\mid a\in B, a(x_i)\neq *\wedge a(x_j)\neq *\wedge a(x_i)\neq a(x_j)\}\end{aligned} \tag{10-121}$$

令 $\vee a_B(x_i, x_j)$为布尔式。若 $a_B(x_i, x_j)=\varnothing$，则 $\vee a_B(x_i, x_j)=1$；否则 $\vee a_B(x_i, x_j)$是包含在 $a_B(x_i, x_j)$中属性所对应逻辑变量的析取(仍以属性名作为逻辑变量名)。按此方法可构造一个对称矩阵，称之为不完备信息系统的分辨矩阵。

不完备信息系统的分辨函数 $f$ 定义为

$$f=\bigwedge_{<x_i, x_j>\in U\times U}\vee a_A(x_i, x_j) \tag{10-122}$$

可以证明，$f$ 的析取范式中每一合取项是不完备信息系统的一个约简。

不完备决策表 IDT 的分辨函数 $f^*$ 定义为

$$f^*=\bigwedge_{<x_i, x_j>\in U\times\{z\in U\mid d(z)\notin\partial_C(x_i)\}}\vee a_C(x_i, x_j) \tag{10-123}$$

也可证明 $f^*$ 的极小析取范式中每一合取项是不完备决策表的一个相对约简。若按式(10-123)的右端构造一个矩阵，则称该矩阵为不完备决策表的分辨矩阵，且不一定是对称矩阵(可参见本章后的习题 10.11 的解答)。

按 $f^*$ 得到的不完备决策表 IDT 的约简结果表称为广义决策表，其中每个对象 $x$ 的决策值是$\partial_B(x)$，这样，反而让决策结果更加不确定。因而，很有必要探讨其他的约简方法。

**2. 限制容差关系下的约简**

在经典的粗集理论中，将一个信息系统中各对象间的属性差异用一个分辨矩阵来描述，是信息约简的一个有力工具。在限制容差关系的基础上对其在不完备信息系统下进行扩充，并称扩充后的 skowron 矩阵为扩充分辨矩阵。

若不完备信息表 $\text{IIS}=<U, A, V, f>$和集合 $B\subseteq A$，则 IIS 基于限制容差关系的扩充分辨矩阵为

$$M=(m_{ij})_{n\times n} \tag{10-124}$$

其中，$1 \leqslant i, j \leqslant n = |U|$，且

$$m_{ij} = \begin{cases} \{b \mid P(x_i, x_j) = \text{true}\}, & d(x_i) \neq d(x_j) \\ \varnothing, & d(x_i) = d(x_j) \end{cases} \tag{10-125}$$

式中

$$P(b, x_i, x_j) = (b \in B \wedge b(x_i) \neq * \wedge b(x_j) \neq * \wedge b(x_i) \neq b(x_j)) \tag{10-126}$$

为 $b$，$x_i$，$x_j$ 所构成的条件。

有了扩充分辨矩阵的定义，我们下一步就可以根据扩充分辨矩阵对应的扩充分辨函数求得不完备信息系统的约简。

不完备信息系统的属性约简丰富了粗集理论的内涵，并可进一步促进粗集理论向实用化方向发展，有着重要的理论和实际意义。

## 10.5.2　利用属性重要度进行约简

下面以容差关系粗集模型为例来探讨不完备信息系统及不完备决策系统的约简。

首先探讨不完备信息系统及不完备决策系统中涉及的有关特性。它们有些与完备系统中的相同或类似，有些有所不同。

**1. 不必要的属性和依赖性间的关系特性**

**定理 10.10**　设 $a \in B$ 是 $B$ 中一个不需要的属性。若 $b \in B$ 且对于任意的 $x \in U$，$S_a(x) = S_b(x)$，则 $b$ 也是 $B$ 中一个不需要的属性。

**证明**　因 $a \in B$ 是 $B$ 中一个不需要的属性，所以 $T_B = T_{B-\{a\}}$。对于任意的 $x \in U$，$S_{B-\{a\}}(x) = S_B(x)$。$S_B(x) = \bigcap S_c(x)(c \in B) = \bigcap S_c(x)\ (c \in B - \{a\}) = \bigcap S_c(x)(c \in B - \{b\}) = S_{B-\{b\}}(x)$。于是 $T_B = T_{B-\{b\}}$，即 $b$ 也是 $B$ 中一个不需要的属性。

**定理 10.11**　设 $B \subseteq A$。若对于 $a \in B$ 和任意的 $x \in U$，有

$$S_a(x) = \bigcup S_{B-\{a\}}(y)\ (y \in S_a(x)) \tag{10-127}$$

则 $a$ 是 $B$ 中一个不需要的属性，即 $T_B = T_{B-\{a\}}$。

**证明**　因为对于任意的 $a \in B$，有 $T_B \subseteq T_{B-\{a\}}$，所以只需证明 $T_B \supseteq T_{B-\{a\}}$ 即可。由于对于任意的 $<x, y> \in T_{B-\{a\}}$，有 $y \in S_{B-\{a\}}(y) \subseteq \bigcup S_{B-\{a\}}(y)\ (y \in S_a(x)) = S_a(x)$。因此，$<x, y> \in T_a$。于是 $T_{B-\{a\}} \subseteq T_a$。因而 $T_B = T_{B-\{a\}} \cap T_a \supseteq T_{B-\{a\}}$。也就是说，$T_{B-\{a\}} \subseteq T_B$。故 $T_B = T_{B-\{a\}}$。

在完备信息系统中，$b$ 依赖于 $a$（$a$ 和 $b$ 分别为属性），记为 $a \Rightarrow b$，被定义为对于 $\forall x_1, x_2 \in U$，$x_1 \neq x_2$，当 $a(x_1) = a(x_2)$ 时，必有 $b(x_1) = b(x_2)$。但在不完备信息系统中，这个定义不再有效(因为存在空值)。在不完备信息系统中，属性间的依赖(或知识依赖)新定义如下。

在不完备信息系统 IIS 中，设 $a, b \in A$。$a \Rightarrow b$ 当且仅当对于 $\forall x_1, x_2 \in U$，若 $x_1 \neq x_2$，$a(x_1) = a(x_2) \vee a(x_1) = * \vee a(x_2) = *$，则 $b(x_1) = b(x_2) \vee b(x_1) = * \vee b(x_2) = *$。

这个定义是原有定义的推广。

可以证明以下两个定理。

**定理 10.12**　在不完备信息系统 IIS 中，设 $a, b \in A$。$a \Rightarrow b$ 当且仅当对于 $\forall x \in U$，有

$$S_a(x) \subseteq S_b(x) \tag{10-128}$$

**定理 10.13** 在不完备信息系统 IIS 中，设 $a$，$b \in A$。$a \Rightarrow b$ 当且仅当

$$T_a \subseteq T_b \tag{10-129}$$

设 $P$，$Q \subseteq A$。$P \Rightarrow Q$ 当且仅当对于任意的 $p \in P$ 和任意的 $q \in Q$ 都有 $p \Rightarrow q$。

如果 $P \Rightarrow Q$，那么称 $Q$ 是依赖于 $P$ 的，或 $P$ 决定 $Q$。

**定理 10.14** $P \Rightarrow Q$ 当且仅当

$$T_P \subseteq T_Q \tag{10-130}$$

**定理 10.15** 设 $a \in B$。$a$ 是 $B$ 中不需要的，如果

$$T_{B-\{a\}} \subseteq T_B \tag{10-131}$$

**证明** 因为 $B-\{a\} \subseteq B$，所以有 $T_B \subseteq T_{B-\{a\}}$。现在有 $T_{B-\{a\}} \subseteq T_B$，所以 $T_{B-\{a\}} = T_B$，此即 $a$ 是 $B$ 中不需要的。

**定理 10.16** 设 $a \in B$，若

$$B-\{a\} \Rightarrow B \tag{10-132}$$

则 $a$ 是 $B$ 中不需要的。

**证明** 因为 $B-\{a\} \Rightarrow B$，所以 $T_{B-\{a\}} \subseteq T_B$。又因为 $B-\{a\} \subseteq B$，所以 $T_B \subseteq T_{B-\{a\}}$。因而 $T_{B-\{a\}} = T_B$，此即 $a$ 是 $B$ 中不需要的。

**定理 10.17** 设 $a \in B$。若

$$T_{B-\{a\}} = T_a \tag{10-133}$$

则 $a$ 是 $B$ 中不需要的。

**证明** 由 $T_{B-\{a\}} = T_a$，有 $T_B = T_{B-\{a\}} \cap T_a = T_a \cap T_a = T_a$，于是 $T_{B-\{a\}} = T_a = T_B$。由 $T_{B-\{a\}} = T_B$ 可知，$a$ 是 $B$ 中不需要的。

**定理 10.18** 设 $a \in B$。若 $P-\{a\} \Rightarrow a$ 且 $a \Rightarrow P-\{a\}$，则 $a$ 是 $B$ 中不需要的。

**证明** 因 $P-\{a\} \Rightarrow a$ 且 $a \Rightarrow P-\{a\}$，有 $T_{B-\{a\}} \subseteq T_a$ 和 $T_a \subseteq T_{B-\{a\}}$，即可得 $T_{B-\{a\}} = T_a$。由前一定理可知，$a$ 是 $B$ 中不需要的。

在完备信息系统中，下列三个式子等价：

$$P \Rightarrow Q \tag{10-134}$$

$$T_{P \cup Q} = T_P \tag{10-135}$$

$$\mathrm{POS}_P(Q) = U \tag{10-136}$$

但在不完备信息系统中，只可得到下列可证明的结论。

**定理 10.19** 在不完备信息系统中，只有下列两式等价：

$$P \Rightarrow Q \tag{10-137}$$

$$T_{P \cup Q} = T_P \tag{10-138}$$

**证明** 式(10-137)⇒式(10-138)。因 $P \Rightarrow Q$，所以有 $T_P = T_Q$。因而 $T_{P \cup Q} = T_P \cap T_Q = T_P$。故式(10-138) 成立。

式(10-138)⇒式(10-137)。因为 $T_{P \cup Q} = T_P$，且 $T_{P \cup Q} = T_P \cap T_Q$，所以有 $T_P \cap T_Q = T_P$。这说明 $T_P \subseteq T_Q$，即 $P \Rightarrow Q$。

**定理 10.20** 若 $P \Rightarrow Q$，$P \subseteq Q$，则

$$\mathrm{POS}_P(Q) = \bigcup P_-(X)(X \in U/T_Q) = U \tag{10-139}$$

**证明** 显然，$\mathrm{POS}_P(Q) \subseteq U$，所以只需证明 $U \subseteq \mathrm{POS}_P(Q)$ 即可。因为 $P \Rightarrow Q$ 且 $P \subseteq Q$，因而有 $T_P \subseteq T_Q$，$T_Q \subseteq T_P$，故 $T_Q = T_P$。从而，对于任意的 $y \in U$，都有 $S_P(y) = S_Q(y)$。

由于对于 $\forall y\in U$，$S_Q(y)\in U/T_Q$，$y\in S_Q(y)\subseteq\bigcup\{y\in U\mid S_P(y)=S_Q(y\subseteq S_Q(y)\}$ $(S_Q(y)\in U/T_Q)=\mathrm{POS}_P(Q)$，所以有 $y\in\mathrm{POS}_P(Q)$。因 $y\in U$ 为任取，所以 $U\subseteq\mathrm{POS}_P(Q)$。最后可得 $\mathrm{POS}_P(Q)=\bigcup P_-(X)(X\in U/T_Q)=U$。

注意，$\mathrm{POS}_P(Q)=\bigcup P_-(X)(X\in U/T_Q)=U$ 并不意味着 $P\Rightarrow Q$ 成立。

**2. 属性依赖与容差类之间的关系**

**定理 10.21**　设 $a\in A$，$B\subseteq A$。若 $B\Rightarrow a$，则对于任意的 $x\in U$，有

$$S_a(x)\subseteq\bigcup S_B(y)(\ y\in S_a(x))\tag{10-140}$$

**证明**　任取 $z\in S_a(x)$。因 $z\in S_B(z)\subseteq\bigcup S_B(y)(y\in S_a(x))$，所以 $z\in\bigcup S_B(y)$ $(y\in S_a(x))$。因 $z\in S_a(x)$为任取，所以有 $S_a(x)\subseteq\bigcup S_B(y)(y\in S_a(x))$。

**定理 10.22**　设 $B\subseteq A$，若

$$S_a(x)=\bigcup S_B(y)(y\in S_a(x))\tag{10-141}$$

对 $\forall x\in U$ 成立，则 $B\Rightarrow a$。

**证明**　因为 $B\Rightarrow a$ 的必充条件是 $T_B\subseteq T_a$，所以只需证明 $T_B\subseteq T_a$。

对于任意的$<x, y>\in T_B$，有 $y\in S_B(x)$。因 $x\in S_a(x)$，$y\in S_B(x)\subseteq\bigcup S_B(y)$ $(y\in S_a(x))=S_a(x)$，即 $y\in S_a(x)$，所以$<x, y>\in T_a$。由于$<x, y>\in T_B$ 为任取，所以得到 $T_B\subseteq T_a$。

上面的结论无论对于 $a\in B$ 或 $a\notin B$，只要条件满足，都成立。

**定理 10.23**　若 $a\in B$ 且 $S_a(x)=\bigcup S_B(y)(\ y\in S_a(x))$对 $\forall x\in U$ 都成立，则 $a$ 是 $B$ 中不必要的。

**证明**　依前一定理有 $B-\{a\}\Rightarrow a$，即 $T_{B-\{a\}}\subseteq T_a$。又因 $T_B\subseteq T_{B-\{a\}}$，所以只需证明 $T_{B-\{a\}}\subseteq T_B$。

任取$<x, y>\in T_{B-\{a\}}$，有 $y\in S_{B-\{a\}}(x)$。因 $x\in S_a(x)$，所以 $y\in S_{B-\{a\}}(x)\subseteq\bigcup S_B(y)$ $(y\in S_a(x))=S_a(x)$，即 $y\in S_a(x)$，故$<x, y>\in T_a$。这样就有$<x, y>\in T_{B-\{a\}}$ 且$<x, y>\in T_a$。于是$<x, y>\in T_{B-\{a\}}\cap T_a=T_B$。由于$<x, y>\in T_{B-\{a\}}$ 为任取，故可得 $T_{B-\{a\}}\subseteq T_a$。因而 $T_{B-\{a\}}=T_B$，即 $a$ 是 $B$ 中不必要的。

$P\Rightarrow Q$ 并不意味着对任意的 $X\in U/T_Q$ 都有 $P\_(X)=X$。

$P\Rightarrow a$ 且 $a\in P$ 并不意味着 $a$ 是 $P$ 中不必要的，即 $P\Rightarrow a$ 且 $a\in P$ 并不意味着$T_{P-\{a\}}=T_P$。

**例 10.2**　一个描述机器人抓棒的不完备信息表如表 10.10 所示，其中 $a$，$b$，$c$，$d$，$e$ 为条件属性，$f$ 是决策属性。$U=\{1, 2, \cdots, 7\}$。

设 $A=\{a, b, c, d, e\}$，$B=\{a, b, c, d\}$。可以检验 $T_A=T_B$。$S_A(1)=S_B(1)=\{1, 2, 4, 5\}$，$S_A(2)=S_B(2)=\{1, 2, 5\}$，$S_A(3)=S_B(3)=\{3, 4, 6\}$，$S_A(4)=S_B(4)=\{1, 2, 4, 7\}$，$S_A(5)=S_B(5)=\{1, 2, 5\}$，$S_A(6)=S_B(6)=\{3, 6\}$，$S_A(7)=S_B(7)=\{4, 6, 7\}$。$A$ 函数依赖于 $B$。也可检验 $B$ 是 $A$ 的一个约简。但是对于任一 $X\in U/A$，$A_-(X)=X$ 不一定成立。例如，$A_-(\{1, 2, 4, 5\})=\{1, 2, 5\}\neq\{1, 2, 4, 5\}$，$A_-(\{3, 4, 6\})=\{3, 6\}\neq\{3, 4, 6\}$，$A_-(\{1, 2, 4, 7\})=\{4\}\neq\{1, 2, 4, 7\}$，$A_-(\{1, 2, 5\})=\{2, 5\}\neq\{1, 2, 5\}$，$A_-(\{3, 6\})=\{6\}\neq\{3, 6\}$. $A_-(\{4, 6, 7\})=\varnothing\neq\{4, 6, 7\}$。因为 $B$ 是 $A$ 的一个约简，所以 $e$ 是 $A$ 中不必要的，即 $A\Rightarrow e$。

表 10.10 机器人抓棒不完备信息表

| 对象 | $a$ | $b$ | $c$ | $d$ | $e$ | $f$ |
|---|---|---|---|---|---|---|
| 1 | 0 | 0 | * | * | 0 | 1 |
| 2 | 0 | * | 1 | 0 | * | 1 |
| 3 | 1 | 0 | * | * | 0 | 1 |
| 4 | * | * | 0 | 1 | 0 | 2 |
| 5 | 0 | * | 1 | * | 0 | 2 |
| 6 | 1 | * | 1 | 0 | * | 3 |
| 7 | 1 | 1 | * | * | * | 4 |

在表 10.10 中：

$S_e(1)=\{1, 2, 3, 4, 5, 6, 7\}$

$S_{A-\{e\}}(1)=\{1, 2, 4, 5\}$，$S_{A-\{e\}}(2)=\{1, 2, 5\}$

$S_{A-\{e\}}(3)=\{3, 4, 6\}$，$S_{A-\{e\}}(4)=\{1, 3, 4, 7\}$，$S_{A-\{e\}}(5)=\{1, 2, 5\}$

$S_{A-\{e\}}(6)=\{3, 6\}$，$S_{A-\{e\}}(7)=\{4, 6, 7\}$

$S_e(6)=\{2, 6, 7\}\neq\bigcup S_{A-\{e\}}(y)(y\in S_e(6))=\{1, 2, 3, 4, 5, 6, 7\}$

$S_e(7)=\{2, 6, 7\}\neq\bigcup S_{A-\{e\}}(y)\ (y\in S_e(7))=\{1, 2, 3, 4, 5, 6, 7\}$

只有

$S_e(6)=\{2, 6, 7\}\subset\bigcup S_{A-\{e\}}(y)(y\in S_e(6))=\{1, 2, 3, 4, 5, 6, 7\}$

$S_e(7)=\{2, 6, 7\}\subset\bigcup S_{A-\{e\}}(y)(y\in S_e(7))=\{1, 2, 3, 4, 5, 6, 7\}$

**3. 完全依赖的特性**

**定理 10.24** 设 $P, Q, R, T\subseteq A$，则下列规律成立：

（ⅰ）自反律：若 $Q\subseteq P\subseteq A$，则 $P\Rightarrow Q$。

（ⅱ）传递律：若 $P\Rightarrow Q$ 且 $Q\Rightarrow R$，则 $P\Rightarrow R$。

（ⅲ）左并律：若 $P\Rightarrow Q$ 且 $Q\Rightarrow R$，则 $P\cup Q\Rightarrow R$。

（ⅳ）分解律：若 $P\Rightarrow Q\cup R$，则 $P\Rightarrow Q$ 且 $P\Rightarrow R$。

（ⅴ）伪传递律：若 $P\rightarrow Q$ 且 $Q\cup R\Rightarrow T$，则 $P\cup R\Rightarrow T$。

（ⅵ）合并律：若 $P\Rightarrow Q$ 且 $R\Rightarrow T$，则 $P\cup R\Rightarrow Q\cup T$。

（ⅶ）增广律：若 $P\Rightarrow Q$ 且 $P\subseteq R$，则 $R\Rightarrow Q$。

上述（ⅳ）也可等价地用下列形式表示：

（ⅳ′）分解律：若 $P\Rightarrow Q$ 且 $R\subseteq Q$，则 $P\Rightarrow R$。

（ⅵ）也可等价地用下列形式表示：

（ⅵ′）合并律：若 $P\Rightarrow Q$ 且 $R\subseteq A$，则 $P\cup R\Rightarrow Q\cup R$。

**例 10.3** 在表 10.10 中，令 $N=\{a, e\}$，则 $\{a\}\subseteq N$，$\{e\}\subseteq N$。依上述定理（ⅰ），可得 $N\Rightarrow a$，$N\Rightarrow e$。事实上，因 $S_N(1)=S_N(2)=S_N(5)=\{1, 2, 4, 5\}$，$S_N(3)=\{3, 4, 6, 7\}$，$S_N(4)=\{1, 2, \cdots, 7\}$，$S_N(6)=S_N(7)=\{6, 7\}$，所以可知对于 $\forall x\in U$，$S_N(x)\subseteq S_a(x)$，

$S_N(x) \subseteq S_e(x)$。因而 $N \Rightarrow a$，$N \Rightarrow e$。

**4. 不完备系统依赖度的讨论**

在完备信息系统中，属性的依赖度或知识依赖度是由相对正域定义的。但在不完备信息系统中，原有的不可分辨关系就不再能直接定义得到，而将其扩展到容差关系后，若仍简单地将正域 $POS_P(Q)$ 定义为

$$POS_P(Q) = \bigcup_{X \in U/R(Q)} \bigcup_{C \in U/R(P)} \{C | C \subseteq X\} \tag{10-142}$$

那么，属性集的部分依赖性就可定义为

$$P \xrightarrow{k} Q \tag{10-143}$$

其中，$k = r_P(Q) = |POS_P(Q)| / |U|$ 表示依赖度，对不完备信息系统却是不合适的。因为对于所有属性 $a \in Q$，只要有对于 $\forall x \in U$，$a(x) = *$，则 $S_Q(x) = U$，不会推出 $POS_P(Q) = U$，$k=1$，从而得出 $Q$ 完全依赖于 $P$ 的结论。显然这并不一定总成真。例如，在表10.10中，对于属性集 $P=\{c\}$ 和属性集 $Q=\{a\}$，因为 $c(5)=c(6)=1$，且 $a(5)=0$，$a(6)=1$，即 $a(5) \neq a(6)$，所以 $Q=\{a\}$ 显然不依赖于 $P=\{c\}$。但是按上述公式，可算得 $POS_P(Q)=U$，$k=r_P(Q)=1$，得出 $Q$ 完全依赖于 $P$ 的错误结论。这就有必要寻找适合于不完备信息系统的属性(集)的部分依赖以及依赖度的新定义。下面分情况进行尝试性定义。

**情况1**：对于属性子集 $P, Q \subseteq A$，任一对象在 $Q$ 中任何属性上取值非空(不为 $*$)。

在此情况下，在 $P \xrightarrow{k} Q$ 中的依赖度 $k$ 按下式计算：

$$k = r_P(Q) = |POS_P(Q)| / |U| \tag{10-144}$$

式中，

$$POS_P(Q) = \bigcup_{X \in U/IND(Q)} \bigcup_{C \in U/T_P} \{C | C \subseteq X\} \tag{10-145}$$

$IND(Q)$ 表示由 $Q$ 所得到的不可分辨关系。特别地，若 $Q=\varnothing$，则 $POS_P(Q)=\varnothing$。$U/T_P$ 表示由 $P$ 所得到的容差关系所生成的容差类的集合。

显然，$0 \leqslant k \leqslant 1$。当 $k=0$ 时，$Q$ 不依赖于 $P$；当 $k=1$ 时，$Q$ 完全依赖于 $P$，并记为 $P \Rightarrow Q$。

**情况2**：对于 $P, Q \subseteq A$，$P$ 和 $Q$ 分别至少存在一个属性使某个对象在其上取空值 $*$。

在此情况下，在 $P \xrightarrow{k} Q$ 中的依赖度 $k$ 按下式计算：

$$k = r_P(Q) = \sum_{x \in U} | S_P(x) \cap S_Q(x) | / \sum_{x \in U} | S_P(x) | \tag{10-146}$$

因为对于任意 $x \in U$，$S_P(x) \cap S_Q(x) \subseteq S_P(x)$，所以 $|S_P(x) \cap S_Q(x)| \leqslant |S_P(x)|$，于是有

$$\sum_{x \in U} | S_P(x) \cap S_Q(x) | \leqslant \sum_{x \in U} | S_P(x) |$$

于是，必有 $0 < k \leqslant 1$。约定，当 $Q=\varnothing$ 时，当 $k=0$。当 $k=1$ 时，$Q$ 完全依赖于 $P$，并记为 $P \Rightarrow Q$。

不完备信息系统的完全依赖可等价描述为：对于 $\forall x, y \in U$，若 $y \in S_P(x)$，则 $y \in S_Q(x)$。若 $P \Rightarrow Q$，则 $P \xrightarrow{k} Q$ 中的 $k=1$。由此可见，情况2下所定义的依赖度的计算具有更一般的意义。

**5. 不完备系统依赖度的特性**

**定理10.25**　$P \Rightarrow Q$ 当且仅当对于 $\forall x \in U$ 都有 $S_P(x) \subseteq S_Q(x)$。

**证明**　(ⅰ) 若对于 $\forall x \in U$，$S_P(x) \subseteq S_Q(x)$，则 $S_P(x) \cap S_Q(x) = S_P(x)$。此时，$k=1$，

即 $P \Rightarrow Q$。

（ⅱ）若 $P \Rightarrow Q$，则 $k=1$，即 $\sum_{x\in U}|S_P(x)\cap S_Q(x)|/\sum_{x\in U}|S_P(x)|=1$。于是有

$$\sum_{x\in U}|S_P(x)\cap S_Q(x)|=\sum_{x\in U}|S_P(x)|$$

因对每一 $x$，都有 $|S_P(x)\cap S_Q(x)|\leqslant|S_P(x)|$，所以若想要 $\sum_{x\in U}|S_P(x)\cap S_Q(x)|=\sum_{x\in U}|S_P(x)|$，则必须要有 $S_P(x)\subseteq S_Q(x)$。

综上所述，本定理成立。

在表 10.10 中，由于 $S_a(1)=S_a(2)=S_a(5)=\{1, 4, 5\}$，$S_a(3)=S_a(6)=S_a(7)=\{3, 4, 6, 7\}$，$S_a(4)=\{1, 2, 3, 4, 5, 6, 7\}$；$S_e(1)=S_e(2)=S_e(3)=S_e(4)=S_e(5)=S_e(6)=S_e(7)=\{1, 2, 3, 4, 5, 6, 7\}$。可见，对于 $\forall x\in U$，$S_a(x)\subseteq S_e(x)$，所以 $a\Rightarrow e$。

**例 10.4** 因 $a\Rightarrow e$，所以对任何非空属性子集 $B\subseteq A$，例如，$B=\{a, b, c\}$，有 $B\Rightarrow e$。从定义可得 $a\xrightarrow{k_1}b$，$a\xrightarrow{k_2}c$，$c\xrightarrow{k_3}a$，$b\xrightarrow{k_4}c$，$c\xrightarrow{k_5}b$，其中，$k_1=29/31$，$k_2=25/31$，$k_3=29/43$，$k_4=39/45$，$k_5=39/43$。

下面继续讨论依赖度的特性。

**定理 10.26** 设 $P$，$Q$，$R\subseteq A$。下列性质成立：

（ⅰ）若 $P\rightarrow Q$ 且 $Q\xrightarrow{k_1}R$，则 $P\xrightarrow{k_2}R$ 且 $\alpha k_1\geqslant k_2$，其中，$\alpha=\sum_{x\in U}|S_Q(x)|/\sum_{x\in U}|S_P(x)|\geqslant 1$。

（ⅱ）若 $P\xrightarrow{k_1}Q$，$Q\Rightarrow R$，则 $P\xrightarrow{k_2}R$，$k_1\leqslant k_2$。

**证明** （ⅰ）由 $P\Rightarrow Q$，可得 $S_P(x)\subseteq S_Q(x)$ 对于 $\forall x\in U$ 成立。因 $S_P(x)\cap S_R(x)\subseteq S_Q(x)\cap S_R(x)$，所以 $|S_P(x)\cap S_R(x)|\leqslant|S_Q(x)\cap S_R(x)|$，且 $|S_P(x)|\leqslant|S_Q(x)|$。于是可以得到

$$\sum_{x\in U}|S_P(x)\cap S_R(x)|\leqslant\sum_{x\in U}|S_Q(x)\cap S_R(x)|$$

$$\begin{aligned}k_2&=\sum_{x\in U}|S_P(x)\cap S_R(x)|/\sum_{x\in U}|S_P(x)|\leqslant\sum_{x\in U}|S_Q(x)\cap S_R(x)|/\sum_{x\in U}|S_P(x)|\\&=\sum_{x\in U}|S_Q(x)\cap S_R(x)|/\sum_{x\in U}|S_Q(x)|\cdot\left(\sum_{x\in U}|S_Q(x)|/\sum_{x\in U}|S_P(x)|\right)\\&=k_1\cdot\left(\sum_{x\in U}|S_Q(x)|/\sum_{x\in U}|S_P(x)|\right)\end{aligned}$$

即 $k_2\leqslant\alpha k_1$，式中，

$$\alpha=\sum_{x\in U}|S_Q(x)|/\sum_{x\in U}|S_P(x)|$$

因为 $|S_P(x)|\leqslant|S_Q(x)|$，所以有 $\sum_{x\in U}|S_P(x)|\leqslant\sum_{x\in U}|S_Q(x)|$，且 $1\leqslant\alpha$。

（ⅱ）由 $Q\Rightarrow R$ 可得 $S_Q(x)\subseteq S_R(x)$ 对于 $\forall x\in U$ 成立。于是 $S_P(x)\cap S_Q(x)\subseteq S_P(x)\cap S_R(x)$，$|S_P(x)\cap S_Q(x)|\leqslant|S_P(x)\cap S_R(x)|$。

从而，$\sum_{x\in U}|S_P(x)\cap S_Q(x)|\leqslant\sum_{x\in U}|S_P(x)\cap S_R(x)|$，而且有

$$\sum_{x\in U}|S_P(x)\cap S_Q(x)|/\sum_{x\in U}|S_P(x)|\leqslant|\sum_{x\in U}|S_P(x)\cap S_R(x)|/\sum_{x\in U}|S_P(x)|$$

所以有$k_1 \leqslant k_2$。

**例 10.5**　(1) 根据表 10.10 有 $a \to e$，$e \xrightarrow{k_1} a$，$b \xrightarrow{k_2} a$，其中，$k_1 = 31/49$，$k_2 = 29/45$，而且可以得到，$\alpha = \sum_{x \in U} |S_e(x)| / \sum_{x \in U} |S_a(x)| = 49/31$，$1 \leqslant \alpha$。$\alpha k_1 = (49/31) \times (31/49) = 1 \geqslant k_2 = 29/45$。这样，上述定理中的(1) 被检验为正确的。

(2) 表 10.10 中，$a \xrightarrow{k_1} b$，$b \Rightarrow e$，$a \xrightarrow{k_2} e$，其中，$k_1 = 29/31$，$k_2 = 1$，$k_1 \leqslant k_2$。

上述定理实际上研究了非完全依赖的传递特性，并比较了传递前后的依赖度。(1)表明，定理中的第一种传递后的依赖度大于或等于传递前的依赖度。而(2)表明，第二种传递后的依赖度则不一定保持更大。

**定理 10.27**　设 $P$，$Q$，$R \subseteq A$。下列性质成立：

(1) 若 $P \xrightarrow{k_1} Q$，则 $P \cup R \xrightarrow{k_2} Q$，$k_2 \leqslant \alpha k_1$，其中，$\alpha = \sum_{x \in U} |S_P(x)| / \sum_{x \in U} |S_{P \cup R}(x)| \geqslant 1$。

(2) 若 $P \xrightarrow{k_1} Q$，$P \xrightarrow{k_2} Q \cup R$，则$k_1 \geqslant k_2$。

**证明**　(1) 因 $P \subseteq P \cup R$，所以于 $\forall x \in U$，$S_{P \cup R}(x) \subseteq S_P(x) \cdot S_{P \cup R}(x) \cap S_Q(x) \subseteq S_P(x) \cap S_Q(x)$。$|S_{P \cup R}(x)| \leqslant |S_P(x)|$，$|S_{P \cup R}(x) \cap S_Q(x)| \leqslant |S_P(x) \cap S_Q(x)|$。于是

$$\sum_{x \in U} |S_{P \cup R}(x) \cap S_Q(x)| / \sum_{x \in U} |S_{P \cup R}(x)| \leqslant \sum_{x \in U} |S_P(x) \cap S_Q(x)| / \sum_{x \in U} |S_{P \cup R}(x)|$$

故

$$k_2 \leqslant \sum_{x \in U} |S_P(x) \cap S_Q(x)| / \sum_{x \in U} |S_P(x)| \cdot \left( \sum_{x \in U} |S_P(x)| / \sum_{x \in U} |S_{P \cup R}(x)| \right) = \alpha k_1$$

即$k_2 \leqslant \alpha k_1$，其中，$\alpha = \sum_{x \in U} |S_P(x)| / \sum_{x \in U} |S_{P \cup R}(x)|$。

因为 $S_{P \cup R}(x) \subseteq S_P(x)$，$|S_{P \cup R}(x)| \leqslant |S_P(x)|$，所以$\sum_{x \in U} |S_{P \cup R}(x)| \leqslant \sum_{x \in U} |S_P(x)|$，因而 $\alpha \geqslant 1$。

(2) 因为 $Q \subseteq Q \cup R$，对 $\forall x \in U$ 成立，$Q_{\cup R}(x) \subseteq S_Q(x)$。这样 $S_P(x) \cap S_{Q \cup R}(x) \subseteq S_P(x) \cap S_Q(x)$。因而，$|S_P(x) \cap S_{Q \cup R}(x)| \leqslant |S_P(x) \cap S_Q(x)|$。于是，可得到

$$\sum_{x \in U} |S_P(x) \cap S_{Q \cup R}(x)| / \sum_{x \in U} |S_P(x)| \leqslant \sum_{x \in U} |S_P(x) \cap S_Q(x)| / \sum_{x \in U} |S_P(x)|$$

故$k_1 \geqslant k_2$。

这里再利用表 10.10 进行检验。(1) 设 $P = \{a\}$，$R = \{b\}$，$P \cup R = \{a, b\}$。由表 10.10 可知，在 $P \xrightarrow{k_1} c$，即 $a \xrightarrow{k_1} c$ 和 $P \cup R \xrightarrow{k_2} c$ 即$\{a, b\} \xrightarrow{k_2} c$ 中，有 $k_1 = 25/31$，$k_2 = 23/29$，且

$$\sum_{x \in U} |S_P(x)| / \sum_{x \in U} |S_{P \cup R}(x)| = \sum_{x \in U} |S_a(x)| / \sum_{x \in U} |S_{\{a, b\}}(x)| = 31/29 \geqslant 1$$

$$\alpha k_1 = (31/29) \times (25/31) = 25/29 \geqslant k_2 = 23/29$$

(2) 在表 10.10 中，设 $P = \{a\}$，$Q = \{b\}$，$R = \{c\}$，$Q \cup R = \{b, c\}$。可得到：$S_T(1) = S_T(3) = \{1, 2, 3, 4, 5, 6\}$，$S_T(2) = S_T(5) = S_T(6) = \{1, 2, 3, 5, 6, 7\}$，$S_T(4) = \{1, 3, 4, 7\}$，$S_T(7) = S_T(5) = \{2, 4, 5, 6, 7\}$。$P \xrightarrow{k_1} Q$，$k_1 = 29/31$。$P \xrightarrow{k_2} Q \cup R$，$k_2 = 23/31$。$k_1 \geqslant k_2$。

根据检验结果看，上述定理中的(1)、(2)都得到了验证。定理中的(1)表明，相同知识

相对于更多知识的依赖度仍小于原依赖度乘以一个大于1的因子。定理中的(2)表明，对于相同的依赖知识，知识越多，依赖度越小。

**定理 10.28** 设 $P, Q, R \subseteq A$。若 $Q \subseteq P$，$R \xrightarrow{k_1} P$，则 $R \xrightarrow{k_2} Q$，且 $k_1 \leqslant k_2$。

**证明** 因 $Q \subseteq P$，所以 $T_P \subseteq T_Q$，$P \Rightarrow Q$。这样，对于 $\forall x \in U$，$S_P(x) \subseteq S_Q(x)$，$S_{R(x)} \cap S_P(x) \subseteq S_R(x) \cap S_Q(x)$，$|S_R(x) \cap S_P(x)| \leqslant |S_R(x) \cap S_Q(x)|$，$\sum_{x\in U} |S_R(x) \cap S_P(x)| \leqslant \sum_{x\in U} |S_R(x) \cap S_Q(x)|$，$\sum_{x\in U} |S_R(x) \cap S_P(x)| / \sum_{x\in U} |S_R(x)| \leqslant \sum_{x\in U} |S_{R(x)} \cap S_Q(x)| / \sum_{x\in U} |S_R(x)|$，即$k_1 \leqslant k_2$。

该定理是前一定理中(2)的另一种表达形式。

该定理表示，依赖于同一属性集 $R$、$P$ 的子集 $Q$ 的依赖度总是大于等于 $P$ 的依赖度。

这里再利用表 10.10 进行验证，在表 10.10 中，设 $R=\{a\}$，$P=\{b, c\}$，$Q=\{b\}$，则 $Q \subseteq P$，$R \xrightarrow{k_1} P = a \xrightarrow{k_1} \{b, c\}$，$k_1 = 23/31$；$R \xrightarrow{k_2} Q = a \xrightarrow{k_2} b$，$k_2 = 29/31$，所以有$k_1 \leqslant k_2$。

**定理 10.29** 设 $P, Q, R \subseteq A$。若 $P \cup R \xrightarrow{k_1} Q$，则 $P \xrightarrow{k_2} Q$，$R \xrightarrow{k_3} Q$，且 $\min\{\alpha k_2, \beta k_3\} \geqslant k_1$，其中，$\alpha = \sum_{x\in U} |S_P(x)| / \sum_{x\in U} |S_{P\cup R}(x)| \geqslant 1$；$\beta = \sum_{x\in U} |S_R(x)| / \sum_{x\in U} |S_{P\cup R}(x)| \geqslant 1$。

**证明** 因为 $P \subseteq P \cup R$，$R \subseteq P \cup R$，所以 $S_{P\cup R}(x) \subseteq S_P(x)$，$S_{P\cup R}(x) \subseteq S_R(x)$ 对于任意的 $x \in U$ 成立。因而

$$S_{P\cup R}(x) \cap S_Q(x) \subseteq S_P(x) \cap S_Q(x)$$
$$S_{P\cup R}(x) \cap S_Q(x) \subseteq S_R(x) \cap S_Q(x)$$
$$|S_{P\cup R}(x) \cap S_Q(x)| \leqslant |S_P(x) \cap S_Q(x)|$$
$$|S_{P\cup R}(x) \cap S_Q(x)| \leqslant |S_R(x) \cap S_Q(x)|$$
$$|S_{P\cup R}(x)| \leqslant |S_P(x)|$$
$$|S_{P\cup R}(x)| \leqslant |S_R(x)|$$

故

$$\sum_{x\in U} |S_{P\cup R}(x) \cap S_Q(x)| \leqslant \sum_{x\in U} |S_P(x) \cap S_Q(x)|$$
$$\sum_{x\in U} |S_{P\cup R}(x) \cap S_Q(x)| \leqslant \sum_{x\in U} |S_R(x) \cap S_Q(x)|$$
$$\sum_{x\in U} |S_{P\cup R}(x) \cap S_P(x)| / \sum_{x\in U} |S_{P\cup R}(x)| \leqslant \sum_{x\in U} |S_P(x) \cap S_Q(x)| / \sum_{x\in U} |S_{P\cup R}(x)|$$
$$\sum_{x\in U} |S_{P\cup R}(x) \cap S_Q(x)| / \sum_{x\in U} |S_{P\cup R}(x)| \leqslant \sum_{x\in U} |S_R(x) \cap S_Q(x)| / \sum_{x\in U} |S_{P\cup R}(x)|$$

于是，$\alpha k_2 \geqslant k_1$，其中，$\alpha = \sum_{x\in U} |S_P(x)| / \sum_{x\in U} |S_{P\cup R}(x)| \geqslant 1$；$\beta k_3 \geqslant k_1$，其中，$\beta \geqslant 1$，且 $\beta = \sum_{x\in U} |S_R(x)| / \sum_{x\in U} |S_{P\cup R}(x)|$。

**例 10.6** 在表 10.10 中，设 $P = \{a\}$，$Q = \{b\}$，$R = \{c\}$，$P \cup R = \{a, c\}$，可得 $P \cup R \xrightarrow{k_1} Q$，即$\{a, c\} \xrightarrow{k_1} b$，其中 $k_1 = 23/25$。$P \xrightarrow{k_2} Q$，即 $a \xrightarrow{k_2} b$；$R \xrightarrow{k_3} Q$，即 $c \xrightarrow{k_3} b$，其中，$k_2 = 29/31$，$k_3 = 39/43$，$\alpha = \sum_{x\in U} |S_P(x)| / \sum_{x\in U} |S_{P\cup R}(x)| = 31/25 > 1$，$\beta =$

$\sum_{x\in U}|S_R(x)|/\sum_{x\in U}|S_{P\cup R}(x)|=43/25>1$。$\alpha k_2=(31/25)\times(29/31)=29/25$，$\beta k_3=(43/25)\times(39/43)=39/25$。$\min\{29/25, 39/25\}\geqslant 23/25=k_1$。所以 $\min\{\alpha k_2, \beta k_3\}\geqslant k_1$。

这就验证了该定理的正确性。该定理揭示了部分依赖和整体依赖的依赖度的一些规律。

**定理 10.30**　设 $P, Q, R\subseteq AT$。若 $P\Rightarrow Q$，$R\xrightarrow{k_1}Q$，则 $R\xrightarrow{k_2}P$，且$k_1\geqslant k_2$。

**证明**　从 $P\Rightarrow Q$ 可得到，对于 $\forall x\in U$ 有 $S_P(x)\subseteq S_Q(x)$。因而，$S_R(x)\cap S_P(x)\subseteq S_R(x)\cap S_Q(x)$。这样，$|S_R(x)\cap S_P(x)|\leqslant|S_R(x)\cap S_Q(x)|$，$\sum_{x\in U}|S_R(x)\cap S_P(x)|\leqslant\sum_{x\in U}|S_R(x)\cap S_Q(x)|$。进而有

$$\sum_{x\in U}|S_R(x)\cap S_P(x)|/\sum_{x\in U}|S_R(x)|\leqslant\sum_{x\in U}|S_R(x)\cap S_Q(x)|/\sum_{x\in U}|S_R(x)|$$

故$k_1\geqslant k_2$。

**定理 10.31**　设 $P, Q, R\subseteq A$。若 $P\Rightarrow Q$，$P\xrightarrow{k_1}R$，则 $Q\xrightarrow{k_2}R$，$\alpha k_2\geqslant k_1$，其中 $\alpha\geqslant 1$ 且 $\alpha=\sum_{x\in U}|S_Q(x)|/\sum_{x\in U}|S_P(x)|$。

**证明**　由 $P\Rightarrow Q$ 可得，对于 $\forall x\in U$ 都有 $S_P(x)\subseteq S_Q(x)$。进而，$S_R(x)\cap S_P(x)\subseteq S_R(x)\cap S_Q(x)$，即 $S_P(x)\cap S_R(x)\subseteq S_Q(x)\cap S_R(x)$。因而有 $|S_P(x)\cap S_R(x)|\leqslant|S_Q(x)\cap S_R(x)|$，$|S_P(x)|\leqslant|S_Q(x)|$。故

$$\sum_{x\in U}|S_P(x)\cap S_R(x)|\leqslant\sum_{x\in U}|S_Q(x)\cap S_R(x)|$$

$$\sum_{x\in U}|S_P(x)\cap S_R(x)|/\sum_{x\in U}|S_P(x)|\leqslant\sum_{x\in U}|S_Q(x)\cap S_R(x)|/\sum_{x\in U}|S_P(x)|$$

于是，$k_2\sum_{x\in U}|S_Q(x)|/\sum_{x\in U}|S_P(x)|=\alpha k_2\geqslant k_1$，其中，$\alpha\geqslant 1$，且 $\alpha=\sum_{x\in U}|S_Q(x)|/\sum_{x\in U}|S_P(x)|$。

**6. 不完备决策表的约简算法**

对于不完备决策表 IDT=$(U, A, V, f)$，其中 $A=C\cup\{d\}$，$C$ 是条件属性集，$d$ 是决策属性。从 $T_{A-\{a\}}\subseteq T_A$ 即 $A-\{a\}\rightarrow A$ 可知，$a$ 是$A$ 中不必要的属性，且 $k(A-\{a\}, A)=1$ 等价于 $A-\{a\}\rightarrow A$，所以若 $k[(C-\{a\})\cup\{d\}, C\cup\{d\}]=1$，则 $a$ 是 $A$ 中不必要的属性。按照这一规律以及上述有关依赖度的定义，我们可设计如下一个对于不完备决策表的新约简算法。

第 1 步：置 $R=C$。

第 2 步：对于每个 $a\in C$，计算 $k((R-\{a\})\cup\{d\}, R\cup\{d\})$。

第 3 步：找出满足 $k((R-\{a\})\cup\{d\}, R\cup\{d\})=\max\{k((R-\{b\})\cup\{d\}, R\cup\{d\})|b\in A\}$的 $a$。若 $k((R-\{a\})\cup\{d\}, R\cup\{d\})=1$，则 $a$ 是不必要的属性，并置 $R\Leftarrow R-\{a\}$（若存在多个这样的 $a$，则任取其中一个）。转至第 2 步。

第 4 步：$R$ 是 $A$ 的一个 $d$ 约简。输出 $R$。算法结束。

**7. 应用实例**

一个机器人抓棒的不完备决策表如表 10.10 所示，该表描述的机器手 6 个状态属性为

$a$, $b$, $c$, $d$, $e$, $f$, $C=\{a, b, c, d, e\}$ 为条件属性集。$f$ 是决策属性。

$a=1$ 表明机器手处于中心点，否则，$a=0$；

$b=1$ 表示机器手正前方面对棒，否则，$b=0$；

$c=1$ 表示机器手在棒的中心线，否则，$c=0$；

$d=1$ 表示机器手正前方面对棒的中心线，否则，$d=0$。

$e=1$ 表示已抓棒，否则，$e=0$。

$f$ 表示机器人的行为，$f=1$ 表示旋转；$f=2$ 表示前移；$f=3$ 表示抓棒；$f=4$ 表示停止。* 表示不确定。所以该系统是一个不完备决策系统。

采用上面基于依赖度的算法，$R<=C$，且得到 $k(R-\{e\}\cup\{f\}, R\cup\{f\}=1$。这意味着 $e$ 是不必要属性所以 $R<=R-\{e\}$，即从 $C$ 中删除属性 $e$ 。以此方式，得到 $R=\{a, b, c, d\}$ 是其唯一约简。表 10.11 是其约简结果。它意味着机器人的行为主要取决于属性 $a$, $b$, $c$, $d$ 的取值。

**表 10.11 表 10.10 的约简**

| 对象 | $a$ | $b$ | $c$ | $d$ | $f$ |
|---|---|---|---|---|---|
| 1 | 0 | 0 | * | * | 1 |
| 2 | 0 | * | 1 | 0 | 1 |
| 3 | 1 | 0 | * | * | 1 |
| 4 | * | * | 0 | 1 | 2 |
| 5 | 0 | * | 1 | * | 2 |
| 6 | 1 | * | 1 | 0 | 3 |
| 7 | 1 | 1 | * | * | 4 |

## 10.6 极大相容类下多粒度粗集模型

钱宇华等人提出了多粒度粗集模型，并对乐观和悲观多粒度模型进行了分析。粒度思想和粒度模型目前是一个较新的概念。以粗集模型、商空间理论等为基础的粒度计算已取得了长足的进展。按极大相容类的思想构造相容类，在容差关系的基础上建立的粗集模型即粒度模型。这里主要介绍以该思想为基础建立的多粒度粗集模型，并探讨其性质与相关的算法。

### 10.6.1 一组相关概念的定义

1）极大相容类

设 $B\subseteq A$。定义

$$C(B)=\{X\subseteq U: \max\{X^2\subseteq T_B\}\} \tag{10-147}$$

式中，max 表示集合的包含"⊆"取极大子集。$C(B)$是容差关系 $T_B$ 下所有极大相容类构成的集合，一般地，它形成 $U$ 上的一个覆盖(不同极大相容类的交不一定为空)，不一定是等价划分。

2）含元素 $x$ 的极大相容类子集

这个子集定义为

$$C_B(x)=\max\{X: x\in X, X^2\subseteq T_B\} \tag{10-148}$$

显然，对于任意的 $x\in U$, $C_B(x)\subseteq C(B)$，且不难证明：

$$C(B)=\bigcup_{x\in U}C_B(x) \tag{10-149}$$

3）乐观上下近似集

对于 $X\subseteq U$，基于 $C(B)$的乐观上下近似集分别定义为

$$\overline{B}^{o}(X)=\{x\in U: \exists C\in C(B)[x\in C\wedge(C\cap X\neq\varnothing)]\} \tag{10-150}$$

$$\underline{B}^{o}(X)=\{x\in U: \exists C\in C(B)(x\in C\wedge C\subseteq X)\} \tag{10-151}$$

4）乐观近似精度

对于 $X\subseteq U$，基于 $C(B)$ 的乐观近似精度定义为

$$|\underline{B}^{o}(X)|/|\overline{B}^{o}(X)| \tag{10-152}$$

5）悲观上下近似集

对于 $X\subseteq U$，基于 $C(B)$ 的悲观上下近似集分别定义为

$$\overline{B}^{p}(X)=\{x\in U: \forall C\in C(B)[x\in C\rightarrow(C\cap X\neq\varnothing)]\} \tag{10-153}$$

$$\underline{B}^{p}(X)=\{x\in U: \forall C\in C(B)(x\in C\rightarrow(C\subseteq X))\} \tag{10-154}$$

6）悲观近似精度

对于 $X\subseteq U$，基于 $C(B)$ 的悲观近似精度定义为

$$|\underline{B}^{p}(X)|/|\overline{B}^{p}(X)| \tag{10-155}$$

7）多粒度下的乐观上下近似集

设 $B_1$，$B_2$，…，$B_m\subseteq A$ 是 $m$ 个属性子集。对于 $\forall X\subseteq U$，$M=\{1, 2, \cdots, m\}$，$X$ 相对于 $B_1$，$B_2$，…，$B_m$ 的基于极大相容类和多粒度的乐观上下近似集定义为

$$\overline{\sum_{i=1}^{m} B_i}^{o}(X)=\{x\in U: \exists i\in M[\exists C\in C(B_i)(x\in C\wedge(C\cap X\neq\varnothing))]\} \tag{10-156}$$

$$\underline{\sum_{i=1}^{m} B_i}^{o}(X)=\{x\in U: \exists i\in M[\exists C\in C(B_i)(x\in C\wedge(C\subseteq X))]\} \tag{10-157}$$

8）多粒度下的乐观边界域

$X$ 的极大相容类和多粒度乐观边界域定义为

$$Bn^{o}_{\sum_{i=1}^{m} A_i}(X)=\overline{\sum_{i=1}^{m} B_i^{o}}(X)-\underline{\sum_{i=1}^{m} B_i^{o}}(X) \tag{10-158}$$

9）多粒度下的乐观近似精度

$X$ 的极大相容类和多粒度乐观近似精度定义为

$$\left|\underline{\sum_{i=1}^{m} B_i^{o}}(X)\right|/\left|\overline{\sum_{i=1}^{m} B_i^{o}}(X)\right| \tag{10-159}$$

10）多粒度下的悲观上下近似集

设 $B_1$，$B_2$，…，$B_m\subseteq A$ 是 $m$ 个属性子集。对于 $\forall X\subseteq U$，$M=\{1, 2, \cdots, m\}$，$X$ 相对于 $B_1$，$B_2$，…，$B_m$ 的基于极大相容类和多粒度的悲观上下近似集定义为

$$\overline{\sum_{i=1}^{m} B_i}^{p}(X)=\{x\in U: \forall i\in M[\forall C\in C(B_i)\ (x\in C\rightarrow C\cap X\neq\varnothing)]\} \tag{10-160}$$

$$\underline{\sum_{i=1}^{m} B_i}^{p}(X)=\{x\in U: \forall i\in M[\forall C\in C(B_i)\ (x\in C\rightarrow C\subseteq X)]\} \tag{10-161}$$

11）多粒度下的悲观边界域

$X$ 的极大相容类和多粒度悲观边界域定义为

$$Bn^{p}_{\sum_{i=1}^{m} B_i}(X)=\overline{\sum_{i=1}^{m} B_i^{p}}(X)-\underline{\sum_{i=1}^{m} B_i^{p}}(X) \tag{10-162}$$

12) 多粒度下的悲观近似精度

$X$ 的极大相容类和多粒度悲观近似精度定义为

$$\left|\underline{\sum_{i=1}^{m}B_i^{\mathrm{p}}(X)}\right| \Big/ \left|\overline{\sum_{i=1}^{m}B_i^{\mathrm{p}}(X)}\right| \tag{10-163}$$

### 10.6.2 性质和关系

**定理 10.32** 设 $X\subseteq U$，$B\subseteq A$，有

(1)
$$\underline{B}^{\mathrm{o}}(X)=\bigcup_{C\in C(B),\,C\subseteq X}C \tag{10-164}$$

(2)
$$\overline{B}^{\mathrm{o}}(X)=\bigcup_{C\in C(B),\,C\cap X\neq\varnothing}C \tag{10-165}$$

**证明** (1) $y\in\underline{B}^{\mathrm{o}}(X)\Rightarrow\{x\in U: \exists C\in C(B)(x\in C\wedge C\subseteq X)\}\Rightarrow\exists C\in C(B)(y\in C\wedge C\subseteq X)\Rightarrow y\in\bigcup_{C\in C(B),\,C\subseteq X}C$

所以$\underline{B}^{\mathrm{o}}(X)\subseteq\bigcup_{C\in C(B),\,C\subseteq X}C$。相反地，对于任意的 $y\in\bigcup_{C\in C(A),\,C\subseteq X}C\Rightarrow\exists C\in C()(C\subseteq X)$，使得 $y\in C$。所以 $y\in\{x\in U: \exists C\in C(B)(x\in C\wedge C\subseteq X)\}=\underline{B}^{\mathrm{o}}(X)$，即$\bigcup_{C\in C(B),\,C\subseteq X}C\subseteq\underline{B}^{\mathrm{o}}(X)$。这样，$\underline{B}^{\mathrm{o}}(X)=\bigcup_{C\in C(B),\,C\subseteq X}C$。

(2) $y\in\overline{B}^{\mathrm{o}}(X)=\{x\in U: \exists C\in C(B)(x\in C\wedge C\cap X\neq\varnothing)\}\Rightarrow\exists C\in C(B)(y\in C\wedge C\cap X\neq\varnothing)\Rightarrow y\in\bigcup_{C\in C(B),\,C\cap X\neq\varnothing}C$

所以$\overline{B}^{\mathrm{o}}(X)\subseteq\bigcup_{C\in C(B),\,C\cap X\neq\varnothing}C$。相反地，$y\in\bigcup_{C\in C(B),\,C\cap X\neq\varnothing}C\Rightarrow\exists C\in C(B)(C\cap X\neq\varnothing)$，使得 $y\in C$。因此 $y\in\{x\in U: \exists C\in C(B)(x\in C\wedge C\cap X\neq\varnothing)\}=\underline{B}^{\mathrm{o}}(X)$，即$\bigcup_{C\in C(B),\,C\cap X\neq\varnothing}C\subseteq\overline{B}^{\mathrm{o}}(X)$。于是，$\overline{B}^{\mathrm{o}}(X)=\bigcup_{C\in C(B),\,C\cap X\neq\varnothing}C$。

此结论表明，$\underline{B}^{\mathrm{o}}(X)$和$\overline{B}^{\mathrm{o}}(X)$可分别由$\bigcup_{C\in C(B),\,C\subseteq X}C$ 和$\bigcup_{C\in C(B),\,C\cap X\neq\varnothing}C$ 等价地定义。

**定理 10.33** 下列关系成立：

(1)
$$\sim\underline{B}^{\mathrm{o}}(\sim X)=\overline{B}^{\mathrm{p}}(X) \tag{10-166}$$

(2)
$$\sim\underline{B}^{\mathrm{o}}(\sim X)\subseteq\overline{B}^{\mathrm{o}}(X) \tag{10-167}$$

**证明** (1) $y\in\sim\underline{B}^{\mathrm{o}}(\sim X)\Leftrightarrow y\notin\underline{B}^{\mathrm{o}}(\sim X)\Leftrightarrow y\notin\{x\in U: \exists C\in C(B)(x\in C\wedge C\subseteq\sim X)\}$

$\neg\exists C\in C(B)(y\in C\wedge C\subseteq\sim X)\Leftrightarrow\forall C\in C(B)(\neg(y\in C)\vee C\not\subseteq\sim X)$

$\Leftrightarrow\forall C\in C(B)(\neg(y\in C)\vee(C\cap X\neq\varnothing)\Leftrightarrow\forall C\in C(B)(y\in C\rightarrow C\cap X\neq\varnothing)$

所以 $\sim\underline{B}^{\mathrm{o}}(\sim X)=\{x\in U: \forall C\in C(B)(x\in C\rightarrow C\cap X\neq\varnothing)\}=\overline{B}^{\mathrm{p}}(X)$

(2) $y\in\sim\underline{B}^{\mathrm{o}}(\sim X)\Leftrightarrow y\notin\bigcup_{C\in C(B),\,C\subseteq\sim X}C\Leftrightarrow\forall C\in C(B)$，$C\subseteq\sim X$，$y\notin C$

$\Rightarrow y\in\bigcup_{C\in C(B),\,C\cap X\neq\varnothing}C=\overline{B}^{\mathrm{o}}(X)$

所以$\sim\underline{B}^{\mathrm{o}}(\sim X)\subseteq\overline{B}^{\mathrm{o}}(X)$。

也可立即得到

$$\sim\overline{B}^{\mathrm{o}}(\sim X)\subseteq\underline{B}^{\mathrm{o}}(X)$$

**定理 10.34**
$$\sim\underline{B}^{\mathrm{p}}(\sim X)\subseteq\overline{B}^{\mathrm{p}}(X) \tag{10-168}$$

**证明**　$y\in\sim\underline{B}^{p}(\sim X)\Leftrightarrow y\notin\underline{B}^{p}(\sim X)\Leftrightarrow y\notin\{x\in U:\forall C\in C(B)(x\in C\rightarrow(C\subseteq\sim X))\}$

因为

$$
\begin{aligned}
&\neg\forall C\in C(B)(y\in C\rightarrow(C\subseteq\sim X))\\
&\Leftrightarrow\exists C\in C(B)\neg(\neg(y\in C)\vee(C\subseteq\sim X))\\
&\Leftrightarrow\exists C\in C(B)\neg(\neg(y\in C)\vee C\cap X=\varnothing))\\
&\Leftrightarrow\forall C\in C(B)(y\in C\wedge C\cap X\neq\varnothing)\\
&\Rightarrow\forall C\in C(B)(y\in C\rightarrow C\cap X\neq\varnothing)
\end{aligned}
$$

所以有$\sim\underline{B}^{p}(\sim X)\subseteq\bar{B}^{p}(X)$。

**定理 10.35**

$$\sim\bar{B}^{p}(\sim X)\subseteq\underline{B}^{o}(X)\tag{10-169}$$

**证明**　$y\in\sim\bar{B}^{p}(\sim X)\Leftrightarrow y\notin\bar{B}^{p}(\sim X)\Leftrightarrow y\notin\{x\in U:\forall C\in C(B)(x\in C\rightarrow(C\cap\sim X\neq\varnothing))\}$。

因为

$$
\begin{aligned}
&\neg\forall C\in C(B)[x\in C\rightarrow(C\cap\sim X\neq\varnothing)]\\
&\Leftrightarrow\ \neg\forall C\in C(B)[\neg(x\in C)\vee(C\cap\sim X\neq\varnothing)]\\
&\Leftrightarrow\exists C\in C(B)[(x\in C)\wedge(C\cap\sim X=\varnothing)]\\
&\Leftrightarrow\exists C\in C(B)[(x\in C)\wedge(C\subseteq X)]
\end{aligned}
$$

所以有，$\sim\bar{B}^{p}(\sim X)\subseteq\underline{B}^{o}(X)$

**定理 10.36**

(1)
$$\underline{\sum_{i=1}^{m}B_i^{o}}(X)=\bigcup_{i=1}^{m}\underline{B_i^{o}}(X)\tag{10-170}$$

(2)
$$\overline{\sum_{i=1}^{m}B_i^{o}}(X)=\bigcup_{i=1}^{m}\bar{B}_i^{o}(X)\tag{10-171}$$

**证明**　(1) $y\in\underline{\sum_{i=1}^{m}B_i^{o}}(X)=\{x\in U:\exists i\in M(\exists C\in C(B_i)(x\in C\wedge(C\subseteq X)))\}$

$$
\begin{aligned}
&\Rightarrow\exists i\in M(\exists C\in C(B_i)(y\in C\wedge(C\subseteq X)))\\
&\Rightarrow y\in\underline{B_i^{o}}(X)\Rightarrow y\in\underline{B_i^{o}}(X)
\end{aligned}
$$

反之，对于任意

$$
\begin{aligned}
&y\in\bigcup_{i=1}^{m}\underline{B_i^{o}}(X)\Rightarrow\exists i\in M,\ y\in\underline{B_i^{o}}(X)\\
&\Rightarrow\exists C\in C(B_i)(y\in C\wedge(C\subseteq X))\Rightarrow y\in\underline{\sum_{i=1}^{m}B_i^{o}}(X)
\end{aligned}
$$

故　$$\underline{\sum_{i=1}^{m}B_i^{o}}(X)=\bigcup_{i=1}^{m}\underline{B_i^{o}}(X)$$

(2) $y\in\overline{\sum_{i=1}^{m}B_i^{o}}(X)=\{x\in U:\exists i\in M[\exists C\in C(B_i)[x\in C\wedge(C\cap X\neq\varnothing)]]\}$

$$
\begin{aligned}
&\Rightarrow\exists i\in M[\exists C\in C(B_i)(y\in C\wedge(C\cap X\neq\varnothing))]\\
&\Rightarrow y\in\bar{B}_i^{o}(X)\Rightarrow y\in\bigcup_{i=1}^{m}\bar{B}_i^{o}(X)
\end{aligned}
$$

反之，对于任意的 $y\in\bigcup_{i=1}^{m}\bar{B}_i^{o}(X)\Rightarrow\exists i\in M,\ y\in\bar{B}_i^{o}(X)\Leftrightarrow\exists i\in M[\exists C\in C(B_i)(x\in C\wedge$

$(C\cap X\neq\varnothing))]\Rightarrow y\in\overline{\sum_{i=1}^{m}B_i^{o}(X)}$

所以 $\overline{\sum_{i=1}^{m}B_i^{o}(X)}=\bigcup_{i=1}^{m}\bar{B}_i^{o}(X)$。

**定理 10.37**

(1)
$$\sim\underline{\sum_{i=1}^{m}B_i^{o}(\sim X)}=\overline{\sum_{i=1}^{m}B_i^{p}(X)}\tag{10-172}$$

(2)
$$\sim\underline{\sum_{i=1}^{m}B_i^{p}(\sim X)}=\overline{\sum_{i=1}^{m}B_i^{o}(X)}\tag{10-173}$$

**证明** (1) $y\in\sim\underline{\sum_{i=1}^{m}B_i^{o}(\sim X)}\Leftrightarrow y\notin\{x\in U:\exists i\in M[\exists C\in C(B_i)[x\in C\wedge(C\subseteq\sim X)]]\}\Leftrightarrow y\notin\{x\in U:\exists i\in M[\exists C\in C(B_i)[x\in C\wedge(C\cap X=\varnothing)]]\}$

因为

$$\neg\exists i\in M(\exists C\in C(B_i)(y\in C\wedge(C\cap X=\varnothing)))\Leftrightarrow\forall i\in M(\forall C\in C(B_i)(y\in C\rightarrow C\cap X\neq\varnothing))$$

所以

$$\sim\underline{\sum_{i=1}^{m}B_i^{o}(\sim X)}\Leftrightarrow\{x\in U:\forall i\in M[\forall C\in C(B_i)(x\in C\rightarrow C\cap X\neq\varnothing)]\}=\overline{\sum_{i=1}^{m}B_i^{p}(X)}$$

(2) $y\in\sim\underline{\sum_{i=1}^{m}B_i^{p}(\sim X)}\Leftrightarrow y\notin\{x\in U:\forall i\in M(\forall C\in C(B_i)\ (x\in C\rightarrow C\subseteq\sim X))\}$

因为

$\neg\forall i\in M(\forall C\in C(B_i)\ (x\in C\rightarrow C\subseteq\sim X))\Leftrightarrow\exists i\in M[\exists C\in C(B_i)[\neg(\neg(x\in C)\vee(C\subseteq\sim X))]]$
$\Leftrightarrow\exists i\in M[\exists C\in C(B_i)\ ((x\in C)\wedge(C\not\subseteq\sim X))]\Leftrightarrow\exists i\in M(\exists C\in C(B_i)(x\in C\wedge C\cap X\neq\varnothing))]$

所以

$$\begin{aligned}\sim\underline{\sum_{i=1}^{m}B_i^{p}(\sim X)}&=\{x\in U:\exists i\in M[\exists C\in C(B_i)(x\in C\wedge C\cap X\neq\varnothing)]\}\\&=\overline{\sum_{i=1}^{m}B_i^{o}(X)}\end{aligned}$$

**推论** 上述定理在相同的条件下，有

(1)
$$\overline{\sum_{i=1}^{m}B_i^{p}(X)}=\sim\underline{\sum_{i=1}^{m}B_i^{o}(\sim X)}\tag{10-174}$$

(2)
$$\underline{\sum_{i=1}^{m}B_i^{p}(X)}=\sim\overline{\sum_{i=1}^{m}B_i^{o}(\sim X)}\tag{10-175}$$

**定理 10.38** 设 $IIS=\langle U, A, V, f\rangle$ 是一个不完备信息系统，$B_i\subseteq A(i=1, 2, \cdots, m)$ 是 $m$ 个属性子集，则对于任意的 $X\subseteq U$，有

(1)
$$\underline{\sum_{i=1}^{m}B_i^{p}(X)}=\bigcap_{i=1}^{m}\underline{B_i^{p}}(X)\tag{10-176}$$

(2)
$$\overline{\sum_{i=1}^{m}B_i^{p}\ (X)}=\bigcap_{i=1}^{m}\overline{B_i^{p}}(X)\tag{10-177}$$

**证明** (1) 因为 $\underline{\sum_{i=1}^{m}B_i^{p}(X)}=\{x\in U:\forall i\in M(\forall C\in C(B_i)\ (x\in C\rightarrow C\subseteq X))\}$

$\Leftrightarrow \{x \in U: \forall C \in C(B_i)\ (x \in C \rightarrow C \subseteq X)(i=1, 2, \cdots, m)\}$

$\Leftrightarrow \bigcap_{i=1}^{m} \{x \in U: \forall C \in C(B_i)\ (x \in C \rightarrow C \subseteq X)\} \Leftrightarrow \bigcap_{i=1}^{m} \underline{B_i^{\mathrm{p}}}(X)$

因而定理(1)式成立。

(2) 其证明与(1)的证明类似，这里省略。

**定理 10.39**　设 IIS$=<U, A, V, f>$是一个不完备信息系统，$B_i \subseteq A$ $(i=1, 2, \cdots, m)$ 是 $m$ 个属性子集，则对于任意的 $X \subseteq U$，有

$$\underline{\sum_{i=1}^{m} B_i^{\mathrm{o}}}(X) \subseteq X \subseteq \overline{\sum_{i=1}^{m} B_i^{\mathrm{o}}}(X) \tag{10-178}$$

$$\underline{\sum_{i=1}^{m} B_i^{\mathrm{o}}}(\varnothing) = \overline{\sum_{i=1}^{m} B_i^{\mathrm{o}}}(\varnothing) = \varnothing \tag{10-179}$$

$$\underline{\sum_{i=1}^{m} B_i^{\mathrm{o}}}(U) = \overline{\sum_{i=1}^{m} B_i^{\mathrm{o}}}(U) = U \tag{10-180}$$

$$\underline{\sum_{i=1}^{m} B_i^{\mathrm{o}}}\left[\underline{\sum_{i=1}^{m} B_i^{\mathrm{o}}}\ (X)\right] = \underline{\sum_{i=1}^{m} B_i^{\mathrm{o}}}(X) \tag{10-181}$$

$$\overline{\sum_{i=1}^{m} B_i^{\mathrm{o}}}\left[\ \overline{\sum_{i=1}^{m} B_i^{\mathrm{o}}}(X)\right] = \overline{\sum_{i=1}^{m} B_i^{\mathrm{o}}}(X) \tag{10-182}$$

$$\underline{\sum_{i=1}^{m} B_i^{\mathrm{o}}}(\sim X) = \sim \overline{\sum_{i=1}^{m} B_i^{\mathrm{p}}}(X) \tag{10-183}$$

$$\overline{\sum_{i=1}^{m} B_i^{\mathrm{o}}}(\sim X) = \sim \underline{\sum_{i=1}^{m} B_i^{\mathrm{o}}}(X) \tag{10-184}$$

**定理 10.40**　设 IIS$=<U, A, V, f>$是一个不完备信息系统，$B_i \subseteq A(i=1, 2, \cdots, m)$是 $m$ 个属性子集，则对于任意的 $X \subseteq U$，有

$$\underline{\sum_{i=1}^{m} B_i^{\mathrm{p}}}(X) \subseteq X \subseteq \overline{\sum_{i=1}^{m} B_i^{\mathrm{p}}}(X) \tag{10-185}$$

$$\underline{\sum_{i=1}^{m} B_i^{\mathrm{p}}}(\varnothing) = \overline{\sum_{i=1}^{m} B_i^{\mathrm{p}}}(\varnothing) = \varnothing \tag{10-186}$$

$$\underline{\sum_{i=1}^{m} B_i^{\mathrm{p}}}(U) = \overline{\sum_{i=1}^{m} B_i^{\mathrm{p}}}(U) = U \tag{10-187}$$

$$\underline{\sum_{i=1}^{m} B_i^{\mathrm{p}}}\left(\underline{\sum_{i=1}^{m} B_i{}^{p}}(X)\right) = \underline{\sum_{i=1}^{m} B_i^{\mathrm{p}}}(X) \tag{10-188}$$

$$\overline{\sum_{i=1}^{m} B_i^{\mathrm{p}}}\left(\overline{\sum_{i=1}^{m} B_i{}^{p}}(X)\right) = \overline{\sum_{i=1}^{m} B_i^{\mathrm{p}}}(X) \tag{10-189}$$

$$\underline{\sum_{i=1}^{m} B^{\mathrm{p}}{}_{i}}(\sim X) = \sim \overline{\sum_{i=1}^{m} B_i^{\mathrm{o}}}(X) \tag{10-190}$$

$$\overline{\sum_{i=1}^{m} B_i^{\mathrm{p}}}(\sim X) = \sim \underline{\sum_{i=1}^{m} B_i^{\mathrm{o}}}(X) \tag{10-191}$$

**例 10.7**　表 10.12 给出了一个有关汽车的不完备信息系统，其中，Price、Mileage、Size、Max-Speed 是条件属性，$d$ 是决策属性。为方便起见，在表中用 $P$, $M$, $S$, X 分别简化表示 Price、Mileage、Size、Max-Speed。设 $B=A=\{P, M, S, X\}$得到

$C(B)=\{\{1\},\{2,6\},\{3\},\{4,5\},\{5,6\}$

$C_B(1)=\{\{1\}\}$

$C_B(2)=\{\{2,6\}\}$，$C_B(3)=\{\{3\}\}$，$C_B(4)=\{\{4,5\}\}$，$C_B(5)=\{\{4,5\},\{5,6\}\}$

$C_B(6)=\{\{2,6\},\{5,6\}\}$

设 $X=d_{\text{good}}=\{1,2,4,6\}$

也可得

$$\underline{B}^{\text{o}}(X)=\{1,2,6\},\ \overline{B}^{\text{o}}(X)=\{1,2,4,5,6\}$$

$$\underline{B}^{\text{p}}(X)=\{x\in U:\forall C\in C(B)[x\in C\to(C\subseteq X)]\}=\{1,2\}$$

$$\overline{B}^{\text{p}}(X)=\{x\in U:\forall C\in C(B)[x\in C\to(C\cap X\neq\varnothing)]\}=\{1,2,4,5,6\}$$

$X\subseteq U$ 在 $C(B)$ 意义下的乐观近似精度是 $|\underline{B}^{\text{o}}(X)|/|\overline{B}^{\text{o}}(X)|=3/5=0.6$，悲观近似精度是 $|\underline{B}^{\text{p}}(X)|/|\overline{B}^{\text{p}}(X)|=2/5=0.4$。

**表 10.12 有关汽车的一个不完备信息系统**

| 汽车 | $P$ | $M$ | $S$ | $X$ | $d$ |
|---|---|---|---|---|---|
| 1 | high | low | full | low | good |
| 2 | low | * | full | low | good |
| 3 | * | * | compact | low | poor |
| 4 | high | * | full | high | good |
| 5 | * | * | full | high | excellent |
| 6 | low | high | full | * | good |

**例 10.8** 仍以表 10.12 为例，设 $B_1=\{P,M\}$，$B_2=\{S,X\}$，$B_3=\{M,X\}$，则 $C(B_1)=\{\{1,3,4,5\},\{2,3,5,6\}\}$；$C(B_2)=\{\{1,2,6\},\{3\},\{4,5,6\}\}$；$C(B_3)=\{\{1,2,3\},\{2,3,6\},\{4,5,6\}\}$。

$$\underline{\sum_{i=1}^{m}B_i^{\text{o}}}(X)=\bigcup\underline{B_i^{\text{o}}}(X)=\{1,2,6\}$$

$$\overline{\sum_{i=1}^{m}B_i^{\text{o}}}(X)=\bigcup_{i=1}^{m}\overline{B_i^{\text{o}}}(X)=\{1,2,3,4,5,6\}$$

$$\underline{\sum_{i=1}^{m}B_i^{\text{p}}}(X)=\{x\in U:\forall i\in M(\forall C\in C(B_i)(x\in C\to C\subseteq X))\}=\bigcap_{i=1}^{m}\underline{B_i^{\text{p}}}(X)=\varnothing$$

$$\overline{\sum\nolimits_{i=1}^{m}B_i^{\text{p}}}(X)=\{x\in U:\forall i\in M(\forall C\in C(B_i)(x\in C\to C\cap X\neq\varnothing))\}$$

$$=\bigcap\nolimits_{i=1}^{m}\overline{B_i^{\text{p}}}(X)=\{1,2,4,5,6\}$$

$X\subseteq U$ 在 $C(B)$ 意义下的乐观多粒度近似精度为 $\left|\underline{\sum_{i=1}^{m}B_i^{\text{o}}}(X)\right|/\left|\overline{\sum_{i=1}^{m}B_i^{\text{o}}}(X)\right|=3/6=1/2$，悲观多粒度近似精度为 $\left|\underline{\sum_{i=1}^{m}B_i^{\text{p}}}(X)\right|/\left|\overline{\sum_{i=1}^{m}B_i^{\text{p}}}(X)\right|=0$。

### 10.6.3　多粒度模型下近似集的计算算法

设 IIS=$<U, A, V, f>$是一个不完备信息系统，$B_i \subseteq A(i=1, 2, \cdots, m)$是 $m$ 个属性子集，则对于任意的 $X \subseteq U$，运用容差关系 $B_i(i \in M=\{1, 2, \cdots, m\})$求得的极大相容类集合 $C(B_i)$（其算法可参考有关参考文献）可以计算出多粒度下乐观和悲观的上下近似集合。令 $U=\{x_i \mid i=1, 2, \cdots, n\}$。用矩阵

$$\boldsymbol{M}_s=(m_{ij}^{(s)})_{n\times n} \quad (s=1, 2, \cdots, m)$$

作为由 $B_i$ 产生的 $U$ 上的邻接矩阵，其中，$m_{ij}^{(s)}=1$，若$(x_i, x_j) \in T_{B_i}$，否则 $m_{ij}^{(s)}=0$。建立一个 0—1 矩阵 $\boldsymbol{P}_{l\times n}^{(s)}$，存储所有的最大相容类，其中 $l \leqslant (n\times n)/2$ 为常数，但在某些情况下可能 $l$ 比 $n$ 大，所以将 $l$ 设置为一个足够大的正整数；$P^{(s)}(v, j)=1$ 表示 $x_j$ 属于第 $v$ 个最大相容类，否则，$P^{(s)}(v, j)=0$；$v=1, 2, \cdots, l$。假设总的 $k$ 个极大相容类存放在 $\boldsymbol{P}_{l\times n}^{(s)}$的前 $k$ 行，这里 $k \leqslant l$。

令 $\boldsymbol{P}^{(1)}, \boldsymbol{P}^{(2)}, \cdots, \boldsymbol{P}^{(m)}$ 是分别相应于 $B_1, B_2, \cdots, B_m \subseteq A$ 的最大相容类矩阵，则求 $X \subseteq U$ 的多粒度乐观下的近似算法。

**算法 1**　求 $X$ 相应于 $B_1, B_2, \cdots, B_m \subseteq A$ 的最大相容类的多粒度乐观下近似集算法。

输入：$\boldsymbol{P}^{(i)}(i=1, 2, \cdots, m)$为 $m$ 个分别存放极大相容类矩阵；$\boldsymbol{Y}$ 为一个表示 $X$ 的 $1\times n$ 的 0—1 矩阵；$\boldsymbol{Y}[i]=1$ 表示 $x_i \in X$，$\boldsymbol{Y}[i]=0$ 表示 $x_i \notin X$。

初始化：$\boldsymbol{T}=[0, 0, \cdots, 0]$为一个 $1\times n$ 矩阵；$k$ 为最大相容类个数。

步骤描述：

```
for i=1：m
  for j=1：k
    tag=1；
    for u=1:n
        if (P(i)[j][u]==1&& Y[u]==1)
          continue；
        else
          tag=0；
          break；
        end
    end
    if (tag==1)
        T=P(i)[j]∨T；
    end
  end
end
```

输出：$\boldsymbol{T}$，$X$ 的多粒度乐观下近似集表示。

算法的时间复杂度为 $O(mnk)$。

**算法 2**　求 $X$ 相应于 $B_1, B_2, \cdots, B_m \subseteq A$ 的最大相容类的多粒度乐观上近似集算法。

输入：$\boldsymbol{P}^{(i)}(i=1, 2, \cdots, m)$为 $m$ 个分别存放极大相容类矩阵；$\boldsymbol{Y}$ 为一个表示 $X$ 的 $1\times n$

的 0－1 矩阵；**Y**[$i$]＝1 表示 $x_i \in X$，**Y**[$i$]＝0 表示 $x_i \notin X$。

初始化：**T**＝[0，0，…，0]为一个 $1\times n$ 矩阵；$k$ 为最大相容类个数。

步骤描述：

```
for i=1:m
  for j=1:k
    tag=0;
    for u=1: n
      if (P(i)[j][u]==1&& Y[u]==1)
        tag=1;
        break ;
    end
  end
  if (tag==1)
        T=P(i)[j]∨T;
    end
  end
end
```

输出：**T**，$X$ 的多粒度乐观上近似集表示。

算法的时间复杂度为 $O(mnk)$。

**算法 3** 求 $X$ 相应于 $B_1$，$B_2$，…，$B_m \subseteq A$ 的最大相容类的多粒度悲观下近似集算法。

由推论的(2)，$\underline{\sum_{i=1}^{m} B_i^{\mathrm{p}}}(X) = \sim \overline{\sum_{i=1}^{m} B_i^{\mathrm{o}}}(\sim X)$，所以也可用算法 2 来求。

输入：$\boldsymbol{P}^{(i)}$ ($i$＝1，2，…，$m$)为 $m$ 个分别存放极大相容类矩阵；**Y** 为一个表示 $X$ 的 $1\times n$ 的 0－1 矩阵；**Y**[$i$]＝1 表示 $x_i \in X$，**Y**[$i$]＝0 表示 $x_i \notin X$。

初始化：**T**＝[0，0，…，0]为一个 $1\times n$ 矩阵；$k$ 为最大相容类个数。

步骤描述：

(1) 令 **Y** 为 **Y** 的逻辑反，即 **Y**＝～**Y**。

(2) 用算法 2 求得 **Y** 的多粒度乐观上近似集 **T**。

(3) **T**＝～**T**。

输出：$T$，$X$ 的多粒度悲观下近似集表示。

算法的时间复杂度为 $O(mnk)$。

**算法 4** 求 $X$ 相应于 $B_1$，$B_2$，…，$B_m \subseteq A$ 的最大相容类的多粒度悲观上近似集算法。

由推论的(1)，$\overline{\sum_{i=1}^{m} B_i^{\mathrm{p}}}(X) = \sim \underline{\sum_{i=1}^{m} B_i^{\mathrm{o}}}(\sim X)$，所以也可用算法 1 来求。

输入：$P^{(i)}$ ($i$＝1，2，…，$m$)为 $m$ 个分别存放极大相容类矩阵；**Y** 为一个表示 $X$ 的 $1\times n$ 的－1 矩阵，**Y**[$i$]＝1 表示 $x_i \in X$，**Y**[$i$]＝0 表示 $x_i \notin X$。

初始化：**T**＝[0，0，…，0]为一个 $1\times n$ 矩阵；$k$ 为最大相容类个数。

步骤描述：

(1) 令 **Y** 为 **Y** 的逻辑反，即 **Y**＝～**Y**。

(2) 用算法 1 求得 $\boldsymbol{Y}$ 的多粒度乐观下近似集 $\boldsymbol{T}$。

(3) $\boldsymbol{T}=\sim\boldsymbol{T}$。

输出：$\boldsymbol{T}$, $X$ 的多粒度悲观上近似集表示。

算法的时间复杂度为 $O(mnk)$。

### 10.6.4　多粒度模型下的约简算法

给定不完备决策表 IDT=$(U, A, V, f)$，其中 $A=C\cup\{d\}$，$B_i\subseteq A(i=1, 2, \cdots, m)$ 是 $m$ 个属性子集，$U/d=\{X_1, X_2, \cdots, X_k\}$，则对于 $B_1, B_2, \cdots, B_m$ 的基于极大相容类和多粒度的乐观和悲观近似质量分别为

$$\gamma^{\mathrm{o}}\left(\sum_{i=1}^{m}B_i, d\right)=\frac{\left|\bigcup_{j=1}^{k}\sum_{i=1}^{m}B_i^{\mathrm{o}}(X_j)\right|}{|U|}\tag{10-192}$$

$$\gamma^{\mathrm{p}}\left(\sum_{i=1}^{m}B_i, d\right)=\frac{\left|\bigcup_{j=1}^{k}\sum_{i=1}^{m}B_i^{\mathrm{p}}(X_j)\right|}{|U|}\tag{10-193}$$

属性集 $B_i$ 的乐观和悲观重要度分别为

$$\mathrm{Sig}^{\mathrm{o}}(B_j)=\gamma^{\mathrm{o}}\left(\sum_{i=1}^{m}B_i, d\right)-\gamma^{\mathrm{o}}\left(\sum_{\substack{i=1\\ i\neq j}}^{m}B_i, d\right)\tag{10-194}$$

$$\mathrm{Sig}^{\mathrm{p}}(B_j)=\gamma^{\mathrm{p}}\left(\sum_{\substack{i=1\\ i\neq j}}^{m}B_i, d\right)-\gamma^{\mathrm{p}}\left(\sum_{i=1}^{m}B_i, d\right)\tag{10-195}$$

根据上述定义的属性集的重要度定义，可设计下列启发式约简算法。

**算法 5**　用属性集重要度求 $B_1, B_2, \cdots, B_m$ 的基于极大相容类和多粒度乐观约简。

输入：不完备决策系统 IDT 及属性集 $B_1, B_2, \cdots, B_m$。

输出：一个多粒度约简。

步骤描述：

(1) 计算近似质量 $\gamma^{\mathrm{o}}\left(\sum_{i=1}^{m}B_i, d\right)$。

(2) 对每个 $B_j\in\{B_1, B_2, \cdots, B_m\}$，计算属性集 $B_j$ 的重要度 $\mathrm{Sig}^{\mathrm{o}}(B_j)$。

(3) 置 $\mathrm{RED}=\{B_i\mid\mathrm{Sig}^{\mathrm{o}}(B_i)>0\}$。

(4) 若 $B_i$ 满足

$$\mathrm{Sig}^{\mathrm{o}}(\mathrm{RED}\cup\{B_i\})=\max_{B_j\in\{B_1, B_2, \cdots, B_m\}-\mathrm{RED}}\mathrm{Sig}^{\mathrm{o}}(\mathrm{RED}\cup\{B_j\})$$

则 $\mathrm{RED}=\mathrm{RED}\cup\{B_i\}$。若有多个这样的 $B_i$，则任取其中一个。计算 $\gamma^{\mathrm{o}}(\mathrm{RED}, d)$。

(5) 若 $\gamma^{\mathrm{o}}(\mathrm{RED}, d)=\gamma^{\mathrm{o}}\left(\sum_{i=1}^{m}B_i, d\right)$，则转至(6)，否则转至(4)。

(6) 重复下列操作：对任意的 $B_j\in\mathrm{RED}$，若

$$\gamma^{\mathrm{o}}(\mathrm{RED}-\{B_j\}, d)=\gamma^{\mathrm{o}}\left(\sum_{i=1}^{m}B_i, d\right)$$

则 $\mathrm{RED}=\mathrm{RED}-\{B_j\}$，直到没有这样的 $B_j\in\mathrm{RED}$ 存在为止。

(7) 输出 RED。

类似地，可设计出求多粒度悲观约简算法。

**算法 6** 用属性集重要度求 $B_1, B_2, \cdots, B_m$ 的基于极大相容类和多粒度悲观约简。

输入：不完备决策系统 IDT 及属性集 $B_1, B_2, \cdots, B_m$。

输出：一个多粒度约简。

步骤描述：

(1) 计算近似质量 $\gamma^{\mathrm{p}}\left(\sum_{i=1}^{m} B_i, d\right)$。

(2) 对每个 $B_j \in \{B_1, B_2, \cdots, B_m\}$，计算属性集 $B_j$ 的重要度 $\mathrm{Sig}^{\mathrm{p}}(B_j)$。

(3) 置 $\mathrm{RED}=\{B_i \mid \mathrm{Sig}^{\mathrm{p}}(B_i)>0\}$。

(4) 若 $B_i$ 满足

$$\mathrm{Sig}^{\mathrm{p}}(\mathrm{RED}\cup\{B_i\})=\max_{B_j\in\{B_1, B_2, \cdots, B_m\}-\mathrm{RED}} \mathrm{Sig}^{\mathrm{p}}(\mathrm{RED}\cup\{B_j\})$$

则 $\mathrm{RED}=\mathrm{RED}\cup\{B_i\}$。若有多个这样的 $B_i$，则任取其中一个。计算 $\gamma^{\mathrm{p}}(\mathrm{RED}, d)$。

(5) 若 $\gamma^{\mathrm{p}}(\mathrm{RED}, d)=\gamma^{\mathrm{p}}\left(\sum_{i=1}^{m} B_i, d\right)$，则转至(6)，否则转至(4)。

(6) 重复下列操作：对任意的 $B_j \in \mathrm{RED}$，若

$$\gamma^{\mathrm{p}}(\mathrm{RED}-\{B_j\}, d)=\gamma^{\mathrm{p}}\left(\sum_{i=1}^{m} B_i, d\right)$$

则 $\mathrm{RED}=\mathrm{RED}-\{B_j\}$，直到没有这样的 $B_j \in \mathrm{RED}$ 存在为止。

(7) 输出 RED。

# 习 题 10

10.1 给出下列各组概念的定义：

(1) 上近似集、下近似集。

(2) 正域、负域、边界域。

(3) 近似精度、粗糙度。

(4) 完全依赖、部分依赖、依赖度。

(5) 约简和核。

(6) 相对约简和相对核。

(7) 完备信息系统和不完备信息系统。

(8) 完备决策表和不完备决策表。

(9) 不可分辨关系、容差关系、非对称相似关系、限制容差关系、量化容差关系。

(10) 不可分辨类、容差类。

10.2 在完备信息系统 $S=\langle U, A, V, f\rangle$中，属性 $a$ 和 $b$ 分别构成论域 $U=\{1, 2, 3, 4, 5\}$上的不可分辨关系：$R_a=\{(1, 4), (2, 5)\}\cup I_U$，$R_b=\{(1, 3), (2, 5), (2, 4), (4, 5)\}\cup I_U$。其中，$I_U=\{(x, x) \mid x\in U\}$为$\cup$上的恒等关系，则 $U/a=$____________，$U/b=$____________。

10.3 不完备决策系统的四元组表达形式为________。

10.4　设在完备信息系统 $S=<U, A, V, f>$ 中，属性 $a$ 构成论域 $U=\{1, 2, \cdots, 7\}$ 上的一个不可分辨关系，且 $U/a=\{\{1, 2, 4\}, \{3, 7\}, \{5\}, \{6\}\}$，试分别计算 $X=\{1, 3, 5, 7\}$ 和 $Y=\{2, 4, 6\}$ 关于 $a$ 的上、下近似集。

10.5　在完备信息系统 $S=<U, A, V, f>$ 中，属性 $a$ 和 $b$ 分别构成论域 $U=\{1, 2, \cdots, 8\}$ 上的不可分辨关系，且 $U/a=\{\{1, 4\}, \{2, 3\}, \{5, 6\}, \{7, 8\}\}$，$U/b=\{\{1, 2, 3\}, \{4, 5, 6\}, \{7, 8\}\}$。属性子集 $\{a, b\}$ 也构成 $U$ 上的一个不可分辨关系。求 $X=\{2, 4, 6, 8\}$ 关于 $\{a, b\}$ 的上近似、下近似、精确度和粗糙度。

10.6　在完备信息系统 $S=<U, A, V, f>$ 中，设 $P, Q\subseteq A$，论域 $U=\{1, 2, \cdots, 8\}$，且 $U/P=\{\{1, 3\}, \{2, 4\}, \{5, 8\}, \{6, 7\}\}$，$U/Q=\{\{1, 2\}, \{3, 4\}, \{6, 7\}, \{5, 8\}\}$ 求依赖度 $k=\gamma_P(Q)$。

10.7　疾病诊断决策表(见表 10.13)中，头痛、发热、酸痛均为条件属性，流感为决策属性集。在表中，1 表示有或是，0 表示无或否。取条件属性子集 $C=\{$发热，酸痛$\}$。决策属性 $d$=流感，计算 $\mathrm{POS}_C(d)$ 和依赖度 $k=\gamma_C(d)$。

10.8　用分辨矩阵和分辨函数计算表 10.14 的所有约简和核。

10.9　在表 10.15 决策表中，$a$, $b$, $c$, $e$ 为条件属性，$d$ 为决策属性。用分辨矩阵和分辨函数计算该决策表的相对约简和相对核，并给出决策规则和规则的确定度。

**表 10.13　疾病诊断表**

| 对象 | 头痛 | 发热 | 酸痛 | 流感 |
|---|---|---|---|---|
| 1 | 0 | 0 | 1 | 0 |
| 2 | 1 | 0 | 1 | 0 |
| 3 | 0 | 1 | 1 | 0 |
| 4 | 1 | 1 | 0 | 1 |
| 5 | 1 | 1 | 1 | 1 |

**表 10.14　一个信息表**

| $U$ | $a$ | $b$ | $c$ |
|---|---|---|---|
| 1 | 1 | 1 | 1 |
| 2 | 1 | 2 | 1 |
| 3 | 2 | 3 | 2 |
| 4 | 1 | 2 | 2 |
| 5 | 3 | 3 | 3 |
| 6 | 3 | 2 | 3 |

**表 10.15　一个决策表**

| $U$ | $a$ | $b$ | $c$ | $e$ | $d$ |
|---|---|---|---|---|---|
| 1 | 1 | 1 | 1 | 1 | 1 |
| 2 | 2 | 1 | 2 | 1 | 1 |
| 3 | 1 | 2 | 1 | 2 | 2 |
| 4 | 2 | 2 | 1 | 2 | 2 |
| 5 | 3 | 2 | 3 | 2 | 3 |
| 6 | 2 | 3 | 3 | 1 | 3 |

10.10　对表 10.16 给出的不完备信息系统，建立对应的容差关系，求 $X=\{2, 3, 4, 5\}$ 的下近似集和上近似集，并用分辨矩阵和分辨函数求其约简和核。

10.11　在表 10.17 中，$a$, $b$, $c$, $e$ 为条件属性，$d$ 为决策属性。求 $POS_C(d)$ 和 $\gamma_C(d)$，用分辨矩阵和分辨函数求该不完备决策表的相对约简和相对核。

**表 10.16　一个 IIS**

| $U$ | $a$ | $b$ | $c$ | $e$ | $d$ |
|---|---|---|---|---|---|
| 1 | 2 | * | 1 | * | 1 |
| 2 | 2 | * | * | 3 | 1 |
| 3 | * | 1 | 2 | * | * |
| 4 | * | 1 | * | 1 | 2 |
| 5 | 2 | * | * | * | * |
| 6 | * | 3 | * | 3 | 3 |

**表 10.17　一个 IDT**

| $U$ | $a$ | $b$ | $c$ | $e$ | $d$ |
|---|---|---|---|---|---|
| 1 | * | 1 | * | 1 | 1 |
| 2 | 1 | 2 | * | * | 1 |
| 3 | 1 | * | 1 | * | 2 |
| 4 | 2 | * | 2 | 2 | 2 |
| 5 | * | 1 | * | 3 | 3 |
| 6 | 1 | * | 3 | 2 | 3 |

习题 10 部分答案

10.12　以表 10.15 为决策数据，调试运行粗糙集决策程序，检验运行结果。

# 第11章 深度学习

## 11.1 深度学习简介

**1. 深度学习的定义**

Hinton 等人 2006 年提出了深度学习的概念。根据深度置信网络(Deep Belief Net, DBN),又提出了非监督贪心逐层训练算法,解决了与深层结构有关的优化问题。随后又提出了多层自动编码器深层结构。此外,Lecun 等人提出了卷积神经网络,这是第一种名符其实的多层结构学习算法,且利用空间相对关系减少了参数数目,提高了训练性能,为深度学习奠定了良好的基础。

深度学习(DL)是机器学习(ML)的一个分支,是机器学习研究中的一个新领域,也是当下机器学习最流行的一种研究课题。

深度学习是一种基于对数据进行表征学习的方法,是一种能够模拟人脑神经结构的一种机器学习方法。深度学习概念源于人工神经网络的研究。而人工神经网络 ANN(Artificial Neural Network)则是从信息处理角度,对人脑神经元网络从功能和结构上进行模拟研究所建立的模型,也称为人工神经网络或类神经网络模型。由于按不同的连接方式可组成不同的网络,因此,人工神经网络模型类型多种多样。深度学习亦称为深层神经网络 DNN (Deep Neural Networks),它是在以前研究的一些典型的人工神经网络模型的基础上,通过加深层次、稀疏化连接、池化等手段扩展而来的。

深度学习的动机在于,模拟并建立人进行分析学习的脑神经网络,模仿人脑的工作机制,分析如图像、声音和文本等数据,得到正确合理的分类或聚类等结果。由于深度学习能使计算机具有与人类极为相似的智能,因此,其发展前景十分广阔。

与一般的机器学习方法类似,深度学习方法也分为有监督学习与无监督学习两种。不同的学习方法建立的模型有所不同。例如,卷积神经网络(Convolutional Neural Network, CNN)就是一种有监督的深度学习模型,而深度置信网则是一种无监督的深度学习模型。

深度学习中的"深度(depth)"一词主要表示层数较多的意思,"深度"的度数即为层数。从一个输入中产生一个输出所涉及的计算可以通过一个流向图(flow graph)来表示。

流向图是一种能够表示计算的图。输入节点没有父节点,输出节点没有子节点。在这种图中,每一个节点表示一个基本的计算并输出其计算值。计算的结果可被应用到这个节点的子节点的计算,如果这个节点有后继节点(称为子节点)。每个节点或同一层上的节点可通过特别定义的相同或不相同的函数进行计算,这些函数都称为传输函数或激励函数。这种流向图的一个特别属性是深度(depth):从一个输入到一个输出的最长路径的长度。

类似于 BP 神经网络,深度学习网络可呈现为多层网络,其"深度"也就是从"输入层"到"输出层"所经历的"隐含层" 的层数。层数越多,深度也就越深或越大。显然,用这样的网络求解问题时，越是要做复杂的选择或分析，则所需要的深度的层次也就越多。当然，除了层数多外，每层“神经元”的数目也要求较多。深度学习网络不仅如 BP 神经网络具有深度深、每层神经元数多等特点，而且它在学习方法、表征抽取等方面附加了许多新的内涵。

深度超过 8 层的神经网络才叫深度学习网络。含多个隐含层的多层学习模型是深度学习的架构。深度学习可以通过组合低层特征形成更加抽象的表示属性类别或特征的高层，以发现数据的分布式特征表示。

例如，AlphaGo 所采用的网络具有 13 层，每一层神经元数量达到了 192 个。

深度学习可通过学习一种深层非线性网络结构，实现复杂函数逼近，表征输入数据分布式表示，并展现了强大的从少数样本集中学习数据集本质特征的能力。多层的好处是可以用较少的参数表示复杂的函数。

深度学习的实质是通过海量的训练数据，构建具有很多隐含层的机器学习模型，来学习更有用的特征，从而最终提升分类或预测的准确性。因此，“深度模型”是手段，“特征学习”是目的。深度学习强调了模型结构的深度，突出了特征学习的重要性，通过逐层特征变换，将样本在原空间的特征变换到一个新特征空间，从而使分类或预测更加容易。与人工规则构造特征的方法相比，利用大数据特征来学习更能够刻画数据丰富的内在信息。

深度学习是关于自动学习需要建模的数据潜在分布特征的多层表达的复杂算法。深度学习算法可自动提取分类需要的低层或者高层特征。

总之，深度学习是用多层次结构分析和计算为手段，得到分析结果的一种方法。

深度学习所涉及的技术主要有：线性代数、概率和信息论、欠拟合、过拟合、正则化、最大似然估计和贝叶斯统计、随机梯度下降、监督学习和无监督学习、深度前馈网络、代价函数和反向传播、正则化、稀疏编码和 dropout、自适应学习算法、卷积神经网络、循环神经网络、递归神经网络、深度神经网络和深度堆叠网络、LSTM 长短时记忆、主成分分析、正则自动编码器、表征学习、蒙特卡洛、受限玻兹曼机、深度置信网络、softmax 回归、决策树和聚类算法、KNN 和 SVM、生成对抗网络和有向生成网络、机器视觉和图像识别、自然语言处理、语音识别和机器翻译、有限马尔科夫、动态规划、梯度策略算法和增强学习(Q-learning)等。

**2. 深度学习的训练过程**

(1) 自下上升的非监督学习，从底层开始，一层一层的往顶层训练。采用无标定数据(有标定数据也可)分层训练各层参数，这是一个无监督训练过程，是和传统神经网络区别最大的部分，这个过程可以看作是特征学习(Feature Learning)过程。

(2) 自顶向下的监督学习，通过带标签的数据去训练模型参数，误差自顶向下传递，对网络进行微调。基于第一步得到的各层参数进一步调整整个多层模型的参数，这是一个有监督的学习训练过程。

深度学习的第一步不是随机初始化，而是通过学习输入数据的结构得到模型参数，因而这个初值更接近全局最优，从而能够取得更好的效果。因此，深度学习的效果好，在很大程度上要归功于第一步的特征学习过程。

对深度学习而言，训练集用来求解神经网络的权重，最后形成模型，而测试集则是用来验证模型的准确度的。

**3. 深度学习的研究和应用领域**

深度学习研究领域包含优化(Optimization)、泛化(Generalization)、表达(Representation)以及应用(Application)等四个部分。除了应用(Application)外，每个部分又可以分成实践和理论两个方面。

根据解决问题、应用领域等的不同，深度学习也有许多不同的实现形式，如卷积神经网络(Convolutional Neural Network)、深度置信网络(Deep Belief Network)、受限玻尔兹曼机(Restricted Boltzmann Machine)、深度玻尔兹曼机(Deep Boltzmann Machine)、递归自动编码器(Recursive Auto Encoder)、深度表达(Deep Representation)等。

深度学习已成功应用于计算机视觉、语音识别、记忆网络、自然语言处理等领域。

**4. 深度学习的优缺点**

深度学习的优点：深度学习提出了一种让计算机进入自动学习模式的特征方法，并将特征学习融入建立模型的过程中，从而减少了人为设计特征造成的不完备性。而目前以深度学习为核心的某些机器学习应用，在满足特定条件应用的情况下，已达到了超越现有算法识别或分类性的能力。

深度学习的缺点：在只能提供有限数据量的应用场合下，深度学习算法不能够对数据的规律进行无偏差的估计。为了达到更好的精度，需要大数据支撑。由于深度学习中图模型的复杂性导致算法的时间复杂度急剧提升，因此，为了保证算法的实时性，需要更高的并行编程技巧和更多更好的硬件支持。因此，只有一些经济实力比较强大的科研机构或企业，才能够用深度学习来做一些前沿而实用的应用。

## 11.2 深度学习的主要模型

深度学习的主要模型大都建立在神经网络基础之上。深度学习常见的模型有自动编码器(Auto Encoder)、稀疏自动编码器(Sparse Auto Encoder)、受限玻尔兹曼机(Restricted Boltzmann Machine)、卷积神经网络(Convolutional Neural Network)、深度信念网络(Deep Belief Network)等。

**1. 自动编码器**

自动编码器是一种无监督的数据学习方法。它的基本原理是通过神经网络方法不断地调整训练的每一个隐含层的参数，使通过编码器后的输出和输入相等，这样相当于每一个隐含层都是输入数据另外的一种表示，即数据特征表示。对于数据特征向量维数过高的情况，自动编码器利用非线性神经网络的算法可以达到数据降维和压缩的目的，最终复现输入数据。

由于自动编码器是无监督的，因此输入的数据都为无标签数据，自动编码器对于无标签的输入数据主要提出了以下方法进行训练，它由两个主要部分组成：编码器(Encoder)和解码器(Decoder)。输入的高维数据通过编码器进行压缩和转换变成低维数据，并且把转换后的数据输出作为解码器的输入，最后通过解码器恢复数据维度的能力把输入数据还原到原来的维度。自动编码器就是通过不断调整每一个隐含层的训练权重，尽可能减小输入数据通过编码器编码之后并作为解码器输出与解码器解码恢复的输出数据之间的误差。通过多个隐含层的训练和不断调优，使得输出值尽可能等于输入值。可以看出，自动编码器有着良好的数据特征表达能力。自动编码器的原理如图 11.1 所示。

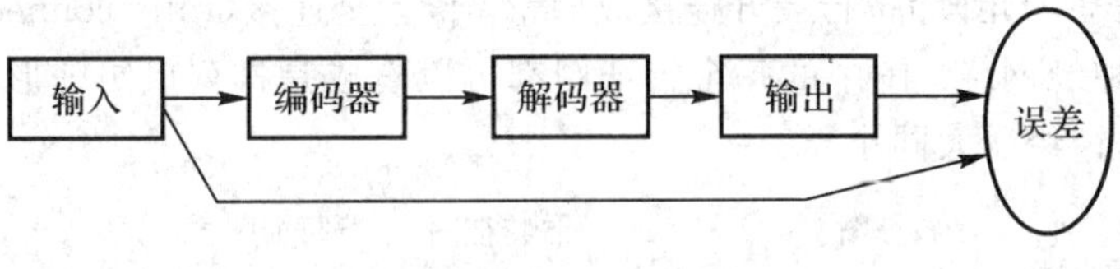


图 11.1　自动编码器训练

为了提高样本特征提取的准确度，在自动编码器算法的基础上加入了稀疏性的限制形成稀疏自动编码器(SAE)。稀疏自动编码器具有自动编码器利用神经元相互抑制的能力，并且在此基础上加入了稀疏性限制，用尽量少的隐含单元来表示输入层特征。稀疏自动编码器在隐含层单元数量较多的情况下，通过稀疏性抑制隐含层的部分单元，发现输入数据的表征。

**2. 循环神经网络 RNN 与 LSTM**

循环神经网络(RNN)是一种节点定向连接成环的人工神经网络，具体应用有语音识别、手写识别、翻译等。

前馈神经网络(FNN)，如 BP、CNN 等，已能取得较好的效果。而 RNN 则还需要更大量的计算，如果训练 *N* 次，每次训练和前次训练都没有关系，就不需要循环神经网络。但如果后一次训练都可能与前一次的训练相关，就需要使用循环神经网络，使训练的结果体现上下文的关系。

长短期记忆网络(Long Short Term Memory，LSTM)是一种时间递归神经网络，适用于处理和预测时间序列中间隔和延迟相对较长的重要事件。

LSTM 已经在科技领域有了多种应用。基于 LSTM 的系统可以完成学习翻译语言，控制机器人，图像分析，文档摘要，语音识别、图像识别、手写文字识别，预测疾病、点击率和股票，合成音乐等任务。

**3. 卷积神经网络(CNN)**

卷积神经网络是一种前馈型神经网络。1959 年休伯尔和维尔瑟尔发现动物的视觉皮质细胞负责在感知域内探测光照，即进行图像处理。受此启发，1980 年，Kunihiko Fukushima提出了一种新型认知机(neocognitron)，并被认为是 CNN 的先驱。1990 年，LeCun 发表了一篇奠定现在 CNN 结构的重要论文，阐述构建了一个叫作 LeNet-5 的多层前馈神经网络，并将其用于手写体识别。它之所以有效，是因为能从原始图像学习到有效的特征，几乎不用对图像进行复杂的前期预处理，可以直接对输入的原始图像进行处理，如进行卷积及找到图像中与自身纹理最相似的部分。自 2006 年以来，又有很多方法被提出来，以克服在训练更深层 CNN 时遇到的困难。如今，CNN 应用广泛，其中包括图像分类、目标检测、目标识别、目标跟踪、文本检测和识别以及位置估计等。

在传统的前馈神经网络中，隐含层一般是全连接的，而 CNN 的隐含层主要又分为卷积层、池化层，这些隐含层与传统前馈神经网络中隐含层的区别是 CNN 的重要特征。激活函数的选择以及整个网络损失函数的选择都与传统前馈神经网络类似。

图 11.2 是一个简单的 CNN 结构图。第一层输入图片，进行卷积(convolution)操作，

得到第二层深度为 3 的特征图(Feature Map)。对第二层的特征图进行池化(Pooling)操作，得到第三层深度为 3 的特征图。重复上述操作得到第五层深度为 5 的特征图。最后将这 5 个特征图(也就是 5 个矩阵)按行展开连接成向量，传入全连接(fully connected)层，全连接层就是一个 BP 神经网络。图中的每个特征图都可以看成是排列成矩阵形式的神经元，与 BP 神经网络中的神经元大同小异。

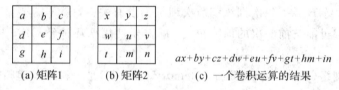

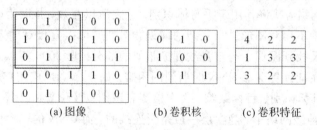

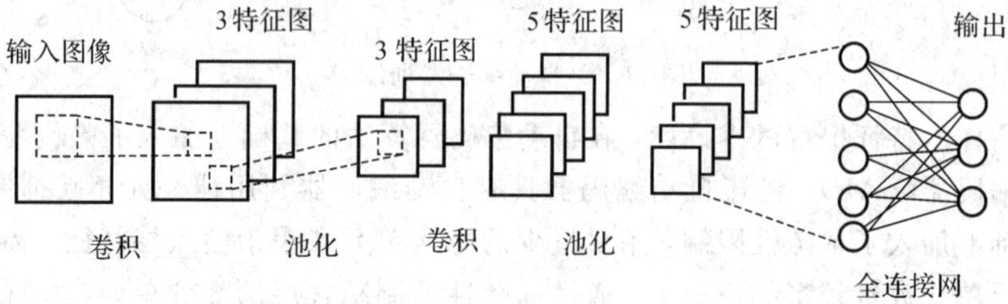


图 11.2　一个 CNN 结构

1) 卷积操作

卷积操作是CNN 的核心思想，卷积可有效地提取图像特征用于后面的图像识别。以离散情况为例，卷积操作中的一个卷积运算实际上是两个同阶矩阵对应元素相乘求和。图 11.3 是离散情况下卷积操作中的一个卷积运算。

| | | |
|---|---|---|
| *a* | *b* | *c* |
| *d* | *e* | *f* |
| *g* | *h* | *i* |

(a) 矩阵1

| | | |
|---|---|---|
| *x* | *y* | *z* |
| *w* | *u* | *v* |
| *t* | *m* | *n* |

(b) 矩阵2

$ax+by+cz+dw+eu+fv+gt+hm+in$

(c) 一个卷积运算的结果

图 11.3　卷积操作中的一个卷积运算

一个卷积操作就是指卷积核矩阵和一个图像矩阵自最左上开始对应的一个同规模的子矩阵的对应元素相乘求和，得到结果矩阵中的一个元素值。然后向右下滑动卷积核，执行下一个卷积操作，而移动的距离称为步(stride)。图 11.4 就是一个 2 维卷积的示意图。这样用卷积核在整个图像上滑动一遍便生成了一个特征响应图。一个卷积操作要面对两个矩阵，一个是输入矩阵，一个是卷积核矩阵。输入矩阵一般都表示二维的输入图像，卷积核可以理解为图像处理里的算子，比如，利用这些算子可以实现一些边缘检测或者高斯模糊的效果。而卷积操作可以理解为对图像进行一些特征处理。图 11.4 中假设将图 11.4(a)分成 9 个 3×3 的矩阵，然后与图 11.4(b)中的卷积核矩阵相乘，得到的结果如图 11.4(c)所示。

| | | | | |
|---|---|---|---|---|
| 0 | 1 | 0 | 0 | 0 |
| 1 | 0 | 0 | 1 | 0 |
| 0 | 1 | 1 | 1 | 1 |
| 0 | 0 | 1 | 1 | 0 |
| 0 | 1 | 1 | 0 | 0 |

(a) 图像

| | | |
|---|---|---|
| 0 | 1 | 0 |
| 1 | 0 | 0 |
| 0 | 1 | 1 |

(b) 卷积核

| | | |
|---|---|---|
| 4 | 2 | 2 |
| 1 | 3 | 3 |
| 3 | 2 | 2 |

(c) 卷积特征

图 11.4　卷积操作

2) 池化操作

池化(Pooling)操作是指在生成卷积层后，图像某区域块的值被这个区域内所有值的统计量所取代。例如，最大池化(Max Pooling)操作是把一个矩形局域内最大的输出当作这块区域的输出。当然还有其他池化函数法，如均值池化(Average Pooling)、加权平均池化(Weighted Average Pooling)等。

图11.5是最大池化的探测示意图。最大池化会导致局部平移不变性。从图11.5可以看到，下面卷积层的输入向右平移了一个神经元，即输入层对应神经元的值都变了，而上面池化层的值只有部分改变。这里只是对一个特征响应图做池化，而对多个特征响应图做池化还可以解决旋转不变性的问题。卷积层＋池化层就是常见的CNN结构，由于多层的叠加，实际的网络中未必有如此分明的特征分层，然而特征的复杂程度却一层层变得更复杂，并且每一层的特征构成都基于前一层。

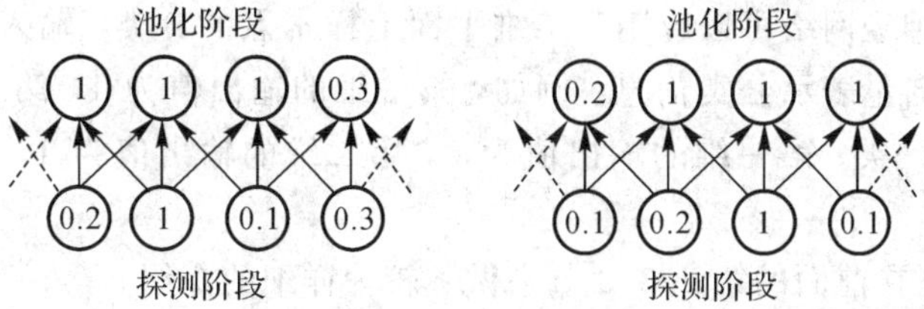


图11.5　最大池化的探测示意图

传统的神经网络都采取全连接的方式，认为下一层的输出与上一层的所有输入都有关，但是这样很容易导致过适应(Overfitting)。利用卷积的局部连接和权值共享，池化的下采样能够降低过适应，增加层数，使提取都具有鉴别力的特征。现在的CNN都是端到端的，最后通过全连接层送入softmax进行分类，可给出有效的分类结果。

在CNN中，全连接常出现在最后几层，用于对前面设计的特征做加权和。比如mnist，前面的卷积和池化相当于做特征检测工程，后面的全连接相当于做特征加权。卷积相当于全连接的有意弱化，它受局部视野的启发，把局部之外的弱影响直接抹为零。同时，它还做了一定的强制处理，即在不同的局部使用一致的参数。弱化实际上使参数变少了，节省了计算量，又因其专攻局部，所以做到了不贪多求全。强制处理实际上进一步减少了参数，使计算更为高效。

3) softmax

softmax用于多分类过程中，它将多个神经元的输出映射到(0，1)区间内(可以当概率来理解)，从而实现多分类。softmax用于柔化输出值，减小值与值之间的差异，归一化将一组值中的每一个数变换到0～1间的一个数，且使它们的总和为1。

softmax的步骤如下：

(1) 求出最大值max。

(2) 由exp表达式将各个值转化为0～1间的数，$x[i]=\exp(x[i]-\max)$。

(3) 求sum，归一化。

4) CNN的训练

CNN的训练步骤如下：

(1) 给出训练样本集。

(2) 对样本$X_i$，按CNN的模型结构进行前向传播计算。

(3) 根据计算的CNN输出和计算损失函数。

(4) 若损失函数值达到要求，则停止计算，即 CNN 网络已收敛；否则，根据损失函数进行反向传播，计算出参数梯度。

(5) 运用梯度下降算法，根据参数梯度调整模型参数，转至(2)。

**4. BP 神经网络**

反向传播(Back Propagation，BP)神经网络是一种前馈型神经网络。感知器、BP 神经网络、卷积神经网络和径向基网络都是常见的前馈型神经网络。BP 神经网络也是一种多层感知器。

一个简单的 BP 神经网络结构由输入层、隐含层、输出层组成。节点表示神经元，连线表示数值的传递。例如，若输入层有两个神经元，表示可以传入一个二维向量，最终输出一个二维向量。这个神经网络可以应用于二维平面上样本点的分类，输入的二维向量是点的坐标，输出的二维向量表示分类信息。例如，第一维的输出值为 1，第二维的输出值为 0，表示这个点属于第一类；第一维的输出值为 0，第二维的输出值为 1，表示这个点属于第二类。

BP 神经网络已在前面的第 2.3.3 节中做了较为详细的介绍。

**5. 受限玻尔兹曼机**

受限玻尔兹曼机是由 Hinton 和 Sejnowski 于 1985 年提出的一种随机生成神经网络，该网络由一些可见神经元和一些隐含神经元构成，可见神经元和隐含神经元都有两种状态值：激活状态 1 和未激活状态 0。可见神经元组成可视层，隐含神经元组成隐含层，整个网络就是一个二部图，只存在可视层和隐含层两层，两层之间没有任何连接。可视层和隐含层通过权重进行连接计算。

受限玻尔兹曼机已在第 2.7 节中做了较为详细的介绍。

**6. 深度信念学习网络**

Hiton 在 2006 年提出了深度信念学习网络模型，此模型又叫作概率生成模型。与传统神经网络的判别模型不同的是，生成模型是建立一个观察数据和标签之间的联合分布模型，对概率 $P(O|L)$ 和概率 $P(L|O)$ 都做了计算和评估(这里 $L$ 和 $O$ 分别表示不同层次的集合或不同层次中神经元节点的集合)，而传统模型仅仅只计算后者。深度信念网络是由多个受限玻尔兹曼机层组成的，它的网络结构如图 11.6 所示。这些网络被区分为一个可视层和多个隐含层，层与层之间相互连接，但同一层之间的神经元节点不相互连接。隐含层单元被训练后，可捕捉在可视层表现出来的高阶数据的特征。

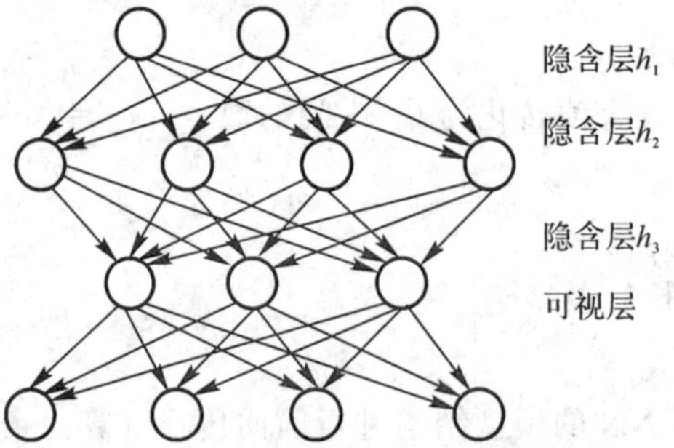


图 11.6 深度信念学习网络结构图

深度信念学习网络里的参数(权值)进行训练时是自顶向下生成确定的，而对于权值的学习，受限玻尔兹曼机比传统的神经网络和 Sigmoid 深度信念学习网络具有更好的学习优势。如图 11.6 所示的深度信念学习网络，在预训练阶段，可视层会产生一个向量，通过向量将输入传递给隐含层。向下计算时，可视层会随机选择观察向量的输入，来尝试重构开始时的输入信号。

最后，这些产生的新的可视神经元进行前向传递，重构过后的隐含层神经元采用 Gibbs 采样获得隐含层的向量，最后把获得的隐含层神经元和可视层神经元输入间的相关性差别作为以后更新权值的主要依据。深度信念学习网络通过层数的增加，使每一层都改进训练的权值参数。不断地训练学习，使得训练的数据接近真实的表达。

深度信念学习网络如图 11.7 所示，从图中可以看到，最上边两层联想记忆层的权值都是双向连接在一起的，那么下面各层的输出就会提供参考信息给联想记忆层，这样顶层就会把给出的信息与它的记忆内容联系起来。

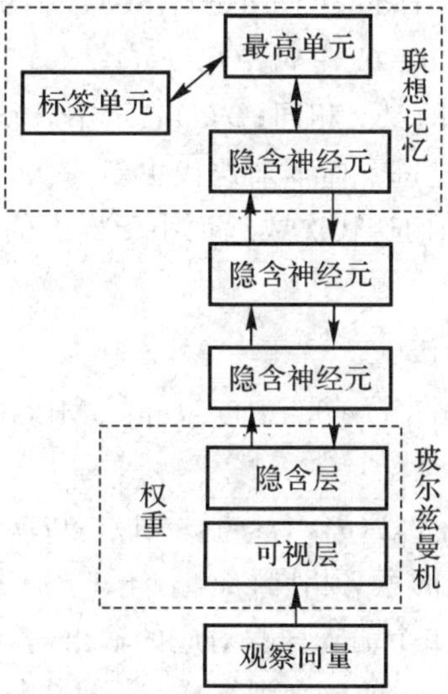


图 11.7　深度信念学习网络

在经过前面的数据预训练后，深度信念学习网络在联想记忆层加入带标签的数据集，通过 BP 神经网络的算法，利用带标签数据集对数据类别的判别性能进行调整和改善。

通过这种自顶向上的学习训练方法，深度信念学习网络学习和识别权值，最后获得网络的分类面。显然，通过这种方式训练提取的特征的性能，比单纯地利用 BP 神经网络算法训练网络要好。基于深度信念学习网络的 BP 算法只需要对权值参数空间进行局部搜索，相较于前向神经网络，不但速度快，而且收敛时间也短。

目前，除了对深度信念学习网络的研究外，还包括堆叠的自动编码器，通过用堆叠自动编码器来代替深度信念网络的受限玻尔兹曼机。这样可以在编码器中设置相同的约束规则来训练产生深度多层的神经网络架构，但是它的每一层都缺少对参数训练的严格约束。自动编码器与深度信念网络不同的是，在使用判别模型时，由堆叠自动编码器产生的神经网络架构很难获取到输入采样空间，这就使得网络更难获取数据的真实表达。而后来改进的降噪自动编码器能够很好地避免获取输入采样的问题，并且比传统的深度信念网络效果更好，它是在训练过程中通过添加随机的噪音并且进行堆叠产生泛化性能的，而训练单一的降噪自动编码器的过程和受限玻尔兹曼机训练模型的过程是基本相同的。

## 11.3 深度学习算法

在深度学习中，参数调整主要采用下列算法：

**1. 批量梯度下降学习算法**

批量梯度下降(*Batch Gradient Descent*，*BGD*)学习算法所采用的参数调整式为

$$\boldsymbol{\theta}=\boldsymbol{\theta}-\eta\nabla_{\theta}J(\boldsymbol{\theta}) \tag{11-1}$$

式中：$\boldsymbol{\theta}$ 为参数向量；$\eta$ 为学习率；$J(\boldsymbol{\theta})$为准则函数；$\nabla_{\theta}J$ 表示梯度。每迭代一步，都要用到训练集所有的数据。

**2. 随机梯度下降学习算法**

随机梯度下降(Stochastic Gradient Descent，SGD)学习算法所采用的参数调整式为

$$\boldsymbol{\theta}=\boldsymbol{\theta}-\eta\nabla_{\theta}J(\boldsymbol{\theta};x(i);y(i)) \tag{11-2}$$

式中：$\boldsymbol{\theta}$、$\eta$、$J(\boldsymbol{\theta})$、$\nabla_{\theta}J$ 与前面的意义相同；$x(i)$表示第 $i$ 个输入样本；$y(i)$表示第 $i$ 个输入样本对应的输出(教师值)。通过每个样本来迭代更新一次，以损失很小的一部分精确度和增加一定数量的迭代次数(增加的迭代次数远远小于样本的数量)为代价，换取总体优化效率的提升。

**3. 小批量梯度下降学习算法**

小批量梯度下降(Mini Batch Gradient Descent，MBGD)学习算法所采用的参数调整式为

$$\boldsymbol{\theta}=\boldsymbol{\theta}-\eta\nabla_{\boldsymbol{\theta}}J(\boldsymbol{\theta};x(i:i+n-1);y(i:i+n-1)) \tag{11-3}$$

式中：$\boldsymbol{\theta}$、$\eta$、$J(\boldsymbol{\theta})$、$\nabla_{\theta}J$ 与前面的意义相同；$x(i:i+n-1)$表示第 $i\sim i+n-1$ 个输入样本；$y(i:i+n-1)$表示第 $i\sim i+n-1$ 个输入样本对应的输出(教师值)。为避免 SGD 和标准梯度下降中存在的问题，对每个批次中的 $n$ 个训练样本，只执行一次更新。

**4. 带动量项(Momentum)学习算法**

带动量项(Momentum)学习算法所采用的参数调整式为

$$\begin{cases}\boldsymbol{v}_t=\gamma\boldsymbol{v}_{t-1}+\eta\nabla_{\theta}J(\boldsymbol{\theta})\\ \boldsymbol{\theta}=\boldsymbol{\theta}-\boldsymbol{v}_t\end{cases} \tag{11-4}$$

式中：$\boldsymbol{v}_{t-1}$表示在 $t-1$ 时刻参数的调节量，这里可简称其为动量项。在 $t$ 时刻的调整量 $\boldsymbol{v}_t$ 先由当前的梯度与 $t-1$ 时刻的调整量 $\boldsymbol{v}_{t-1}$ 进行加权组合，组合因子之和一般为 1，即 $\gamma+\eta=1$ (也可能不为 1)然后用 $\boldsymbol{\theta}-\boldsymbol{v}_t$ 更新 $\boldsymbol{\theta}$。在参数更新时，一定程度上保留了更新之前的方向。在训练的过程中，参数的更新方向依赖于当前的数据或批量数据，因此不稳定。加入动量项后，能够使参数在一定程度上按照之前变化的方向进行更新，使参数更稳定地更新。

**5. Nesterov 学习算法**

Nesterov(NAG)学习算法采用的参数调整式为

$$\begin{cases}\boldsymbol{v}_t=\gamma\boldsymbol{v}_{t-1}+\eta\nabla_{\theta}J(\boldsymbol{\theta}-\gamma\boldsymbol{v}_{t-1})\\ \boldsymbol{\theta}=\boldsymbol{\theta}-\boldsymbol{v}_t\end{cases} \tag{11-5}$$

式中的$\nabla_{\theta}J(\boldsymbol{\theta}-\gamma\boldsymbol{v}_{t-1})$虽然也是当前参数的梯度，但其目标函数取为$\boldsymbol{\theta}-\gamma\boldsymbol{v}_{t-1}$点上的值。其他含义与前一学习算法基本类似。NAG法则首先(试探性地)在之前积累的梯度方向前进一大步，再根据当前情况修正，以得到最终的前进方向。这种基于预测的更新方法能避免过快前进，并提高了算法响应能力，大大改进了RNN在一些任务上的处理能力。

## 11.4 深度学习的未来

目前，深度学习已引起了广泛关注，并在很多领域得到了研究和发展。这主要得益于各行各业丰富的大数据和计算机计算能力的提高。深度学习在解决各种识别(Recognition)问题以及其他相关问题方面，将会起到越来越重要的作用。当然，深度学习作为机器学习的一个分支，本身也不一定是绝对完美的，并不是解决任何机器学习问题的唯一利器，因此，不应该认为深度学习无所不能，具有万能性，深度学习仍有大量课题需要研究。机器学习本身也只是人工智能的一部分，然而，随着科技的进步，越来越多的相关技术也将更多地融合和渗透，最终都会有助于将人工智能推向新的高度。

近年来，深度学习在学习模型、学习算法和应用领域的研究方兴未艾。深度学习已经在语音识别、图像处理等方面取得了极大成功，并在自然语言处理应用领域也呈现了良好的发展趋势。例如，ACL上有人利用深度学习较大地提升了统计机器翻译的性能。

除了在有监督的学习领域继续保持现有模型理论和应用的深入研究外，深度学习未来三大发展方向将是无监督学习、深度强化学习、自然语言理解。

**1. 无监督学习**

在深度学习中，无监督学习具有十分重要的作用。例如，用无监督学习方式训练深度信念网络、稀疏自编码器等，使用其学习的目的目前主要是进行预训练，以先获得一个较好的初值，再使用有监督训练进行调优。但随着计算机计算能力的提高，人们发现，只要数据集足够大，直接使用有监督学习通常也能得到较好性能，所以近几年无监督学习方面的发展不是很大。但Hinton等则希望未来无监督学习能得到较大发展，因为人类和动物的学习在很大程度上都是无监督的，是通过观察世界进行学习的，而不一定由教师在教。

**2. 深度强化学习**

深度强化学习的主要思想是，将深度学习与强化学习相结合，从感知到动作、端到端进行学习，在输入感知信息比(视觉信息)后，通过深度神经网络，直接输出动作，中间不需要进行人工特征抽取。深度强化学习将会使机器人具有真正意义上完全自主学习一种或多种技能的潜力。深度强化学习最突出的代表就是DeepMind公司在Nature上发表的相关论文“Human - level control through deep reinforcement learning”。该论文发表后，深度强化学习引起了人们的广泛关注。深度强化学习也从此成为深度学习领域的前沿研究方向。

**3. 自然语言理解**

自然语言理解也是深度学习在未来几年可能大有可为的研究方向。使用深度学习技术的各种自然语言处理应用(如神经机器翻译、问答系统、文摘生成等)都取得了较为明显的效果。效果的提升主要归功于深度学习中的注意力机制以及其与循环神经网络相结合而具有的强大的能力。未来，自然语言理解可能还会有大量相关研究成果出现。

总之，深度学习将在下列领域取得更大应用成果：

(1) 在计算机视觉领域：如在生物特征识别方面，将在人脸识别、步态识别、行人ReID、瞳孔识别等方面取得更好的成果；在图像处理方面，将在分类标注、以图搜图、场景分割、车辆车牌、OCR、AR等方面取得长足的进步；在视频分析方面，将在安防监控、智慧城市等方面大有可为。

(2) 在自然语言处理领域，将在语音识别、文本数据挖掘、文本翻译等方面取得长足的进展。

(3) 在数据挖掘领域，将在消费习惯、天气数据、推荐系统、知识库(专家系统)等方面取得可信的成果。

(4) 在游戏领域，可望在角色仿真、AlphaGo(强化学习)等方面取得可喜的成绩。

(5) 在其他复合应用领域，将在涉及无人驾驶、无人机、机器人等方面取得令人满意的效果。

# 习　题　11

11.1　什么叫深度学习？

11.2　深度学习中的“深度”主要指的是什么？

11.3　什么叫卷积核？

11.4　什么叫卷积操作？举例加以说明。

11.5　什么叫池化操作？举例加以说明。

11.6　什么叫 softmax 操作？举例加以说明。

习题11部分答案

# 附录 实验指导

实验指导

## 实验 1 手写体英文字母识别的神经网络算法设计与实现

按照 BP 神经网络设计方法选用两层 BP 网络，构造训练样本集，并构成训练所需的输入矢量和目标向量，通过画图工具获得 10 个随机选定的英文字母手写体每个 10 幅的原始图像，截取图像像素为 0 的最大矩形区域，经过集合变换，变成 16×16 的二值图像，再进行反色处理，将其图像数据特征提取为神经网络的输入向量。通过实验验证，BP 神经网络应用于手写数字识别具有较高的识别率和可靠性。

## 实验 2 模糊系统的算法设计与实现

问题的简化和分析　二关节机械手的逆运动学建模是一个复杂系统建模问题，往往要经过一些简化或是提取，才能运用现代的理论和工具进行分析、设计。为了研究的方便，一般是对理想情况的简化模型进行研究。关节角 $\theta_1$ 和 $\theta_2$ 完全描述了机械手在平面内的几何位置。机械手末端执行器(End Effector)的笛卡尔坐标($x$, $y$)可以由下式计算得到：

$$\begin{cases} x=l_1\cos\theta_1+l_2\cos(\theta_1+\theta_2) \\ y=l_1\sin\theta_1+l_2\sin(\theta_1+\theta_2) \end{cases}$$

式中，$l_1$、$l_2$ 分别为两个刚性机械臂的长度。在实际应用中，通常要求根据末端执行器的坐标来计算关节角 $\theta_1$ 和 $\theta_2$，这就是所谓的机械手逆运动学问题。虽然在本例中能够由上述公式来计算机械手逆运动学的解析表达式，但在大量的机械手应用中，直接根据运动学公式来计算机械手逆运动学问题往往是困难的，为此本例采用自适应神经网格模糊系统来对机械手的逆运动学进行非线性建模。

## 实验 3 TSP 问题的遗传算法求解

**1. 问题描述**

设有 $n$ 个城市，如中国省级都市构成的城市集，求一条巡游所有都市的最短回路。

**2. 问题表示**

以编码长度为 $n$ 的整数向量($i_1$, $i_2$, …, $i_n$)($i_1$, $i_2$, …, $i_n$ 为 1 到 $n$ 的一个排列)表示一条回路，即把所有城市的一个排列作为染色体。交叉操作是以两个父代向量上随机选取一段(子串)，将两个子串进行交换，再将与子串中的位相应的又不属于子串中的位进行交换。

变异算子则以随机选取染色体上的一段，然后将该段内数字编号的顺序打乱的方式完成。另外，考虑边重组方法从父代产生子代。

**3. 实现**

编程实现遗传算法解TSP问题，并考虑在其中结合运用模拟退火方法。

# 参考文献

[1] 张军，詹志辉，陈伟能，等. 计算智能[M]. 北京：清华大学出版社，2009：196-206.
[2] 蒋宗礼. 人工神经网络导论[M]. 北京：高等教育出版社，2004：31-54.
[3] 丁永生. 计算智能：理论、技术与应用[M]. 北京：科学出版社，2004：163-196.
[4] 杨淑莹. 模式识别与智能计算[M]. 北京：电子工业出版社，2009：210-222，315-361.
[5] 齐敏，李大健，郝重阳. 模式识别导论[M]. 北京：清华大学出版社，2009：91-122.
[6] TAN PN，STEINBACH M，VIPIN K. 数据挖掘导论[M]. 范明，范宏建，译. 北京：人民邮电出版社，2006：370-398.
[7] VLADIMIR N V. The nature of statistical learning theory[M]，New York：Spring-Verlag，1995：143-165.
[8] RICHARD O D，PETER E H，DAVID G S. Pattern classification[M]. 李宏东，姚天翔，译. 北京：机械工业出版社，2003：156-201.
[9] 杨纶标，高英仪. 模糊数学原理及应用[M]. 5版. 广州：华南理工大学出版社，2011：178-205.
[10] SERGIOS T，KONSTANTINOS K. Pattern recognition[M]. 4th ed. Amsterdam：Elsevier，2009：231-274.
[11] 周开利，康耀红. 神经网络模型及其Matlab仿真程序设计[M]. 北京：清华大学出版社，2005：89-113.
[12] ANDRIES P E. Computational intelligence：an introduction[M]. New York：Wiley，2002：125-155.
[13] 耿杰，范剑超，初佳兰，等. 基于深度协同稀疏编码网络的海洋浮筏SAR图像目标识别[J]. 自动化学报：2016，04：593-604.
[14] 卢宏涛，张秦川. 深度卷积神经网络在计算机视觉中的应用研究综述[J]. 数据采集与处理：2016(1)：1-17.
[15] 张文修，吴伟志，梁吉业，等. 粗糙集理论与方法[M]. 北京：科学出版社，2001：88-121.
[16] 吴陈，盛晖. 一个基于BP神经网络和数据库的综合预测系统[J]. 华东船舶工业学院学报，1993，7(3)：53-57.
[17] 吴陈. 分组选优交配与概率接受差解的两种模拟退火遗传算法[J]. 华东船舶工业学院学报，1998，12(4)：48-51.
[18] 吴陈. 连续自适应MP神经元的学习步长分析[J]. 华东船舶工业学院学报，1998，12(1)：36-40.
[19] 吴陈，夏祖勋. 关于适合于海洋探测信号处理的几种基于人工神经网络的预测方法[J]. 华东船舶工业学院学报，1996，10(1)：52-58.
[20] 吴陈. 模块覆盖与相容聚类的关系[J]. 华东船舶工业学院学报，1995，9(1)：1-5.

[21] 吴陈. 完全覆盖在泛关系模式分解和设计中的应用[J]. 计算机工程与设计，1995，16(2)：13-18.

[22] 吴陈，李新锋. 一种非线性可自学习的联想记忆神经网络[J]. 计算机应用与软件，2001，19(5)，32-37.

[23] 袁强，吴陈. 高阶神经网络与D-S方法在数据融合中的应用[J]. 华东船舶工业学院学报，2000，14(4)：67-71.

[24] 潘舒，吴陈. 基于遗传算法的关联规则挖掘[J]. 现代电子技术：2008，31(2)：90-92.

[25] 杨习贝，杨静宇，於东军，等. 不完备信息系统中的可变精度分类粗糙集模型[J]. 系统工程理论与实践，2008，28(5)：116-121.

[26] 吴陈，杨习贝，傅凡. 基于全相容性粒度的粗糙集模型[J]. 系统工程学报，2006，21(3)：292-298.

[27] 王丽娟，吴陈，严熙. 基于限制容差关系和集对分析方法的扩展粗集模型中的知识依赖[J]. 江苏科技大学学报(自然科学版)，2007，21(2)：49-53.

[28] 许韦，吴陈，杨习贝. 基于容差关系的不完备可变精度多粒度粗糙集[J]. 计算机应用研究，2013，30(6)：1712-1715.

[29] 储兵，吴陈，杨习贝. 基于RBF神经网络与粗糙集的数据挖掘算法[J]. 计算机技术与发展，2013，23(7)：87-91.

[30] 窦慧莉，吴陈，杨习贝，等. 可变精度多粒度粗糙集模型[J]. 江苏科技大学学报(自然科学版)，2012，26(1)：65-69.

[31] 王丽娟，杨静宇，吴陈，等. 扩展粗糙集模型中依赖关系及应用[J]. 江苏科技大学学报(自然科学版)，2012，26(2)：175-180.

[32] 许韦，吴陈，杨习贝. 基于相似关系的变精度多粒度粗糙集[J]. 科学技术与工程，2013，13(9)：2518-2522.

[33] 吴陈，王和杰. 基于改进的自适应遗传算法优化BP神经网络[J]. 电子设计工程，2016，24(24)：29-37.

[34] 吴陈，李丹丹. 基于粗糙集的关联规则挖掘方法的研究与应用[J]. 电子测量技术，2016，39(7)44-48.

[35] 乔雯雯，吴陈，马田. 基于模糊神经网络的节水灌溉模型的研究[J]. 计算机与数字工程，2019，47(7)：1618-1621.

[36] 刘国锋，吴陈. 基于支持向量机和稀疏表示的文本分类研究[J]. 计算机与数字工程，2017，45(12)：2479-2481，2497.

[37] WU C. ZHU W，WANG L J. Knowledge dependency degree in TRSM and its applicationto robot rod catching control[J]. Int. J. of Circuits，Systems and Signal Processing，2018(12)：458-465.

[38] WU C，Xia B Y，LI D D，et al. Algorithms for approximations in MGRSM based on maximal compatible granules[J]. Int. J. of Circuits，Systems and Signal Processing，2018(12)：452-457.

[39] WU C，YANG X B. Information granules in general and complete coverings[C].

2005 IEEE Int. Conf. on Granular Computing: 2005, 2: 675 - 678.

[40] WU C, HU X H, YANG J U, et al. Expanding tolerance RST models based on cores of maximal compatible blocks[C]. Lecture Notes in Computer Science: 2006, 4259: 235 - 243.

[41] WU C, HU X H, SHEN X J, et al. An incremental algorithm for mining default definite decision rules from incomplete decision tables[C]. Proceedings-2007 IEEE Int. Conf. on Granular Computing: 2007: 175 - 179.

[42] WU C, HU X H, WANG L J, et al. Knowledge dependency relationships in incomplete information system based on tolerance relations[C]. Proceedings-IEEE Int. Conf. on Systems, Man and Cybernetics: 2007, 6: 4773 - 4777.

[43] WU C, HU X H, LI Z J, et al. Algorithms for different approximations in incomplete information systems with maximal compatible classes as primitive granules [C]. Proceedings-IEEE Int. Conf. on Granular Computing: 2007: 169 - 174.

[44] WU C, WANG L J. An improved limited and variable precision rough set model for rule acquisition based on pansystems methodology[J]. Kybernetes: 2008, 37 (9 - 10): 1264 - 1271.

[45] WU C, HU X H, YANG J Y. On blocks and coverings based on semi-equivalence relation in pansystems methodology[J]. Kybernetes: 2008, 37( 6): 739 - 748.

[46] WU C, HU X H. Applications of rough set decompositions in information retrieval[J]. Engineeringand Technology, World Academy of Science: 2009, 39: 679 - 684.

[47] WU C. Different decompositions of expanded rough approximation queries[J]. J. of Computational Information Systems: 2010, 6(6): 1827 - 1835.